国家自然科学基金重点项目资助(52034009)

深部卸压开采力学原理及技术

Mechanical Principle and Technique of the Deep Pressure Relieving Mining

张俊文　黄　达　著

科 学 出 版 社

北　京

内 容 简 介

本书主要内容包括深部卸压开采的概念及意义、常规及真三轴条件下深部岩石卸荷力学特性、流-固耦合条件下深部卸荷岩石渗流特性、深部卸荷岩石蠕变力学特性、错层位开采卸压原理及技术等。

本书可供采矿工程、岩土工程、地下工程等相关专业的本科生、研究生、科研人员及工程技术人员借鉴参考。

图书在版编目(CIP)数据

深部卸压开采力学原理及技术=Mechanical Principle and Technique of the Deep Pressure Relieving Mining / 张俊文，黄达著. —北京：科学出版社，2022.2

ISBN 978-7-03-071665-1

Ⅰ. ①深… Ⅱ. ①张… ②黄… Ⅲ. ①深部地质-煤矿开采-岩石力学-研究 Ⅳ. ①TD82

中国版本图书馆CIP数据核字(2022)第033926号

责任编辑：李 雪 李亚佩 / 责任校对：王萌萌
责任印制：吴兆东 / 封面设计：无极书装

科学出版社出版
北京东黄城根北街16号
邮政编码: 100717
http://www.sciencep.com
北京捷迅佳彩印刷有限公司 印刷
科学出版社发行 各地新华书店经销
*
2022年2月第 一 版 开本：720 × 1000 1/16
2022年2月第一次印刷 印张：17 1/2
字数：348 000

定价：128.00元

(如有印装质量问题，我社负责调换)

序

深地资源开发是我国未来科技发展的重要方向。煤炭是我国的主体能源，一半以上的煤炭资源量埋深超过 1000m，浅部资源已逐渐枯竭，必须开发深部资源，特别是我国中东部地区。我国资源禀赋与区域经济决定了千米深井煤炭资源开发势在必行，深部煤炭安全高效开采技术必须攻克，这对于保障国家能源安全、支撑经济发展具有重要战略意义。与浅部相比，千米深井地应力高、采动影响强烈，导致巷道围岩变形大、持续时间长、破坏严重；采煤工作面矿压显现强烈，煤壁片帮、顶板冒落及支架损坏现象突出；煤岩动力灾害严重，冲击地压、煤与瓦斯突出等破坏影响极大。“十二五”“十三五”期间，国家自然科学基金委员会、科技部相继设立了重大项目、重点项目、国家高技术研究发展计划(863 计划)、国家重点基础研究发展计划(973 计划)及国家重点研发计划，旨在解决深部开采中的重大科学难题，如深部岩石力学基础、深部动力响应与致灾机理、深部围岩稳定性与控制等，这些项目取得了较为丰富的研究成果，有效促进了煤炭的安全高效生产。“十四五”期间，我国将瞄准深地前沿领域，紧紧抓住向地球深部进军这一战略科技问题，加快推进深地探测，大幅提升对地球深部的认知程度，解决制约深部资源勘查开发的重大科技问题，构建深部资源勘查开采理论技术体系，加强核心技术与装备研发。

深部开采处于“三高一扰动”工程环境，特别是千米以下深井的安全开采会遇到一系列科技难题有待重点突破，如深部原位岩石力学、深部卸压减灾、深部围岩流变破坏、深部复合灾害预警及防控难题等。深部卸压是一种有效的安全开采与岩层控制技术，主要包括巷道优化布置卸压、保护层开采卸压、钻孔卸压、井下切顶卸压(水力压裂法、爆破法)、地面压裂等。该书在国家自然科学基金重点项目“冲击地压灾害监测预警及卸压减冲机理研究”资助下，围绕千米深井安全开采与岩层控制问题，系统阐述了原位应力下卸荷岩石力学强度特征、渗流特性、蠕变破坏及能量演化规律，从实验室测试角度揭示了深部卸压开采的力学原理，进而分析了不同种类的巷道优化布置形式，特别是负煤柱开采技术，对于深部巷道大变形、冲击地压防治等提供了一条有效途径。负煤柱开采技术在山东省华丰煤矿(埋深 1300m)的冲击地压工作面具有显著应用效果，黑龙江省峻德煤矿、山西省镇城底煤矿、斜沟煤矿等都有成功应用案例。该书作者是采矿工程领域的青年学者，作者系统地将深部卸压原理与卸压技术紧密联系起来进行论述，理论联系实践，形成了一本既有理论水平、关键技术，又有工程应用的新作，希望该书的出版对深部矿井安全高效开采与岩层控制起到积极的推动作用。

中国工程院院士

2022 年 2 月于北京

前　言

煤炭是我国主体能源，长期担负着国家能源安全压舱石和稳定器的关键角色。我国53%的资源量埋深超过千米，浅部资源逐步枯竭，必须开发深部煤炭资源，特别是中东部地区，已全面进入深部开采阶段。习近平总书记提出："向地球深部进军是我们必须解决的战略科技问题"，随着开采深度增加，地质环境日趋复杂，高地应力、高地温、高渗透压引发的工程灾害、生产成本急剧增加等一系列问题，对深部资源开采提出了严峻挑战，深部巷道围岩大变形、冲击地压等灾害防控是未来煤炭开采的关键难题。为此，作者承担了国家自然科学基金重点项目"冲击地压灾害监测预警及卸压减冲机理研究"（52034009）、面上项目"千米深井高应力高渗透压耦合作用下巷道围岩破裂机理研究"（51974319），针对深部开采引起的岩石力学问题、监测预警、卸压减冲机理等展开基础性、系统性和前瞻性研究。

由于深部岩体具有复杂的地质环境，在工程扰动及卸荷作用下，在深部形成了迥异的应力路径，岩体的力学行为呈现非线性、各向异性、尺寸效应、时间效应等极其复杂的特征。因此，首先，从岩石的深部属性、赋存环境及工程特点等方面进行卸荷岩石力学性质、变形破坏规律研究，以揭示深部开采的卸压机理，为深部卸压开采提供理论基础。其次，科学的卸压技术能够减小深部岩体应力集中、降低工程扰动引起的动力灾害风险，实现深部资源安全高效回采。为此，本书在国家自然科学基金的资助下，围绕深部开采的卸压机理及技术展开论述，形成的主要创新性成果如下：

(1) 创新设计了高应力还原、恒轴压-卸围压及轴向载荷加载的三阶段应力加载路径，得到了高应力-高渗透压耦合下岩石三阶段加载全过程应力-应变曲线，首次发现了不同长度的"平台特征"及"二次压密"现象。

(2) 发现了"三阶段"作用下岩体变形存在不同类型的体积应变现象：第一种类型为先二次压缩、再扩容膨胀、最后延性扩容；第二种类型为先二次压缩、再扩容膨胀、最后屈服后出现体积恢复，即首次发现了高应力高围压作用下的"体积复容"现象；第三种类型未出现扩容及复容现象。

(3) 发现了"三阶段"加载的能量演化新特征，卸载段能量发生突变，耗散能迅速增加，弹性应变能降低，能量的突变大小与卸压有关，从理论上揭示了卸压工程的目的和意义。

(4) 发现了深部卸荷岩石具有明显的速率效应及蠕变特性，岩石的峰值强度、弹性模量随载荷的增加呈增大趋势，且峰值强度存在一个上限。岩石的蠕变变形与载荷大小密切相关，当载荷较高时才出现加速蠕变现象。

(5)提出了负煤柱卸压开采和岩层连续卸压技术，构建了包含煤壁自动卸压结构、矸石-三角煤柱让压结构、矸石顶板卸压结构的负煤柱卸压开采结构体系，实现了深部矿井“有震无灾，经济可采”的防治效果。

全书共分 6 章。第 1 章概述了深部开采、卸压开采的概念、内涵及卸压的意义、深部卸压开采对岩石力学特性的影响；第 2 章提出了高应力还原、恒轴压-卸围压、轴向载荷加载的三阶段应力加载试验新方法，分析了常规三轴下深部岩石变形与强度特性、渗透特性、能量演化规律及宏细观破坏特性；第 3 章分析了真三轴条件下的“三阶段”深部岩石变形与强度特性、岩石强度准则评价分析及本构模型；第 4 章分析了流-固耦合条件下深部卸荷岩石渗流特性及强度特征；第 5 章分析了“三阶段”分级加载、分级增量加卸载下的深部卸荷岩石蠕变特性、速率效应；第 6 章分析了错层位不同类型卸压开采的特征规律，揭示了负煤柱卸压开采的耗散能机制，提出了负煤柱卸让压的三元结构体系及卸压开采技术，并进行了现场测试及经济效益分析。

黄达撰写了第 1 章，张俊文撰写了第 2～6 章，其中研究生宋治祥、范文兵、金小东、丁露江、霍英昊参与了第 2～5 章部分章节的撰写工作，研究生董续凯、张杨对书中的表格、公式、图形等进行了校对。全书由张俊文统筹策划并审定。

衷心感谢国家自然科学基金重点项目(52034009)、面上项目(51974319)对本书出版的资助。本书编写过程中，参阅了大量的国内外文献，在此谨向文献作者表示由衷的感谢。由于作者水平有限，书中不足之处诚恳希望各位读者不吝赐教、批评指正。

张俊文

2021 年 10 月

目　　录

序

前言

第 1 章　概述 …… 1

1.1　深部开采的概念及内涵 …… 1

1.2　卸压开采的概念及意义 …… 1

1.3　深部卸压开采对岩石力学特性的影响 …… 2

第 2 章　常规三轴条件下深部岩石卸荷力学特性 …… 4

2.1　常规三轴卸荷试验方案 …… 4

2.1.1　试验应力值设置依据 …… 4

2.1.2　渗透试验原理 …… 5

2.1.3　“三阶段”加卸载试验方案 …… 6

2.1.4　常规三轴力学试验方案 …… 8

2.2　常规三轴条件下深部岩石变形与强度特性 …… 9

2.2.1　强度分界点确定及阶段划分 …… 9

2.2.2　阶段变形特征 …… 14

2.2.3　脆-延转换与“平台”现象 …… 20

2.2.4　全局变形特征 …… 22

2.2.5　强度演化特征 …… 26

2.2.6　强度包络线特征 …… 28

2.3　深部岩石渗透特性及能量演化规律 …… 30

2.3.1　渗透特性 …… 30

2.3.2　渗透率演化 …… 32

2.3.3　渗透率反演与应力-应变阶段对应特征 …… 36

2.3.4　渗透率灵敏性分析 …… 38

2.3.5　渗透率影响因素耦合效应分析 …… 39

2.3.6　能量演化特性 …… 40

2.4　深部岩石宏细观破坏特性 …… 52

2.4.1　细观破坏特征 …… 53

2.4.2　宏观破坏特征 …… 61

第 3 章　真三轴条件下深部岩石卸荷力学特性 …… 63

3.1　真三轴卸荷试验方案 …… 63

3.2　真三轴下深部岩石变形与强度特性……65
3.2.1　相同模拟深度不同应力路径下变形特征分析……65
3.2.2　相同模拟深度不同应力路径下破坏特征分析……70
3.2.3　相同模拟深度不同应力路径下强度特征分析……71
3.2.4　相同模拟深度不同应力路径下轴向应力-体积应变特征分析……73
3.2.5　相同应力路径不同模拟深度下变形特征分析……74
3.2.6　相同应力路径不同模拟深度下破坏特征分析……77
3.2.7　相同应力路径不同模拟深度下强度特征分析……78
3.2.8　应力路径对岩石渐变破坏影响规律……79
3.2.9　渐变破坏特征应力描述……80
3.2.10　强度分界点的确定与阶段划分……81
3.2.11　轴向应变渐变破坏分析……82
3.2.12　最大水平应变渐变破坏分析……86
3.2.13　最小水平应变渐变破坏分析……87
3.3　岩石强度准则评价分析及本构模型……89
3.3.1　岩石强度准则介绍……89
3.3.2　真三轴加卸载条件下岩石强度准则评价分析……91
3.3.3　岩石本构模型……94
第 4 章　流-固耦合条件下深部卸荷岩石渗流特性……97
4.1　流-固耦合条件下深部卸荷岩石渗流试验方案……97
4.1.1　静水压力试验……97
4.1.2　偏应力试验……99
4.1.3　流-固耦合试验……101
4.2　流-固耦合条件下深部卸荷岩石破坏特征……104
4.2.1　宏观破坏特征分析……104
4.2.2　强度与变形特征敏感性分析……106
4.2.3　强度分界点的确定……107
4.2.4　渐进变形力学行为规律分析……111
4.3　深部卸荷岩石渗透率变化特征……113
4.3.1　峰前力学行为与渗透率演化响应分析……113
4.3.2　变形全过程力学行为与渗透率演化响应分析……115
4.4　渗透压作用下深部卸荷岩石强度特征……116
4.4.1　渗透压对岩石强度的影响……116
4.4.2　峰值强度特征分析……116
4.4.3　渗透率演化模型与灵敏性分析……120
4.5　深部卸荷岩石流-固耦合数值分析……124

4.5.1 渗流演化特性数值模型 …… 124
4.5.2 数值模拟结果分析 …… 125

第 5 章 深部卸荷岩石蠕变力学特性 …… 129

5.1 基于速率效应的深部卸荷岩石单轴压缩力学试验方案 …… 129
5.2 基于速率效应的深部卸荷岩石强度及能量演化特性 …… 129
5.2.1 强度特征 …… 129
5.2.2 变形破坏特性 …… 130
5.2.3 能量演化特征 …… 136
5.2.4 损伤演化特征 …… 139
5.3 基于速率效应的深部卸荷岩石分级循环加卸载蠕变特性 …… 141
5.3.1 试验过程与方法 …… 141
5.3.2 变形破坏特征 …… 142
5.3.3 黏弹塑性特征 …… 145
5.3.4 蠕变速率特征 …… 150
5.3.5 破坏模式 …… 151
5.3.6 长期强度 …… 152
5.4 分级加载下深部卸荷岩石三轴蠕变特性 …… 153
5.4.1 分级加载下深部卸荷岩石三轴蠕变试验方案 …… 153
5.4.2 “三阶段”分级增量加载深部卸荷岩石蠕变特性 …… 160
5.5 分级增量加卸载深部卸荷岩石蠕变特性 …… 164
5.5.1 试验方案 …… 164
5.5.2 变形特征分析 …… 165
5.5.3 能量耗散分析 …… 169
5.5.4 黏弹塑性分析 …… 171
5.5.5 损伤阈值及长期强度分析 …… 173
5.6 深部卸荷岩石黏弹塑性蠕变模型 …… 176

第 6 章 错层位开采卸压原理及技术 …… 181

6.1 错层位卸压巷道围岩力学分析 …… 181
6.1.1 错层位卸压巷道的特点 …… 181
6.1.2 错层位卸压巷道的分类 …… 183
6.1.3 错层位卸压巷道围岩力学属性 …… 184
6.1.4 巷道围岩弹塑性力学分析 …… 186
6.1.5 三角煤柱力学分析 …… 194
6.2 巷道侧向围岩能量耗散研究 …… 196
6.2.1 概述 …… 196
6.2.2 能量耗散基本理论 …… 197

6.2.3 巷道围岩能量表征 ………… 198
6.2.4 巷道侧向围岩能量耗散分析 ………… 201
6.2.5 巷道侧向围岩能量损伤特性 ………… 205
6.3 负煤柱巷道顶板吸能及耗能机理 ………… 206
6.3.1 负煤柱定义 ………… 206
6.3.2 老顶失稳机理分析 ………… 206
6.3.3 负煤柱巷道矸石层顶板变形与吸能机理分析 ………… 212
6.4 负煤柱巷道围岩结构及其卸让压原理 ………… 217
6.4.1 常规沿空侧巷道围岩结构特征及技术难点 ………… 217
6.4.2 负煤柱巷道围岩结构特征 ………… 219
6.4.3 负煤柱巷道围岩卸让压原理力学分析 ………… 221
6.5 实验室相似模拟 ………… 233
6.5.1 镇城底矿 8#煤层相似模拟 ………… 234
6.5.2 白家庄矿采 9#放 8#煤层相似模拟 ………… 237
6.5.3 斜沟煤矿 13#煤层相似模拟 ………… 240
6.6 实验室数值模拟 ………… 245
6.6.1 数值模拟程序及模拟内容 ………… 245
6.6.2 计算模型 ………… 245
6.6.3 计算参数 ………… 246
6.6.4 数值模拟结果及分析 ………… 246
6.7 负煤柱巷道矿压实测 ………… 254
6.7.1 观测内容、方法及开采条件 ………… 254
6.7.2 负煤柱巷道超前压力实测分析 ………… 255
6.7.3 负煤柱巷道围岩变形实测分析 ………… 258
6.8 负煤柱巷道经济效益分析 ………… 261
6.8.1 镇城底矿负煤柱巷道经济效益分析 ………… 261
6.8.2 白家庄矿负煤柱巷道经济效益分析 ………… 261
参考文献 ………… 266

第1章 概 述

1.1 深部开采的概念及内涵

充分理解“深部”概念是研究深部岩石力学基础理论的必要前提，科学界定“深部”概念是深部开采理论发展与技术实践的重要基础。原岩应力是地下岩体的基本状态，高应力环境和非线性力学响应特征是深部力学状态的显著特征，也是深部开采伴生灾害的主要诱因。深部开采可定义为在高地应力环境和具有非线性力学响应的煤岩体空间实施的采矿活动。但究竟什么是深部，如何定义深部，却始终没有科学的、定量化的表述。2001 年，谢和平院士召集了我国第一个以“深部岩体力学”为主题的香山科学论坛[1]，率先提出深部岩石所处环境的“三高一强”特征(高地应力、高地温、高渗透压、强时效)。随后，深部开采与深部岩体力学研究得到了持续的、广泛的关注，获得了一系列研究成果。随着研究的不断深入，现在普遍认为“深部”不是一个简单的深度概念，而是一种由地应力水平、采动应力状态和围岩属性共同决定的力学状态，可以通过力学分析给出定量化表征。

此外，深部力学状态显现是煤炭开采由浅部进入深部的基本条件，高地应力环境和原岩非线性力学响应是深部力学状态的基本特征。深部开采的内涵如下[2-4]。

(1) 深部开采是原岩处于深部高地应力状态下的采矿活动。高地应力状态是深部应力状态的基本特征。

(2) 深部开采是采动煤岩出现显著非线性力学响应特征的采矿活动。采动煤岩的非线性力学响应是深部与浅部力学状态的动态特征差异。

(3) 深部开采过程也是采动耦合作用与煤岩力学状态时-空演化过程。采动煤岩的初始状态反映了采动煤岩静态属性和力学状态，采动耦合状态反映了煤岩的动态属性和力学状态。采动煤岩的力学状态变化与深度、原岩岩性组合及采动源参数都息息相关。

1.2 卸压开采的概念及意义

卸压开采是为减小深部工作面采动应力集中、降低工作面回采过程中发生动力灾害危险、实现工作面安全高效回采的方法。卸压开采后，顶板岩层中出现大范围的破断、移动变形和卸压，工作面回采时能够取得显著的卸压效果。因此，卸压开采技术在实践中得到了应用。卸压开采的主要方法有：开槽卸压、巷旁卸压巷卸压、顶部卸压巷卸压、钻孔卸压、爆破卸压、卸压巷加松动爆破卸压、切缝卸压等。其中，开槽卸压目前尚无合适的开槽机具，仍然采用风镐或手镐开掘出一定宽度和深度的槽，其作用在于卸压槽开掘后，使巷道的围岩应力向煤岩体深部转移，改变了巷道围岩应力场的分布状况，有利于巷道的维护。钻孔卸压的机理与开槽卸压基本相同，卸压效果主要取决于孔径、孔距、孔深等参数，合理布置的卸压孔可导致巷帮围岩的结构性预裂破坏，从而使围岩高应力向深部转移。爆破卸压的实质是在围岩钻孔底部集中装药爆破，使巷道和硐室周边附近的围岩与深部岩体脱离，原来处于高应力状态的岩层卸载，将应力转移到围岩深部。实践证明：单纯的爆破卸压效果一般，需与松动圈围岩加固结合起来，才能确保维护效果。卸压巷卸压的实质是在被保护的巷道附近，开掘专门用于卸压的巷道或硐室，减小附近煤层开采的采动影响，促使采动引起的应力重新分布，使被保护的巷道处于开掘卸压巷道而形成的应力降低区内。切缝卸压是通过预爆破致裂措施切断基本顶岩层，减弱工作面采动应力的传递，从而降低回采巷道煤柱的集中应力。除此之外，巷道合理的优化布置方法也可以实现卸压开采的目的，巷道优化布置一般有开采保护层和错层位开采。开采保护层是一种区域性降低冲击危险性的卸压措施。开采保护层有上行开采和下行开采，这两种开采方式均属于卸压开采，卸压开采改变了顶底板空间结构及应力分布状况，在一定范围内形成卸压带。卸压带的范围受煤岩地质条件、层间距、关键层等影响。随着层间距的减小，卸压开采后下伏煤层所处层位应力变化梯度增大，导致应力增高区与应力降低区应力差值增大，卸压开采作用对巷道位置选择影响程度明显增加。错层位开采是另一种有效的卸压开采巷道布置方式，由于其实体煤侧卸压效果好、顶板稳定、维护成本低而被应用于支护难度大、冲击地压频发的矿井，特别是负煤柱卸压巷道布置形式。

1.3 深部卸压开采对岩石力学特性的影响

深部开采的“三高一扰动”对岩石力学特性具有重要影响。其中，高地应力主要受岩体埋藏深度影响。已有研究表明，随着深度的增加，煤岩体所受的地应力水平和围岩属性均会发生改变，深部煤岩体表现出来的基本力学特性与浅部截然不同，且一些基本的力学参数取值也发生了变化，如岩石的泊松比、弹性模量、波速、初始渗透率、单轴抗压强度、单轴抗拉强度等。此外，采(埋)深对深部煤岩体的能量演化特性亦存在显著的影响，深部煤岩体的总输入能、弹性应变能、耗散能均随着采(埋)深的增大而不断增加，深部煤岩体产生的最大变形量均随着模拟深度的增加而不断增大[5,6]，易导致深部巷道产生显著的“大变形、高能级、难维护”的外在特征。

为了降低高地应力的影响，深部工程通常采用卸压开采方式。从岩石力学试验角度分析，通常采用卸载围压、改变应力路径等方式进行模拟。相关研究表明：围压效应会显著影响煤岩体脆-延转换机制。围压越高，相应条件下的岩石表现出延性变形特性越显著；反之，则表现出脆性变形特征越显著。此外，围压也会显著影响煤岩体的强度特性。一般而言，围压越高，强度承载力越强。强度失稳准则的建立与应用均离不开围压效应的贡献。目前，强度失稳准则主要有如下几种：莫尔-库仑强度准则（未考虑中间主应力效应），Hoek-Brown 强度准则，Drucker-Prager 准则（是 von Mises 屈服准则拓展而衍生的，其考虑了静水压力效应与中间主应力效应），Mogi-Coulomb 准则（主要是描述八面体剪应力与有效平均应力之间的关系，特殊条件下可退化为莫尔-库仑强度准则），Zhang-Zhu 失稳强度准则（三维 Hoek-Brown 强度准则），格里菲斯强度准则（主要考虑拉伸破坏）等[7]。因此，煤或岩石强度准则的建立均离不开围压效应的贡献。从能量角度看，无论是煤还是岩石，围压效应均会显著影响其总输入能、弹性应变能及耗散能的演化特征。

另外，深部岩体开挖前处于原岩应力状态下，原岩应力是引起深部工程岩体变形和破坏的重要作用力。在深部开挖过程中，开挖、工程扰动等均会打破埋藏深部岩层中岩体的初始原岩应力平衡状态。同时，在其开挖过程中，深部巷道常会有不同的开挖方式，而其开挖方式的不同在进行岩石力学试验时则表现为对岩石进行不同应力路径的加卸载试验。对岩石进行不同应力路径的加卸载试验可总结为对岩石进行一个或多个方向的卸载，而其他方向的应力或增加或减小或保持不变。在深部巷道开挖后，深部岩层中岩体的应力状态经历复杂的调整过程会重新达到新的平衡。目前国内外矿山相继进入了深部开采阶段。在深部开采过程中，埋深越大，其煤岩体的力学行为将更加复杂。

第 2 章　常规三轴条件下深部岩石卸荷力学特性

2.1　常规三轴卸荷试验方案

2.1.1　试验应力值设置依据

为了获取深部高应力-高渗透压耦合下深部岩石力学特性，试验方案分别模拟了深度为 1000m、1500m、2000m 深部巷道开挖过程的围岩应力状态，分别开展了卸载预设围压梯度为 6MPa、13MPa、20MPa 的“三阶段”加卸载高应力-高渗透压耦合试验。

依据式(2-1)[8,9]以及图 2-1 中世界各地地应力测量典型结果，可求得模拟深度 1000m、1500m、2000m 对应的地层所存在的初始高地应力状态点的三向应力值：σ_1=27MPa，σ_2=51MPa，σ_3=33MPa；σ_1=40.5MPa，σ_2=73MPa，σ_3=50MPa；σ_1=54MPa，σ_2=95MPa，σ_3=66MPa。

$$\begin{cases}\sigma_{\mathrm{v}} = \sigma_1 = 0.027H \\ \sigma_{\mathrm{hmax}} = \sigma_2 = 6.7 + 0.0444H \\ \sigma_{\mathrm{hmin}} = \sigma_3 = 0.8 + 0.0329H\end{cases} \tag{2-1}$$

鉴于常规三轴力学试验需满足以下基本力学特性：$\sigma_1 > \sigma_2 = \sigma_3$，故将模拟深度 1000m、1500m、2000m 对应的地层所存在的初始高地应力状态点的三向应力值

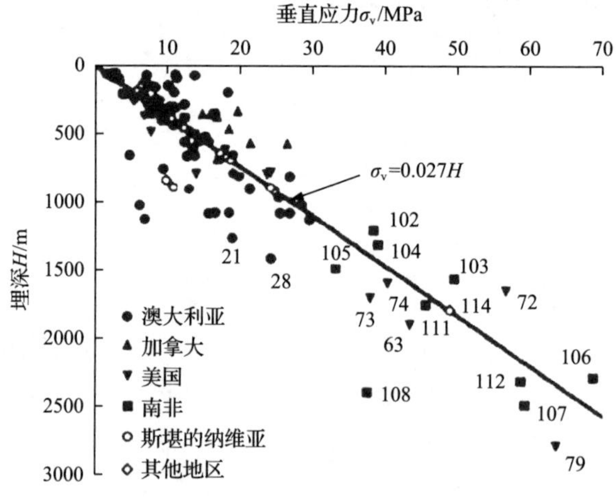

(a) 垂直应力随埋深的演变特征点

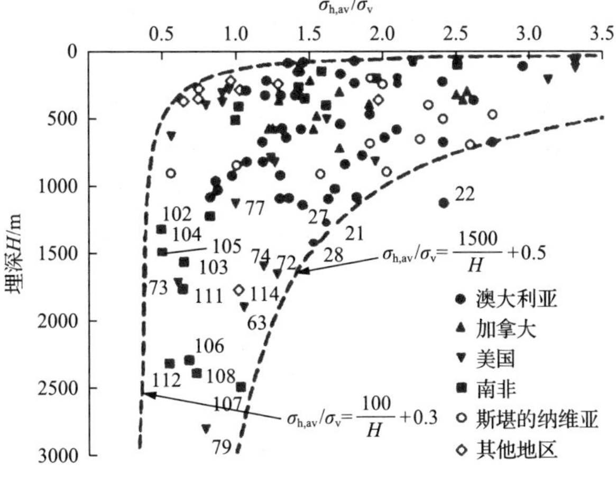

(b) 水平应力与垂直应力比值随埋深的演变特征点

图 2-1　世界各地地应力测量典型结果[10]

分别设置为σ_1=27MPa，$\sigma_2=\sigma_3$=23MPa；σ_1=40.5MPa，$\sigma_2=\sigma_3$=36.5MPa；σ_1=54MPa，$\sigma_2=\sigma_3$=50MPa。卸载预设围压梯度则是根据其他国内外学者成功发表的成果所设置的加卸载力学试验经验值来确定。

2.1.2　渗透试验原理

采用瞬态压差衰减法对深部岩石进行高应力-高渗透压耦合下的渗透试验，试验原理如图 2-2 所示。

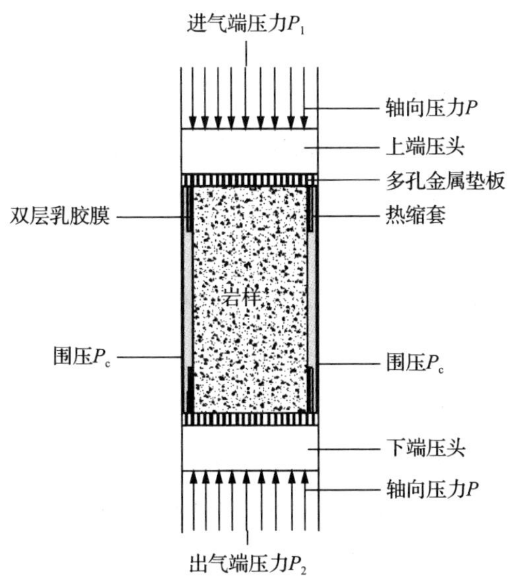

图 2-2　深部岩石渗透试验原理图

图 2-2 中，P 为 RIR-1500 轴向加载系统通过伺服系统控制施加的轴向压力，P_1 为一定时间段内通过孔压增压器注入的 CO_2 压力，P_2 为出气端压力，P_c 为围压。测试原理是首先施加围压、轴压至设定值，之后施加孔压使进气端压力 P_1 和出气端压力 P_2 均达到 10MPa，待孔压稳定后，不断降低出气端压力，形成动态变化的渗透压差 ΔP，进而持续地驱动渗流体在岩样裂隙中流动，从而形成一定时间段内的孔压差脉冲衰减过程，进而通过公式计算出深部岩石在不同应力状态点下的渗透率，渗透率计算公式为

$$k = \mu\beta V \frac{\ln\dfrac{\Delta P_{\mathrm{i}}}{\Delta P_{\mathrm{j}}}}{2\Delta t\dfrac{A_{\mathrm{s}}}{L_{\mathrm{s}}}} \tag{2-2}$$

式中，μ 为气体黏滞系数，$1.4932\times10^{-5}\mathrm{Pa\cdot s}$；$\beta$ 为气体压缩系数，$1.11111\times10^{-6}\mathrm{Pa}^{-1}$；$V$ 为稳压容器体积，m^3；A_s 为横断面面积，m^2；L_s 为岩样高度，m；Δt 为孔压差变化持续时间段，s；ΔP_i、ΔP_j 分别为 Δt 时间段内初始孔压差和最终孔压差，MPa。

2.1.3 “三阶段”加卸载试验方案

为了获取深部高应力-高渗透压耦合下深部岩石力学特性，试验中分别模拟了深度为 1000m、1500m、2000m 深部巷道开挖过程的围岩应力状态，开展了卸载预设围压梯度为 6MPa、13MPa、20（23）MPa 的“三阶段”加卸载高应力-高渗透压耦合试验。另外，对破坏前后的典型深部岩石进行微米级 CT 扫描试验，具体的试验步骤如下。

1. 试验前典型深部岩石微米级 CT 扫描试验

在对深部岩石进行高应力-高渗透压耦合试验之前，选取典型深部岩石进行微米级 CT 扫描试验，获得典型深部岩石内部空间裂隙、孔洞、缺陷等分布特征，裂隙产状、数量等基本特征参量。

2. 深部岩石“三阶段”加卸载高应力-高渗透压耦合试验

（1）高地应力状态还原阶段Ⅰ：本阶段深部岩石加载过程采用应力控制，保持偏应力恒定为 4MPa，采用三向静水加压的方式将 σ_1、σ_2 与 σ_3 以 4MPa/min 的加载速率还原深部岩石至高地应力状态（σ_1=54MPa，$\sigma_2=\sigma_3$=50MPa；σ_1=40.5MPa，$\sigma_2=\sigma_3$=36.5MPa；σ_1=27MPa，$\sigma_2=\sigma_3$=23MPa），同时在加载过程中 GCTS 多场耦合伺服试验系统数据存储装置自动记录相关数据。

（2）恒轴压-卸围压阶段Ⅱ：在阶段Ⅰ基础上，本阶段将 σ_2 与 σ_3 以 2MPa/min

卸载速率分别卸载至相应设定值 20(23) MPa、13MPa、6MPa，卸载过程中采用应力控制分别保持轴向载荷 σ_1=54MPa、σ_1=40.5MPa、σ_1=27MPa 恒定，同时每隔 10MPa/20MPa 采用瞬态压差衰减法测量深部岩石的渗透率，同时 GCTS 多场耦合伺服试验系统数据存储装置自动记录相关数据。

(3) 轴向载荷加载阶段Ⅲ：在阶段Ⅱ基础上，本阶段轴向加载过程是以阶段Ⅱ卸载至相应的围压预定值保持恒定，分别以 σ_1=54MPa、σ_1=40.5MPa、σ_1=27MPa 为起点进行轴向持续加载，直至加载至深部岩石达到峰后应变软化阶段为止，加载控制方式采用应变控制方式，加载速率设置为 0.05%/min。在加载过程中每隔 10MPa/20MPa 测量深部岩石的渗透率，岩土工程和测试系统 (Geotechnical Consulting & Testing Systems，GCTS) 多场耦合伺服试验系统数据存储装置自动记录相关数据，相应的“三阶段”加载应力路径示意图见图 2-3。

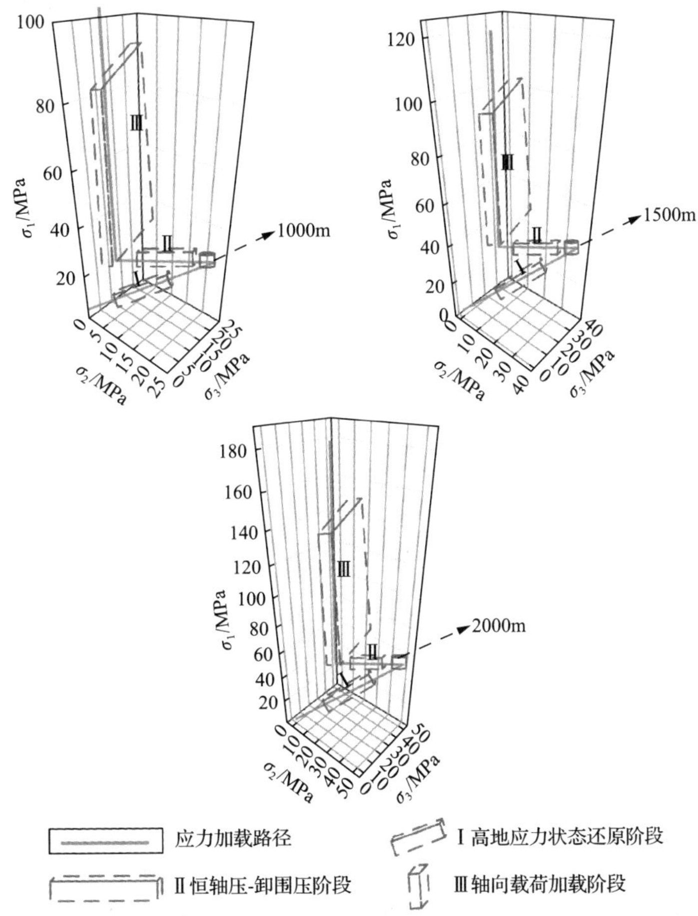

图 2-3　不同模拟深度的深部岩石“三阶段”加卸载应力路径示意图[11,12]

σ_1 为深部岩石所受的轴压，$\sigma_2=\sigma_3$ 为深部岩石所受的卸载预设围压

3. 试验后典型破坏的深部岩石微米级 CT 扫描试验

在对深部岩石进行“三阶段”加卸载高应力-高渗透压耦合试验之后，分别选取模拟深度为 1000m、1500m、2000m，卸载预设围压为 13MPa 的典型深部岩石进行微米级 CT 扫描试验，获得典型深部岩石在“三阶段”加卸载高应力-高渗透压耦合作用后的细观破坏特征。同时，对“三阶段”加卸载高应力-高渗透压耦合作用后的深部岩石进行宏观拍照分析，获取其在“三阶段”加卸载高应力-高渗透压耦合作用后的宏观破裂特征，进而体现出深部岩石在“三阶段”加卸载高应力-高渗透压耦合作用下的力学特性。

其中，典型深部岩石微米级 CT 扫描示意图如图 2-4 所示。另外，为了获取试验前后的深部岩石内部结构以及裂隙空间位置、产状、数量等破坏特征，本节将着重研究与分析深部岩石中间部位Ⅱ处的 *X-Y*、*Y-Z* 以及 *X-Z* 方向上所得的 CT 三视图所呈现出的细观破坏特征。

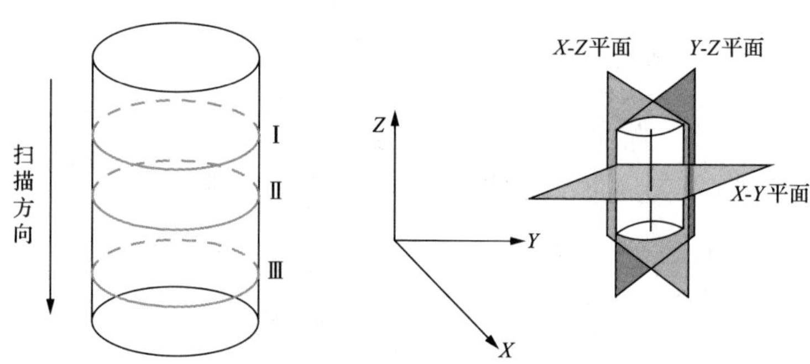

图 2-4　深部岩石 CT 扫描示意图[11]

2.1.4　常规三轴力学试验方案

选取典型深部岩石进行围压为 13MPa 下的常规三轴加载力学试验。

(1)加围压阶段Ⅰ：本阶段深部岩石加载过程采用应力控制方式并保持偏应力恒定为 1.4MPa，采用三向静水加压的方式将 σ_1 、σ_2 与 σ_3 以 4MPa/min 的加载速率将围压加载至预设值 $\sigma_2=\sigma_3$ =13MPa，同时在加载过程中 GCTS 多场耦合伺服试验系统数据存储装置自动记录相关数据。

(2)恒围压-加轴压阶段Ⅱ：在阶段Ⅰ基础上，将 $\sigma_2=\sigma_3$ =13MPa 保持恒定，σ_1 采用应变控制方式以 0.05%/min 加载速率持续加载，直至加载至深部岩石达到峰后应变软化阶段为止。在加载过程中，GCTS 多场耦合伺服试验系统数据存储装置自动记录相关数据，相应的“三阶段”加卸载应力路径见图 2-5。此外，为了将所设置试验工况对比，制作出各工况下的试验过程参数见表 2-1。

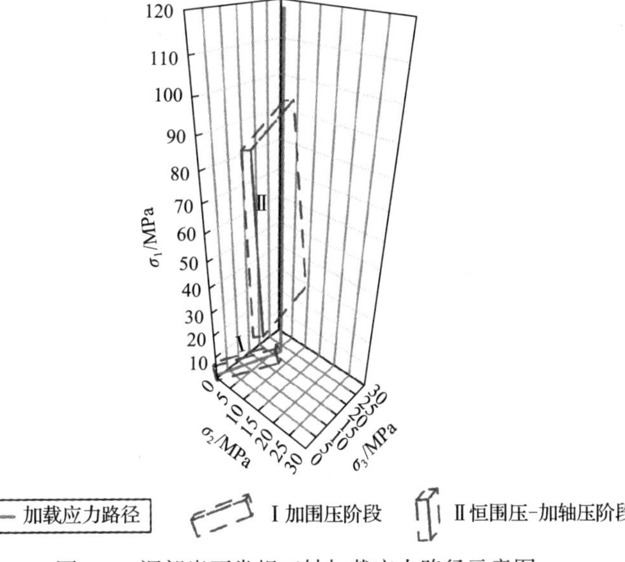

图 2-5　深部岩石常规三轴加载应力路径示意图

σ_1 为深部岩石所受的轴压，$\sigma_2=\sigma_3$ 为深部岩石所受的围压

表 2-1　不同工况下试验过程参数详情表

加载方式	阶段划分	控制方式	加(卸)载速率	围压/MPa	模拟深度/m	轴压/MPa
常规三轴加载	Ⅰ	应力	4MPa/min	13	—	14.4
	Ⅱ	应变	0.05%/min	13	—	—
“三阶段”加卸载	Ⅰ	应力	4MPa/min	50, 36.5, 23	2000, 1500, 1000	54, 40.5, 27
	Ⅱ	应力	2MPa/min	6, 13, 20, 23	—	54, 40.5, 27
	Ⅲ	应变	0.05%/min	6, 13, 20, 23	—	—

2.2　常规三轴条件下深部岩石变形与强度特性

2.2.1　强度分界点确定及阶段划分

各深部岩石在同一加载路径下的变形存在一定的自相似性，因此选取卸载预设围压为 13MPa 下的深部岩石“三阶段”加卸载全过程应力-应变曲线进行各强度分界点的划分。确定煤岩体全过程应力-应变曲线上闭合应力点 σ_{cc} 与起裂应力点 σ_{ci} 的方法有很多。本节参考文献[13]确定了起裂应力点 σ_{ci} 与裂纹闭合应力点 σ_{cc2}，进而得出不同围压下各深部岩石强度分界点工况表，相应的强度特征见

表 2-2，强度分界点确定方法曲线见图 2-6。图中 σ_{cd} 为体积应变率最大值处，σ_{cf} 为强度峰值处，σ_{cc1} 为高地应力状态还原阶段与恒轴压-卸围压阶段分界点，σ_{cw1} 则为恒轴压-卸围压阶段与以高地应力状态为起点的三轴压缩阶段的分界点。

表 2-2　不同卸载预设围压下深部岩石强度分界点

σ_3 /MPa	σ_{cf} /MPa	σ_{cd} /MPa	σ_{ci} /MPa	σ_{cc2} /MPa	σ_{cc2} / σ_{cf}	σ_{ci} / σ_{cf}	σ_{cd} / σ_{cf}
6	69.8	67.8	64.7	58.6	0.840	0.927	0.971
13	118.9	101.6	82.4	62.8	0.528	0.693	0.853
20	125.1	116.8	106.5	63.5	0.507	0.851	0.934
23	154.5	143.6	139.5	65.7	0.425	0.903	0.929

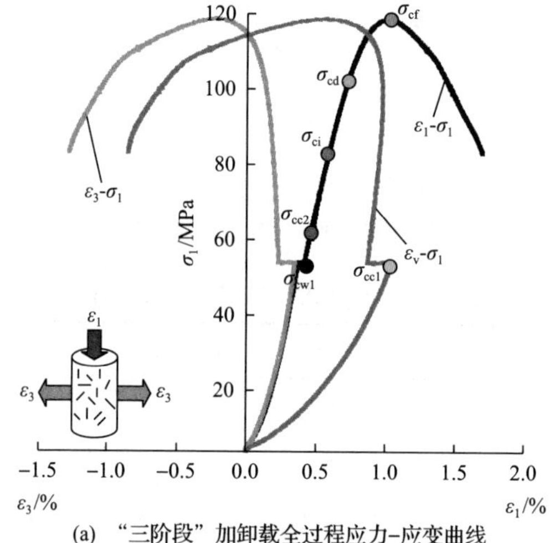

(a) “三阶段”加卸载全过程应力-应变曲线

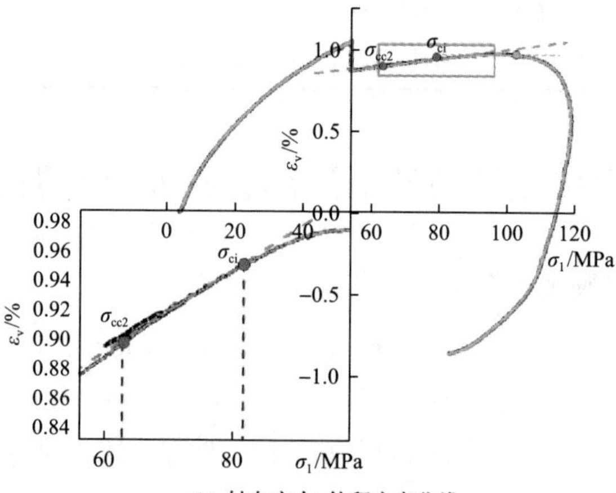

(b) 轴向应力-体积应变曲线

图 2-6　卸载预设围压为 13MPa 下的深部岩石“三阶段”加卸载曲线各强度分界点示意图

基于上述强度分界点的确定，对“三阶段”加卸载全过程应力-应变曲线进行阶段划分。如图 2-7、图 2-8 所示，该曲线可划分为三个阶段，分别为：高地应力状态还原阶段Ⅰ，恒轴压-卸围压阶段Ⅱ，轴向载荷加载阶段Ⅲ。

其中，阶段Ⅰ由于深部岩石三向受压，整体被压缩，所以各深部岩石初始轴向、径向应变均是正值，如卸载预设围压为 6MPa 下的深部岩石轴向、径向应变由 0 增加至 0.35%、0.33%，其他深部岩石的轴向、径向应变存在相似演变规律。

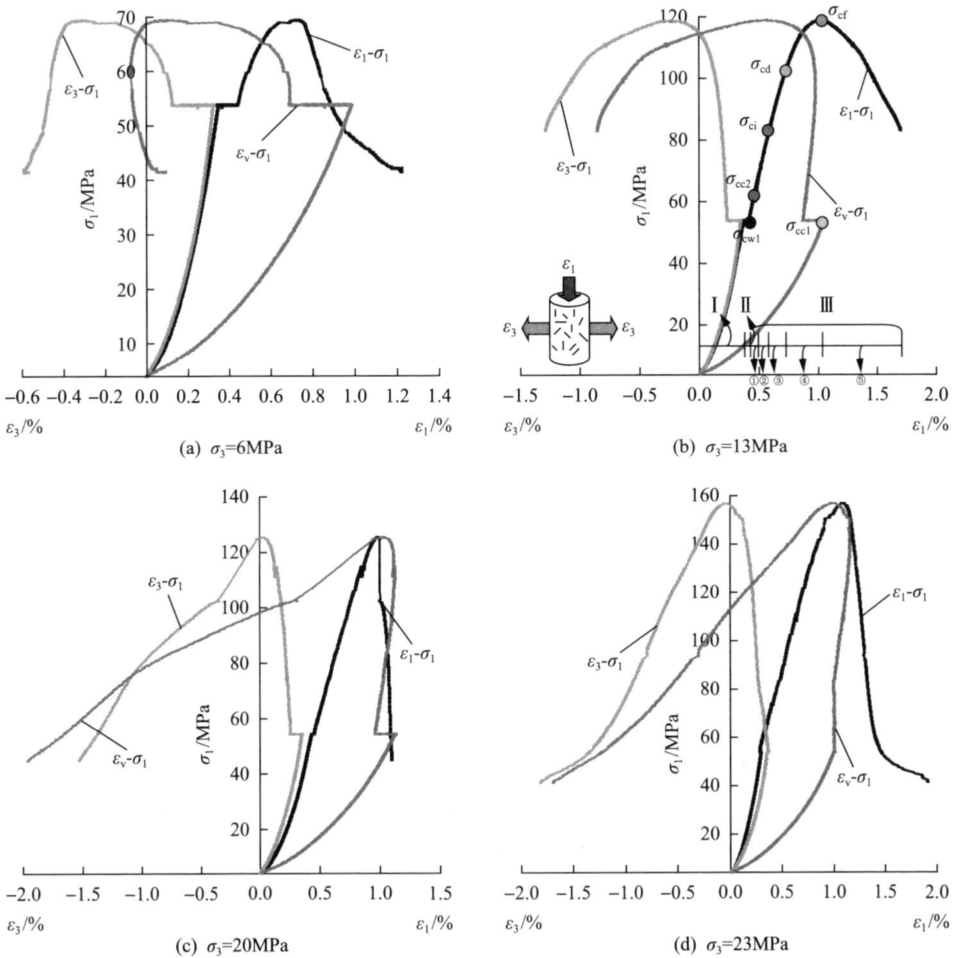

图 2-7　不同卸载预设围压下深部岩石“三阶段”加卸载全过程应力-应变曲线

Ⅰ-高地应力状态还原阶段，Ⅱ-恒轴压-卸围压阶段，Ⅲ-轴向载荷加载阶段；①-微裂纹二次压密阶段，②-线弹性变形阶段，③-裂纹稳定扩展阶段，④-裂纹非稳定扩展阶段，⑤-峰后应变软化阶段；σ_{cf} -峰值应力，σ_{cd} -损伤应力，σ_{ci} -起裂应力，σ_{cc2} -闭合应力，σ_{cw1} - Ⅱ和Ⅲ阶段强度分界点，σ_{cc1} - Ⅰ和Ⅱ阶段强度分界点

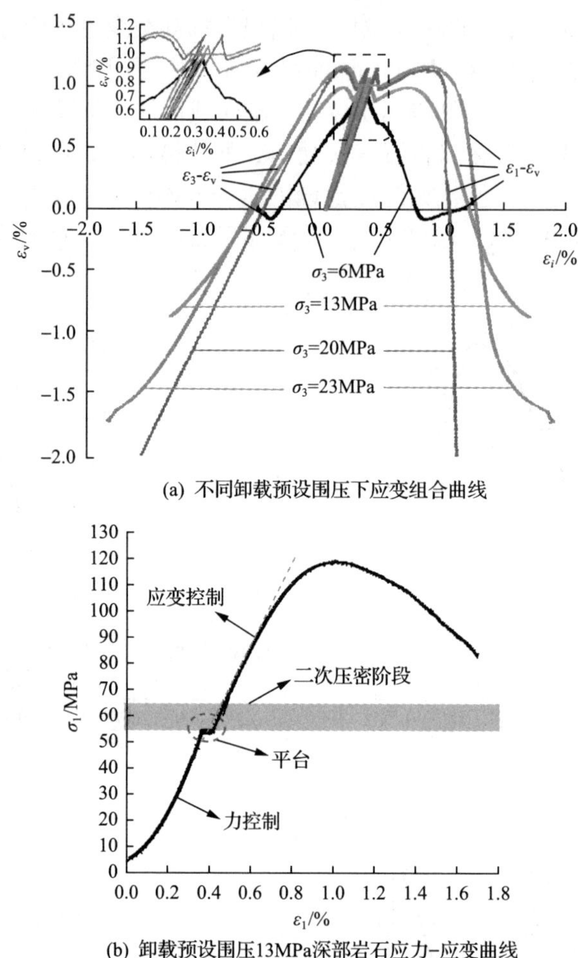

(a) 不同卸载预设围压下应变组合曲线

(b) 卸载预设围压13MPa深部岩石应力–应变曲线

图 2-8　深部岩石“三阶段”加卸载全过程特征曲线

在阶段Ⅱ保持轴压 54MPa 恒定进行径向不同程度的围压卸载试验，获取的全过程应力-应变曲线出现了不同长度的“平台”现象：如卸载预设围压为 6MPa 的深部岩石在此阶段轴向应变由 0.35%增加至 0.43%，径向、体积应变由 0.33%、0.98%减小至 0.12%、0.70%，分别形成了差量为 0.08%、0.21%、0.28%的“平台”；围压为 23MPa 的深部岩石在此阶段轴向应变由 0.27%增加至 0.47%，径向、体积应变由 0.36%、1.00%减小至 0.26%、0.98%，但分别只形成了差量为 0.20%、0.10%、0.02%的短小“平台”，“平台”现象趋近消失；形成该现象的原因主要是由于阶段Ⅰ的作用，深部岩石内部原始裂隙均被压密或闭合，低围压下的深部岩石在阶段Ⅱ可以得到较大围压卸载量，卸载比较充分，径向抑制作用会得到明显地减弱，进而使深部岩石径向发生明显外扩膨胀，形成较长的径向“平台”现象；根据格里菲斯强度准则，围压卸载会导致其内部被压密或闭合的众多裂隙开度重新被打开，甚至可能急剧增大，开度增大的裂隙周边易形成高强集中的拉应力，从而使深部岩石轴向被迫受拉而产生轴向应变不断增大的“轴向压缩”假象；体积应变形成不断负向变小的“平台”现象则表明深部岩石在恒轴压-卸围压阶段,径向变形是占据主导地位的，轴向变形只是径向变形的伴生现象；高围压下的深部岩石在恒轴压-卸围压过程中,得到的围压卸载量较小,径向抑制作用减弱效果不明显,深部岩石径向发生外扩膨胀变形效应并不显著，难以形成明显的径向“平台”，从而难以使深部岩石轴向被迫受拉而产生明显的轴向应变“平台”。

如图 2-7、图 2-9 所示，以高地应力状态为起点的轴向载荷加载阶段Ⅲ中的①微裂纹压密阶段、②线弹性变形阶段、③裂纹稳定扩展阶段、④裂纹非稳定扩展阶段及⑤峰后应变软化阶段的变形特征与常规三轴加载变形特征存在一定的差异性与相似性。相似性表明岩石变形存在一定的记忆效应，差异性主要体现在各阶段的深部岩石硬化程度会明显高于常规三轴加载过程中的各变形阶段，在此特别指出微裂纹压密阶段是属于深部岩石在阶段Ⅱ衍生出的新裂纹及内部原始微孔洞的二次压密阶段,其与常规三轴加载全过程应力-应变曲线中的初始微裂纹形成机理存在明显差异。常规三轴加载中的微裂纹压密阶段是深部岩石初始微裂隙、微孔洞的压密压实，而“三阶段”加卸载中的以高地应力状态为起点的轴向载荷加载阶段中的微裂纹压密阶段并非深部岩石本身初始微裂纹、微孔洞、缺陷的压密压实,而主要是经历恒轴压-卸围压阶段后新生裂纹、孔洞的再次压密压实特征,其二者形成机理存在显著差异。为此，“三阶段”加卸载中的以高地应力状态为起点的轴向载荷加载阶段中的微裂纹压密阶段属于新生微裂纹二次压密阶段。

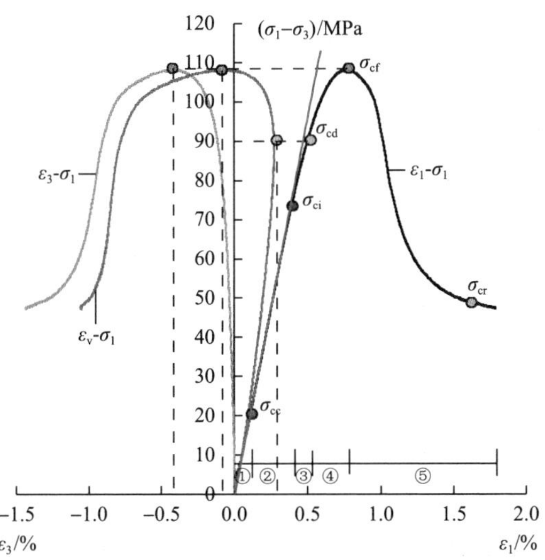

图 2-9　围压为 13MPa 下的典型深部岩石常规三轴加载变形全过程应力-应变曲线阶段划分

①-微裂纹压密阶段，②-线弹性变形阶段，③-裂纹稳定扩展阶段，④-裂纹非稳定扩展阶段，⑤-峰后应变软化阶段；σ_{cr}- 残余应力，σ_{cf}- 峰值应力，σ_{cd}- 损伤应力，σ_{ci}- 起裂应力，σ_{cc}- 闭合应力

2.2.2 阶段变形特征

1. 高地应力状态还原阶段

为了表征各深部岩石在阶段Ⅰ的变形灵敏程度，引入变量压缩灵敏性系数 η。现将压缩灵敏性系数 η 定义为在阶段Ⅰ压缩过程中 GCTS 多场耦合伺服试验系统自动记录的相邻应变数据差值与前一应变比值，其数学表达式为

$$\eta_j = \frac{\varepsilon_{i+1} - \varepsilon_i}{\varepsilon_i} \tag{2-3}$$

式中，η_j 分别表示 η_1、η_3、η_v，其中 η_1、η_3、η_v 分别为轴向、径向及体积压缩灵敏性系数；i 表示三轴系统自动记录的轴向、径向及体积应变数据顺序号。

由图 2-10 可知，在此阶段卸载预设围压为 13MPa 的深部岩石轴向、径向及体

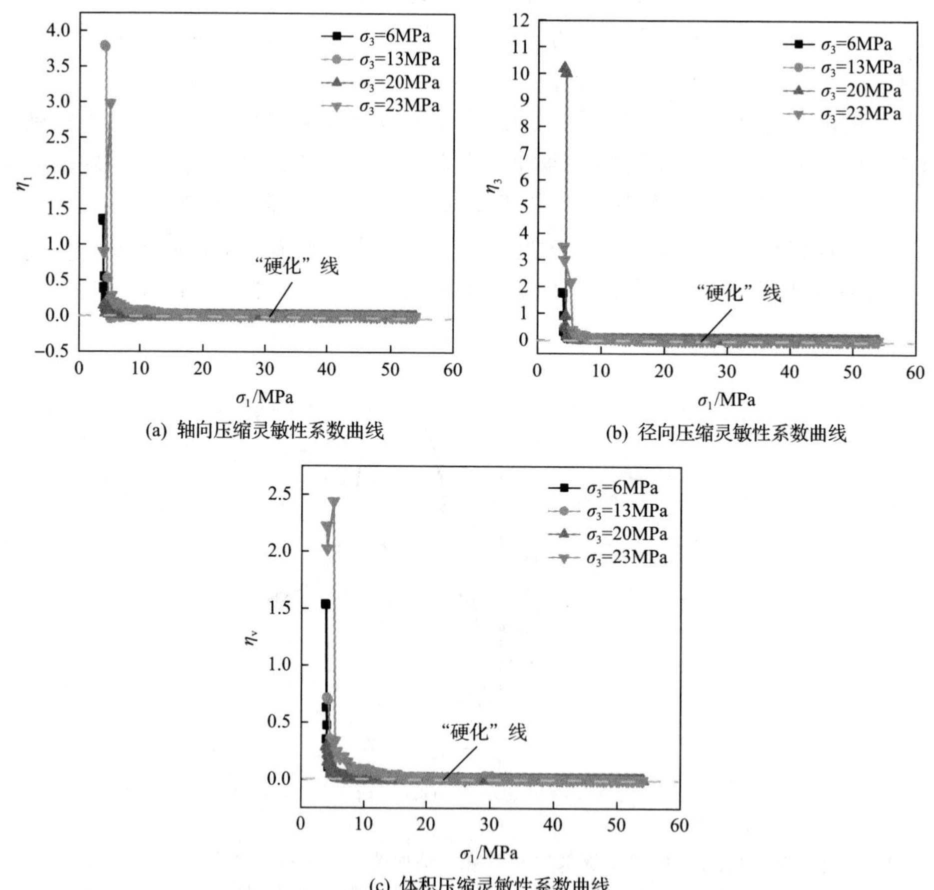

(a) 轴向压缩灵敏性系数曲线

(b) 径向压缩灵敏性系数曲线

(c) 体积压缩灵敏性系数曲线

图 2-10　高地应力状态还原阶段深部岩石轴向、径向、体积压缩灵敏性系数曲线

积压缩灵敏性系数分别从 3.78、0.456、0.693 骤降至 0.0017、0.0032、0.0027，其他卸载预设围压下的深部岩石的轴向、径向及体积压缩灵敏性系数变化也存在类似规律，均趋向于 0 刻度“硬化”线，这表明各深部岩石在此阶段压缩效应显著，高地应力状态还原效果明显，各深部岩石压密程度大幅提升，内部初始微孔隙被压密，刚化效果显著，接近于“刚性体”。

2. 恒轴压-卸围压阶段

较多学者在进行煤岩体三轴力学试验后，其卸围压阶段的变形特征及力学行为多数选取参量泊松比、卸荷比、统一围压降、侧向膨胀系数、应变围压柔量等进行表征描述分析，较好地揭示了煤岩体卸围压阶段的变形规律及力学特性。其中，早期的应变围压柔量不能较好地反映整个围压卸载过程中应力与变形的渐变响应特征。为了进一步揭示恒轴压-卸围压阶段岩体的渐进变形响应规律，在此引入瞬态应变围压柔量 ξ_i。现将瞬态应变围压柔量 ξ_i 定义为围压卸荷起始点与卸载过程中 GCTS 多场耦合伺服试验系统记录下的每个卸载点之间的应变增量 $\Delta\varepsilon_i$ 与相应围压卸荷量 $\Delta\sigma_i$ 的比值：

$$\xi_i = \frac{\Delta\varepsilon_i}{\Delta\sigma_i} \tag{2-4}$$

其中：

$$\Delta\varepsilon_i = \varepsilon_i - \varepsilon_0 \tag{2-5}$$

$$\Delta\sigma_i = \sigma_i - \sigma_0 \tag{2-6}$$

式中，σ_i、ε_i (i=1，3 分别代表轴向和径向)、σ_0、ε_0 分别为恒轴压-卸围压阶段 GCTS 多场耦合伺服试验系统自动记录的每个围压与应变值及恒轴压-卸围压阶段的初始围压和初始应变量。

瞬态应变围压柔量 ξ_i 较好地反映了围压卸荷渐变对岩体变形的影响。瞬态应变围压柔量 ξ_i 越大，表明岩体卸载对该方向作用效果越显著，亦说明岩体此方向变形占主导地位。结合 GCTS 多场耦合伺服试验系统所记录的数据并依据式(2-4)～式(2-6)，得到深部岩石在不同围压下的轴向与径向瞬态应变围压柔量曲线，相应的曲线见图 2-11 和图 2-12。

轴向与径向瞬态应变围压柔量曲线均表现出明显的“三阶段”演变特征，轴向瞬态应变围压柔量曲线可划分为骤跌阶段Ⅰ、稳定发展阶段Ⅱ及加速上升阶段Ⅲ，而径向瞬态应变围压柔量曲线可划分为剧增阶段Ⅰ、稳定发展阶段Ⅱ及加速上升阶段Ⅲ。其中，点 A、B、C 分别为轴向瞬态应变围压柔量曲线各阶段的分界点，点 a、b、c 分别为径向瞬态应变围压柔量曲线各阶段的分界点。

在轴向瞬态应变围压柔量曲线的阶段Ⅰ存在明显的跌落现象，卸载预设围压

20MPa 下的深部岩石在此阶段的 ξ_1 由 1.14×10^{-3} 骤跌至 -0.22×10^{-3}，$\Delta\xi_1$ 为 1.36×10^{-3}；而径向瞬态应变围压柔量曲线的阶段 I 则呈现出明显剧增现象，卸载预设围压 20MPa 下的深部岩石 ξ_3 由 1.51×10^{-3} 剧增至 2.42×10^{-3}，$\Delta\xi_3$ 为 0.91×10^{-3}；其他卸载预设围压下的各深部岩石 ξ_1、ξ_3 也存在明显的类似演变规律。产生这种显著差异现象的原因可能是深部岩石经历了高地应力状态还原阶段作用后产生了

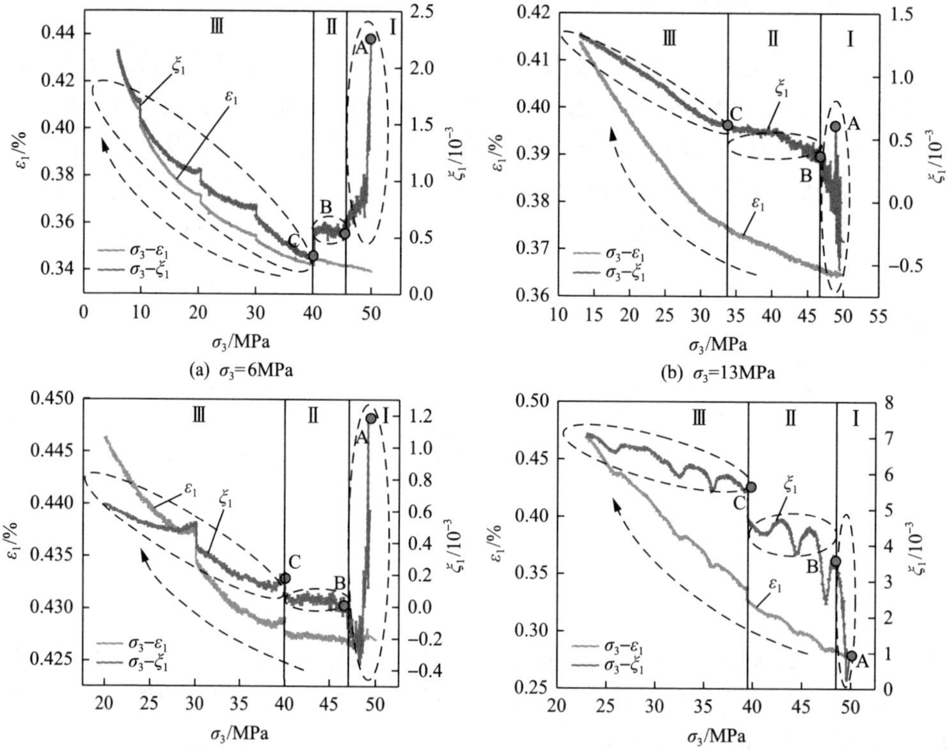

(a) σ_3=6MPa (b) σ_3=13MPa

(c) σ_3=20MPa (d) σ_3=23MPa

图 2-11 不同卸载预设围压下各深部岩石轴向瞬态应变围压柔量曲线图

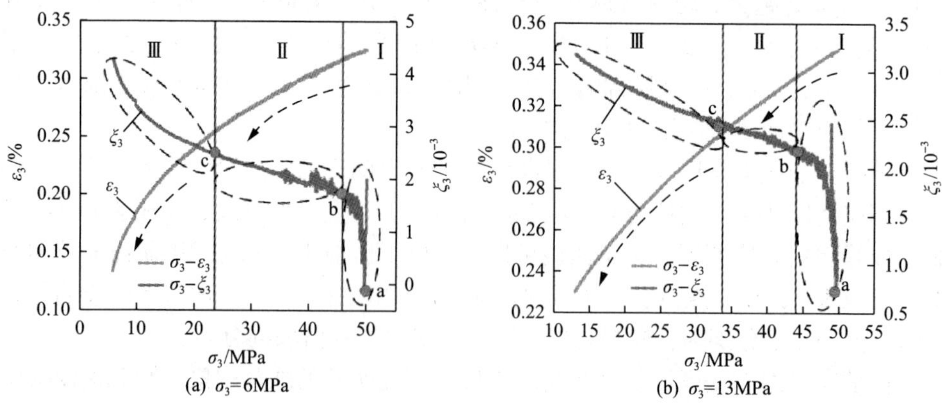

(a) σ_3=6MPa (b) σ_3=13MPa

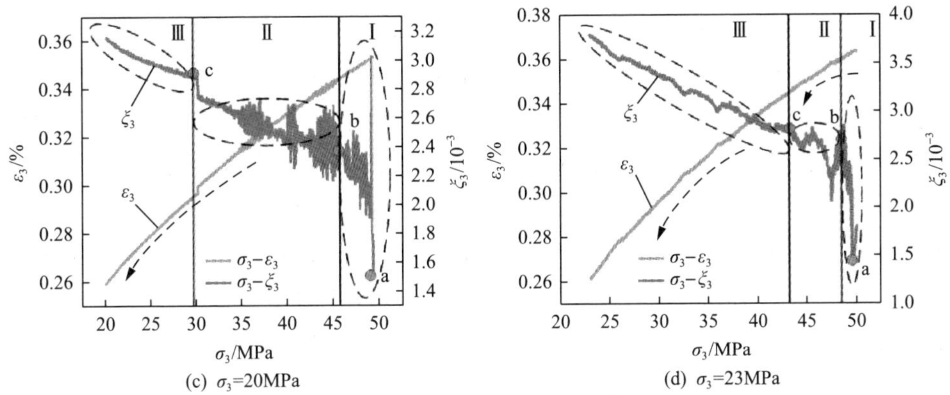

图 2-12　不同卸载预设围压下各深部岩石径向瞬态应变围压柔量曲线图

大量弹性应变能的积聚，到达恒轴压-卸围压阶段时，弹性应变能在径向方向得到了快速释放，深部岩石径向抑制作用得到了明显减弱，径向变形空间得到了大幅度延伸，变形能力增加；同时，径向外扩膨胀变形会产生开度增大的空间裂隙，其端部形成的拉应力会作用于深部岩石轴向，从而使深部岩石被迫受拉产生轴向变形，轴向变形能力并未充分体现，从而形成了轴向、径向瞬态应变围压柔量曲线阶段Ⅰ的显著反差现象。

在阶段Ⅱ，ξ_1、ξ_3呈现出稳定发展变化，卸载预设围压 13MPa 下的深部岩石在此阶段的ξ_1由 0.46×10^{-3} 平稳增加至 0.52×10^{-3}，$\Delta\xi_1$ 为 0.06×10^{-3}；ξ_3由 2.19×10^{-3} 平稳增加至 2.45×10^{-3}，$\Delta\xi_3$为 0.26×10^{-3}，其他卸载预设围压下的深部岩石ξ_1、ξ_3也存在相似的变化规律。产生这种现象的原因可能是由于时间效应的存在，能量在阶段Ⅱ释放速率逐步变缓，深部岩石在此阶段的轴向、径向抑制作用均被削弱，因而轴向、径向瞬态应变围压柔量曲线呈现出稳步发展的趋势。

在阶段Ⅲ，由于阶段Ⅰ、Ⅱ的累积作用，深部岩石整体刚度会出现大幅度衰减，在围压卸载后期，轴向挤压与径向抑制减弱的组合作用会使各深部岩石出现较大程度变形，因而深部岩石轴向、径向瞬态应变围压柔量曲线会出现阶段Ⅲ加速上升现象，卸载预设围压 6MPa 下的深部岩石在此阶段的ξ_1由 0.39×10^{-3} 加速增加至 2.12×10^{-3}，$\Delta\xi_1$ 为 1.73×10^{-3}；ξ_3 由 2.56×10^{-3} 加速增加至 4.38×10^{-3}，$\Delta\xi_3$ 为 1.82×10^{-3}，其他卸载预设围压下的深部岩石的ξ_1、ξ_3在此阶段的变化也存在明显相似规律。整体来看，发现深部岩石瞬态应变围压柔量曲线各阶段的$\Delta\xi_3$均大于$\Delta\xi_1$，表明在恒轴压-卸围压阶段，深部岩石径向变形占主导地位。另外，在整个恒轴压-卸围压阶段，轴向瞬态应变围压柔量与轴向应变曲线呈现出同向“汇流”趋势，径向瞬态应变围压柔量与径向应变曲线则呈现出异向“分流”趋势。

与其他卸载预设围压下的深部岩石轴向、径向瞬态应变围压柔量曲线相比，卸载预设围压为 23MPa 的深部岩石轴向、径向瞬态应变围压柔量曲线存在一定的差异，究其原因可能是机器操作有误导致此卸载预设围压下的 $\xi_{3\max}$ 相对于其他卸载预设围压下的 $\xi_{3\max}$ 存在较大偏差，但此卸载预设围压下的瞬态应变围压柔量曲线整体变化趋势与其他卸载预设围压下的柔量曲线变化趋势是一致的。

基于上述规律，进一步对瞬态应变围压柔量最值特征进行分析。由表 2-3 可知，卸载预设围压越小，$\xi_{1\max}$、$\xi_{3\max}$ 和 $\xi_{1\min}$ 越大，而 $\xi_{3\min}$ 则越小。同一卸载预设围压下，$\xi_{3\max}$ 明显高于 $\xi_{1\max}$，这表明深部岩石在恒轴压-卸围压阶段，其径向变形占主导地位。另外，如图 2-13 所示，在不同的卸载预设围压下，$\xi_{1\max}$ 的演化趋势较好地符合一次函数 $\xi_{1\max} = A_1 + B_1\sigma_3$ 线性衰减模型，而 $\xi_{3\min}$ 的演化趋势较好地符合一次函数 $\xi_{3\min} = A_2 + B_2\sigma_3$ 线性增长模型；$\xi_{3\max}$ 和 $\xi_{1\min}$ 的演化趋势则分别较好地符合 $\xi_{3\max} = C_1 + D_1\sigma_3 + E_1\sigma_3^2$，$\xi_{1\min} = C_2 + D_2\sigma_3 + E_2\sigma_3^2$ 二次函数演化模型。

表 2-3　不同卸载预设围压下各深部岩石瞬态应变围压柔量统计表

σ_3/MPa	$\xi_{1\max}/10^{-3}$	$\xi_{3\max}/10^{-3}$	$\xi_{1\min}/10^{-3}$	$\xi_{3\min}/10^{-3}$	$\xi_{1\max}/\xi_{3\max}$	$\xi_{1\min}/\xi_{3\min}$
6	2.13	4.34	0.24	0.26	0.49	0.94
13	1.32	3.17	−0.54	0.70	0.42	0.77
20	0.64	3.15	−0.36	1.51	0.20	0.24

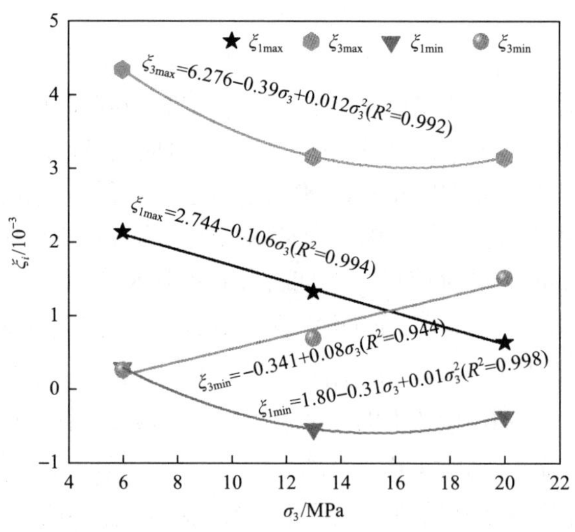

图 2-13　不同卸载预设围压下各深部岩石瞬态应变围压柔量特征点

3. 轴向载荷加载阶段

刘泉声等[14]运用渗透率对孔隙压力的导数定义了渗透率对平均孔隙压力的敏

感系数，较好地表征了每个卸载预设围压下低渗透深部岩石渗透率对平均孔隙压力的敏感演化特征。本节借鉴上述参数定义方法，选取应力-应变曲线斜率作为变形灵敏度来表征各深部岩石峰前与峰后显著变形差异特征。为简化计算，峰前、峰后轴向、径向变形灵敏度定义表达式如下：

$$\begin{cases} C_{i,\mathrm{a}} = \dfrac{\sigma_{1\max} - \sigma_{10}}{\left|\varepsilon_{i\max} - \varepsilon_{i0}\right|} \\ C_{i,\mathrm{b}} = \dfrac{\sigma_{1\max} - \sigma_{10}}{\left|\varepsilon_{i\max} - \varepsilon_{i0}^{\mathrm{b}}\right|} \end{cases} \quad (i=1,\ 3) \tag{2-7}$$

式中，$C_{1,\mathrm{a}}$、$C_{3,\mathrm{a}}$ 分别为峰前轴向、径向变形灵敏度；$C_{1,\mathrm{b}}$、$C_{3,\mathrm{b}}$ 分别为峰后轴向、径向变形灵敏度；$\sigma_{1\max}$ 表示峰值强度；$\varepsilon_{1\max}$、$\varepsilon_{3\max}$ 分别为峰值强度点对应的轴向、径向应变；σ_{10}=54MPa；ε_{10}、ε_{30} 分别为峰前起点线轴向、径向应变；$\varepsilon_{10}^{\mathrm{b}}$、$\varepsilon_{30}^{\mathrm{b}}$ 分别为峰后起点线处的轴向、径向应变。

如图 2-14(a)、(b)所示，不同卸载预设围压下的深部岩石的峰前径向变形灵敏度明显高于轴向变形灵敏度，这表明不同卸载预设围压下的深部岩石峰前径向变形明显强于轴向变形；而根据图 2-14(c)、(d)中的深部岩石峰后径向与轴向变形灵敏度趋势可以发现，不同卸载预设围压下的深部岩石的峰后轴向变形明显强于径向变形。另外，不同卸载预设围压下的深部岩石的峰前、峰后轴向与径向变形灵敏度均随卸载预设围压的变化呈现出明显的非线性函数关系，相应的函数表达式如下：

$$\begin{cases} C_{1,\mathrm{a}} = -4.094 + 1.72\sigma_3 - 0.04\sigma_3^2 & (R^2 = 0.996) \\ C_{3,\mathrm{a}} = -8.196 + 2.1467\sigma_3 + 0.097\sigma_3^2 & (R^2 = 0.7505) \\ C_{3,\mathrm{b}} = 20.312 + 0.0787\sigma_3 + 0.075\sigma_3^2 & (R^2 = 0.996) \end{cases} \tag{2-8}$$

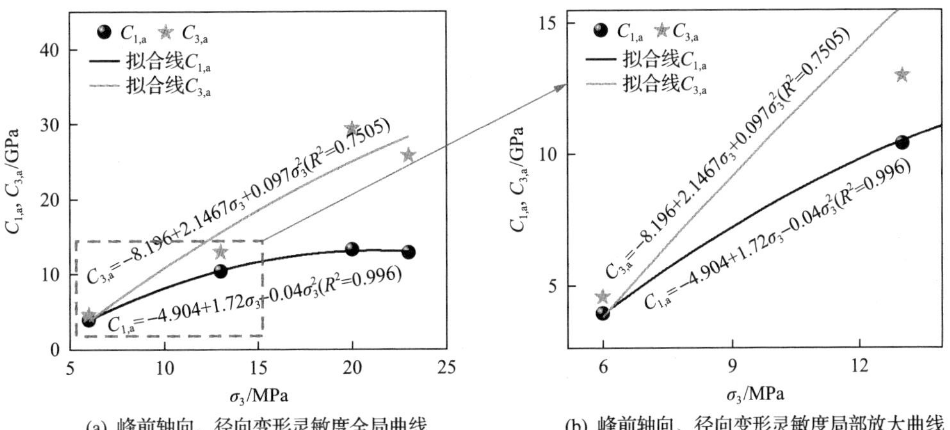

(a) 峰前轴向、径向变形灵敏度全局曲线　(b) 峰前轴向、径向变形灵敏度局部放大曲线

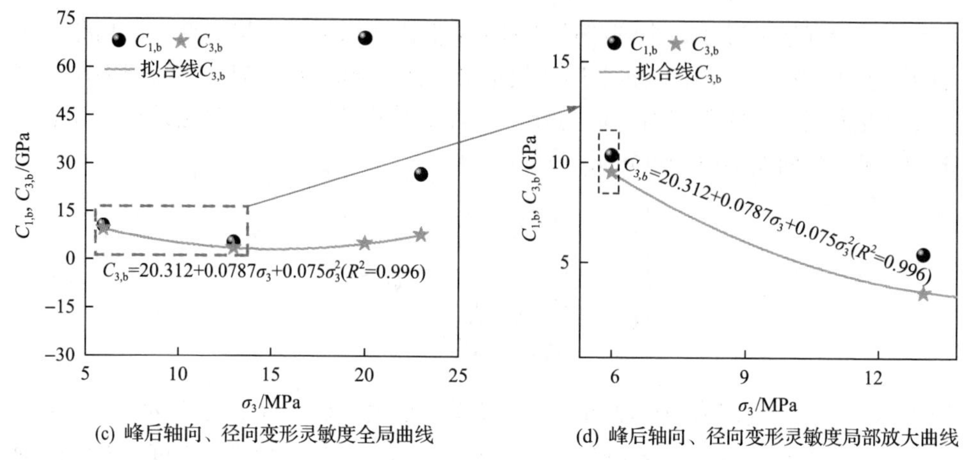

(c) 峰后轴向、径向变形灵敏度全局曲线

(d) 峰后轴向、径向变形灵敏度局部放大曲线

图 2-14 不同卸载预设围压下深部岩石轴向、径向变形灵敏度特征

2.2.3 脆-延转换与“平台”现象

如图 2-15 和图 2-16 所示，可以发现各工况下的深部岩石变形全过程应力-应变曲线外观存在一定的相似性，这主要是由于深部岩石在受到外界场作用时产生的变形具有一定的记忆效应及自相似性，但从图 2-15 和图 2-16 中亦可以发现“三阶段”加卸载各工况下的深部岩石应力-应变曲线与常规三轴加载所得的应力-应变曲线有所不同。图 2-16 中的各深部岩石应力-应变曲线中出现了长短不一的“平台”现象，且模拟深度越小，“平台”长度越短，甚至趋近于消失。形成该“平台”的原因主要是高地应力状态还原阶段的作用，使得深部岩石内部原始裂隙均被压密或闭合，低卸载预设围压下的深部岩石在恒轴压-卸围压阶段可以得到较大围压卸载量，卸载比较充分，径向抑制作用会得到明显地减弱，进而使得深部岩石径向发生明显外扩膨胀。同时根据格里菲斯强度准则，围压卸载会导致其内部被压密或闭合的众多裂隙开度重新被打开，甚至可能急剧增大，开度增大的裂隙周边易形成高强集中的拉应力，从而使深部岩石轴向被迫受拉而产生轴向应变不断增大的“轴向压缩”假象，进而产生显著的轴向“平台”现象。而高卸载预设围压下的深部岩石在恒轴压-卸围压过程中，得到的围压卸载量较小，径向抑制作用减弱效果不明显，深部岩石径向发生外扩膨胀变形效应并不显著，从而难以使深部岩石轴向被迫受拉而产生明显的轴向应变“平台”。这与深地工程巷道开挖后呈现出的巷道围岩变形特征是一致的。在深部地层开掘巷道过程中，巷道围岩亦会容易呈现出“大变形、难维护、高能级”特征。其中，模拟深度为 1000m，卸载预设围压为 20MPa 的深部岩石在试验操作中出现了“压杆失稳”现象而导致其应力-应变曲线峰后阶段迅速大幅跌落特征。其中，产生“压杆失稳”现象的原因可能与该工况下的深部岩石本身力学特征有关。

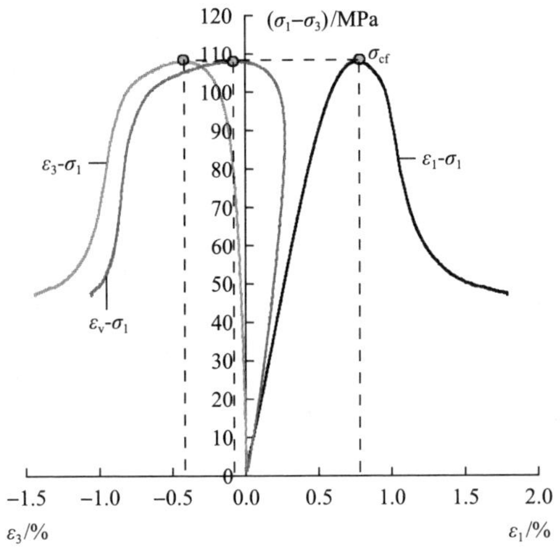

图 2-15　围压为 13MPa 下的典型深部岩石常规三轴加载变形全过程应力-应变曲线

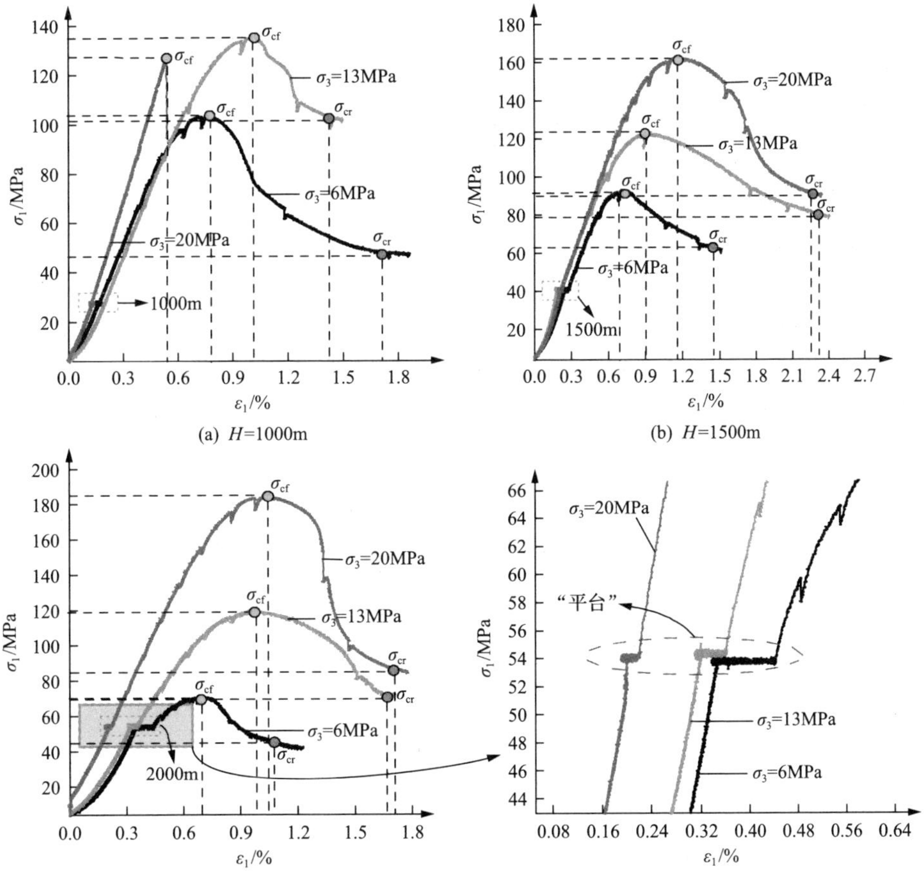

(a) H=1000m

(b) H=1500m

(c) H=2000m

图 2-16　“三阶段”加卸载不同模拟深度下的深部岩石变形全过程应力-应变曲线

在煤岩体脆-延转换破坏特征方面，Wawersik 和 Fairhurst[15]建立了脆性岩石的脆-延转换模型，将其脆性岩石应力-应变峰后曲线划分为“Ⅰ型”和“Ⅱ型”曲线；葛修润等[16]基于严密的理论分析及大量的室内试验，更正了 Wawersik 和 Fairhurst 对脆性岩石峰后脆-延转换应力-应变曲线类型的划分，将煤岩体应力-应变峰后曲线划分为脆性破坏明显与不明显两种类型曲线，建立了根据煤岩体应力-应变峰后曲线坡度平缓度来判别煤岩体脆-延转换特征的模型；张超等[17]则根据应力-应变曲线瞬时导数梯度来判别岩石脆-延转换破坏特征。基于上述学者的研究成果，同时根据葛修润院士提出的煤岩体应力-应变峰后曲线坡度平缓度划分脆-延转换特征相关理论，从图 2-16 中不难发现，各深部岩石呈现出明显的脆-延转换特征，高卸载预设围压下的深部岩石脆性破坏特征较为显著，低卸载预设围压下的深部岩石延性破坏特征较为显著。

2.2.4　全局变形特征

大量研究结果表明，在外界场作用下，岩石产生的变形是存在记忆效应的。为此，本节将对不同工况下的深部岩石应力(变形)场进行深入分析。相应工况下的深部岩石变形全过程应力-应变曲线见图 2-17 和图 2-18，其中应力-应变曲线上出现许多明显“卡槽”点，这些“卡槽”点是在试验过程中控制应力场保持恒定测量深部岩石渗透率而形成的。

如图 2-17 所示，同一模拟深度、不同卸载预设围压梯度下的深部岩石峰值强度随着卸载预设围压的增大而增大。如模拟深度为 2000m，卸载预设围压分别为 20MPa、13MPa、6MPa 下的深部岩石峰值强度为 183.83MPa、115.8MPa、69.5MPa，模拟深度为 1500m 和 1000m 下的深部岩石峰值强度随卸载预设围压的变化呈现出相似规律。其中，模拟深度为 1000m，卸载预设围压为 20MPa 的深部岩石由于试

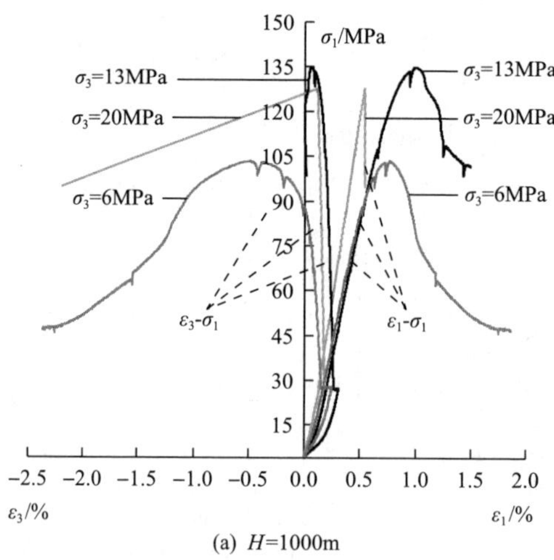

(a) H=1000m

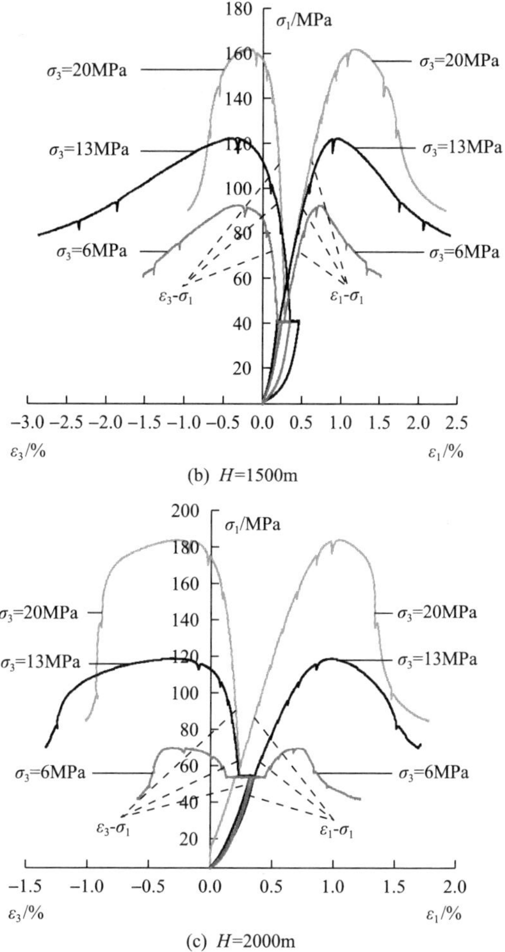

(b) H=1500m

(c) H=2000m

图 2-17　不同模拟深度下深部岩石变形全过程应力-应变曲线

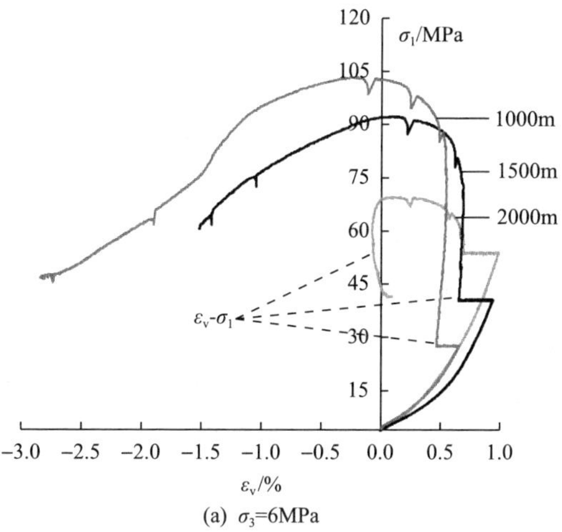

(a) σ_3=6MPa

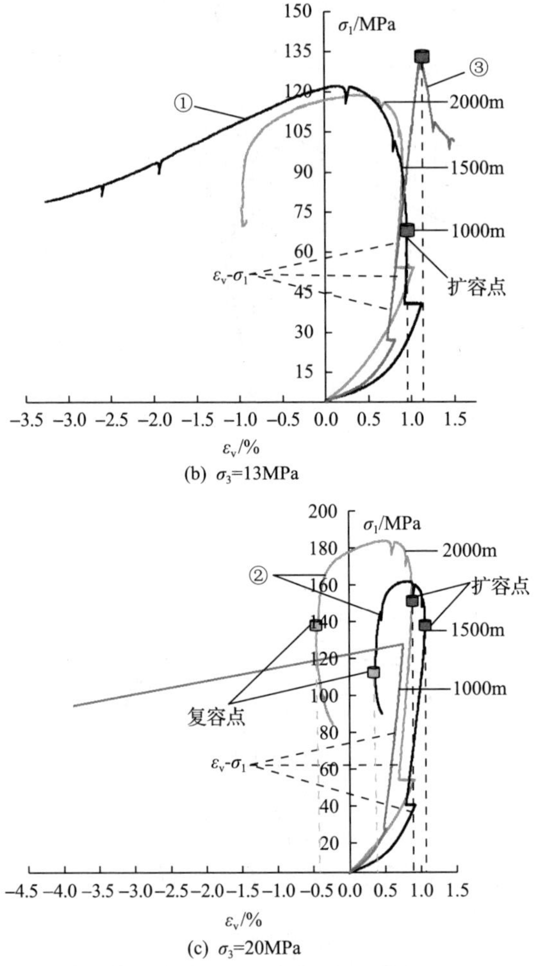

(b) σ_3=13MPa

(c) σ_3=20MPa

图 2-18　不同卸载预设围压下深部岩石变形全过程应力-应变曲线

验时操作不当导致了其明显的脆性破裂，为此不考虑其强度演化特征。但从图 2-18 中不难发现，同一卸载预设围压、不同模拟深度下的深部岩石峰值强度随模拟深度变化的演化规律存在较大差异。卸载预设围压为 20MPa，模拟深度分别为 2000m、1500m、1000m 下的深部岩石峰值强度为 183.83MPa、161.83MPa、127.6MPa，峰值强度随模拟深度的增加而增大；卸载预设围压为 6MPa，模拟深度分别为 2000m、1500m、1000m 下的深部岩石峰值强度为 69.5MPa、92.3MPa、103.3MPa，其峰值强度呈现出随模拟深度的增加而减小的反差特征。产生此现象的原因可能是相应工况下的深部岩石在Ⅱ阶段的围压卸载量相差较大。模拟深度为 2000m，卸载预设围压为 6MPa 时，围压卸载量达 44MPa，深部岩石在此种工况下刚度弱化效果显著，易导致深部岩石在同一卸载预设围压不同模拟深度下的强度演化规律呈现出随模拟深度增加而减小的类软岩性的反差特征；在与之对应的 2000m 实际深部矿井巷道开挖过程中，如果巷道围岩所受围压卸载量过大，会导致其开挖卸载后的围压较小，易使巷道围岩承载能力急剧下跌，抵抗变形能力迅速下降。此时，巷道围岩易由刚(弹)性体向弹塑性体或塑性体，甚至向延性或流态化转化过渡，巷道围岩易随之呈现出大面积片帮、坍塌等大变形显著特征，这表明传统的矿井巷道支护理论已不再适用于深部矿井巷道的支护与稳定，亟须加强深部巷道支护理论的创新与更新。模拟深度为 2000m，卸载预设围压为 20MPa 时，围压卸载量只达到 30MPa，深部岩石在此种工况下刚度弱化效果并不明显，从而易使深部岩石表现出类硬岩性的强度演化特征；在与之对应的实际深部矿井开挖过程中，如果在 2000m 深部开挖巷道时，围岩所受围压卸载量并非很大，从而会使其开挖卸载后的围压较大。此时，巷道围岩具有较强的承载能力，抵抗变形的能力也并未衰减。另外，模拟深度对应的是原始地层垂直应力，模拟深度越大，对应的原始地层垂直应力便越大。在较小的卸载预设围压工况下，类软岩在垂直应力下易向延性甚至流态化转化，从而易使其峰值强度呈现出随模拟深度的增加而减小的反差特征。

Wawersik 和 Fairhurst[15]发现了两种类型的单轴压缩峰后应变曲线，对岩石峰后特性提出了新的见解；Palchik[18]通过进行不同围压、不同岩石类型的常规三轴压缩试验，发现了两种类型的体积应变曲线，得出了体积应变曲线的类型和轴向破坏应变与最大总体积应变的比值有关的规律。如图 2-18 所示，不难发现，“三阶段”加载下的深部岩石变形存在三种类型的体积应变曲线：①类型体积应变曲线表现出的外在特征为在Ⅲ阶段，随着轴向应力的增加，呈现出二次压缩→扩容膨胀→延性扩容的显著特征；②类型体积应变曲线表现出的外在特征为在Ⅲ阶段，随着轴向应力的增加，呈现出二次压缩→扩容膨胀→屈服后出现体积恢复的反差特征，其中，屈服后出现体积恢复的起始点称为复容点；③类型体积应变曲线表现出的外在特征为在Ⅲ阶段，随着轴向应力的增加，呈现出持续压缩至峰后残余阶段，并且整个压缩变形过程并未出现扩容点及扩容现象的显著特征。如在Ⅲ阶段，13 号深部岩石体积应变由 0.919%二次压缩增加至扩容点 0.931%，之后便一直发生延性变形，同时产生扩容，且其扩容变形数值达至–3.267%；而 12 号深部岩石体积应变由 0.693%二次压缩增加至扩容点 0.887%，之后从膨胀扩容至复容点–0.452%，随后体积应变逐渐减小至–0.231%；而 14 号深部岩石体积应变外在特征则表现为从Ⅱ阶段末端持续压缩至峰后残余阶段，数值上则表现为由 0.72%持续增加至 1.504%。其中，在Ⅲ阶段，①类型体积应变曲线扩容外在特征与常规三轴加载作用于中硬岩体后产生的体积应变曲线扩容外在特征相似。产生此扩容特征的原因则是在荷载施加后期，由于围压抑制效应会明显弱于轴压扩容效应，进而会导致岩体的径向变形程度明显高于轴向变形程度，从而便会使受压岩体产生延性扩容变形特征，进而形成①类型体积应变曲线。但是，在Ⅲ阶段，②与③类型体积应变曲线却与常规三轴加载作用于中硬岩体后产生的体积应变曲线扩容外在特征存在明显差异。其中，产生②类型体积应变曲线扩容特征的原因则是可能与上述解释的类软(硬)岩性的内在力学属性有关。类软岩性的岩体在持续荷载加载后期则会呈现出承载力急剧下跌，轴向变形程度远远强于径向变形程度，进而会使其体积应变曲线变成③类型体积应变曲线。而类硬岩性的岩体在持续荷载加载作用下，其刚度剧增，能量稳步急剧；在加载后期，由于岩体内部能量的稳步积聚累积，在岩体产生变形过程中会释放部分积聚的变形能，进而产生岩体变形回弹的外在特征，从而形成了岩体扩容变形一开始其径向变形程度远强于其轴向变形程度，而到了扩容变形后阶段，产生了其轴向变形程度远强于其径向变形程度的现象。由此，便形成了②类型体积应变曲线，同时，便也衍生出了复容点的说法与定义。

2.2.5 强度演化特征

基于对深部岩石应力-应变曲线特征分析，可以得出各工况下的深部岩石峰值强度σ_{cf}与残余强度σ_{cr}及各自对应的应变ε_{1cf}、ε_{1cr}，相应的各工况下深部岩石的力学参数详情见表 2-4，深部岩石强度演化模型见图 2-19。

表 2-4 各工况下深部岩石的力学参数详情表

H/m	σ_3/MPa	σ_{cf}/MPa	ε_{1cf}/%	σ_{cr}/MPa	ε_{1cr}/%
1000	6	103.2	0.7761	47.7	1.7725
1000	13	134.9	1.0016	102.2	1.4751
1000	20	127.6	0.5391	—	—
1500	6	92.3	0.7263	61.9	1.4845
1500	13	122.1	0.9478	79.3	2.3807
1500	20	161.83	1.191	90.13	2.3358
2000	6	69.5	0.7279	43.3	1.1228
2000	13	118.8	0.982	70.4	1.6761
2000	20	183.85	1.0385	85.05	1.755

结合表 2-4、图 2-19 可以得出，在同一模拟深度下，深部岩石峰值强度及残余强度均具有随着卸载预设围压的增大而增大的演化规律，对应的应变也基本呈现出类似规律。如模拟深度为 2000m，卸载预设围压分别为 6MPa、13MPa、20MPa下的深部岩石峰值强度与残余强度分别为 69.5MPa→118.8MPa→183.85MPa，43.3MPa→70.4MPa→85.05MPa 递增演化，各自对应的轴向应变分别为 0.7279%→0.982%→1.0385%，1.1228%→1.6761%→1.755%。这表明，围压效应对深部岩石

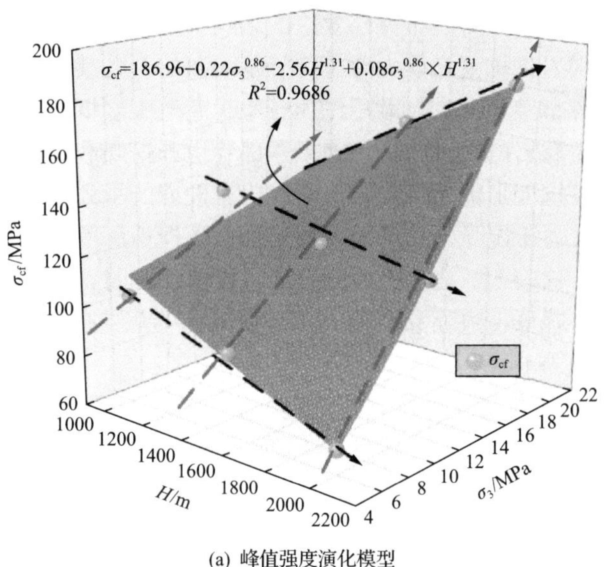

(a) 峰值强度演化模型

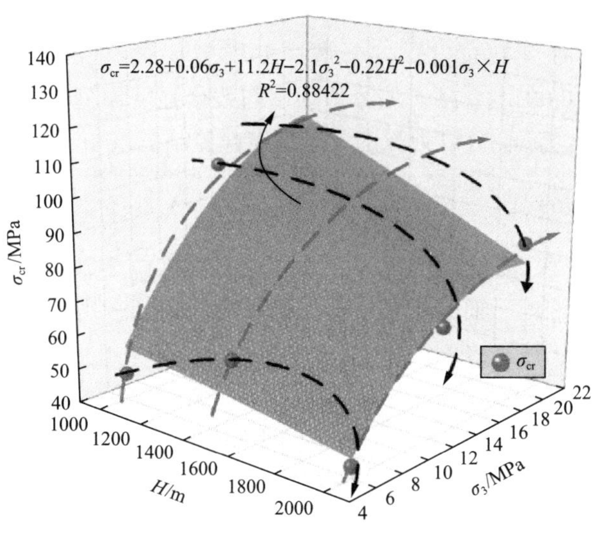

(b) 残余强度演化模型

图 2-19　深部岩石强度演化模型[11]

变形全过程的强度演化规律存在显著影响。另外，在同一卸载预设围压下，各工况下的深部岩石峰值强度随模拟深度变化的演化规律存在显著差异。如卸载预设围压分别为 6MPa、13MPa，模拟深度分别为 1000m、1500m、2000m 下的深部岩石峰值强度分别呈 103.2MPa→92.3MPa→69.5MPa，134.9MPa→ 122.1MPa→ 118.8MPa 递减演化，而卸载预设围压为 20MPa，模拟深度分别为 1000m、1500m、2000m 下的深部岩石峰值强度却分别呈 127.6MPa→161.83MPa→ 183.85MPa 递增演化，产生此差异的原因可能是深部效应的影响。这与实际深地工程中深部矿井巷道开挖后巷道围岩抵抗变形能力变化特征是一致的，尤其是深部巷道埋深超过1500m 时，如果深部巷道开挖卸载后围压较小，巷道围岩抵抗变形能力会急剧下跌，进而表现出类软岩的承载特征，如果深部巷道开挖卸载后仍存在较大围压，则深部巷道围岩抵抗变形能力会变强，表现出类硬岩的承载特征。另外，在同一卸载预设围压下，各工况下的深部岩石残余强度随模拟深度的增加而呈现出不断减小的演化规律。这表明，当煤炭开采逐步过渡至深部时，深部矿井巷道开挖后的围岩承载能力会降低，进而易使巷道围岩呈现出“大变形、难维护、高能级”的破坏特征。

为了给深部矿井巷道支护及其稳定性控制提供一定的理论依据，在此建立了深部岩石峰值强度与残余强度随模拟深度与卸载预设围压耦合变化的强度演化模型。如图 2-19 所示，不难发现，深部岩石峰值强度随模拟深度与卸载预设围压耦合变化的关系较好地符合二元幂指函数模型：$\sigma_{\mathrm{cf}}=186.96-0.22\sigma_3^{0.86}-2.56H^{1.31}+0.08\sigma_3^{0.86}\times H^{1.31}$；而深部岩石残余强度随模拟深度与卸载预设围压耦合变化的关系较好地符合二元二次函数模型：$\sigma_{\mathrm{cr}}=2.28+0.06\sigma_3+11.2H-2.1\sigma_3^2-0.22H^2-0.001\sigma_3\times H$。该峰值强度与残余强度模型可以较好地预测其他工况下的强度演化特征，可以为深部巷道稳定性控制提供一定的理论基础与依据。

2.2.6　强度包络线特征

常规三轴加载深部岩石莫尔应力圆及其包络线如图 2-20 所示，依据单轴与围压为 13MPa 下的常规三轴加载深部岩石莫尔应力圆绘制出莫尔-库仑线性强度曲线及非线性强度包络曲线。不难发现，深部岩石工况从单轴向三轴进行转变，其莫尔应力圆在横向方向上会存在一定程度的正向跃迁，同时，其莫尔应力圆半径亦会随着加载方式的演变呈现出不断扩大的规律，产生此现象的主要原因便是围压效应起主导作用[13]。由图 2-20 可求得传统加载方式下深部岩石莫尔-库仑强度准则表达式为$\tau=0.38747\sigma+16.9125$，根据莫尔-库仑强度准则表达式可求得深部岩石内聚力 c_2 为 16.9125MPa 及内摩擦角 φ 为 21.18°，而依据非线性强度包络曲线求得的深部岩石内聚力 c_1 明显小于依据莫尔-库仑线性强度曲线求得的深部岩石内聚力 c_2，但依据非线性强度包络曲线求得的深部岩石内摩擦角明显大于依据莫尔-库仑线性强度曲线求得的深部岩石内摩擦角。其中，线性与非线性强度曲线的工程指导意义均是指在强度准则包络线以内，深部岩石不会发生破坏，并且存在一定的残余承载能力；而超过强度准则包络线范围之外，深部岩石将由作用在滑移面上的正应力和剪应力综合作用产生显著破坏。为此，强度准则包络线可以较好地为地下工程稳定性控制提供一定的参考依据。

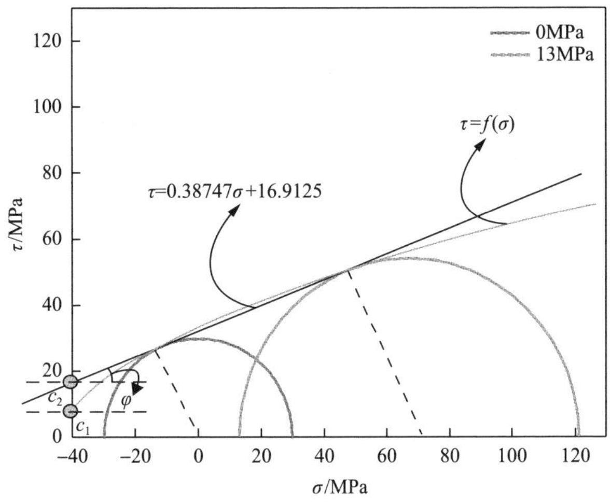

图 2-20　常规三轴加载深部岩石莫尔应力圆及其包络线

“三阶段”加卸载深部岩石莫尔应力圆及其包络线如图 2-21 所示，各工况下的深部岩石莫尔应力圆存在不同程度的横向跃迁，这与“三阶段”加卸载路径密切相关。在Ⅰ阶段，深部岩石是以三向静水加压方式保持偏应力 4MPa 恒定进行高地应力状态的还原，从而导致了在此阶段各工况下的深部岩石莫尔应力圆半径偏小，圆心位置距原点位置较远的特征。在Ⅱ阶段，由于围压的持续卸载，轴向压力保持不变，这便使此阶段各工况下的深部岩石莫尔应力圆半径增大，圆心位置往原点位置逐步逼近。同时，卸载预设围压越大，莫尔应力圆半径越小，对应的圆心位置越远离原点位置。另外，由于各工况下的深部岩石此阶段的演变是在Ⅰ阶段的基础上进行的，因此，各工况下的深部岩石在此阶段的莫尔应力圆与Ⅰ阶段对应工况下的深部岩石莫尔应力圆相切。在Ⅲ阶段，各工况下的深部岩石保持卸载预设围压不变，持续加载轴压，从而导致了其对应工况下的深部岩石莫尔应力圆半径随卸载预设围压的增大而增大，圆心位置则随卸载预设围压的增大而逐渐远离原点位置。由此表明，“三阶段”加卸载下的各工况深部岩石莫尔应力圆的跃迁特征较好地反映出了其对应工况下深部岩石“三阶段”强度演变特性。另外，从线性强度准则曲线可以获得模拟深度为 2000m、1500m、1000m 下的深部岩石内摩擦角 φ 分别为 49.479°、43.599°、39.206°，对应的内聚力 c_2 分别为 5.33648MPa、13.46424MPa、18.9741MPa。不难发现，各工况下的深部岩石内摩擦角 φ 随模拟深度的增大呈现出不断增大，对应的内聚力 c_2 则随模拟深度的增大呈现出不断减小的显著特征，深部效应显著。另外，在“三阶段”加卸载下，依据非线性强度包络曲线 $\tau=f(\sigma)$ 求得的深部岩石内聚力 c_1 明显小于依据莫尔-库仑线性强度曲线求得的深部岩石内聚力 c_2，而经历过“三阶段”加卸载的深部岩石内摩擦角明显大于常规三轴加载下的深部岩石内摩擦角。

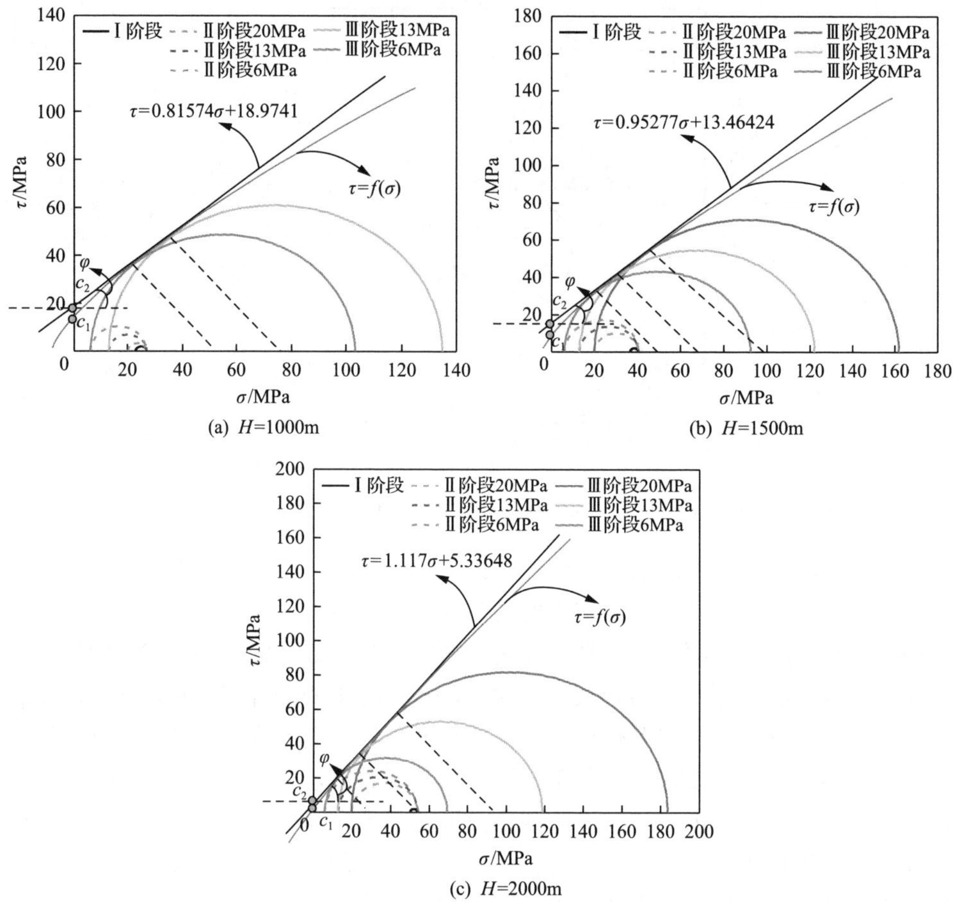

图 2-21 “三阶段”加卸载深部岩石莫尔应力圆及其包络线

2.3 深部岩石渗透特性及能量演化规律

2.3.1 渗透特性

掌握岩石的渗透特性，对保证地下工程、边坡工程、核废料处置工程、二氧化碳存储工程以及水利水电工程等工程的安全运行、高效生产具有重大意义[14]。所以，岩石的渗透特性是众多国内外学者的研究热点，多场耦合下岩石的渗透特性更是目前的研究焦点。同时，基于岩石系统空间结构的复杂性及其不确定性，国内外学者在研究多场耦合下的岩石渗透特性多采用流体力学、损伤力学及分形等理论体系，对岩石渗流系统做出了一定的理想化假设及简化处理，建立了以下几个主要的渗流力学模型：岩石均质化渗流孔隙介质模型、考虑岩石内部孔隙迁曲度渗流孔隙介质模型以及考虑岩石均质性及其内部孔隙迂曲度的渗流孔隙介质分形模型，相应的各岩石系统渗流力学模型如图 2.22～图 2.24 所示。

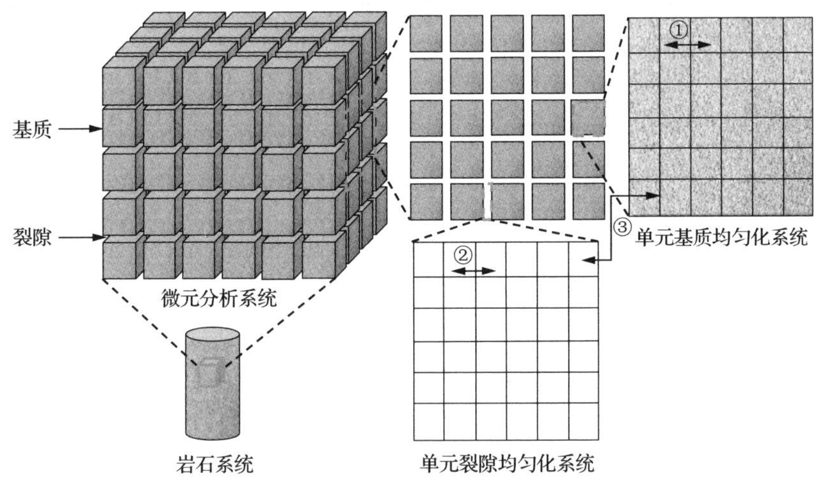

图 2-22　岩石均质化渗流孔隙介质模型

①-基质均匀化；②-裂隙均匀化；③-基质-裂隙系统渗流体交换机制模型

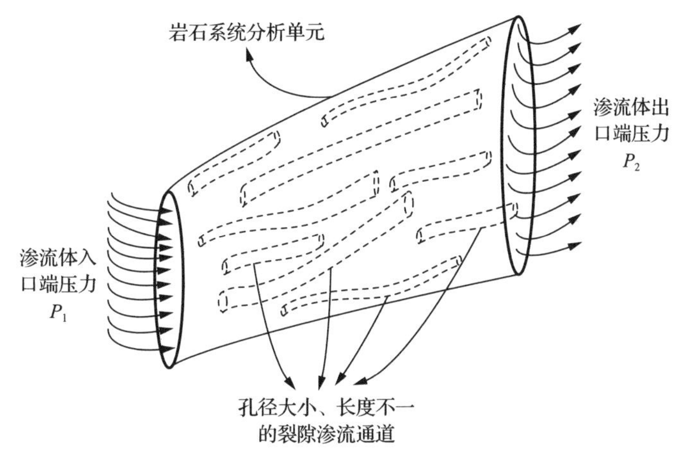

图 2-23　考虑岩石内部孔隙迂曲度的渗流孔隙介质模型

其中，岩石均质化渗流孔隙介质模型又称作理想化的岩石渗流力学模型，适用于数值模拟验证力学试验结果的科学性、合理性问题。该模型将岩石过于理想化而导致其适用范围较窄。相对于岩石均质化渗流孔隙介质模型，考虑岩石内部孔隙迂曲度的渗流孔隙介质模型则适用范围更广。考虑岩石内部孔隙迂曲度的渗流孔隙介质模型又可称为毛细管束模型，常常用于模拟多孔介质流动及其运输特性分析与研究。其最大特征在于考虑了岩石系统内部空间裂隙的直径大小及其迂曲度特征，即考虑了岩石系统内部渗流通道动态变化宽度及弯曲度特征。而考虑岩石均质性及其内部孔隙迂曲度的渗流孔隙介质分形模型建立的研究思路主要来源于多孔介质的电传导特性研究中的 Sierpinski 地毯电流流动模型[19]。该模型在对岩石渗流特性方面应用较广，主要是因为该模型不仅兼顾了岩石系统结构的分形特征，还考虑了岩石系统内部空间裂隙的迂曲度以及其长度与直径大小。

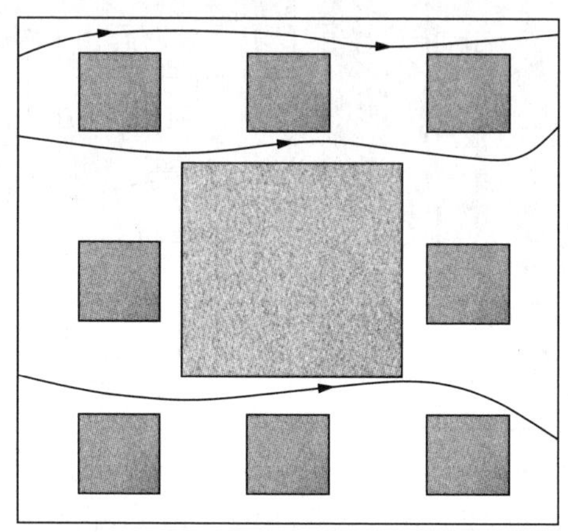

图 2-24　考虑岩石均质性及其内部孔隙迂曲度的渗流孔隙介质分形模型

2.3.2　渗透率演化

研究深部岩石渗透特性不仅要考虑深部岩石本身内部基质均质性特性，还要考虑深部岩石内部孔隙弯曲度等产生的各向异性特性。另外，深部岩石本身又处于一个多场并存的复杂环境中的耦合体系，如应力场、渗流场以及外加衍生的变形场、损伤场、裂隙场、能量场等。鉴于此，本节将进一步对深部岩石变形全过程的渗流场演化规律进行分析。

如图 2-25 所示，“三阶段”加卸载各工况下的深部岩石变形全过程中的动态渗透率存在相似演化规律。选取模拟深度为 1500m，卸载预设围压为 13MPa 下的深部岩石变形全过程动态渗透率演化规律进行深入分析以揭示其演化规律。如图 2-25(e)所示，在Ⅰ阶段末端，是深部岩石在整个“三阶段”变形全过程中的动态渗透率的最小值，为 0.01895mD①，产生此特征的主要原因为该深部岩石在Ⅰ阶段受到三向静水压力压实作用，使该深部岩石内部初始微裂纹开度急剧降低至最小，渗流通道变窄，从而导致其渗透率最小。之后，该深部岩石渗透率快速增加，这主要是因为该深部岩石以Ⅰ阶段末端点为起点逐步过渡至Ⅱ阶段。在Ⅱ阶段，由于围压被卸载，该深部岩石的径向抑制作用大大降低，从而该深部岩石被Ⅰ阶段压实的内部微裂纹的径向开度变大，进而使渗流通道变宽，导致深部岩石在Ⅱ

① $1D=0.986923\times10^{-12}m^2$。

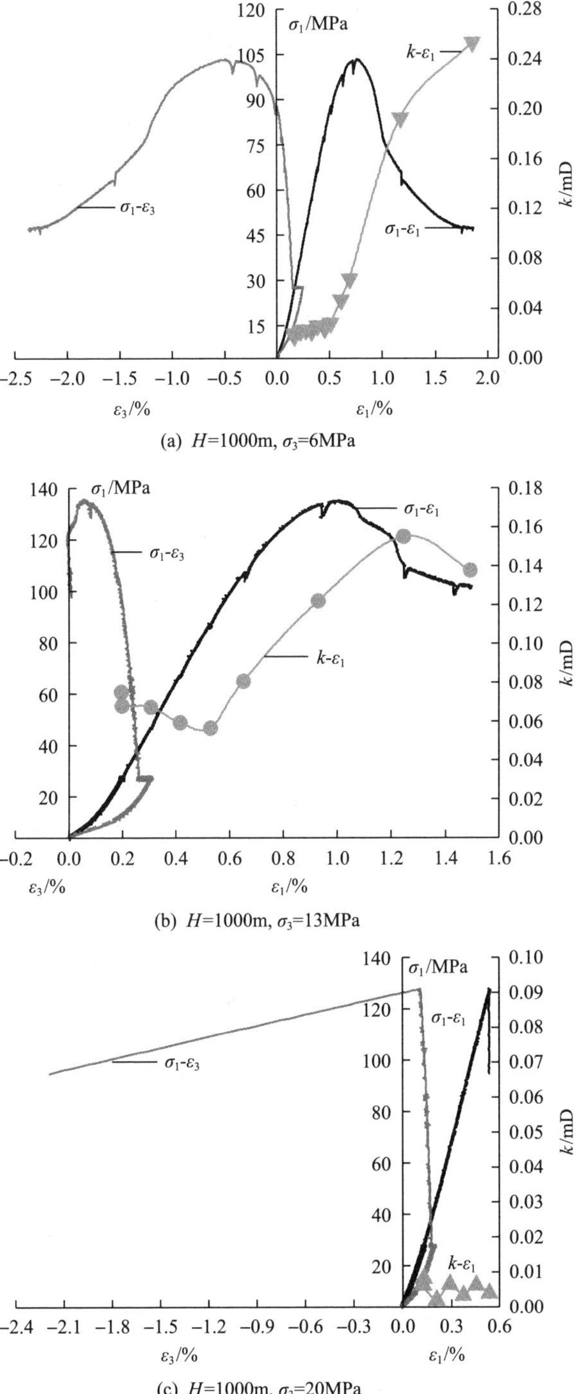

(a) H=1000m, σ_3=6MPa

(b) H=1000m, σ_3=13MPa

(c) H=1000m, σ_3=20MPa

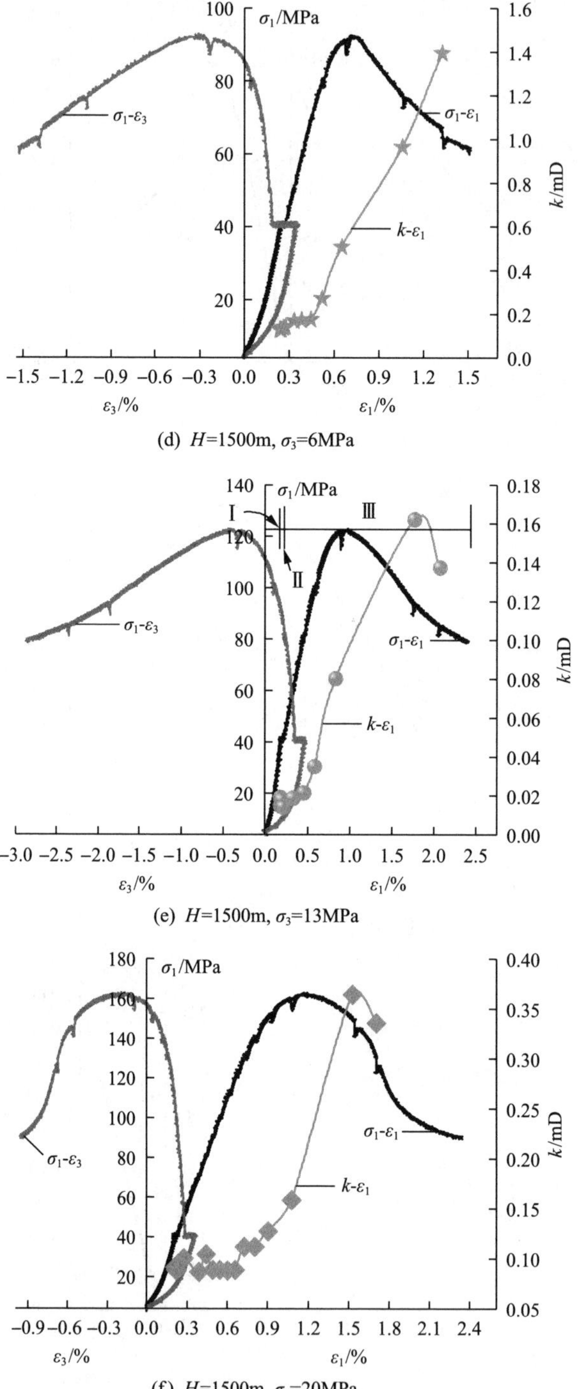

(d) H=1500m, σ_3=6MPa

(e) H=1500m, σ_3=13MPa

(f) H=1500m, σ_3=20MPa

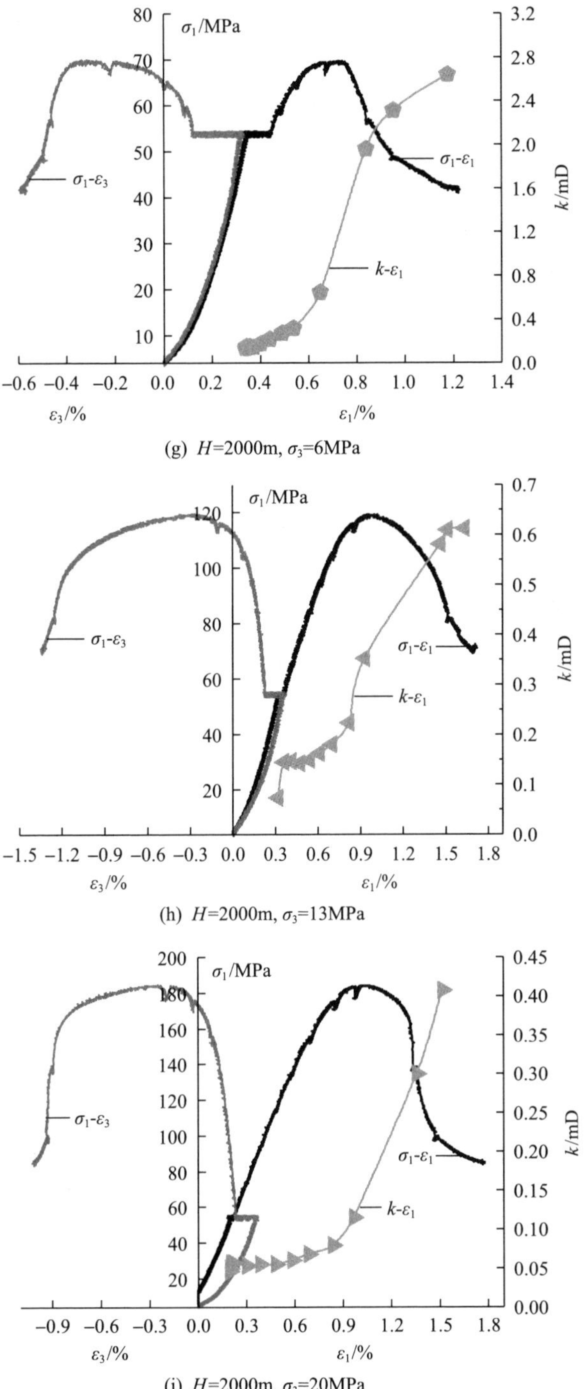

(g) H=2000m, σ_3=6MPa

(h) H=2000m, σ_3=13MPa

(i) H=2000m, σ_3=20MPa

图 2-25　“三阶段”加卸载不同工况下深部岩石变形全过程渗透率演化曲线

阶段的渗透率快速增加，具体数值表现为该深部岩石渗透率由 0.01895mD 快速增加至 0.0257mD。在Ⅲ阶段，该深部岩石与传统常规三轴加载下的渗透率演变规律趋势是一致的。在微裂纹压密及线弹性变形阶段，深部岩石内部裂隙开度基本保持不变，即渗流通道宽度基本不变，从而使得深部岩石在此阶段的渗透率几乎不变。在裂纹稳定扩展阶段，深部岩石的渗透率快速增大，具体数值表现为该深部岩石渗透率由 0.0348mD 快速增加至 0.08mD。在此阶段，深部岩石因外界应力场的持续作用使其内部新生裂隙数量快速增多，渗流通道数量增加，自然而然导致该深部岩石在此阶段的渗透率快速增大。在裂纹非稳定扩展阶段，由于外界应力场的持续作用，导致深部岩石到达峰值强度后产生宏观贯通裂隙，大大增加了深部岩石裂隙开度，渗流通道宽度随之大幅增大，进而导致该阶段的深部岩石渗透率急剧增加，具体数值表现为该深部岩石渗透率由 0.08mD 急剧增加至 0.1619mD。在峰后应变软化阶段，该深部岩石渗透率存在略微下降特征，这主要是因为深部岩石产生宏观贯通裂隙之后，宏观贯通裂隙中存在的少许坍塌颗粒会被渗流气体冲刷移动，导致深部岩石内部产生一部分摩擦耗能及颗粒动能。根据能量守恒定律，产生的摩擦耗能及颗粒动能会占据提供渗流气体渗透深部岩石的总能量的一部分，因而会降低渗流气体渗透深部岩石的驱动力，导致该深部岩石在应变软化阶段的渗透率有所降低。

2.3.3　渗透率反演与应力-应变阶段对应特征

煤岩体在外界场的作用下，变形存在自相似性，渗透率演化也存在相同规律。为此，选取围压为 13MPa 下的深部岩石“三阶段”加卸载全过程应力-应变曲线与渗透率演化曲线进行阶段对应特征分析。如图 2-26 所示，在高地应力状态还原阶段Ⅰ中，深部岩石内部原生微孔隙被压密，轴向、径向刚度接近于完全弹性体，轴向、径向原始微裂隙开度大幅减小，多条原始渗流通道急剧变窄，从而形成了在此阶段末期深部岩石渗透率低至 0.0737mD 的现象。在恒轴压-卸围压阶段Ⅱ中，围压对深部岩体的径向抑制作用减弱，使得深部岩石径向变形空间得到延伸与扩展，进而导致了深部岩石内部径向裂隙开度增大，即深部岩体的渗流通道变宽，渗透率便由 0.0737mD 增加至 0.14435mD。在轴向载荷加载阶段Ⅲ中的微裂纹二次压密阶段中，由于深部岩石被再次压密而使其内部初始裂隙和孔洞及在阶段Ⅱ衍生的新微裂隙开度再次减小，渗流通道再次变窄，进而使得深部岩石渗透率由 0.14435mD 略微降低至 0.1428mD；在线弹性变形阶段中，由于外界场与深部岩石内部各场的动态平衡演化，深部岩石内部应力处于动态平衡状态，深部岩石内部裂隙开度基本保持不变，即渗流通道宽度基本不变，从而使得渗透率基本保持不变；在裂纹稳定扩展阶段中，渗透率由 0.16255mD 缓慢增加至 0.1801mD，这主要是因为此阶段下的深部岩石在应力场作用下会产生大量的新生微裂纹，增加了

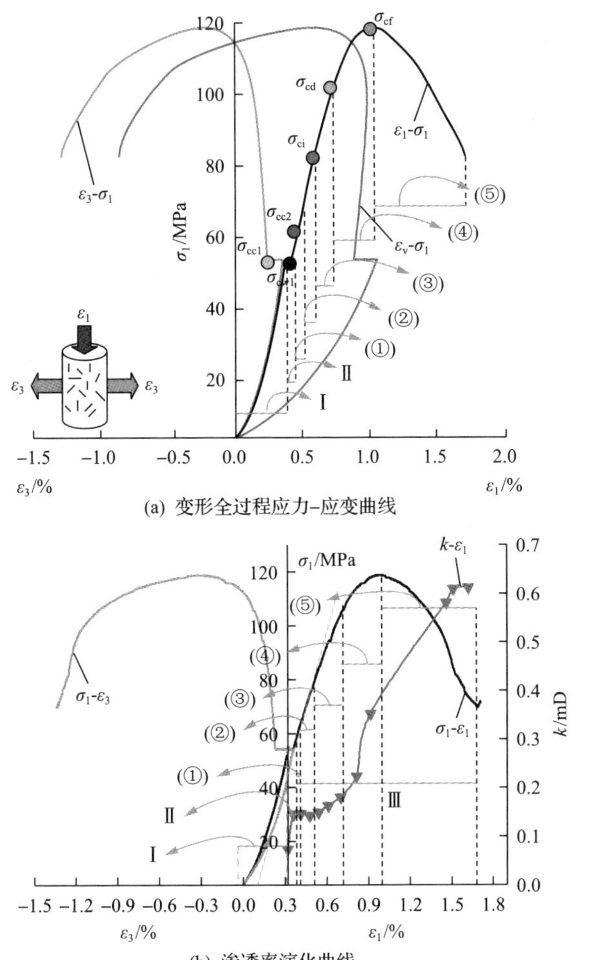

(a) 变形全过程应力-应变曲线

(b) 渗透率演化曲线

图 2-26　卸载预设围压为 13MPa 下深部岩石“三阶段”加卸载全过程应力-应变曲线与渗透率演化曲线对应特征分析

Ⅰ-高地应力状态还原阶段，Ⅱ-恒轴压-卸围压阶段，Ⅲ-轴向载荷加载阶段；①-微裂纹二次压密阶段；②-线弹性变形阶段；③-裂纹稳定扩展阶段；④-裂纹非稳定扩展阶段；⑤-峰后应变软化阶段

渗流通道数量，进而导致此阶段渗透率缓慢上升；在裂纹非稳定扩展阶段中，渗透率由 0.1801mD 急剧跃升至 0.4025mD，这主要是由于应力达到了峰值强度点，深部岩石开始发生宏观破裂，形成宏观贯通裂隙，渗流通道被完全打开，因而渗透率会出现急剧增加的现象；在峰后应变软化阶段中，深部岩石产生宏观贯通裂隙后，渗流气体流经贯通裂隙表面时，渗流气体会与贯通裂隙的表面产生摩擦耗能，其摩擦耗散的能量较小甚至可以忽略不计，驱动渗流体的能量会有略微减少，进而渗透率在此阶段会略微降低或趋于稳定，从而会导致渗透率略有下降或趋于稳定。由此可得出，深部岩石全过程渗透率演化曲线较好地反演表征了其变形全

过程应力-应变曲线特征，并且两曲线间呈现出了明显的阶段性对应关系。同时，深部岩石渗透率峰值点明显滞后于强度峰值点，产生这种现象的原因可能与深部岩石本身的力学特性有关。

2.3.4　渗透率灵敏性分析

王环玲等[20]将径向应变绝对值化，绘制出轴向应变-渗透率曲线与绝对值化后的径向应变-渗透率曲线，深入分析后得出了径向应变更能准确表征岩体渗透率演化特征规律。本节选取卸载预设围压为 13MPa 的深部岩石“三阶段”加卸载全过程渗透率演化曲线进行分析，相应的曲线图见图 2-27。轴向应变-渗透率曲线与径

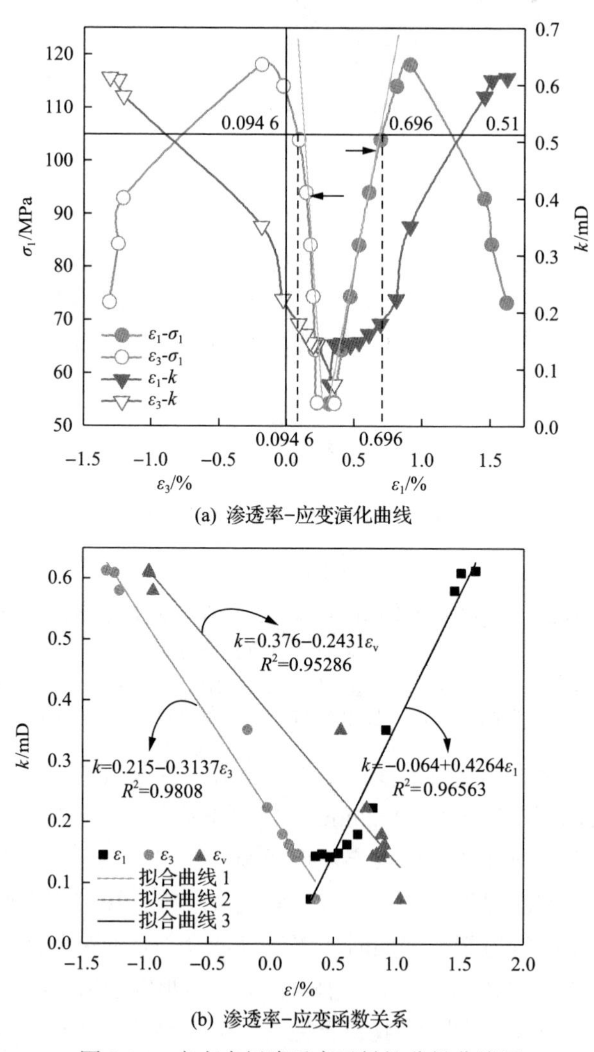

(a) 渗透率-应变演化曲线

(b) 渗透率-应变函数关系

图 2-27　应变表征渗透率灵敏性分析曲线图

向应变-渗透率曲线存在相同的演化趋势，但深部岩石峰前弹性变形阶段的径向变形灵敏度明显高于轴向变形灵敏度，径向变形明显超前于轴向变形，如当渗透率为0.51mD时，深部岩石轴向应变为0.696%，轴向变形灵敏度为10.44GPa，径向应变为0.0946%，径向变形灵敏度为28.57GPa，这便侧面反映出了径向应变相对于轴向应变可以更加灵敏地表征深部岩石渗透率变化特征。其中，在高地应力状态还原阶段，深部岩石被三向压缩，压缩效应显著，轴向、径向刚度接近弹性体。根据格里菲斯强度准则，在恒轴压-卸围压阶段，围压卸载会使深部岩石径向抑制作用减弱，导致其内部被压密或闭合的众多裂隙开度重新被打开，甚至可能急剧增大，开度增大的裂隙周边易形成高强集中的拉应力，使深部岩石轴向被迫受拉而产生轴向应变不断增大的"轴向压缩"假象，进而强化了深部岩石轴向刚度。所以，深部岩石进入轴向载荷加载阶段后，径向变形灵敏度便会明显高于轴向变形灵敏度，进而会出现峰前径向变形超前轴向变形的现象。另外，深部岩石轴向、径向及体积应变与渗透率之间呈现出较强的线性函数关系，其相应的函数表达式分别为

$$
\begin{cases}
k = -0.064 + 0.4264\varepsilon_1 & (R^2 = 0.96563) \\
k = 0.376 - 0.2431\varepsilon_{\mathrm{v}} & (R^2 = 0.95286) \\
k = 0.215 - 0.3137\varepsilon_3 & (R^2 = 0.9808)
\end{cases}
\tag{2-9}
$$

从拟合的相关系数来看，径向应变更能灵敏地表征深部岩石渗透率动态变化。

2.3.5　渗透率影响因素耦合效应分析

基于对深部岩石"三阶段"加卸载全过程渗透率演化阶段对应特征以及渗透率灵敏性表征规律的分析，本节将进一步对其渗透率演化规律影响因素进行深入研究。如图2-28所示，模拟深度与卸载预设围压对深部岩石峰值渗透率演变规律存在显著影响，然而模拟深度与卸载预设围压对深部岩石峰值渗透率演变规律的影响程度不一。根据图2-28可以发现，模拟深度越大，卸载预设围压越小，深部岩石峰值渗透率越大；反之，深部岩石峰值渗透率越小。另外，从图2-28不难发现，深部岩石峰值渗透率演变规律受模拟深度的变化程度更为显著，围压效应影响深部岩石峰值渗透率演变规律的程度明显弱于深部效应。从峰值渗透率演变区域变化程度可以发现，同一卸载预设围压不同模拟深度下的深部岩石峰值渗透率演变区域明显比不同卸载预设围压同一模拟深度下的深部岩石峰值渗透率演变区域变化程度更明显。如卸载预设围压为6MPa，模拟深度分别为1000m、1500m、2000m下的深部岩石峰值渗透率演变特征为0.254mD→1.393mD→2.637mD，峰值渗透率演变区域变化程度明显；而模拟深度为1000m，卸载预设围压分别为6MPa、

13MPa、20MPa 下的深部岩石峰值渗透率演变特征为 0.254mD→0.155mD→0.006mD，相比于同一卸载预设围压，不同模拟深度下深部岩石而言，其峰值渗透率演变区域变化程度明显更弱。这表明在实际的深地工程中，深部巷道开挖后，其巷道围岩所处渗流场与应力场耦合环境下，深部效应明显强于围压效应对深部巷道围岩周围渗流场变化特征的影响程度，此规律可为深部巷道支护即其稳定性控制提供一定的基础理论依据与借鉴。

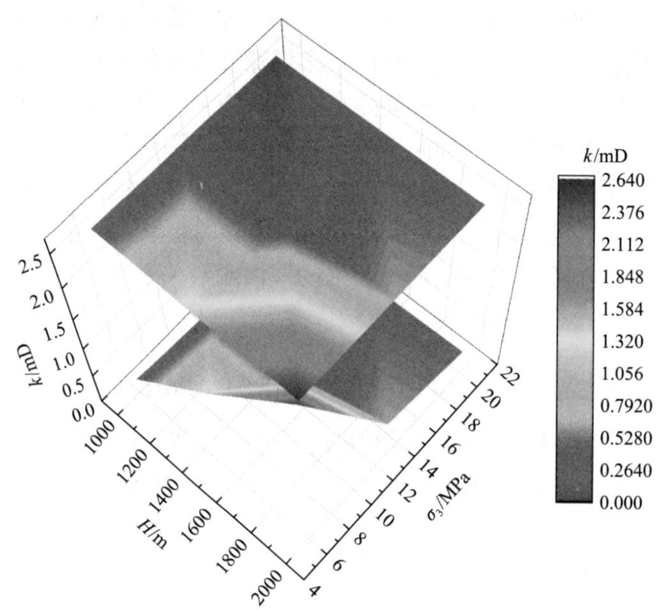

图 2-28　卸载预设围压与模拟深度耦合对渗透率演化的影响

2.3.6　能量演化特性

根据岩体受力情况，其受外界场作用必定会产生一定的变形或破坏特征，但根据最小耗能原理，从热力学角度出发，岩体变形破裂过程可以视为多场耦合下岩体系统与外界之间的能量传递、转换的过程，相应的岩石受外界场作用能量转换如图 2-29 所示。

一般而言，岩石受外界多场作用效应最终集中于岩石的破坏机制。为此，国内外学者提出了两种岩石能量驱动破坏机制理论，一种是岩石在变形过程中，其内部储能极限 E_c 与能量驱动值 E_e 达到相等时，即 $E_c=E_e$，岩石便发生破坏，相应的岩石受外界场作用能量驱动破坏机制如图 2-30 所示；另一种是岩石变形过程能量驱动演化与应力-应变曲线存在明显的阶段对应关系，每一阶段岩石产生的渐进变形都是岩石内部能量累积驱动作用产生的，当岩石到达应力峰值强度时，岩石内部产生宏观裂隙，形成宏观损伤，积聚的能量逐渐耗散释放，此时岩石发生破坏，相应的受外界场作用的典型岩石能量驱动演化与应力-应变关系如图 2-31 所示。

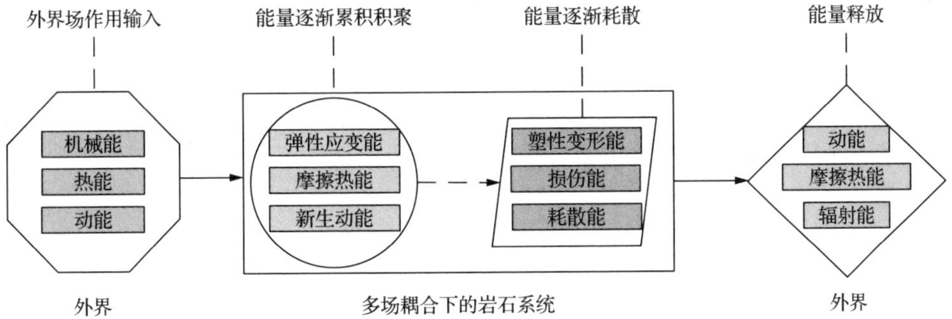

图 2-29　岩石受外界场作用能量传递、转换示意图

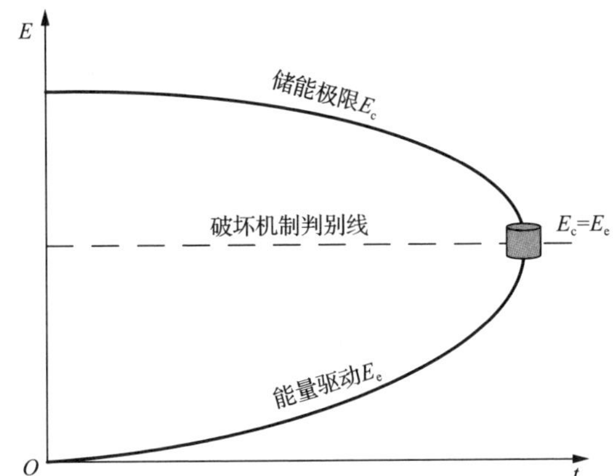

图 2-30　岩石受外界场作用能量驱动破坏机制示意图

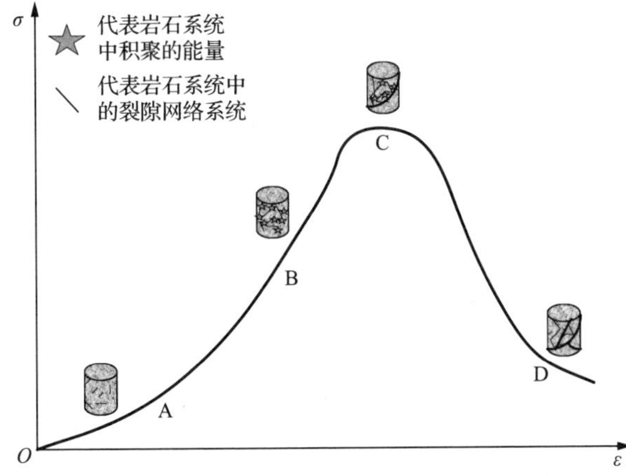

图 2-31　受外界场作用的典型岩石能量驱动演化与应力-应变关系示意图

因此，为了进一步揭示常规三轴加载与“三阶段”加卸载下深部岩石变形及其能量驱动破裂机制，本书将着重对深部岩石变形全过程能量演化特征、能量竞争演化机制以及其渗透特性与能量演化关联性进行深入分析。

1. 能量演化特征

任何事物的性态转变都会伴随着能量的演化，岩石所受外力作用下产生的破裂亦是如此。一般而言，外力对深部岩石的总输入能 U_{total} 可表示为

$$U_{\text{total}}=U_{\text{e}}+U_{\text{d}}+E_{\text{k}}+\Delta Q_{\text{热}} \tag{2-10}$$

在应力-渗流耦合下，二氧化碳气体流经岩体内部时会带走部分应力场作用深部岩石产生的摩擦热能 $\Delta Q_{\text{热}}$，同时部分深部岩石颗粒也会产生少许动能 E_{k}。然而，深部岩石系统在此过程中产生的摩擦热能 $\Delta Q_{\text{热}}$ 和颗粒动能 E_{k} 相对于弹性应变能 U_{e} 和耗散能 U_{d} 要小得多，为简化计算，整个试验过程的能量分析将 $\Delta Q_{\text{热}}$ 和 E_{k} 忽略不计，则深部岩石总输入能可表示为

$$U_{\text{total}}=U_{\text{e}}+U_{\text{d}} \tag{2-11}$$

其中：

$$U_{\text{e}}=\frac{1}{2E_0}\left[\sigma_1^2+\sigma_2^2+\sigma_3^2-2\mu(\sigma_1\sigma_2+\sigma_2\sigma_3+\sigma_3\sigma_1)\right] \tag{2-12}$$

而

$$U_{\text{total}}=\int_0^{\varepsilon_1}\sigma_1\mathrm{d}\varepsilon_1+\int_0^{\varepsilon_2}\sigma_2\mathrm{d}\varepsilon_2+\int_0^{\varepsilon_3}\sigma_3\mathrm{d}\varepsilon_3 \tag{2-13}$$

又因为

$$\sigma_2=\sigma_3,\quad \varepsilon_2=\varepsilon_3 \tag{2-14}$$

所以联立式(2-12)、式(2-13)和式(2-14)得

$$U_{\text{e}}=\frac{1}{2E_0}\left[\sigma_1^2+2\sigma_3^2-2\mu(2\sigma_1\sigma_3+\sigma_3^2)\right] \tag{2-15}$$

$$U_{\text{total}}=\int_0^{\varepsilon_1}\sigma_1\mathrm{d}\varepsilon_1+2\int_0^{\varepsilon_3}\sigma_3\mathrm{d}\varepsilon_3 \tag{2-16}$$

则由式(2-12)、式(2-15)和式(2-16)得

$$U_{\mathrm{d}}=\int_0^{\varepsilon_1}\sigma_1\mathrm{d}\varepsilon_1+2\int_0^{\varepsilon_3}\sigma_3\mathrm{d}\varepsilon_3-\left\{\frac{1}{2E_0}\left[\sigma_1^2+2\sigma_3^2-2\mu(2\sigma_1\sigma_3+\sigma_3^2)\right]\right\} \tag{2-17}$$

式中，U_{e}、U_{d}分别为深部岩石在变形全过程积聚的弹性应变能以及所产生的耗散能；E_0为弹性模量；μ 为泊松比；ε_i 、σ_j （i，j =1,2,3）分别为三向应力以及随应力产生的应变。

根据以上方程绘制出了常规三轴加载下典型深部岩石变形全过程能量演化曲线及“三阶段”加卸载不同工况下深部岩石变形全过程能量演化曲线，如图 2-32 和图 2-33 所示。单一应力场常规三轴加载与“三阶段”加卸载下的深部岩石变形全过程能量演化特征存在明显差异，主要体现在弹性应变能与耗散能演化特征方面。相比于耗散能演化特征而言，单一应力场常规三轴加载下的深部岩石峰前变形过程弹性应变能均是占主导地位，而“三阶段”加卸载的深部岩石峰前变形过程由于恒轴压-卸围压阶段的存在，导致深部岩石峰前变形过程中储存的弹性应变能大量被释放，使得耗散能在深部岩石峰前变形阶段占主导地位。而到了深部岩石峰后变形阶段，由于深部岩石在应力峰值处已经产生宏观破裂，储存内部的弹性应变能则再次被释放，耗散能则大量衍生，因而后期两种工况下的深部岩石弹性应变能与耗散能演化特征均是一致的，均是耗散能占主导地位。

在Ⅰ阶段，深部岩石的总输入能、弹性应变能及耗散能均较小，耗散能接近 0，弹性应变能与总输入能曲线呈现出近乎重合的非线性演化特征。在此阶段，7# 深部岩石弹性应变能与总输入能分别由 0 增加至 0.168MJ/m^3、0.225MJ/m^3，耗散能则由 0 平缓增加至 0.057MJ/m^3，其他深部岩石能量演化存在类似演化规律。在Ⅱ阶段，由于径向抑制作用的弱化会导致深部岩石径向刚度明显下降，岩体内部

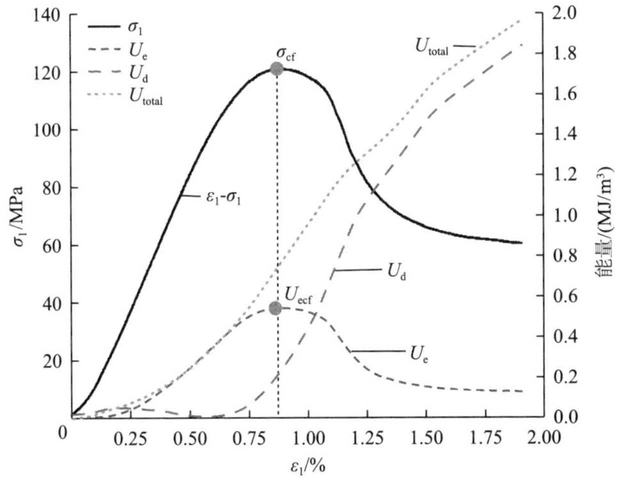

图 2-32　常规三轴加载下典型深部岩石变形全过程能量演化曲线图

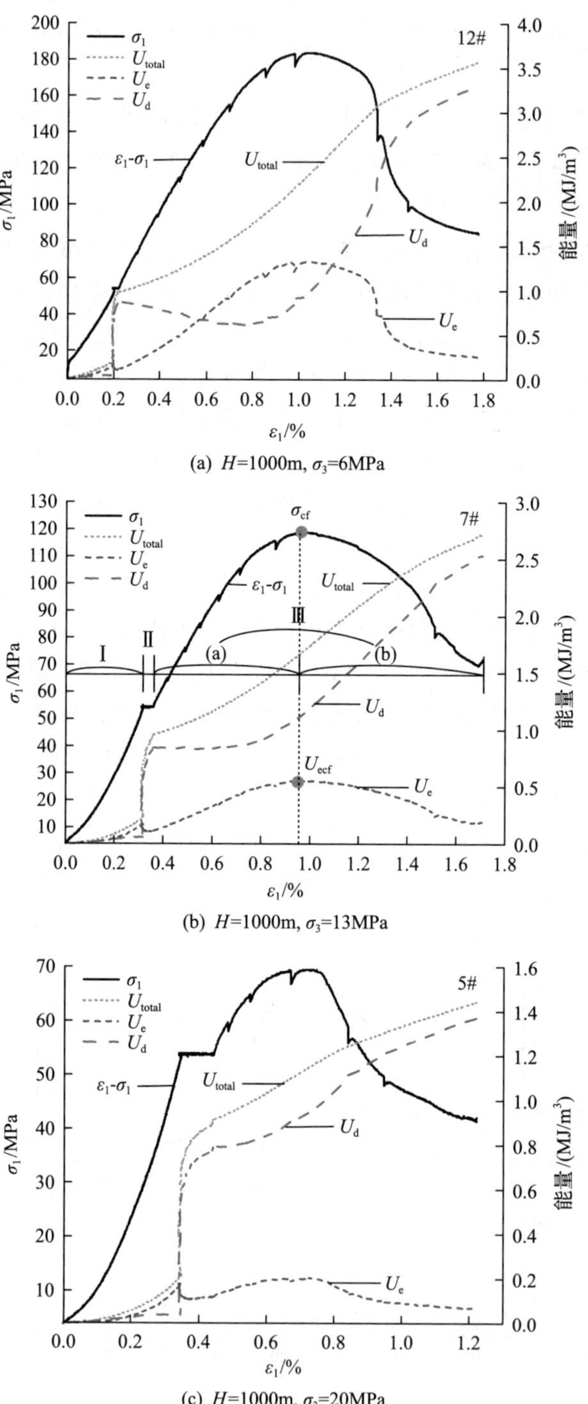

(a) H=1000m, σ_3=6MPa

(b) H=1000m, σ_3=13MPa

(c) H=1000m, σ_3=20MPa

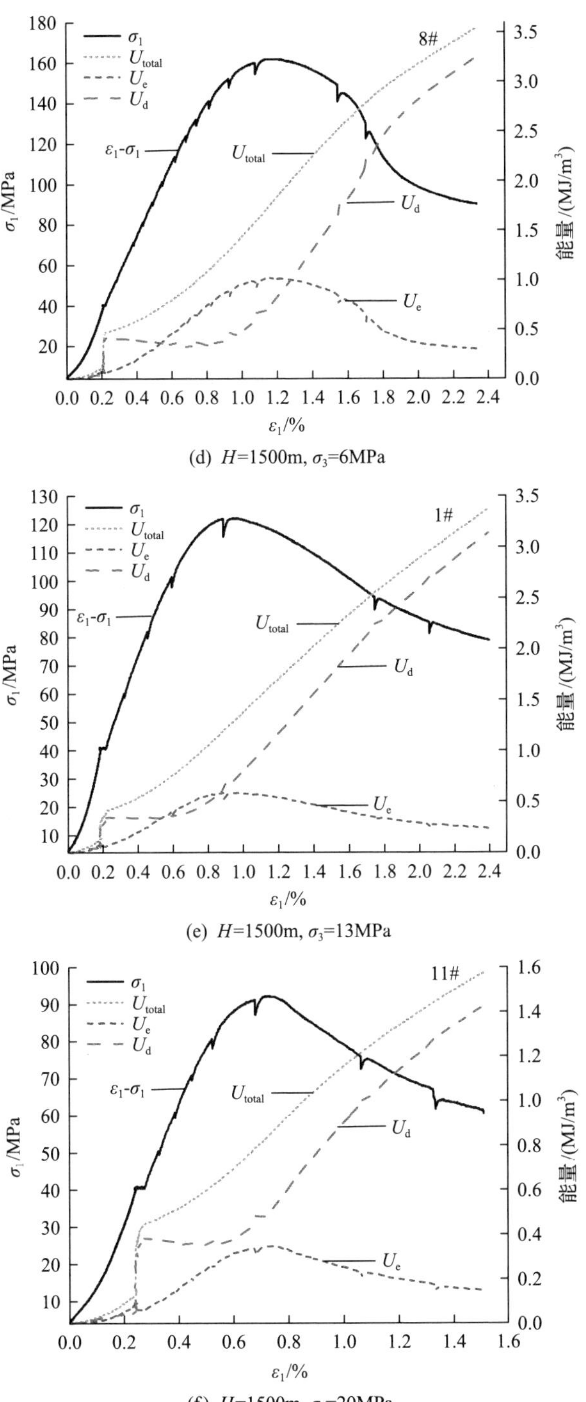

(d) H=1500m, σ_3=6MPa

(e) H=1500m, σ_3=13MPa

(f) H=1500m, σ_3=20MPa

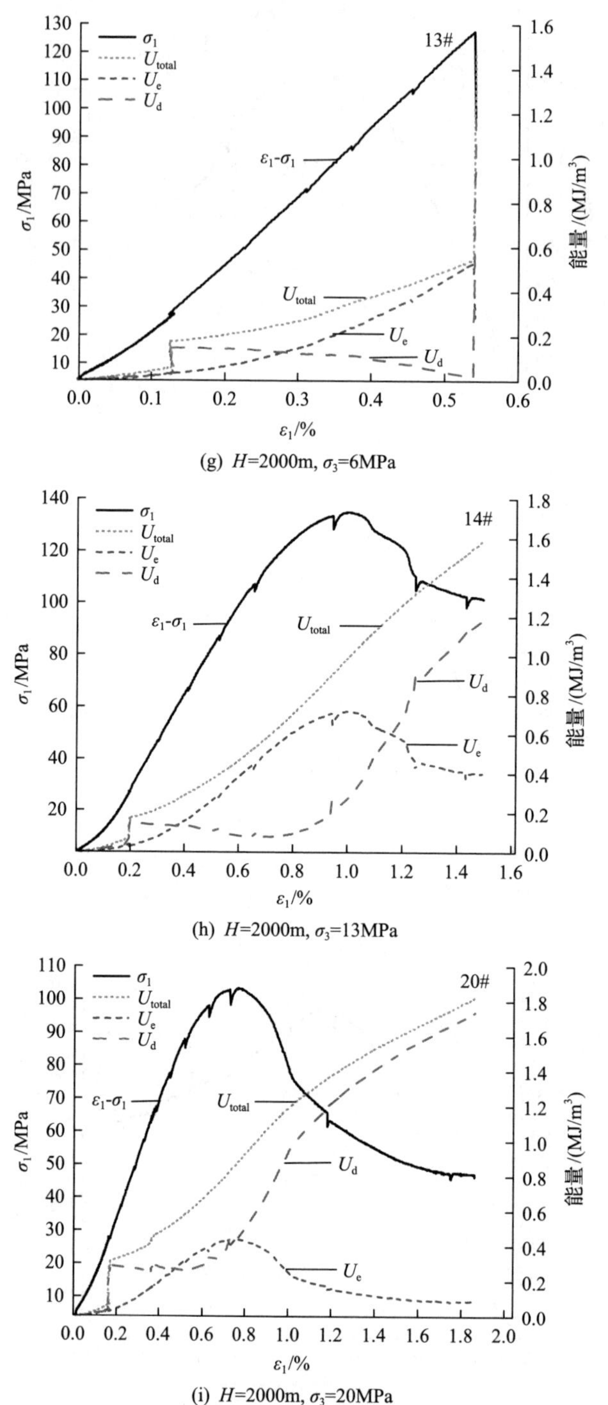

(g) H=2000m, σ_3=6MPa

(h) H=2000m, σ_3=13MPa

(i) H=2000m, σ_3=20MPa

图 2-33　“三阶段”加卸载不同工况下深部岩石变形全过程能量演化曲线图

径向产生较大损伤及较多新生裂隙，同时释放出Ⅰ阶段储蓄的弹性应变能，进而便形成了此阶段深部岩石弹性应变能迅速下跌，耗散能与总输入能非线性急剧增加的现象。与此同时，深部岩石在此阶段弹性应变能、总输入能和耗散能曲线呈现出明显的分叉特征。在此阶段，7#深部岩石耗散能与总输入能分别由 0.057MJ/m^3、0.225MJ/m^3 增加至 0.849MJ/m^3、0.957MJ/m^3，弹性应变能则由 0.168MJ/m^3 迅速下跌至 0.109MJ/m^3，其他深部岩石能量演化存在类似演化规律；在峰前阶段，深部岩石在轴向载荷的不断作用下，其内部在Ⅱ阶段产生的裂隙网络会被二次压密与再次新生，弹性应变能便会迅速地随之大量积聚，耗散能则不发生明显变化，表明弹性应变能在此阶段占主导地位；在峰后阶段，由于深部岩石达到峰值强度点后会产生明显的宏观损伤，所需的耗损能便随之迅速增加，弹性应变能随之减小，总输入能则不断增大。在此阶段，7#深部岩石的弹性应变能由 0.109MJ/m^3 增加至 0.552MJ/m^3，之后减小至 0.191MJ/m^3，耗散能则由 0.849MJ/m^3 平缓增加至 1.204MJ/m^3，之后便迅速增加至 2.534MJ/m^3，总输入能则由 0.957MJ/m^3 一直持续增加至 2.725MJ/m^3，其他深部岩石能量演化存在类似演化规律。

2. 能量竞争演化机制

通过对常规三轴加载下深部岩石变形全过程能量演化规律和“三阶段”加卸载不同工况下深部岩石变形全过程能量演化规律分析，发现深部岩石在常规三轴加载和“三阶段”加卸载变形过程中弹性应变能与耗散能之间存在明显的能量竞争演化机制。为此，本节将进一步对常规三轴加载下的深部岩石变形全过程的能量竞争演化机制与“三阶段”加卸载不同工况下的深部岩石变形全过程的能量竞争演化机制进行对比分析，同时绘制了相应的弹性应变能与耗散能比值λ的演化曲线。

如图 2-34 和图 2-35 所示，常规三轴加载，围压为 13MPa 下的典型深部岩石变形全过程弹性应变能与耗散能比值随体积应变表现出明显的先增大后减小的倒“V”形曲线演化规律，而“三阶段”加卸载不同工况下的深部岩石变形全过程弹性应变能与耗散能比值随体积应变表现出明显的先减小后增大再减小的倒“S”形曲线演化规律，间接反映了常规三轴加载下的深部岩石变形全过程能量存在明显的竞争演化机制。如图 2-34 所示，常规三轴加载下的深部岩石变形过程弹性应变能与耗散能比值演化规律是先由 1.26 快速增加至 14.64，之后迅速降至 0.0698，明显反映了深部岩石应力-应变曲线峰前及峰后能量竞争演化机制。如“三阶段”加卸载下的 1#深部岩石在Ⅰ阶段末的弹性应变能与耗散能比值为 1.426，表明在Ⅰ阶段，1#深部岩石弹性应变能的积聚是占主导地位的；之后弹性应变能与耗散能比值迅速下跌至 0.19，这表明在Ⅱ阶段，由于围压卸载，1#深部岩石积聚的弹性应变能被迅速释放，耗散能随之急剧增加，在此阶段耗散能的累积是占

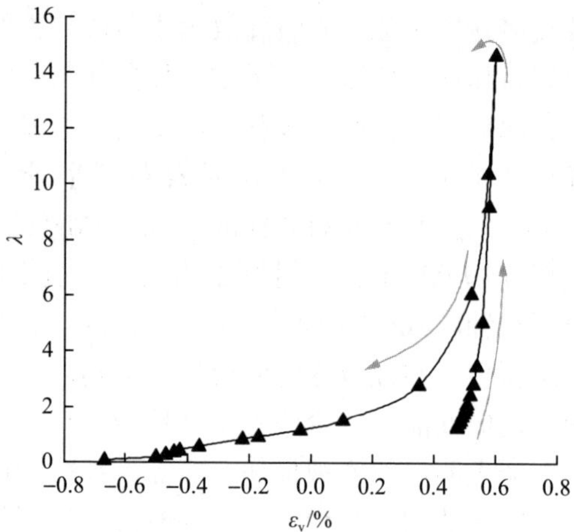

图 2-34　常规三轴加载下典型深部岩石变形全过程弹性应变能与耗散能比值演化曲线

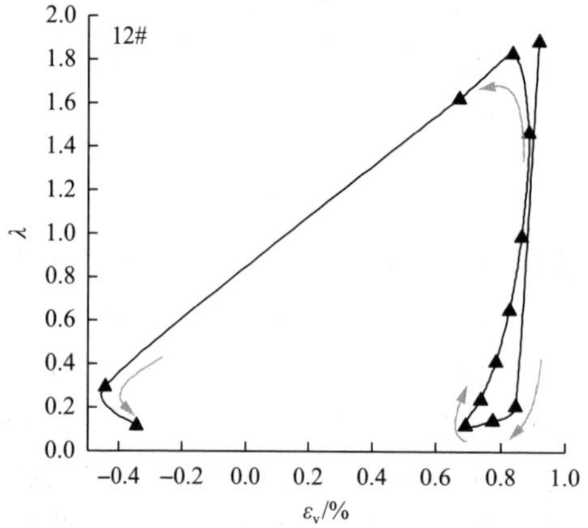

12#

(a) H=1000m, σ_3=6MPa

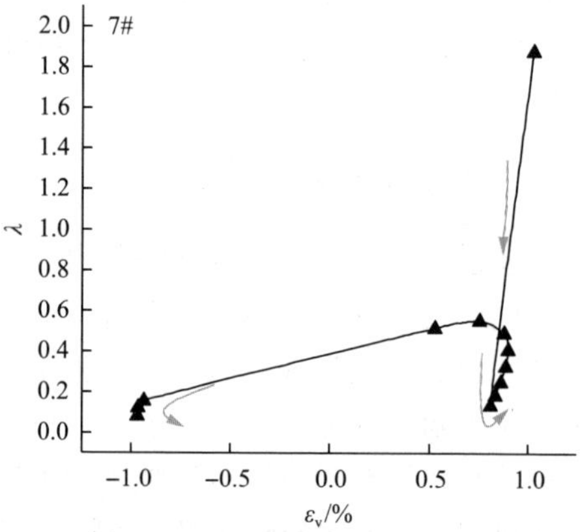

7#

(b) H=1000m, σ_3=13MPa

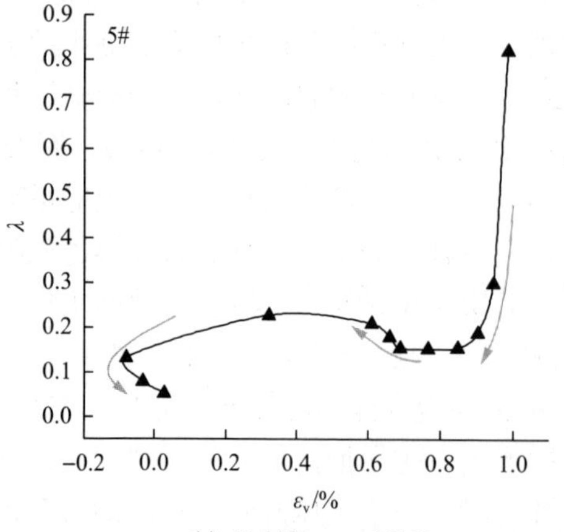

5#

(c) H=1000m, σ_3=20MPa

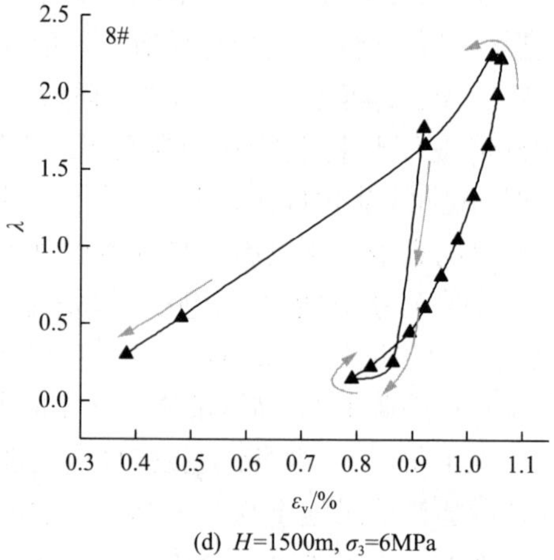

8#

(d) H=1500m, σ_3=6MPa

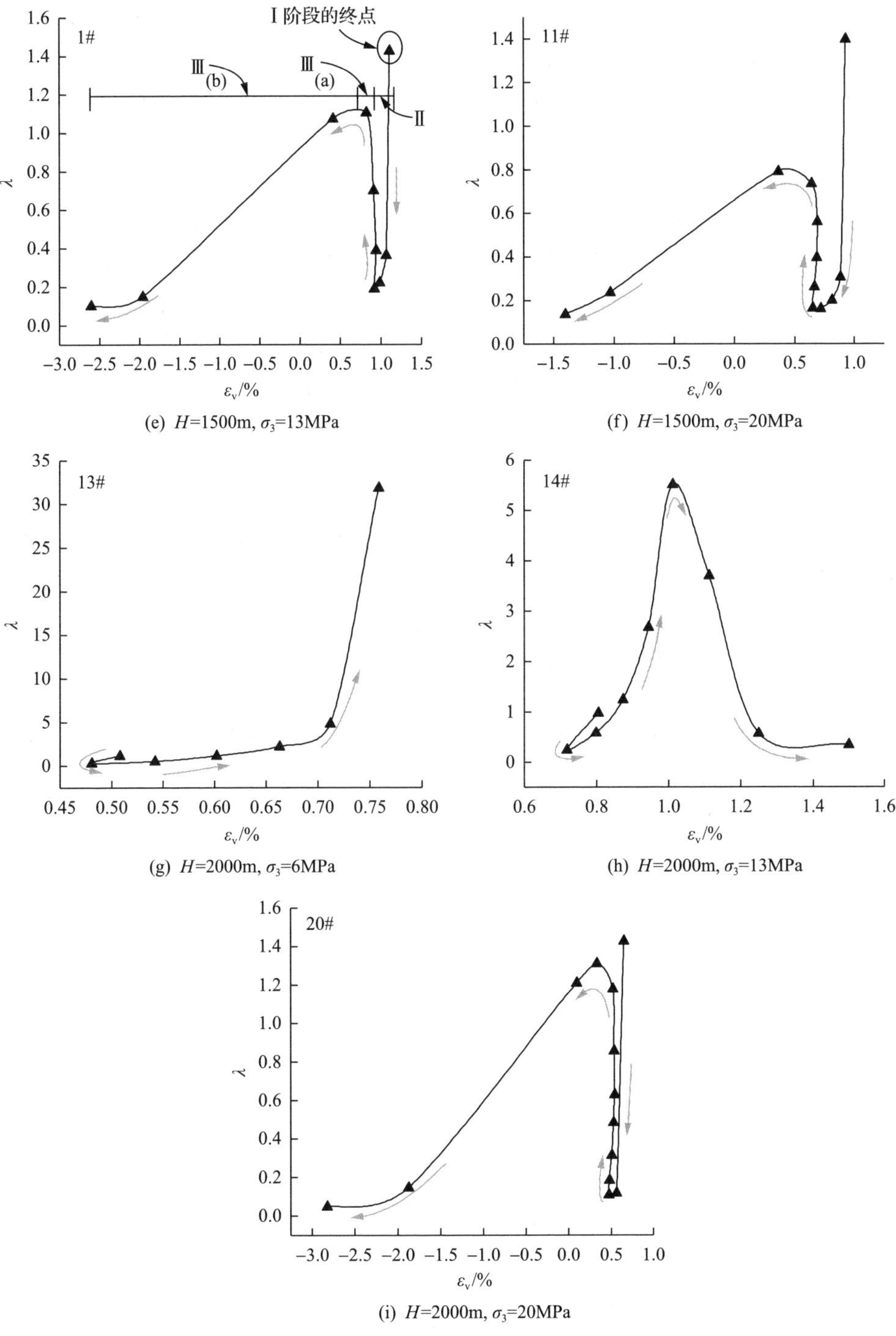

(e) H=1500m, σ_3=13MPa

(f) H=1500m, σ_3=20MPa

(g) H=2000m, σ_3=6MPa

(h) H=2000m, σ_3=13MPa

(i) H=2000m, σ_3=20MPa

图 2-35 “三阶段”加卸载不同工况下深部岩石变形全过程弹性应变能与耗散能比值演化曲线

主导地位的；在此之后，弹性应变能与耗散能比值由 0.19 急剧增加至 1.10，表明 1#深部岩石在轴向载荷加载的峰前阶段弹性应变能的再次积聚是占主导地位，耗散能的累积程度随之弱化。由于轴向应力的持续加载，深部岩石在此阶段会经历二次压密、线弹性变形、裂纹稳定扩展及裂纹非稳定扩展阶段，积聚大量的弹性应变能使弹性应变能演化在此阶段占主导地位。在轴向载荷加载的峰后阶段，1#深部岩石弹性应变能与耗散能比值由 1.10 减小至 0.1，表明在此阶段，1#深部岩石的耗散能大量累积，峰前积聚的弹性应变能逐渐被释放，耗散能在此阶段占据主导地位。这主要是由于深部岩石从峰值强度开始至峰后阶段，岩体会产生明显的宏观变形与裂隙，造成较大的损伤，导致耗散能大量累积，弹性应变能逐渐释放，其他深部岩石变形全过程的能量演化亦存在类似规律。

3. 渗透特性与能量演化关联性

深部岩石在应力场作用下会积聚大量弹性应变能以及能量的耗损与释放，同时能量驱动作用会使深部岩石内部空间裂隙场发生动态变化。深部岩石内部空间裂隙网络系统是渗流场的主要通道，裂隙场的动态变化自然而然会使渗流场发生变化，进而使深部岩石渗透率发生改变。为此，本节将对深部岩石变形全过程渗透特性及其能量演化进行关联性分析。

如图 2-36 所示，各工况下的深部岩石变形全过程渗透率与总输入能、弹性能及耗散能之间具有显著的关联性。结合表 2-5 不难发现，深部岩石变形全过程渗透率与总输入能的关系较好地符合幂指函数 $k=\exp(a+bU_{\text{total}}+cU_{\text{total}}^2)$ 非线性增长模型，与弹性应变能的关系则较好地符合倒“U”形曲线演化模型，与耗散能的

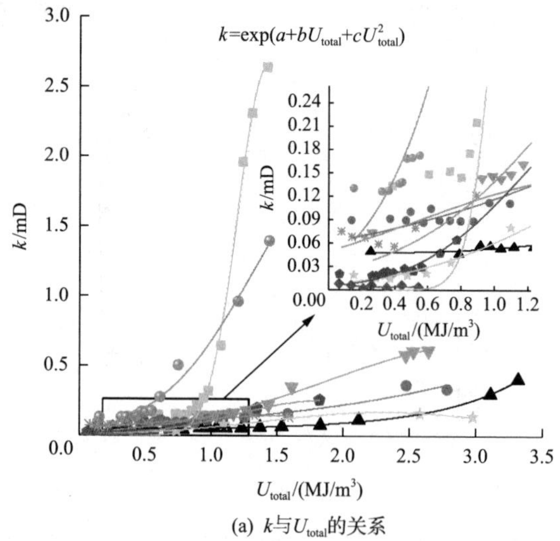

(a) k与U_{total}的关系

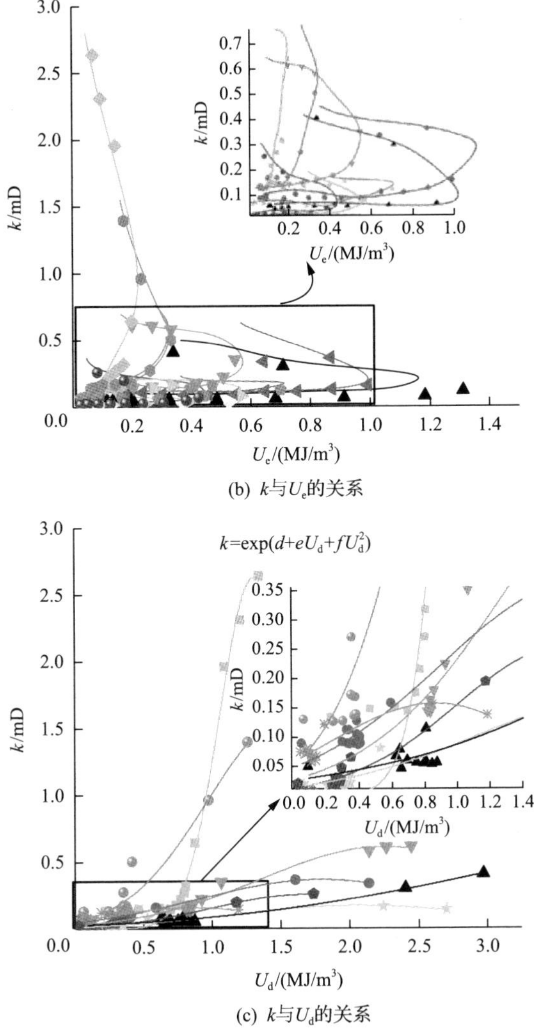

(b) k与U_e的关系

(c) k与U_d的关系

图 2-36　深部岩石变形全过程渗透率与能量演化关联性分析拟合曲线

表 2-5　深部岩石变形全过程渗透率与能量演化拟合曲线回归系数

序号	参数				参数			
	a	b	c	R^2	d	e	f	R^2
12#	–3.012	–0.151	0.237	0.998	–3.652	1.348	0.141	0.965
7#	–3.838	2.231	–0.363	0.984	–3.629	2.782	–0.617	0.958
5#	–19.962	29.427	–10.34	0.988	–12.56	20.609	–7.851	0.989
8#	–2.803	0.659	–0.0034	0.928	–3.306	2.275	–0.636	0.963
1#	–4.974	2.766	–0.595	0.986	–4.266	2.428	–0.59	0.906
11#	–3.325	3.855	–0.918	0.984	–2.937	4.304	–1.362	0.938
14#	–3.061	1.296	–0.389	0.819	–2.834	2.288	–1.329	0.713
20#	–5.398	4.354	–1.175	0.993	–4.437	3.658	–1.09	0.976

关系则较好地符合幂指函数 $k=\exp(d+eU_{\mathrm{d}}+fU_{\mathrm{d}}^{2})$ 非线性增长模型。

从上述深部岩石“三阶段”加卸载全过程能量与渗透率演化模型可以发现，其弹性应变能演化过程中存在一个储能极限 U_{ecf}。能量是岩石发生性态转变所伴生的特有属性，计算复杂且难以测量。但岩石发生变形时，其内部空间裂隙会随之发生改变与破坏，使岩石本身所具有的渗透特性发生改变。随着测量岩石渗透率的试验仪器不断更新与改进，岩石变形过程中的动态渗透率也变得越来越方便测量与计算，且测量与计算的结果是比较精准的。为此，基于各工况下的深部岩石渗透率与其变形全过程总输入能、弹性应变能及耗散能关联性演化模型，可以容易地获取深部岩石“三阶段”加卸载全过程各类能量演化规律，进而可以较好地预测深部矿井巷道开挖过程引起其巷道围岩变形伴生的各类能量演化特征，并获取其弹性应变能储能极限 U_{ecf}，从而为深部矿井巷道开挖及其维护提供了一定的参考与借鉴。

2.4 深部岩石宏细观破坏特性

一般煤岩体室内力学试验时，通常采取的加载方式有单轴压缩、巴西劈裂、双轴压缩、双轴剪切、三轴压缩、三点弯曲等，每一种加载方式存在多种应力加载路径，导致了对应工况下的煤岩体宏细观破坏特性存在一定的差异。一般影响煤岩体宏细观破坏特性的因素有围压效应、渗透压效应、时间效应、岩性效应、加卸载速率效应、温度效应、深部效应、含水率、尺寸效应、端部摩擦效应、层理效应、均质度、粗糙度、应力水平、加卸载路径、矿物组成、粒度组成等。同时，每一种加载方式(路径)均对应一定的工程背景，而多场环境更易导致其对应工况下的煤岩体宏细观破坏特性存在明显差异。为此，深入研究高应力-高渗透压耦合下深部岩石宏细观破坏特性，可进一步揭示高应力-高渗透压耦合下深部岩石宏细观破裂机理，为千米深井巷道围岩稳定性控制提供一定的基础理论与参考依据。

在煤岩体宏细观破裂机理方面存在较多理论，诸多学者建立了多角度煤岩体细观破坏模型以及获得了较多的宏观破裂理论。其中，在煤岩体宏观破裂特性方面，煤岩体受力作用后的破裂模式一般有张拉、压裂、剪切、拉-剪复合、压-剪复合破坏等，破裂形态有单一主裂纹主干型破坏，两条宏观裂隙组成的“V”形、“Y”形、“X”形破坏，多条裂纹堆叠形成的树枝形坍塌破坏及端部碎裂等，存在的煤岩体宏观破裂理论有尖点突变理论、脆-延转换理论等。

在煤岩体细观破裂方面，存在多角度细观模型。其中，从煤岩体基质颗粒与孔隙间相互作用机制角度出发，典型应力-渗流耦合下煤岩体细观破坏演化模型见图 2-37。

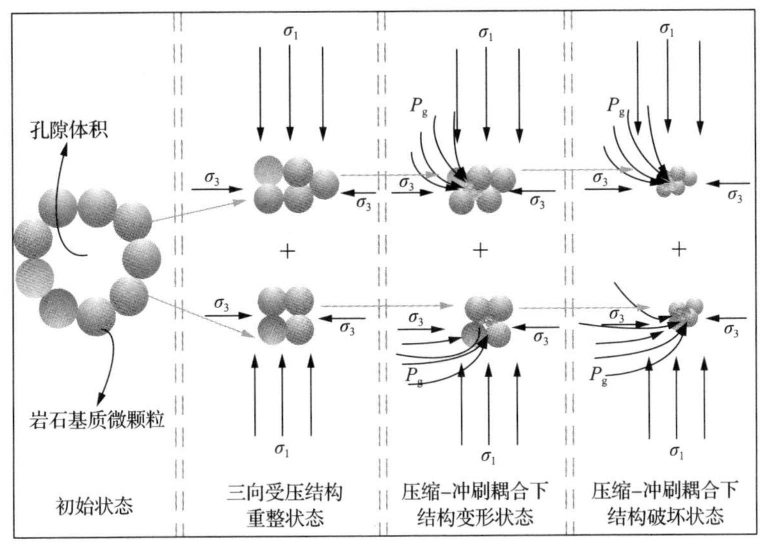

图 2-37　典型应力-渗流耦合下煤岩体细观破坏演化模型

2.4.1　细观破坏特征

基于前文对深部岩石在“三阶段”加卸载下的力学响应分析，本节进一步对各工况下的深部岩石破坏特征进行深入分析。同时，在进行“三阶段”加卸载应力-渗流耦合力学试验之后，鉴于各深部岩石变形存在一定的记忆效应与自相似性，分别选取了卸载预设围压为 13MPa，模拟深度为 1000m、1500m、2000m 下的深部岩石进行微米级 CT 扫描，获得了工况下的深部岩石微米级 CT 扫描俯视图、主视图及侧视图，相应工况下的微米级 CT 扫描特征图如图 2-38～图 2-47 所示。

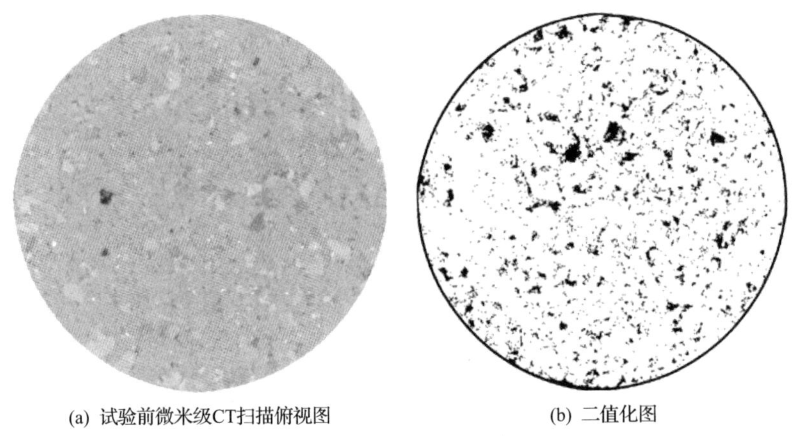

(a) 试验前微米级CT扫描俯视图　　(b) 二值化图

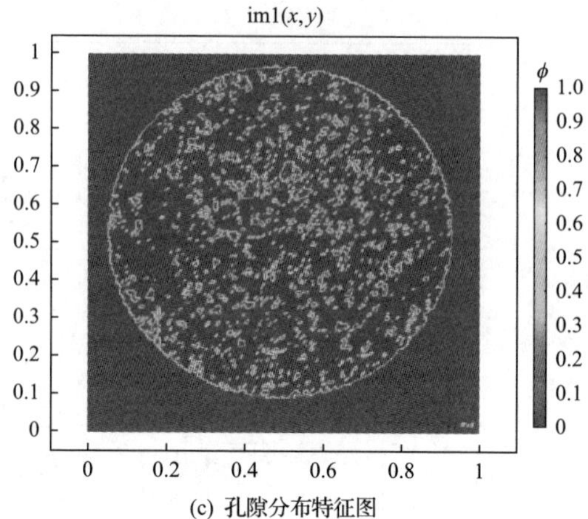

(c) 孔隙分布特征图

图 2-38　试验前典型深部岩石微米级 CT 扫描俯视特征图

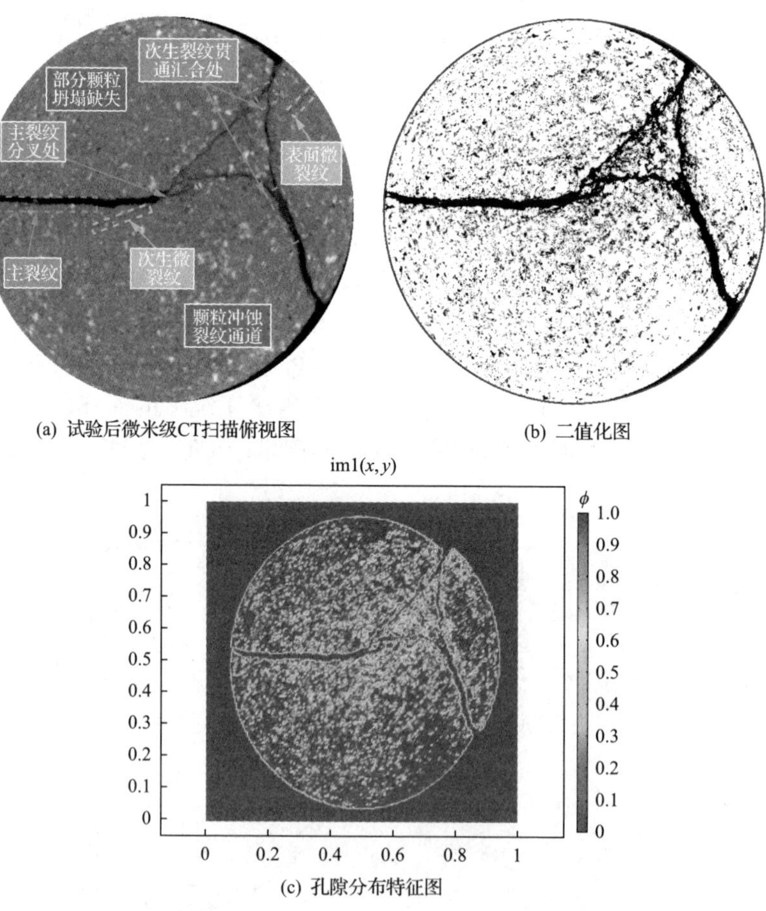

(a) 试验后微米级CT扫描俯视图　　(b) 二值化图

(c) 孔隙分布特征图

图 2-39　模拟深度 1000m、卸载预设围压 13MPa 的典型深部岩石试验后微米级 CT 扫描俯视特征图

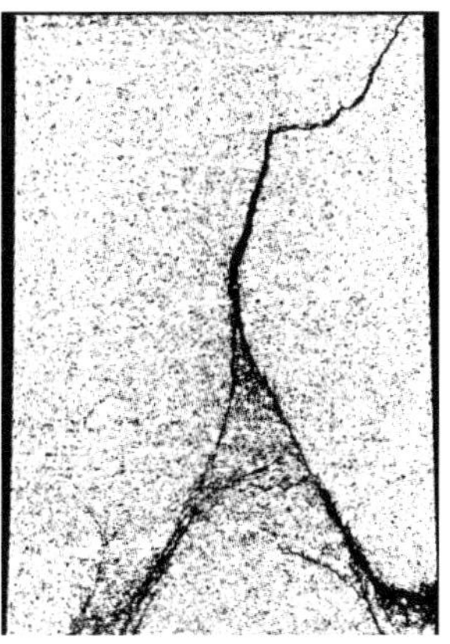

(a) 试验后微米级CT扫描侧视图　　(b) 二值化图

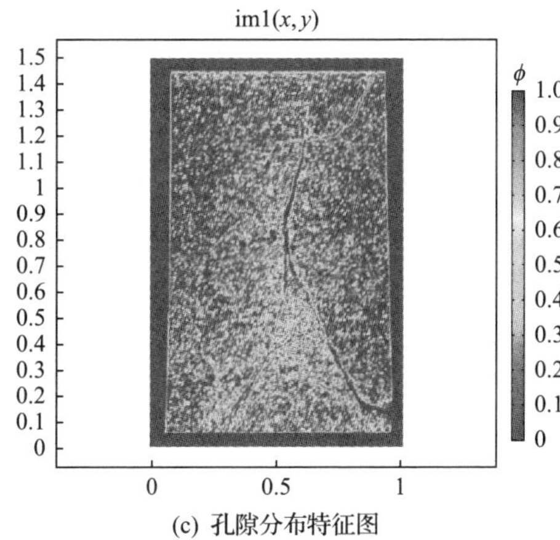

(c) 孔隙分布特征图

图 2-40　模拟深度 1000m、卸载预设围压 13MPa 的典型深部岩石试验后微米级 CT 扫描侧视特征图

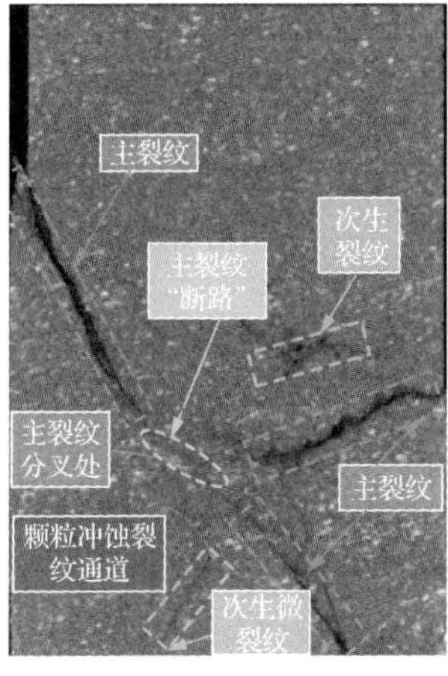

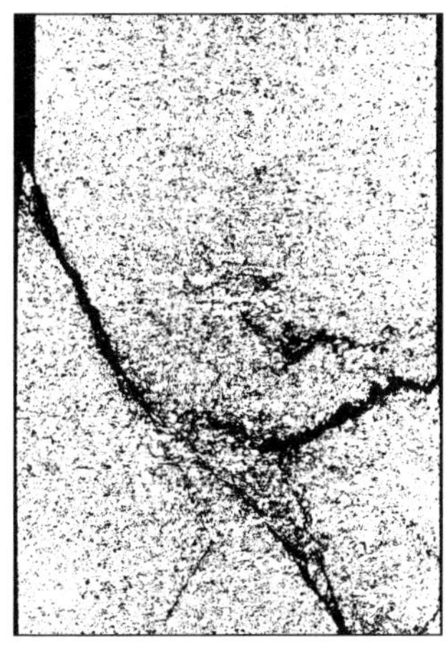

(a) 试验后微米级CT扫描主视图　　(b) 二值化图

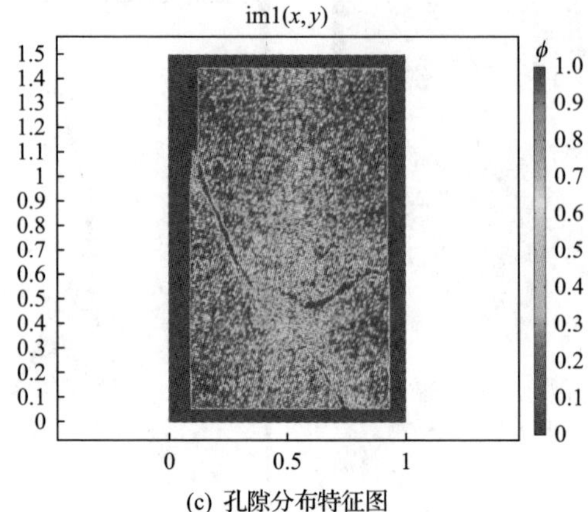

(c) 孔隙分布特征图

图 2-41　模拟深度 1000m、卸载预设围压 13MPa 的典型深部岩石试验后微米级 CT 扫描主视特征图

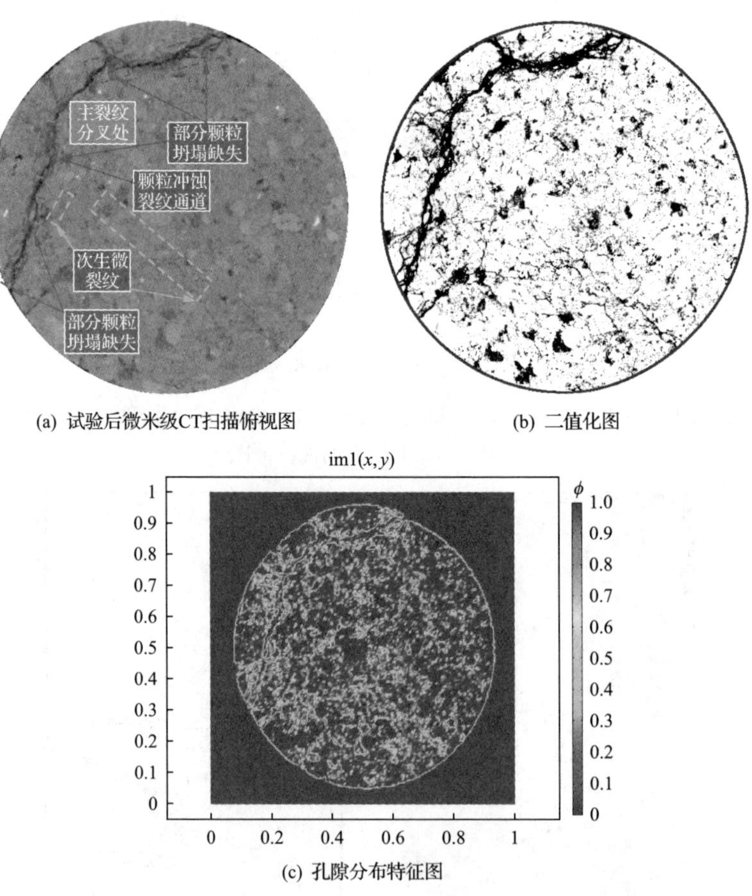

(a) 试验后微米级CT扫描俯视图　(b) 二值化图

(c) 孔隙分布特征图

图 2-42　模拟深度 1500m、卸载预设围压 13MPa 的典型深部岩石试验后微米级 CT 扫描俯视特征图

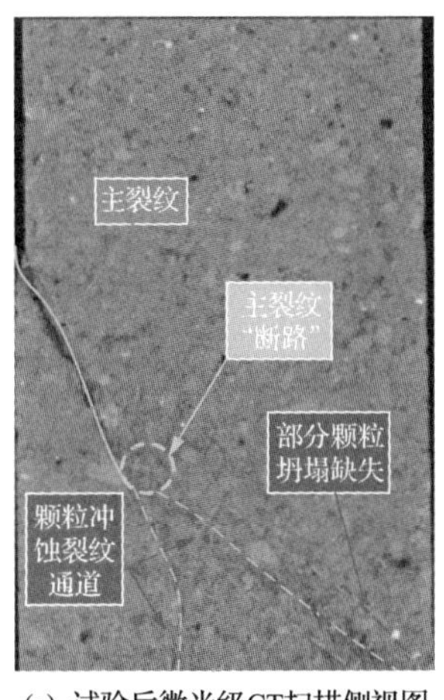

(a) 试验后微米级CT扫描侧视图

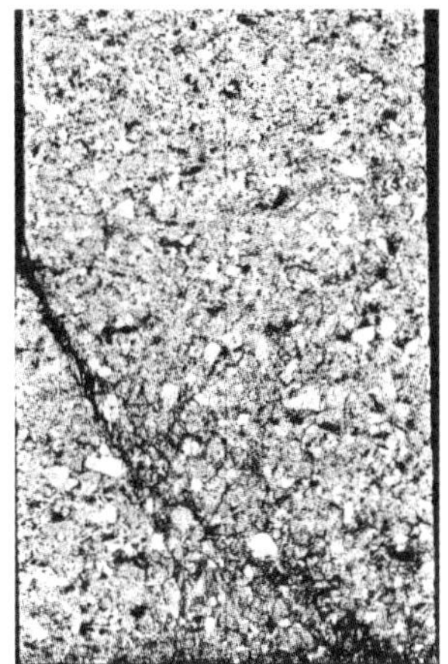

(b) 二值化图

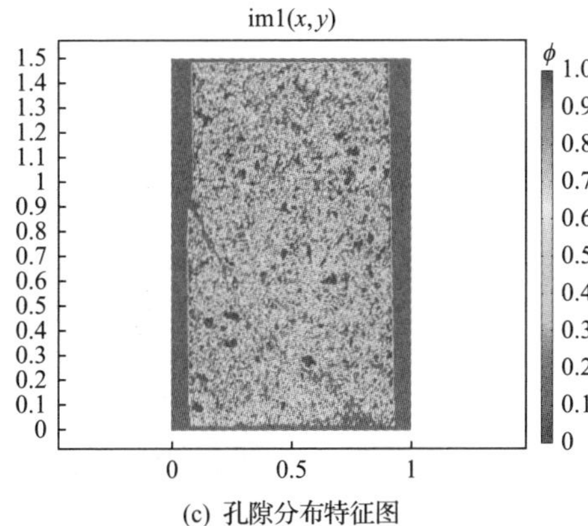

(c) 孔隙分布特征图

图 2-43　模拟深度 1500m、卸载预设围压 13MPa 的典型深部岩石试验后微米级 CT 扫描侧视特征图

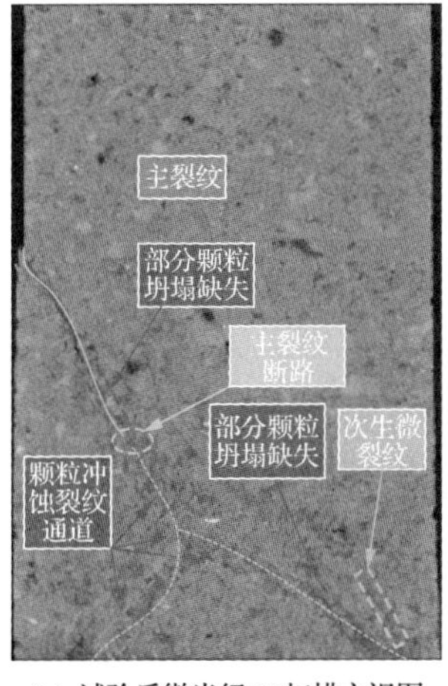

(a) 试验后微米级CT扫描主视图

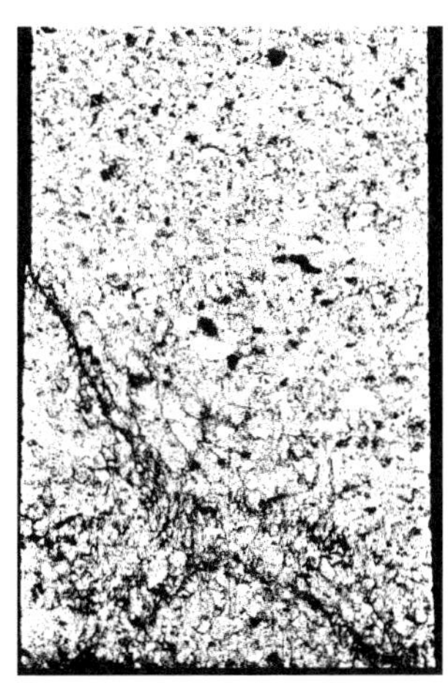

(b) 二值化图

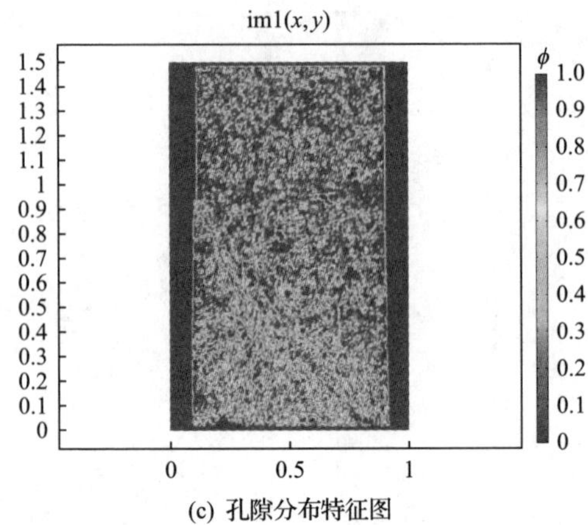

(c) 孔隙分布特征图

图 2-44　模拟深度 1500m、卸载预设围压 13MPa 的典型深部岩石试验后微米级 CT 扫描主视特征图

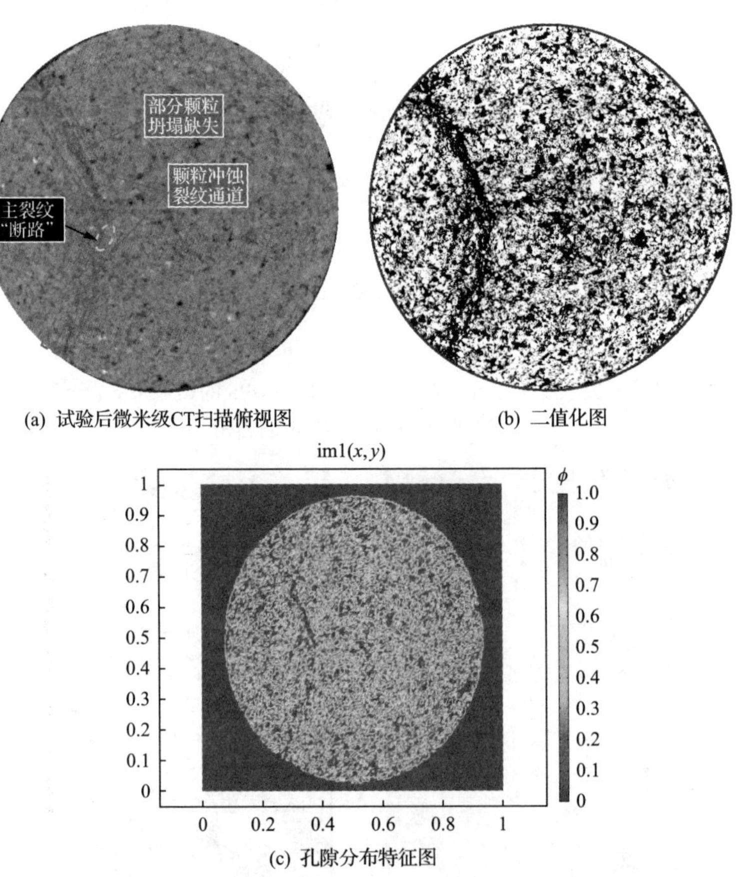

(a) 试验后微米级CT扫描俯视图　　(b) 二值化图

(c) 孔隙分布特征图

图 2-45　模拟深度 2000m、卸载预设围压 13MPa 的典型深部岩石试验后微米级 CT 扫描俯视特征图

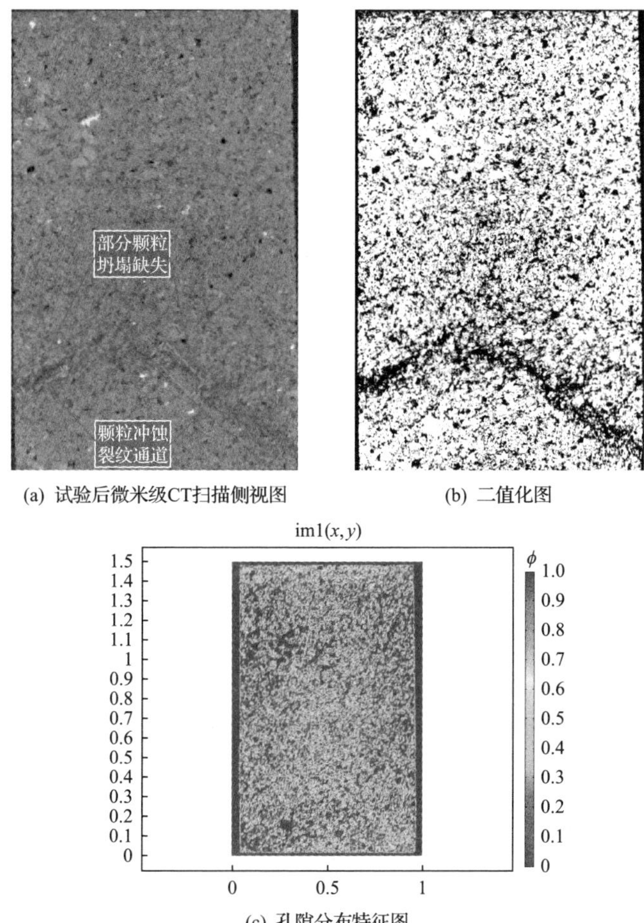

(a) 试验后微米级CT扫描侧视图　　(b) 二值化图

(c) 孔隙分布特征图

图 2-46　模拟深度 2000m、卸载预设围压 13MPa 的典型深部岩石试验后微米级 CT 侧视特征图

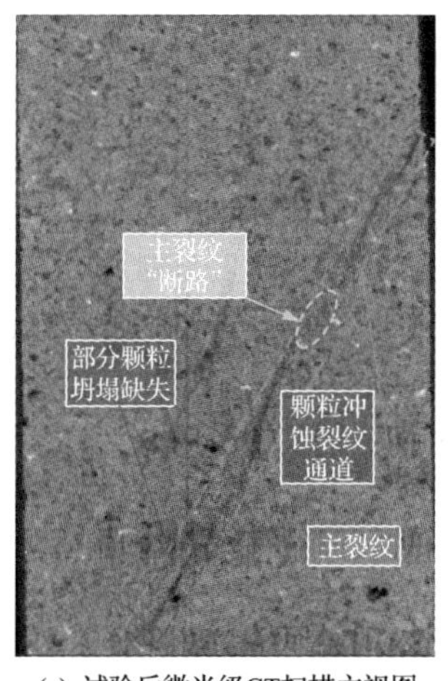

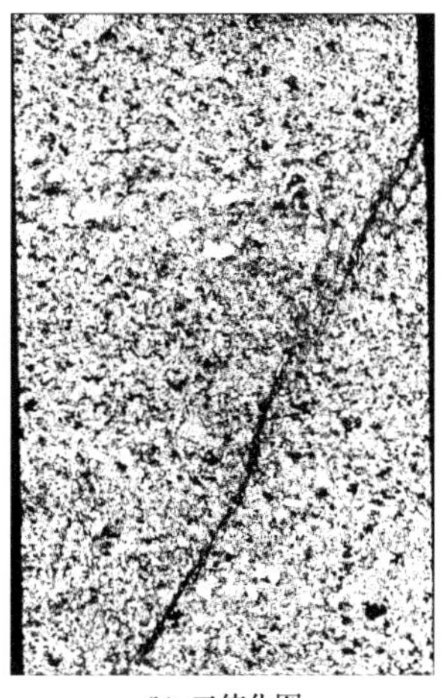

(a) 试验后微米级CT扫描主视图　　(b) 二值化图

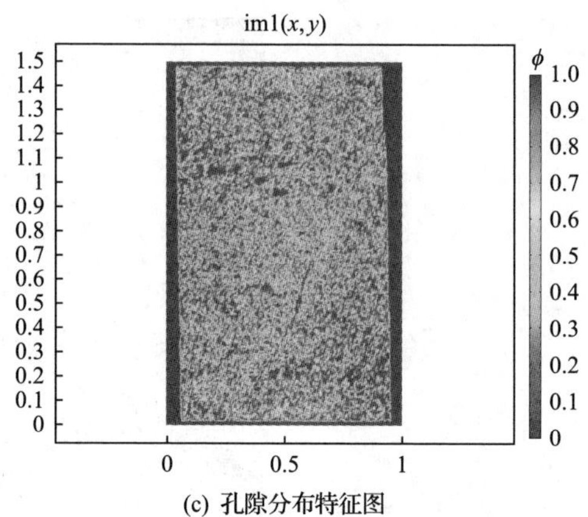

(c) 孔隙分布特征图

图 2-47 模拟深度 2000m、卸载预设围压 13MPa 的典型深部岩石试验后微米级 CT 主视特征图

如图 2-38 所示，可以发现，试验前深部岩石内部孔隙分布均匀，均质性较好。另外，尽管同一卸载预设围压、不同模拟深度下的深部岩石整体破坏模式均为剪切破坏，但其破坏特征依旧存在一些显著差异。如图 2-39～图 2-41 所示，模拟深度为 1000m 的深部岩石呈现出明显的“Y”形破坏特征，并且在深部岩石中部形成的主裂纹的分叉处存在主裂纹“断路”扩展假象，产生此现象的原因是渗流场冲刷深部岩石内部产生的部分坍塌颗粒缺失而形成颗粒冲蚀裂纹通道，其破坏特征明显不同于单一应力场作用煤岩体形成的“Y”形破坏特征。在形成“Y”形裂纹通道的同时，伴随着少量的次生裂纹共生。另外，从图 2-39(a)可以发现，模拟深度为 1000m 的深部岩石“Y”形破坏形态上端产生了明显的二次次生裂纹，此二次次生裂纹将主裂纹分叉后的分支裂纹进行了连接与贯通。如图 2-42～图 2-44 所示，模拟深度为 1500m 的深部岩石亦呈现出了明显的“Y”形破坏特征，并且在深部岩石周边部位形成的主裂纹的分叉处存在主裂纹“断路”扩展假象，产生此现象的原因与模拟深度为 1000m 深部岩石相同，亦是由于渗流场冲刷深部岩石内部产生的部分坍塌颗粒而形成颗粒冲蚀裂纹通道，但相比于模拟深度为 1000m 的深部岩石破坏形态而言，模拟深度为 1500m 的深部岩石破坏形态更不明显，其“Y”形破坏形态不是在深部岩石中部起始，而是在深部岩石周边部位衍生的。另外，从图 2-42(a)可以发现，模拟深度为 1500m 的深部岩石在形成“Y”形破坏形态的同时，其主裂纹周边衍生出了大面积的次生微裂纹。如图 2-45～图 2-47 所示，模拟深度为 2000m 的深部岩石破坏特征与模拟深度为 1000m 及 1500m 的深部岩石破坏特征存在显著差异，模拟深度为 2000m 的深部岩石呈现出明显的单一裂纹主干型破坏特征，并且未产生明显的次生微裂纹。模拟深度为 2000m 的深部岩石与模拟深度为 1000m 及 1500m 的深部岩石的破坏特征相似之处是其形成的主裂纹的分叉处亦存在主裂纹“断路”扩展假象，产生此现象的原因亦是渗流场冲

刷深部岩石内部产生的部分坍塌颗粒而形成颗粒冲蚀裂纹通道。以上不同模拟深度下的深部岩石形成的主裂纹中均存在部分颗粒坍塌缺失特征，这主要是深部岩石受到的外界应力场在起主导贡献作用导致的。

2.4.2　宏观破坏特征

基于 2.4.1 节对“三阶段”加卸载下典型深部岩石细观破坏特性研究所获特征与规律，本节将进一步深入分析各工况下的深部岩石宏观破裂特征，进而获得相应工况下深部岩石宏观破坏特性，相应工况下深部岩石宏观破裂详情特征见表 2-6。“三阶段”加卸载下的深部岩石多数都呈现出明显的剪切破坏模式，只是深部岩石的剪切破坏形态不一。模拟深度为 1000m，卸载预设围压为 20MPa 下的深部岩石的宏观破坏模式为“Y”形破坏，而其他工况下的深部岩石宏观破坏模式均为单一宏观裂纹剪切破坏。与此同时，各工况下的深部岩石衍生出的次生宏观裂纹数量不一，宏观剪切裂纹的长度、起始位置、终止位置亦存在较大差异。如模拟深度为 1000m、1500m 下的深部岩石形成的宏观剪切裂纹并非上下表面贯通剪切，而是在宏观剪切裂纹终止位置产生了“即止”现象，但 2000m 下的深部岩石形成的宏观剪切裂纹却是上下表面贯通剪切的。形成该宏观破坏特征的原因可能是深部效应起主导作用。深部效应对应的是深部岩石受所处地层垂直地应力作用而显现出的类硬岩或类软岩特性，这同时取决于恒轴压-卸围压阶段围压卸载量的多少，即围压卸载后深部岩石刚化程度强弱。经历了恒轴压-卸围压阶段，如果深部岩石刚化程度高，在轴向载荷加载阶段，深部岩石便会显现类硬岩特征，在高轴向应力与围压耦合作用下易呈现全面贯通的宏观剪切破坏；但如果深部岩石

表 2-6　各工况下深部岩石宏观破裂特征详情表

σ_3 / MPa	H =1000m	H =1500m	H =2000m
6	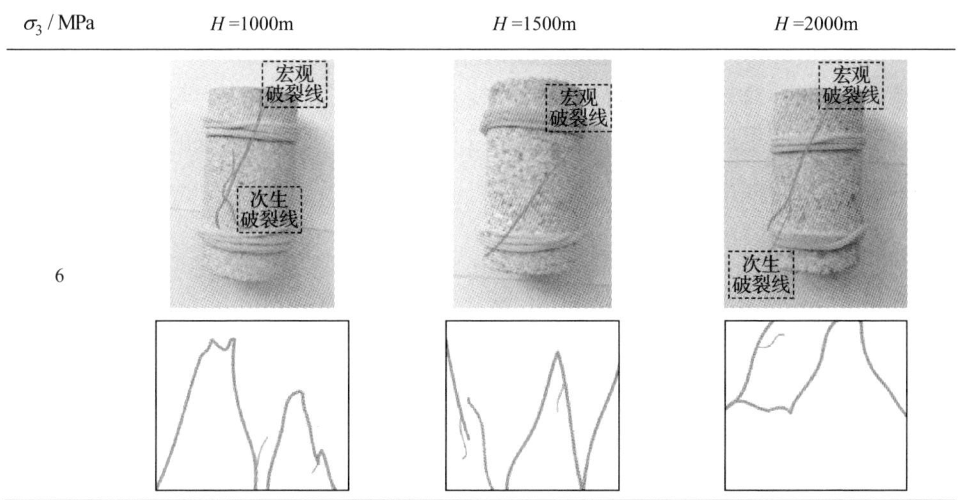		

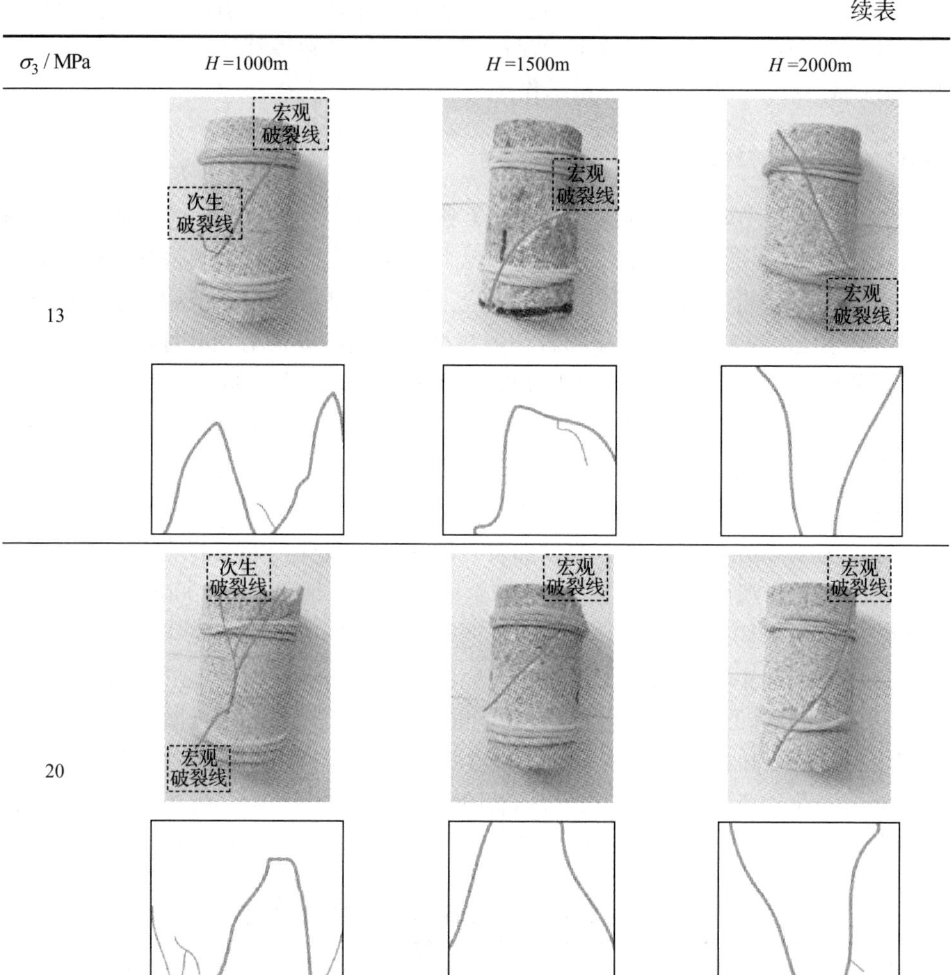

刚化程度较弱，这易使深部岩石呈现类软岩特性，在高轴向应力与围压耦合作用下易呈现非全面贯通的宏观剪切破坏。与此同时，宏观剪切裂纹的未贯通也有可能是渗透压在起一定的辅助作用。

第 3 章　真三轴条件下深部岩石卸荷力学特性

3.1　真三轴卸荷试验方案

根据式(2-1)计算出的初始应力状态数值做取整处理，则试验模拟 1000m、1500m、2000m 深度下深部岩石的初始地应力状态分别为：σ_z=27MPa、$\sigma_y=\sigma_{\max}$=51MPa、$\sigma_x=\sigma_{\min}$=33MPa；σ_z=40MPa，$\sigma_y=\sigma_{\max}$=73MPa，$\sigma_x=\sigma_{\min}$= 50MPa；σ_z=54MPa，$\sigma_y=\sigma_{\max}$=95MPa，$\sigma_x=\sigma_{\min}$=66MPa。其中，σ_z、σ_y、σ_x分别为轴向应力、最大水平应力、最小水平应力。初始应力水平见表 3-1。

表 3-1　深部岩石模拟深度与初始应力水平

试验路径	模拟深度/m	σ_z /MPa	σ_y /MPa	σ_x /MPa
加载σ_z、单面卸载σ_x	1000 1500 2000	27 40 54	51 73 95	33 50 66
加载σ_z、双面卸载σ_x	1000 1500 2000	27 40 54	51 73 95	33 50 66
加载σ_z、同时单面卸载σ_y、σ_x	1000 1500 2000	27 40 54	51 73 95	33 50 66

试验分为三种路径，简述如下。

路径 1：采用还原初始原岩应力下加载轴向应力的同时单面卸载最小水平应力，该路径的工程背景相似于 1000m、1500m、2000m 深度下巷道开挖时，岩体单面卸载，轴向应力增加的过程。以模拟 2000m 深度下深部岩石加卸载试验为例，试验步骤为：①先将σ_z、σ_y、σ_x以 2kN/s 的加载速率加载至 54MPa 后，σ_z保持不变，将σ_y、σ_x以 2kN/s 的加载速率加载至 66MPa 后，保持σ_x不变，将σ_y继续以 2kN/s 的加载速率加载至 95MPa，深部岩石达到初始应力状态。②保持σ_y不变，以卸载速率 2kN/s 单面卸载σ_x，另一侧采用位移控制方式保持位移不变，同时加载σ_z，速率为 0.003mm/s，直至σ_x卸载至 0。模拟 1000m、1500m 深度下深部岩石的加卸载试验与模拟 2000m 深度下深部岩石的加卸载试验步骤相同。相应的应力路径如图 3-1 所示。

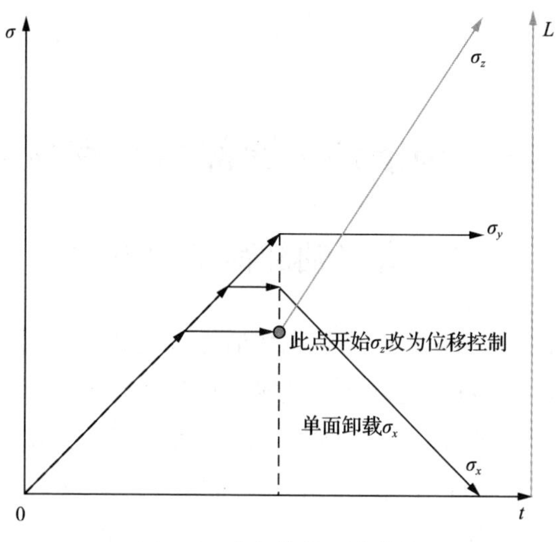

图 3-1　应力路径 1 示意图

路径 2：采用还原初始原岩应力下加载轴向应力的同时双面卸载最小水平应力，该路径工程背景相似于 1000m、1500m、2000m 深度下两条相邻水平巷道开挖时，岩体两对称面卸载，轴向应力增加的过程。以模拟 2000m 深度下深部岩石加卸载试验为例，试验步骤为：①初始应力加载步骤与路径 1 相同。②保持σ_y不变，以卸载速率 2kN/s 双面卸载σ_x，同时用位移控制方式加载σ_z，速率为 0.003mm/s，直至σ_x卸载至 0。模拟 1000m、1500m 深度下深部岩石加卸载试验与模拟 2000m 深度下深部岩石的加卸载试验步骤相同。相应的应力路径如图 3-2 所示。

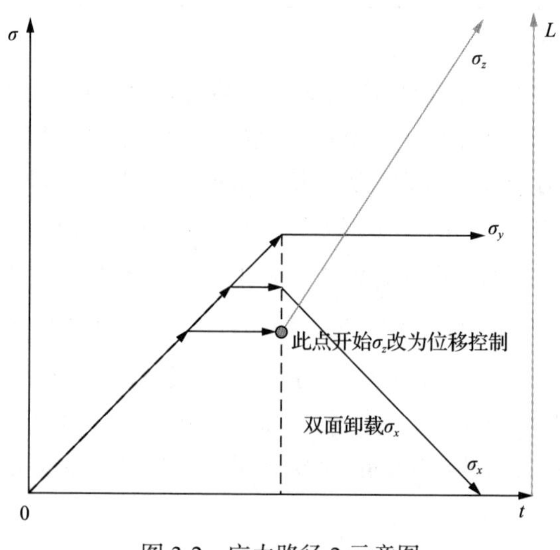

图 3-2　应力路径 2 示意图

路径 3：采用还原初始应力下加载轴向应力同时单面卸载最大、最小水平应力，该路径工程背景相似于 1000m、1500m、2000m 深度下两条相邻垂直巷道开挖时，岩体两相邻面卸载，轴向应力增加，最大、最小水平应力同时卸载的过程。以模拟 2000m 深度下深部岩石加卸载试验为例，试验步骤为：①初始应力加载步骤与路径 1 相同。②以卸载速率 2kN/s 单面卸载 σ_y，对应面采用位移控制保持位移不变，同时以卸载速率 2kN/s 单面卸载 σ_x，对应面采用位移控制保持位移不变，同时再以位移控制方式加载 σ_z，速率为 0.003mm/s，直至 σ_x 卸载至 0。模拟 1000m、1500m 深度下深部岩石加卸载试验与模拟 2000m 深度下深部岩石加卸载试验步骤相同。相应的应力路径如图 3-3 所示。

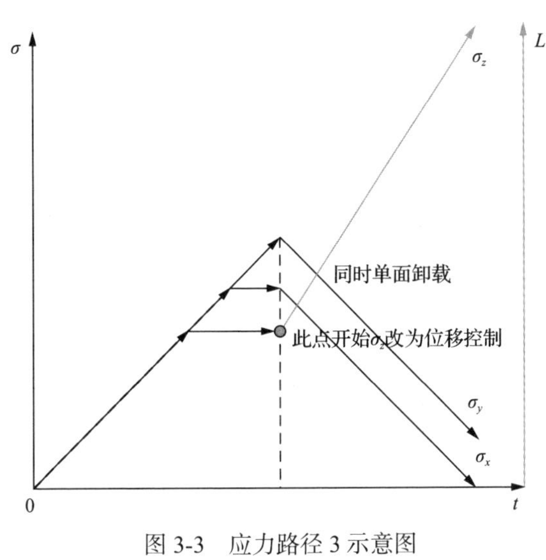

图 3-3　应力路径 3 示意图

3.2　真三轴下深部岩石变形与强度特性

3.2.1　相同模拟深度不同应力路径下变形特征分析

深部矿井在不同开挖方式下形成的巷道围岩内部应力分布及变形存在一定的差异特征，不同开挖方式对应于室内岩石力学试验对煤岩进行不同应力路径的加卸载。为此，本节将对同一模拟深度，不同应力路径下的深部岩石变形特征进行深入分析，相应的应力-应变曲线见图 3-4～图 3-6。图中 A 为卸载点，B 为强度峰值点，ε_z、ε_y、ε_x 分别为轴向应变、最大水平应变、最小水平应变。不难发现，同深度不同路径下 σ_z-ε_z、σ_z-ε_x 曲线变形趋势几乎一致，而 σ_z-ε_y 曲线变形趋势差别较大，在此重点研究 σ_z-ε_y 曲线差异性规律。将 σ_z-ε_y 曲线分为两阶段，阶段一

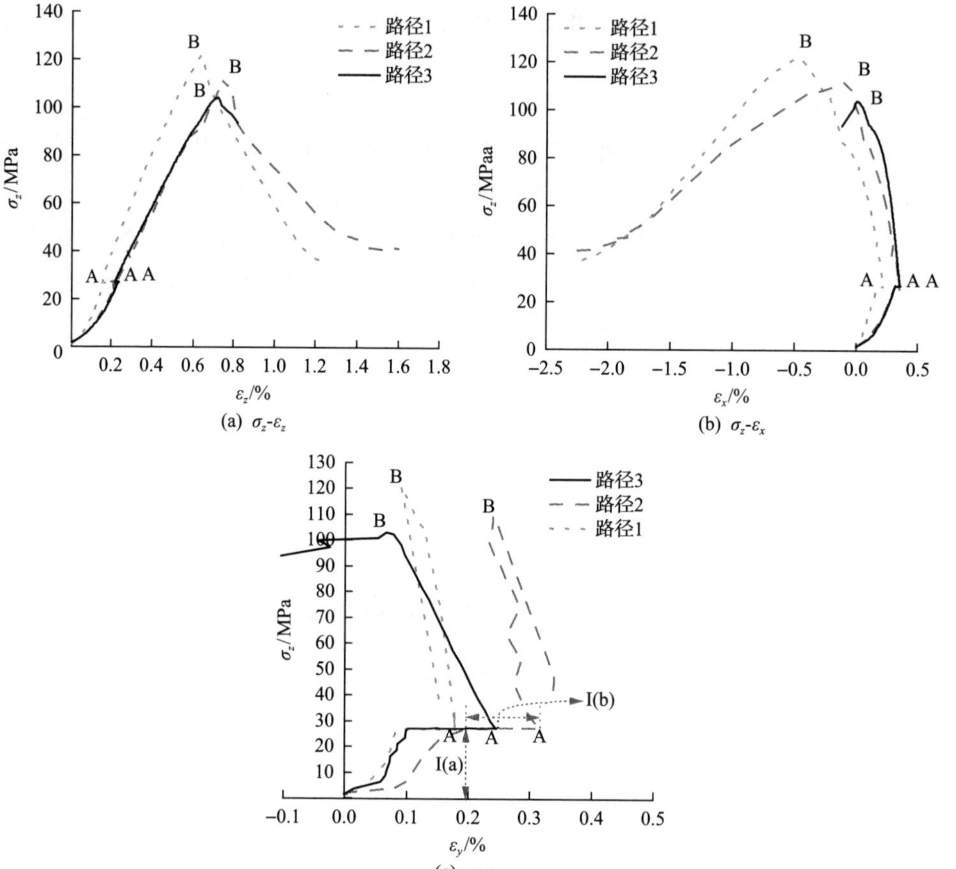

(a) σ_z-ε_z

(b) σ_z-ε_x

(c) σ_z-ε_y

图 3-4 模拟深度为 1000m，不同应力路径下深部岩石应力-应变曲线[21]

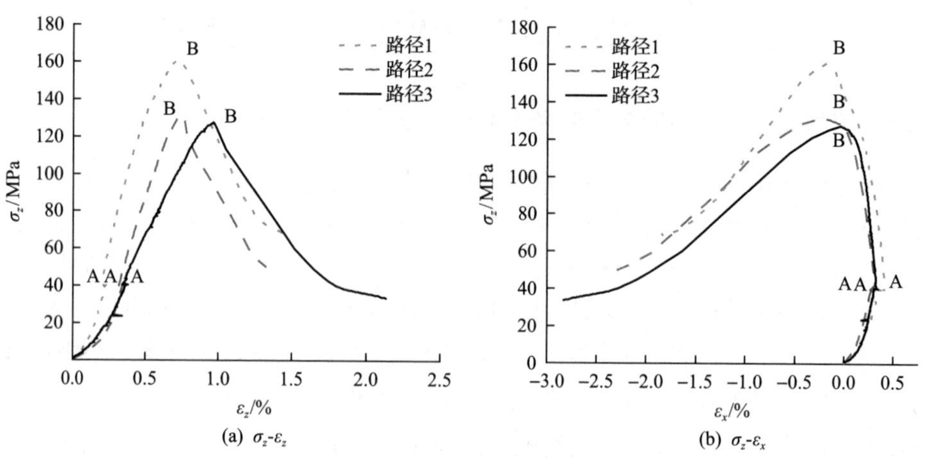

(a) σ_z-ε_z

(b) σ_z-ε_x

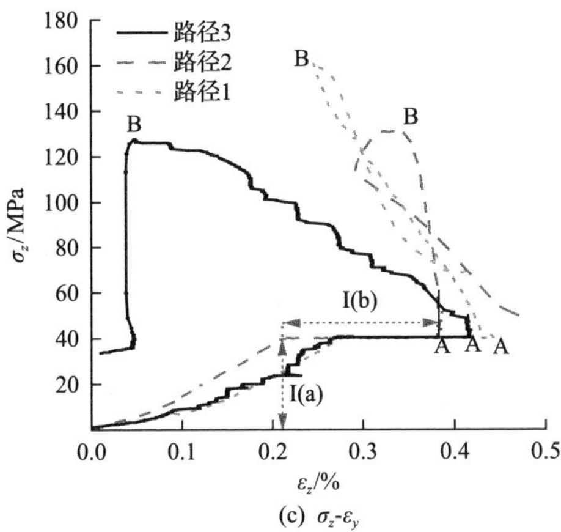

(c) σ_z-ε_y

图 3-5　模拟深度为 1500m，不同应力路径下深部岩石应力-应变曲线[21]

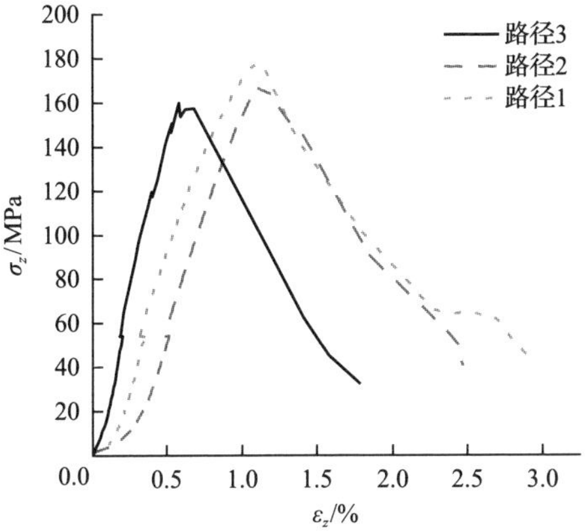

(a) σ_z-ε_z

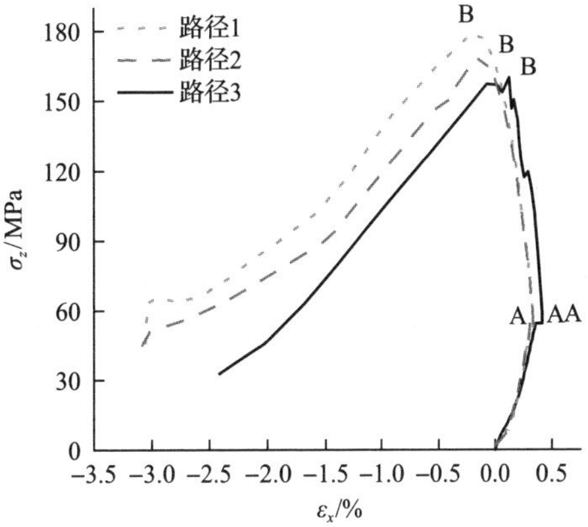

(b) σ_z-ε_x

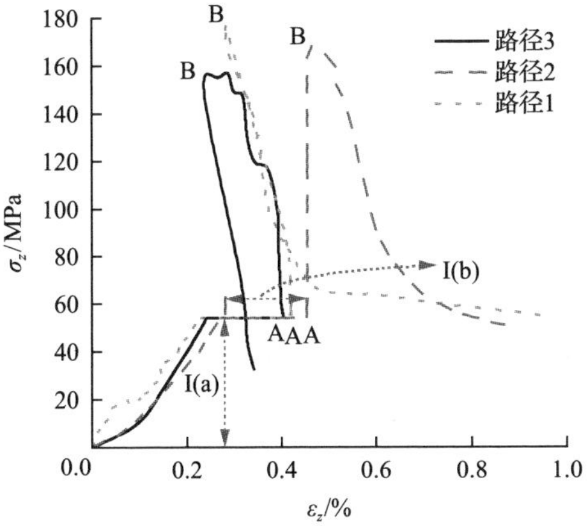

(c) σ_z-ε_y

图 3-6　模拟深度为 2000m，不同应力路径下深部岩石应力-应变曲线[21]

为初始原岩应力还原阶段。初始原岩应力还原阶段又可分为初始原岩应力状态还原阶段前期Ⅰ(a)、初始原岩应力状态还原阶段后期Ⅰ(b)。其中初始原岩应力状态还原阶段前期Ⅰ(a)为以轴向应力为基准进行三向静水加压，直至初始轴压设定值。初始原岩应力状态还原阶段后期Ⅰ(b)为保持轴压恒定，依次加载最小水平应力、最大水平应力，直至对应的应力水平，即将深部岩石还原到初始原岩应力状态。阶段Ⅱ为加卸载峰前阶段，即 AB 段，此阶段内对深部岩石进行轴压加载、围压卸载。

在初始原岩应力还原阶段，同一模拟深度，不同加载路径下的深部岩石 σ_z-ε_y 曲线基本重合，并且在初始原岩应力状态还原阶段前期Ⅰ(a)深部岩石的 σ_z-ε_y 曲线呈现出明显的非线性上凹特征，表明在此阶段内各路径下的深部岩石均是被整体压缩的，在初始原岩应力状态还原阶段后期Ⅰ(b)深部岩石的 σ_z-ε_y 曲线呈现长度不一的“平台”特征，这是由于在轴向应力保持恒定情况下，依次增加最小水平应力和最大水平应力，从而产生了深部岩石 σ_z-ε_y 曲线中长度不一的“平台”特征。“平台”曲线长度不一是由于各路径下的深部岩石内部组成及空间结构存在微量差异造成的。

在加卸载峰前阶段，同一模拟深度，不同应力路径下的深部岩石变形特征存在显著差异。如图 3-4～图 3-6 所示，不难发现，各应力路径下的深部岩石在此阶段的 σ_z-ε_y 曲线斜率明显不同，且相差较大，斜率大的接近于 90°，小的只达 45°。这表明，应力路径是影响深部岩石变形特征的重要因素。另外，发现同一模拟深度，不同应力路径下的深部岩石最大水平应变在 AB 段的变形量存在以下特征：$\Delta\varepsilon_{y\text{路径3}} > \Delta\varepsilon_{y\text{路径1}} > \Delta\varepsilon_{y\text{路径2}}$。如模拟深度为 1000m，路径 3、路径 1、路径 2 试验下的深部岩石最大水平应变在 AB 段的变形量分别为 0.14、0.1、0.07。模拟深度为 2000m，路径 3、路径 1、路径 2 试验下的深部岩石最大水平应变在 AB 段的变形量分别为 0.18、0.13、0.01。另外，模拟深度为 1500m 下的深部岩石最大水平应变在 AB 段的变形量亦有此规律。这是由于相比于路径 1、2 试验，路径 3 试验在最大、最小水平应力方向上同时发生了卸载，使此路径下的深部岩石刚度在最大水平应力方向上被弱化，导致了路径 3 试验下的深部岩石 $\Delta\varepsilon_{y\text{路径3}}$ 最大。路径 1 试验为最小水平应力方向上的单面卸载，比路径 2 试验少设置了一个最小水平应力方向上的卸载面，这导致路径 2 试验下的深部岩石破坏时的轴向压力小于路径 1，深部岩石从原岩应力状态点到峰值强度点，其所受的轴向应力相比于路径 1 试验破坏时的轴向应力更低，因此路径 2 试验下的深部岩石在此阶段的变形量最小。同一模拟深度，不同应力路径下的深部岩石的最小水平应变在 AB 段的变形量存在以下特征：$\Delta\varepsilon_{x\text{路径1}} > \Delta\varepsilon_{x\text{路径2}} > \Delta\varepsilon_{x\text{路径3}}$。例如，1000m 模拟深度路径 1、路径 2、路径 3 试验下的深部岩石最小水平应变在 AB 段的变形量分别为 0.69、

0.42、0.35。其中，模拟深度为 1500m，路径 2 试验相比路径 1 试验下的深部岩石最小水平应变在 AB 段的变形量略大，在此认为这是由于深部岩石内部结构存在一定的差异性引起的。同时，在同一模拟深度，不同应力路径下深部岩石峰值强度存在以下规律：$\sigma_{cf路径1} > \sigma_{cf路径2} > \sigma_{cf路径3}$。这表明应力路径不仅会影响深部岩石变形特征，同时对其强度演化特征也存在明显影响。这是由于路径 1 试验中的深部岩石只是最小水平应力单面卸载，而路径 2 试验中的深部岩石为最小水平应力双面卸载，路径 3 试验中深部岩石为最大水平应力、最小水平应力的单面同时卸载，从而导致三种路径中的深部岩石围压被逐渐降低。基于围压效应影响，深部岩石的峰值强度逐渐降低。

为了分析相同模拟深度不同应力路径下深部岩石最小水平应力与应变的关系，选取 2000m 模拟深度不同应力路径下的试验数据进行最小水平应力与应变分析，如图 3-7 所示。卸载初始阶段，三种路径的轴向应变增加均较快，路径 1 与路径 2 试验的最大水平应变均为缓慢增加，而路径 3 试验的最大水平应变快速增加。这是因为在路径 3 试验中，最大水平应力单面卸载导致最大水平应变快速增加，三种路径的最小水平应变均为缓慢增加。同时，明显可以看出路径 2 试验较路径 1、路径 3 试验的最小水平应变增加速率更大，这是由于路径 2 试验中深部岩石是最小水平应力双面卸载，深部岩石所受拉应力更大，导致路径 2 试验的最小水平应变增加更快。卸载过程中，路径 1、路径 2 试验的体应变几乎没变化，路径 3 的体应变缓慢增加，这是由于在路径 1 试验与路径 2 试验中，轴向应变增大，最大水平应变、最小水平应变减小，且减小的体应变和增加的体应变刚好相当，因此体应变几乎没有变化。当最小水平应力卸载到某一临界值时，三种路径

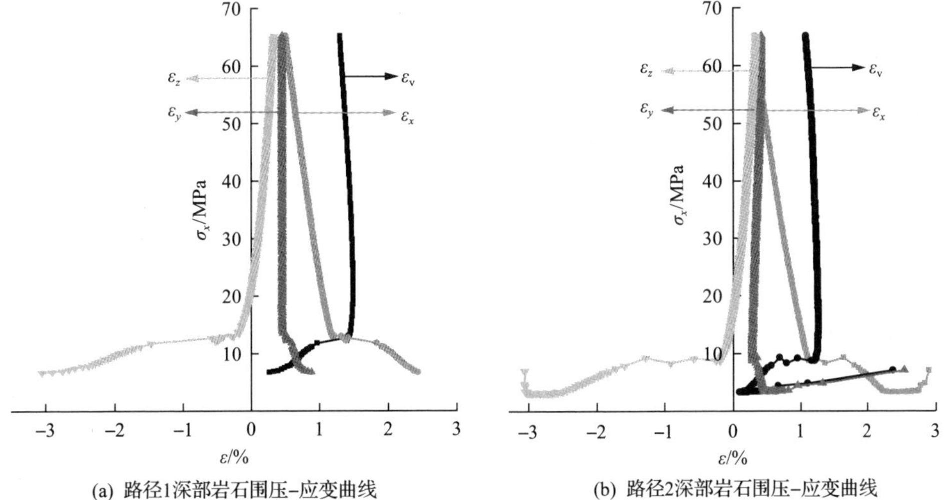

(a) 路径1深部岩石围压-应变曲线　　(b) 路径2深部岩石围压-应变曲线

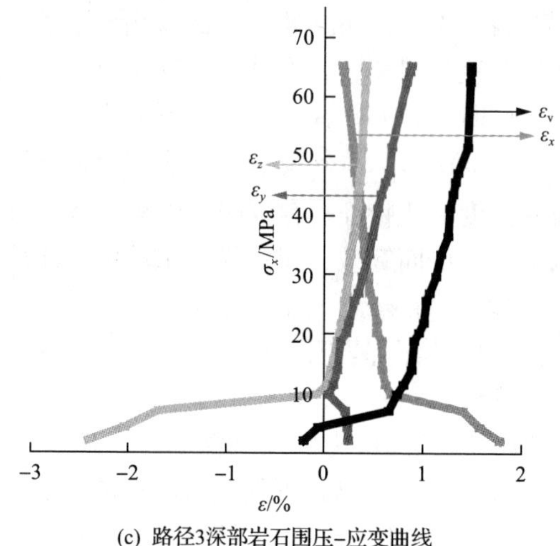

(c) 路径3深部岩石围压–应变曲线

图 3-7　2000m 模拟深度下不同应力路径深部岩石围压–应变曲线

下的轴向应变、最大水平应变、最小水平应变及体应变都出现了骤增，这是由于随着最小水平应力的卸载以及轴向应力的加载，深部岩石出现了宏观破裂。

3.2.2　相同模拟深度不同应力路径下破坏特征分析

岩石的破坏特征是衡量岩石破坏机制的重要依据。为此，本节选取 2000m 模拟深度对三种不同应力路径的深部岩石破坏特征进行深入分析。图 3-8 为 2000m 模拟深度三种不同应力路径下深部岩石的破坏形态特征。$\sigma_{z上}$、$\sigma_{z下}$分别为轴向应力方向上、下底面，$\sigma_{x前}$(卸载面)、$\sigma_{x后}$(路径 2 试验中为卸载面)分别为最小水平应力前、后面，$\sigma_{y左}$(路径 3 试验中为卸载面)、$\sigma_{y右}$分别为最大水平应力左、右侧面。

路径 1 试验中，深部岩石$\sigma_{x前}$、$\sigma_{x后}$表面无裂隙，$\sigma_{y左}$、$\sigma_{y右}$裂隙密度较小，$\sigma_{z上}$有一条贯穿深部岩石的宏观裂隙，且裂隙靠近$\sigma_{x前}$，$\sigma_{z下}$有两条宏观裂隙，深部岩石为拉–剪复合破坏；路径 2 试验中，深部岩石$\sigma_{x前}$、$\sigma_{x后}$表面无裂隙，$\sigma_{y左}$、$\sigma_{y右}$裂隙相对于路径 1 试验的裂隙密度较大，$\sigma_{z上}$有两条贯穿深部岩石的宏观裂隙，$\sigma_{z下}$出现了环形裂隙，破坏模式为拉–剪复合破坏。这是由于路径 2 试验中，最小水平应力双面卸载，垂直于最小水平应力方向的破裂面抵抗变形能力降低，因此该破裂面裂隙密度更大；路径 3 试验中，$\sigma_{x前}$、$\sigma_{x后}$表面无裂隙，$\sigma_{y左}$裂隙密度相对于路径 2 试验中的$\sigma_{y左}$裂隙密度更大，且剪切裂隙更多，竖直方向面有靠近$\sigma_{z上}$的一条宏观裂隙，这是由于在路径 3 试验中，最大水平应力、最小水平应力同时单面卸载，使得$\sigma_{y左}$的承载能力更低，裂隙更多。三种不同路径下深部岩石破坏模式均为拉-剪复合破坏，但每一种应力路径下深部岩石的各面破坏形态显著不同。究其原因是各深部岩石所受的轴向应力增加，水平应力降低，而水平应力降低的过程提供了深部岩石一个拉应力，使深部岩石造成拉-剪复合破坏。

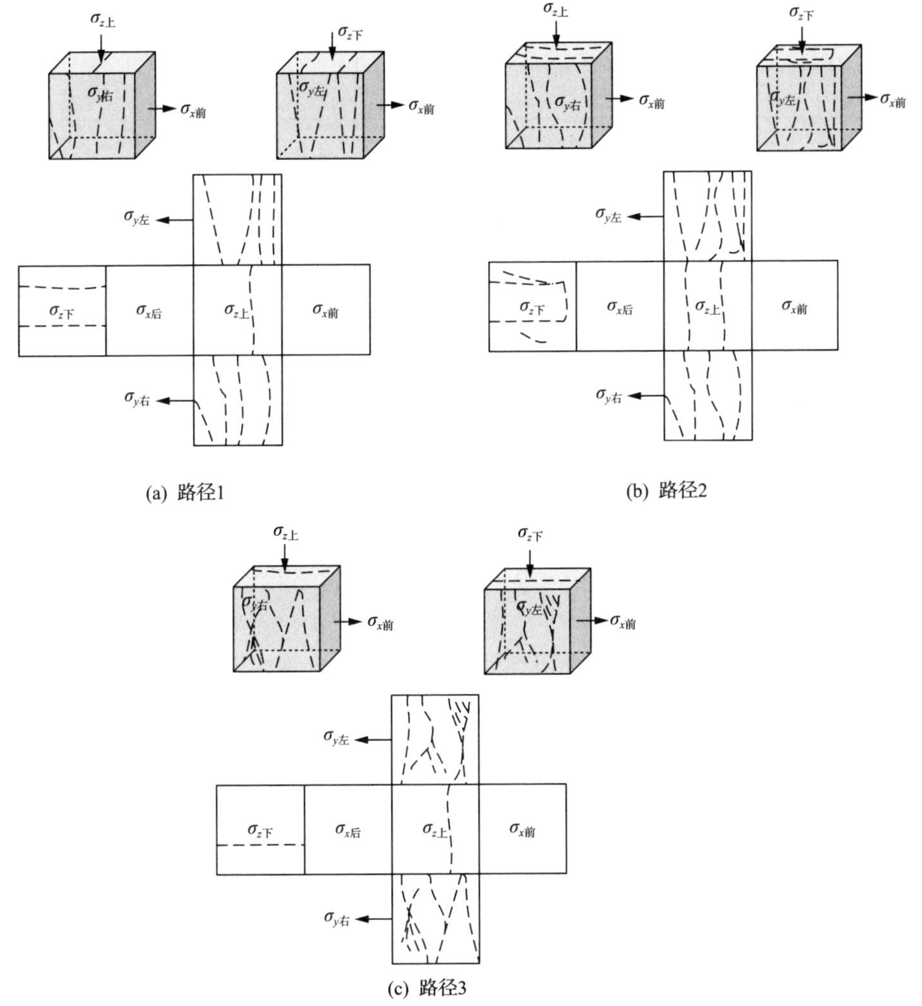

图 3-8　2000m 模拟深度下不同应力路径深部岩石破坏形态图

3.2.3　相同模拟深度不同应力路径下强度特征分析

表 3-2 为相同模拟深度不同应力路径下深部岩石的强度值。图 3-9 为相同模拟深度不同应力路径下深部岩石强度特征曲线，其中 σ_{cf}、σ_{d} 分别为深部岩石的峰值强度、残余强度。

表 3-2　相同模拟深度不同应力路径下深部岩石强度

模拟深度/m	路径	峰值强度/MPa	残余强度/MPa
1000	路径 1	121.8	38.1
	路径 2	112.1	40.2
	路径 3	104.1	94.5
1500	路径 1	161.1	73.2
	路径 2	131.4	51.2
	路径 3	127.2	38.7
2000	路径 1	178.4	64.5
	路径 2	167.9	45.8
	路径 3	159.8	25.2

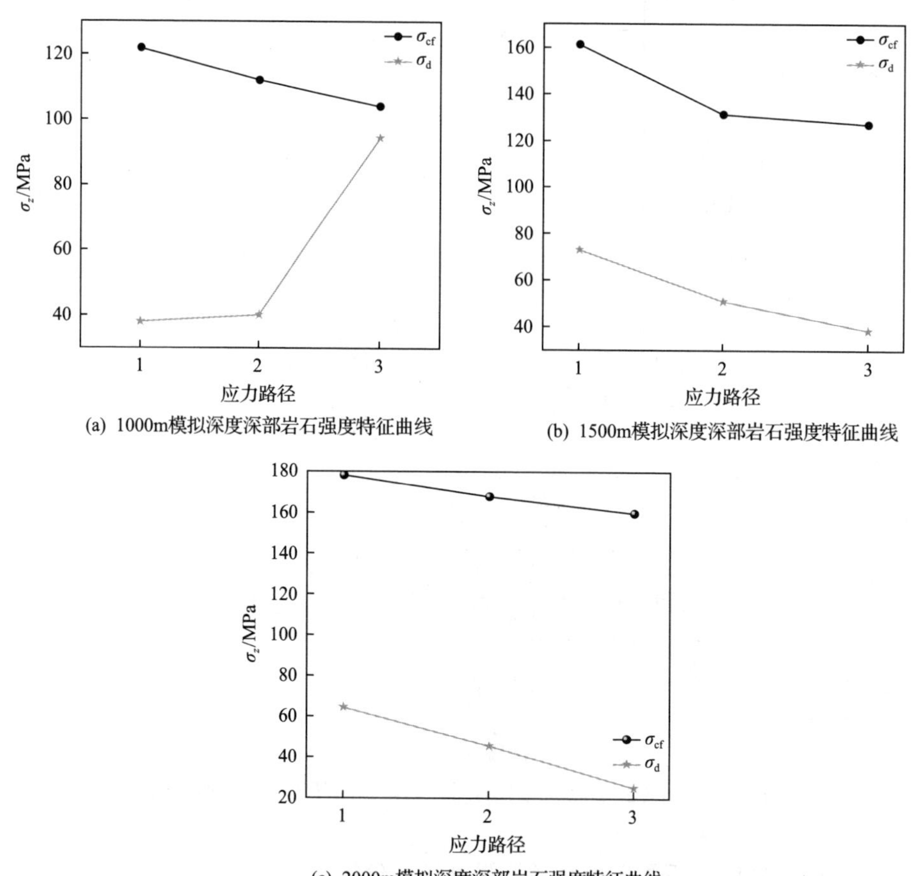

(a) 1000m模拟深度深部岩石强度特征曲线

(b) 1500m模拟深度深部岩石强度特征曲线

(c) 2000m模拟深度深部岩石强度特征曲线

图 3-9　相同模拟深度不同应力路径下深部岩石强度特征曲线[21]

由图 3-9 可知，在相同模拟深度，不同应力路径下深部岩石峰值强度存在以下规律：$\sigma_{\text{cf路径1}} > \sigma_{\text{cf路径2}} > \sigma_{\text{cf路径3}}$。如模拟深度为 1000m，路径 1、路径 2、路径 3 试验深部岩石的峰值强度分别为 121.8MPa、112.1MPa、104.1MPa。其中路径 2 和路径 3 试验深部岩石破坏时的峰值强度呈现出相似规律。这表明应力路径不仅会影响深部岩石变形特征，同时对其强度演化特征也存在明显影响。这是由于相同模拟深度下路径 1 试验中的深部岩石只是最小水平应力单面卸载，而路径 2 试验中的深部岩石为最小水平应力双面卸载，路径 3 试验中深部岩石为最大水平应力、最小水平应力的单面同时卸载，从而导致三种路径中的深部岩石围压被逐渐降低。由于围压效应影响，深部岩石的峰值强度逐渐降低。同时，不难发现，应力路径对深部岩石的残余强度也存在明显影响。1500m、2000m 模拟深度下路径 1、路径 2、路径 3 试验深部岩石的残余强度演化规律为 $\sigma_{d路径1} > \sigma_{d路径2} > \sigma_{d路径3}$，而模拟深度为 1000m，路径 1、路径 2、路径 3 试验深部岩石的残余强度演化规律为 $\sigma_{d路径3} > \sigma_{d路径2} > \sigma_{d路径1}$。如模拟深度为 1500m，路径 1、路径 2、路径 3 试验深部岩石的残余强度分别为 73.2MPa、51.2MPa、38.7MPa；模拟深度为 2000m，路径 1、路径 2、路径 3 试验深部岩石的残余强度分别为 64.5MPa、45.8MPa、25.2MPa。而模拟深度为 1000m，路径 1、路径 2、路径 3 试验深部岩石的残余强度分别为 38.1MPa、40.2MPa、94.5MPa。说明深部效应对残余强度具有显著影响，埋深较深时，单面卸载的岩石残余强度高于双面对称卸载，双面对称卸载强于双面交叉卸载；埋深较浅时，正好相反。因此，深部开采时，尽量避免大范围多方位卸载，否则巷道围岩较难维护。

3.2.4　相同模拟深度不同应力路径下轴向应力-体积应变特征分析

体积应变是反映岩石破坏程度的重要指标，国内外学者在研究体积应变过程中，大多是以体积应变曲线来判别岩石是否扩容，而对于岩石在原岩应力至破坏时的体积应变变形量与原岩应力状态下岩石的体积应变变形量的占比却并不明显与量化。由于各深部岩石在同一加卸载路径下的变形存在一定的自相似性，在此选取深部岩石在 2000m 模拟深度下的轴向应力-体积应变曲线进行分析。

由图 3-10 可知，三种路径下深部岩石破坏时的体积应变均为正应变，即为压缩破坏。这是由于深部岩石在高原岩应力状态下，三向压缩产生的变形量较大，而深部岩石从原岩应力状态点到峰值强度点所产生的变形量相比于高原岩应力压缩状态下所产生的变形量更小。为此，为了更好地表征深部岩石在高原岩应力状态下的破坏程度，特引入压密系数 ξ，相应的表达式为

$$\xi=\frac{\varepsilon_{v1}-\varepsilon_{v2}}{\varepsilon_{v2}} \tag{3-1}$$

式中，ε_{v1} 为深部岩石峰值强度点对应的体积应变；ε_{v2} 为深部岩石原岩应力状态

点对应的体积应变。通过计算得出 $\xi_{路径1}$=0.1168、$\xi_{路径2}$=0.1358、$\xi_{路径3}$= −0.1797，发现 $\xi_{路径3}$ 为负数，表明深部岩石从原岩应力状态点到峰值强度点的整个过程中，深部岩石体积应变在逐渐减小，即在此阶段深部岩石变形属于压缩变形。压缩变形是由于路径 3 卸载过程中，最大水平应变、最小水平应变的增量小于轴向应变的增量，导致深部岩石到达峰值强度点对应的体积应变小于原岩应力状态点对应的体积应变。另外，$\xi_{路径1}$、$\xi_{路径2}$ 为正，表明深部岩石从原岩应力状态点到达峰值强度点的整个过程中，深部岩石的体积应变在逐渐增大，即在此阶段深部岩石变形属于膨胀变形，这是由于深部岩石在路径 1、路径 2 试验卸载过程中，最大水平应变、最小水平应变的增量大于轴向应变的增量。$\xi_{路径1}$、$\xi_{路径2}$、$|\xi_{路径3}|$均位于 10%～20%，这表明三种路径下，深部岩石从原岩应力状态点到峰值强度点的体积变形量仅占原岩应力状态点对应体积应变的 10%～20%。同时，$|\xi_{路径3}| > \xi_{路径2} > \xi_{路径1}$，这表明不同应力路径会显著影响深部岩石的破坏程度。

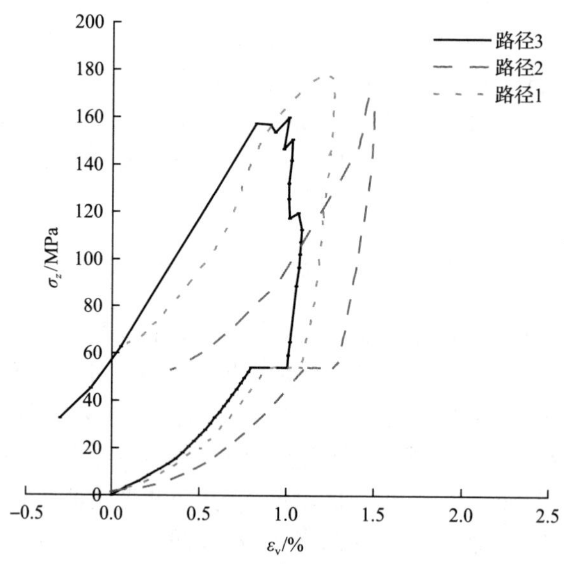

图 3-10 2000m 模拟深度不同应力路径下深部岩石轴向应力-体积应变曲线[22]

3.2.5 相同应力路径不同模拟深度下变形特征分析

为了进一步分析深部效应对深部岩石变形特征的影响规律，本节绘制了相同应力路径不同模拟深度下深部岩石全过程应力-应变曲线，相应的曲线如图 3-11～图 3-13 所示。在初始原岩应力状态还原阶段Ⅰ，由于不同模拟深度对应的初始应力不同，使最大水平应力、最小水平应力以不同轴向应力为基准持续

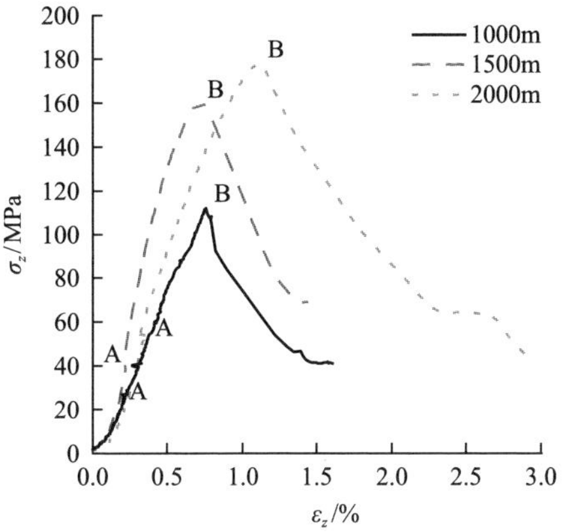

(a) σ_z-ε_z

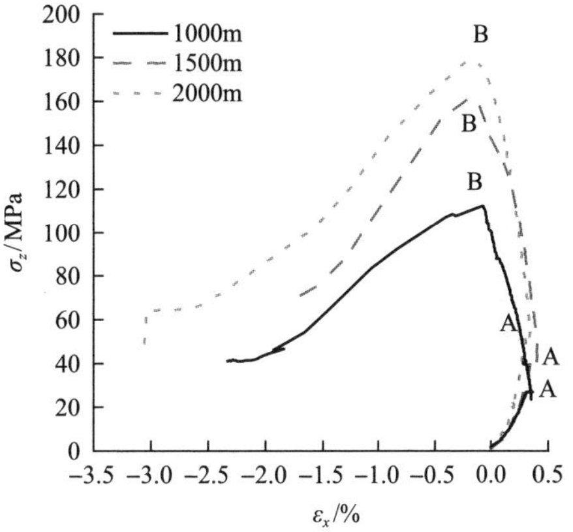

(b) σ_z-ε_x

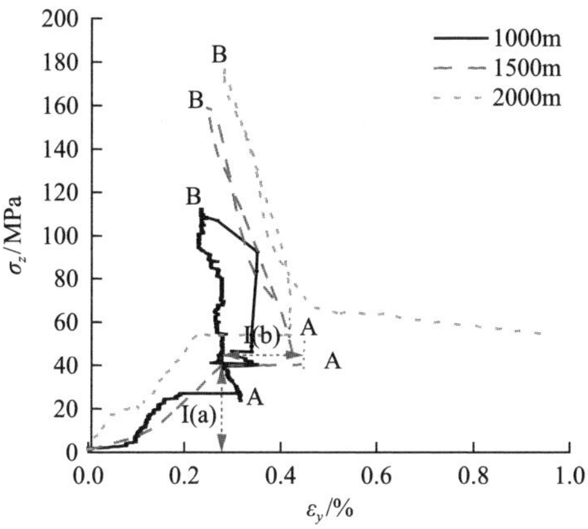

(c) σ_z-ε_y

图 3-11　路径 1 不同模拟深度下深部岩石全过程应力-应变曲线[22]

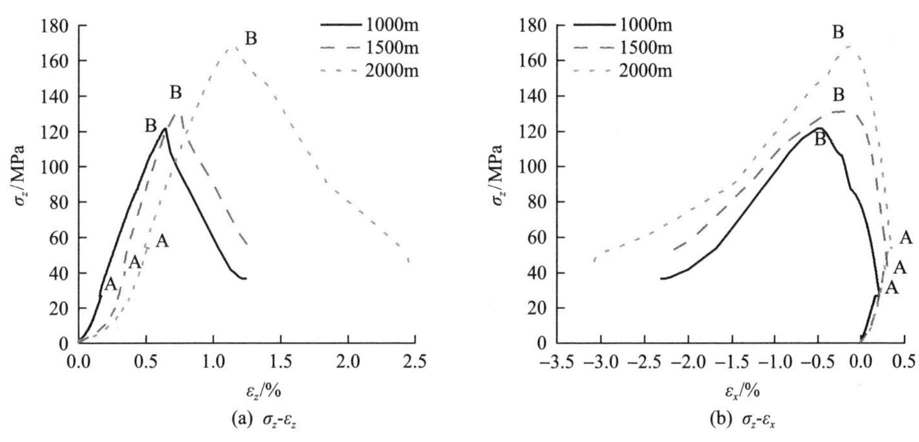

(a) σ_z-ε_z

(b) σ_z-ε_x

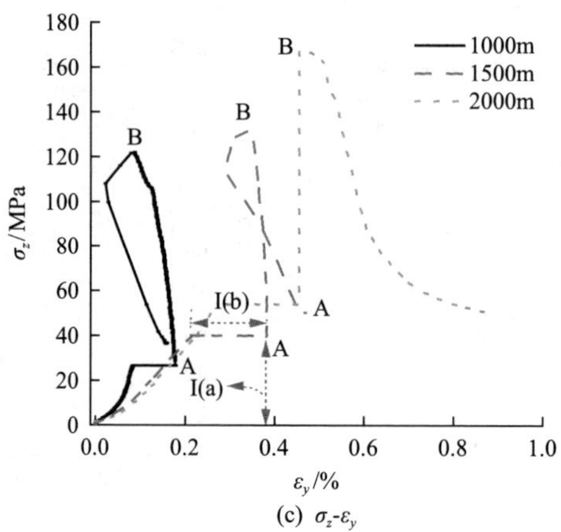

(c) σ_z-ε_y

图 3-12　路径 2 不同模拟深度下深部岩石全过程应力-应变曲线[22]

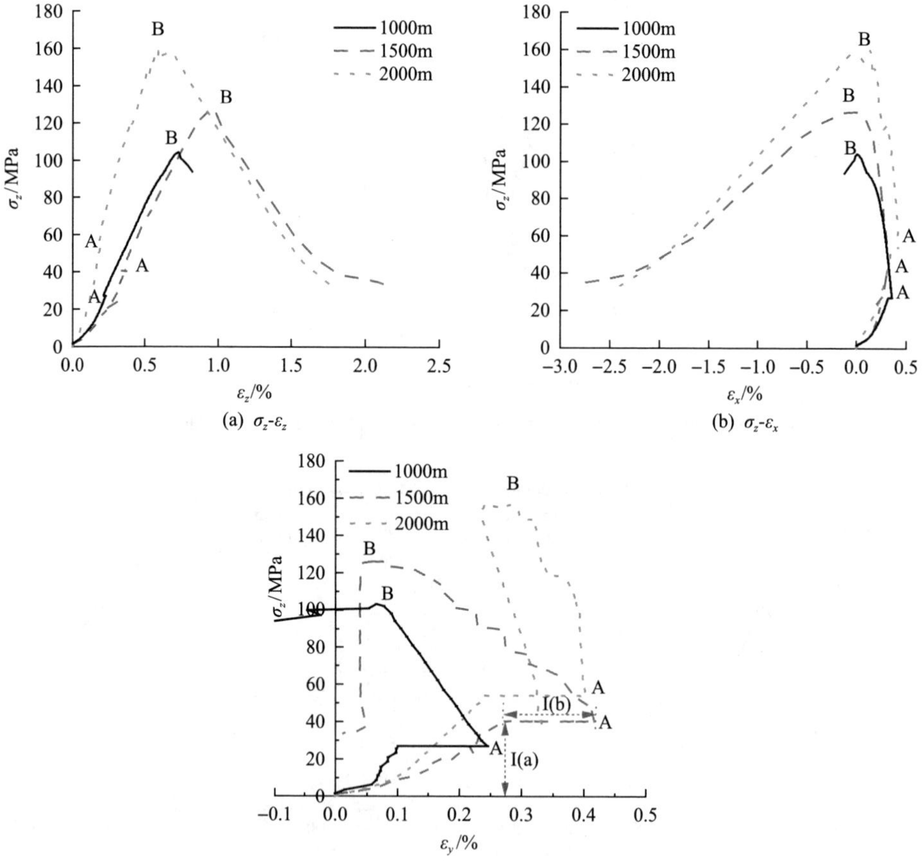

(a) σ_z-ε_z

(b) σ_z-ε_x

(c) σ_z-ε_y

图 3-13　路径 3 不同模拟深度下深部岩石全过程应力-应变曲线[22]

加载作用产生的σ_z-ε_y曲线“平台”长度不一。从图 3-11～图 3-13 中可以看出，同一路径下的深部岩石在σ_z-ε_y曲线的 AB 段变形斜率明显随着模拟深度的升高而呈现出不断增大的趋势，甚至产生了 90°垂直上升的特征。这表明，模拟深度对应的初始应力状态对深部岩石外在变形特征存在显著影响。另外，在三种路径试验中，深部岩石在整个加卸载过程中表现出明显的弹-脆性特征，且深部岩石的应力-应变曲线均表现为应力迅速跌落，这表明深部岩石为明显的脆性破坏。

3.2.6　相同应力路径不同模拟深度下破坏特征分析

相同应力路径不同模拟深度下深部岩石所受初始应力不同，其岩石的破坏特征也不尽相同。为此，选取路径 2 不同模拟深度下深部岩石破坏特征进行深入分析。图 3-14 为路径 2 不同模拟深度下深部岩石破坏形态。其中，$\sigma_{z上}$、$\sigma_{z下}$分别

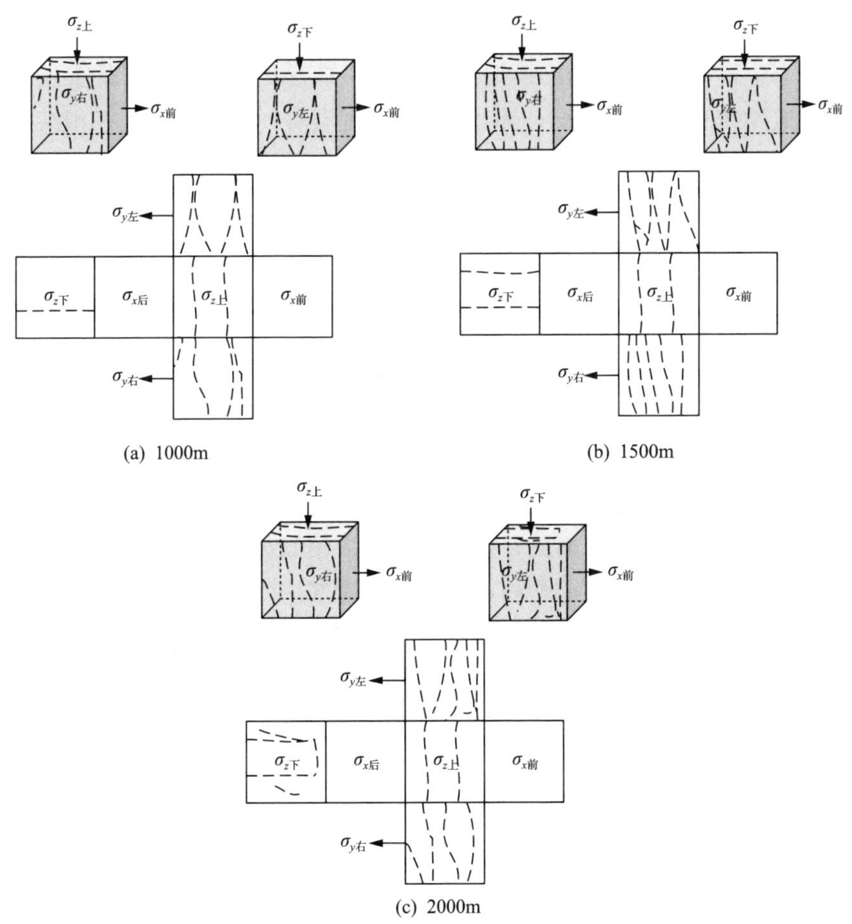

(a) 1000m　(b) 1500m　(c) 2000m

图 3-14　路径 2 不同模拟深度下深部岩石破坏形态图[22]

为轴向应力方向上、下底面，$\sigma_{x前}$（卸载）、$\sigma_{x后}$（路径 2 试验中为卸载面）分别为最小水平应力前、后面，$\sigma_{y左}$（路径 3 试验中为卸载面）、$\sigma_{y右}$分别为最大水平应力左、右侧面。

由断裂力学可知，岩石的裂纹形态可分为张开形裂纹Ⅰ、滑开形裂纹Ⅱ和撕开形裂纹Ⅲ三种形式。张开形裂纹Ⅰ是由裂纹面垂直的拉应力产生的裂纹。滑开形裂纹Ⅱ是由与裂纹面平行的平面剪切力产生的裂纹。撕开形裂纹Ⅲ是由剪应力引起的，且裂纹面上下错开。由此可见，深部岩石破裂主要原因是：轴向应力加载，以及最大水平应力、最小水平应力卸载而形成的剪应力，且将$\sigma_{z上}$、$\sigma_{z下}$、$\sigma_{y左}$、$\sigma_{y右}$表面的裂纹与张开形裂纹、滑开形裂纹和撕开形裂纹三种裂纹形态做对比，可得相同应力路径不同模拟深度下深部岩石裂纹形态为Ⅰ-Ⅱ形，破坏模式均为拉-剪复合破坏，相同应力路径不同模拟深度下深部岩石的$\sigma_{x前}$、$\sigma_{x后}$、$\sigma_{z上}$、$\sigma_{y左}$、$\sigma_{y右}$表面破坏形态几乎一致，然而相同应力路径不同模拟深度下深部岩石$\sigma_{z下}$表面破坏形态差距较大。1000m 模拟深度下深部岩石$\sigma_{z下}$表面有一条宏观裂纹，1500m 模拟深度下深部岩石$\sigma_{z下}$表面有两条宏观裂纹，然而 2000m 模拟深度下深部岩石$\sigma_{z下}$表面有四条宏观裂纹。这是由于不同模拟深度下深部岩石对应的初始应力与峰值强度不同，初始应力与峰值强度的不同将会对深部岩石破裂后宏观裂隙的贯通产生明显影响。

3.2.7 相同应力路径不同模拟深度下强度特征分析

表 3-3 为相同应力路径不同模拟深度下深部岩石强度，图 3-15 为相同应力路径深部岩石不同模拟深度-强度特征曲线。在相同应力路径下，深部岩石破坏时的峰值强度随着深度的增加而增加。路径 1 条件下，1000m、1500m、2000m 深部岩石破坏时的峰值强度分别为 121.8MPa、161.1MPa、178.4MPa。其中路径 2 和路径 3 试验下深部岩石破坏时的峰值强度呈现出相似规律。出现此种规律是由于随着深度的增加，深部岩石的初始地应力随之增大，造成对深部岩石试件的压密

表 3-3 相同应力路径不同模拟深度下深部岩石强度

路径	模拟深度/m	峰值强度/MPa	残余强度/MPa
路径 1	1000	121.8	38.1
	1500	161.1	73.2
	2000	178.4	64.5
路径 2	1000	112.1	40.2
	1500	131.4	51.2
	2000	167.9	45.8
路径 3	1000	104.1	94.5
	1500	127.2	38.7
	2000	159.8	25.2

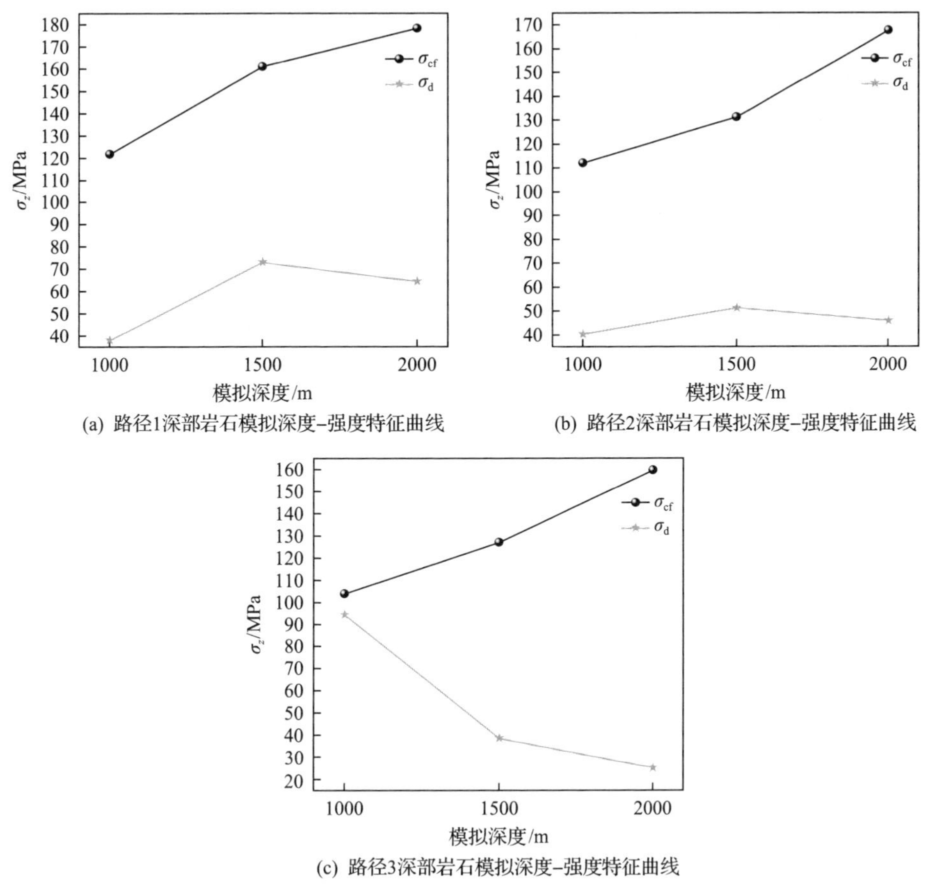

(a) 路径1深部岩石模拟深度–强度特征曲线

(b) 路径2深部岩石模拟深度–强度特征曲线

(c) 路径3深部岩石模拟深度–强度特征曲线

图 3-15　相同应力路径深部岩石不同模拟深度-强度特征曲线[21]

程度不同，压密程度越大，深部岩石试件三个方向的极限承载能力越大。由图 3-15 可知，模拟深度对深部岩石残余强度影响不一，路径 1 和路径 2 下的残余强度随着深度的增加，先增大再减小，路径 3 的残余强度随着深度的增加，一直减小。因此，深部开采时，尽量避免大范围多方位卸载，否则巷道围岩较难维护。

3.2.8　应力路径对岩石渐变破坏影响规律

随着浅部资源逐渐减少，深部地下工程日益增加，而在深部地下工程施工过程中岩石为最常见的物质之一。由于在各种复杂的地质环境下，如高压、高温、高水压等，岩石内部有许多天然裂隙、孔穴及节理等各种各样的缺陷。在地下工程施工区域会产生新的扰动应力、集中应力等，载荷、渗流、高温共同作用，岩石内部的微结构会产生新的变化。大量学者认为，岩石破坏究其原因就是岩石在强压力作用下，岩石内部的微结构逐渐破坏，形成新的微结构，最终这些微结构贯通，直至岩石发生破坏。在深部环境中，岩石所处的应力状态为真三轴应力状态，国内外学者在对煤岩体进行真三轴力学特性研究过程中，大部分学者研究主应力对于岩石力学特性的影响，以及真三轴条件下岩石强度准则，而对于岩石在真三轴条件下的渐变破坏特征却研究较少。

3.2.9　渐变破坏特征应力描述

根据岩石裂纹活动状态的差异，岩石的应力-应变曲线可分 5 个阶段：阶段Ⅰ为岩石压密闭合阶段，阶段Ⅱ为线弹性变形阶段，阶段Ⅲ为裂纹稳定扩展阶段，阶段Ⅳ为裂纹非稳定扩展阶段，阶段Ⅴ为峰后阶段，分别对应闭合应力、起裂应力(强度)、损伤应力(强度)及峰值应力(强度)，如图 3-16 所示。

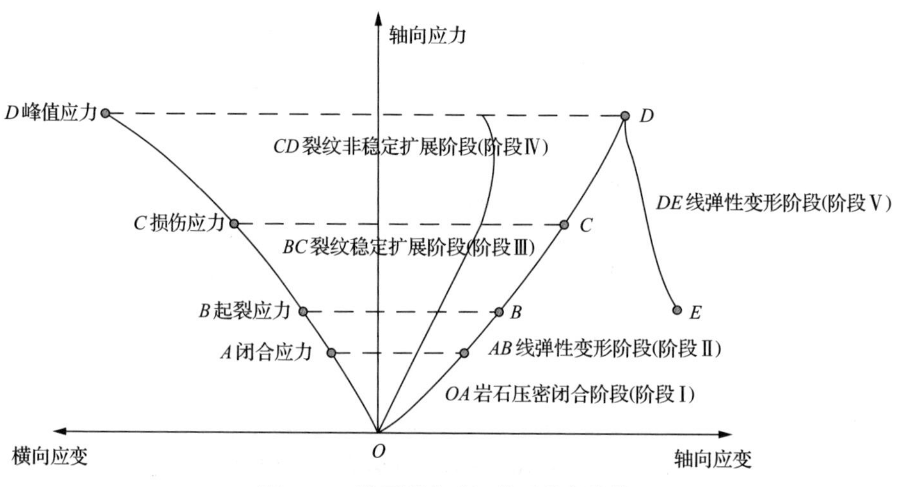

图 3-16　岩石渐变破坏典型分段曲线

现将各阶段内部裂纹活动特征简要描述如下。

(1)岩石压密闭合阶段(OA)。在此阶段内，由于初始应力的加载，岩石内部天然裂纹被压密，应力-应变曲线呈明显的上凹形；此阶段岩石应力-应变曲线变化程度取决于岩石内部裂纹的数量以及裂纹方向。

(2)线弹性变形阶段(AB)。Ⅰ阶段内，岩石天然裂纹被压密后，在线弹性变形阶段内由于应力较小并不能使岩石原有的裂纹扩展，岩石性质类似于刚体，应力-应变曲线呈直线形。

(3)裂纹稳定扩展阶段(BC)。在此阶段内，随着应力的持续增加，岩石在Ⅰ阶段已经压密闭合的裂隙重新扩展；轴向应力-应变仍为直线，但是由于裂纹开始扩张，因此Ⅲ阶段的轴向应变斜率大于Ⅱ阶段的轴向应变斜率。

(4)裂纹非稳定扩展阶段(CD)。岩石进入此阶段后，应力持续加载，原有的裂纹持续扩展，直至形成裂隙。同时岩石内部由于应力增加使裂纹急速扩展，裂纹数量急剧增加。随着应力持续加载，裂纹、裂隙数量增加，最终裂纹贯通形成裂隙，导致岩石发生破坏；轴向应力-应变为上凹形曲线，此阶段内，轴向应变的斜率持续加大。

(5) 峰后阶段 (DE)。在此阶段内，岩石由于应力的持续加载已经发生破坏，此时岩石内部裂纹已经贯通为宏观裂隙，部分裂隙已经逐渐贯通为裂隙面。随着应力的持续加大，岩石发生脆性破坏。

3.2.10　强度分界点的确定与阶段划分

选取 1500m 模拟深度路径 3 试验下的深部岩石应力-应变曲线，分析真三轴条件下深部岩石的渐变破坏特征。岩石渐变破坏各阶段的确定是研究渐变破坏特征的前提。本节以轴向最大应变差法确定闭合应力 σ_{cc}，裂纹体积应变法确定损伤应力 σ_{cd} 及起裂应力 σ_{ci}。同时将 1500m 模拟深度路径 3 试验下的深部岩石 AB 段的应力-应变曲线分为四阶段：初始裂纹闭合阶段、线弹性变形阶段、裂纹稳定扩展阶段及裂纹非稳定扩展阶段。

真三轴条件下深部岩石的体积应变应为轴向应变、最大水平应变、最小水平应变之和，表达式如下：

$$\varepsilon_{\mathrm{v}}=\varepsilon_x+\varepsilon_y+\varepsilon_z \tag{3-2}$$

真三轴条件下深部岩石的体积应变也可表示为

$$\varepsilon_{\mathrm{v}}=\varepsilon_{\mathrm{v}}^{\mathrm{e}}+\varepsilon_{\mathrm{v}}^{\mathrm{c}} \tag{3-3}$$

轴向应变、最大水平应变、最小水平应变表达式分别为

$$\begin{cases}\varepsilon_z=\varepsilon_z^{\mathrm{e}}+\varepsilon_z^{\mathrm{c}}\\ \varepsilon_y=\varepsilon_y^{\mathrm{e}}+\varepsilon_y^{\mathrm{c}}\\ \varepsilon_x=\varepsilon_x^{\mathrm{e}}+\varepsilon_x^{\mathrm{c}}\end{cases} \tag{3-4}$$

根据广义胡克定律，轴向应变、最大水平应变、最小水平应变的表达式分别为

$$\begin{cases}\varepsilon_z^{\mathrm{e}}=\dfrac{1}{E}\left[\sigma_z-\mu\left(\sigma_x+\sigma_y\right)\right]\\ \varepsilon_y^{\mathrm{e}}=\dfrac{1}{E}\left[\sigma_y-\mu\left(\sigma_x+\sigma_z\right)\right]\\ \varepsilon_x^{\mathrm{e}}=\dfrac{1}{E}\left[\sigma_x-\mu\left(\sigma_z+\sigma_y\right)\right]\end{cases} \tag{3-5}$$

则真三轴条件下深部岩石的体积弹性应变可表示为

$$\varepsilon_{\mathrm{v}}^{\mathrm{e}}=\frac{1}{E}(1-2\mu)(\sigma_z+\sigma_y+\sigma_x) \tag{3-6}$$

根据式(3-3)～式(3-5)可得，轴向应变、最大水平应变、最小水平应变的塑性应变表达式分别为

$$\begin{cases}\varepsilon_z^{\mathrm{c}}=\varepsilon_z-\dfrac{1}{E}\left[\sigma_z-\mu(\sigma_x+\sigma_y)\right]\\ \varepsilon_y^{\mathrm{c}}=\varepsilon_y-\dfrac{1}{E}\left[\sigma_y-\mu(\sigma_x+\sigma_z)\right]\\ \varepsilon_x^{\mathrm{c}}=\varepsilon_x-\dfrac{1}{E}\left[\sigma_x-\mu(\sigma_z+\sigma_y)\right]\end{cases} \tag{3-7}$$

根据式(3-3)～式(3-6)可得，真三轴条件下深部岩石的裂纹体积应变为

$$\varepsilon_{\mathrm{v}}^{\mathrm{c}}=\varepsilon_{\mathrm{v}}-\varepsilon_{\mathrm{v}}^{\mathrm{e}}=\varepsilon_{\mathrm{v}}-\frac{1}{E}(1-2\mu)(\sigma_x+\sigma_y+\sigma_z) \tag{3-8}$$

式中，ε_z、ε_y、ε_x、ε_{v}分别为真三轴条件下深部岩石的轴向应变、最大水平应变、最小水平应变及体积应变；$\varepsilon_z^{\mathrm{e}}$、$\varepsilon_y^{\mathrm{e}}$、$\varepsilon_x^{\mathrm{e}}$、$\varepsilon_{\mathrm{v}}^{\mathrm{e}}$分别为真三轴条件下深部岩石的轴向应变、最大水平应变、最小水平应变的弹性应变及体积弹性应变；$\varepsilon_z^{\mathrm{c}}$、$\varepsilon_y^{\mathrm{c}}$、$\varepsilon_x^{\mathrm{c}}$、$\varepsilon_{\mathrm{v}}^{\mathrm{c}}$分别为真三轴条件下深部岩石的轴向应变、最大水平应变、最小水平应变的塑性应变及裂纹体积应变；σ_z、σ_y、σ_x分别为真三轴条件下深部岩石的轴向应力、最大水平应力、最小水平应力；E 为深部岩石的弹性模量；μ 为泊松比。

根据上述计算以及图 3-17 给出的各强度分界点的确定及其阶段划分依据，可得出不同应力路径不同模拟深度下深部岩石的强度分界点与变形特征。不同模拟深度不同应力路径下深部岩石强度特征见表 3-4，变形特征见表 3-5。

3.2.11　轴向应变渐变破坏分析

图 3-18 为不同模拟深度不同应力路径下深部岩石轴向应变渐变破坏特征图。由图 3-18 可知，相同模拟深度不同应力路径下深部岩石的轴向应变渐变破坏特征较为相似，深部岩石强度分界点对应的轴向应变随着轴向应力的增大而增大。1000m 模拟深度，路径 1 试验条件下深部岩石的强度分界点对应的轴向应变渐变破坏特征为 $2.53\times10^{-3}\rightarrow3.57\times10^{-3}\rightarrow5.45\times10^{-3}\rightarrow6.39\times10^{-3}$；1500m、2000m 模

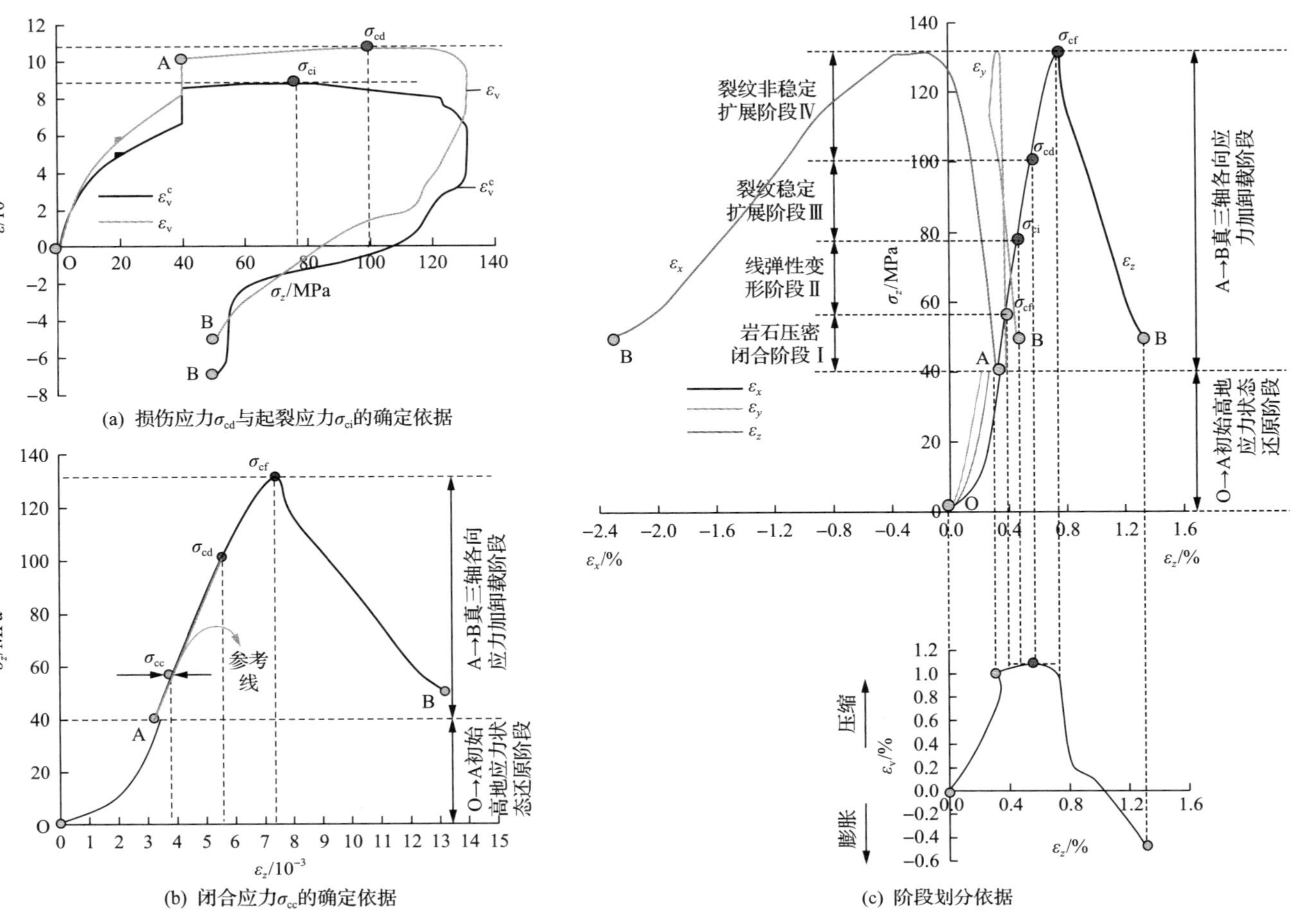

(a) 损伤应力σ_{cd}与起裂应力σ_{ci}的确定依据

(b) 闭合应力σ_{cc}的确定依据

(c) 阶段划分依据

图3-17　真三轴条件下深部岩石强度分界点及阶段划分示意图[23]

表 3-4　不同模拟深度不同应力路径下深部岩石强度特征表

路径	H/m	σ_{cc} /MPa	σ_{ci} /MPa	σ_{cd} /MPa	σ_{cf} /MPa
路径 1	1000	50.46	72.87	108.07	121.76
	1500	72.70	97.78	142.70	161.11
	2000	86.30	113.02	153.87	178.41
路径 2	1000	47.92	71.83	92.65	112.13
	1500	57.63	77.52	100.66	131.16
	2000	82.53	104.68	144.80	167.99
路径 3	1000	44.22	68.11	89.53	104.15
	1500	54.97	78.92	117.55	127.28
	2000	78.79	96.66	132.04	159.89

表 3-5　不同模拟深度不同应力路径下深部岩石变形特征表

路径	H/m	ε_{zcc} /10^{-3}	ε_{ycc} /10^{-3}	ε_{xcc} /10^{-3}	ε_{zci} /10^{-3}	ε_{yci} /10^{-3}	ε_{xci} /10^{-3}	ε_{zcd} /10^{-3}	ε_{ycd} /10^{-3}	ε_{xcd} /10^{-3}	ε_{zcf} /10^{-3}	ε_{ycf} /10^{-3}	ε_{xcf} /10^{-3}
路径 1	1000	2.53	1.09	2.048	3.57	0.86	1.05	5.45	0.76	−2.37	6.39	0.87	−4.64
	1500	2.89	6.05	2.839	3.71	−2.94	1.51	5.67	2.52	0.11	7.22	2.58	−2.02
	2000	4.68	−2.21	3.26	6.09	4.66	2.06	8.65	−0.13	0.58	11.20	2.82	−1.95
路径 2	1000	3.36	3.67	2.131	4.78	3.49	0.16	7.40	2.87	0.54	7.56	2.43	−0.78
	1500	3.82	3.80	2.85	4.61	3.85	2.25	5.56	3.67	1.53	7.44	3.40	−1.16
	2000	6.15	4.11	3.22	7.24	4.56	2.32	9.40	4.64	1.86	11.6	4.65	−1.59
路径 3	1000	3.15	1.84	3.22	4.55	−0.003	2.66	5.90	−0.12	1.77	7.21	−0.07	0.10
	1500	5.04	3.20	2.83	5.86	2.62	2.83	7.97	2.44	0.78	9.69	0.06	−0.20
	2000	2.86	4.35	3.01	3.10	4.36	3.22	4.62	4.02	1.46	5.81	2.06	2.22

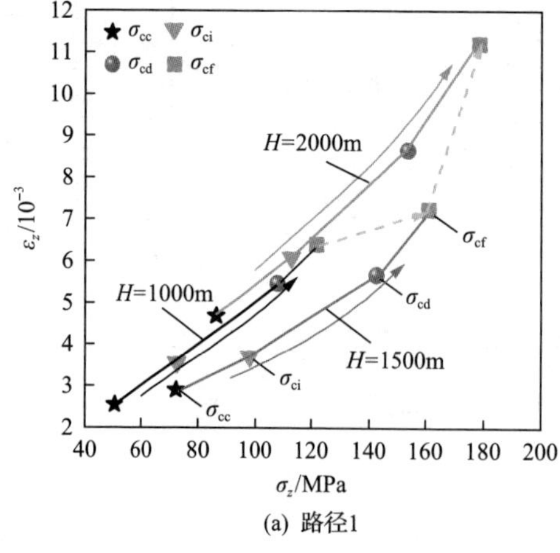

(a) 路径1

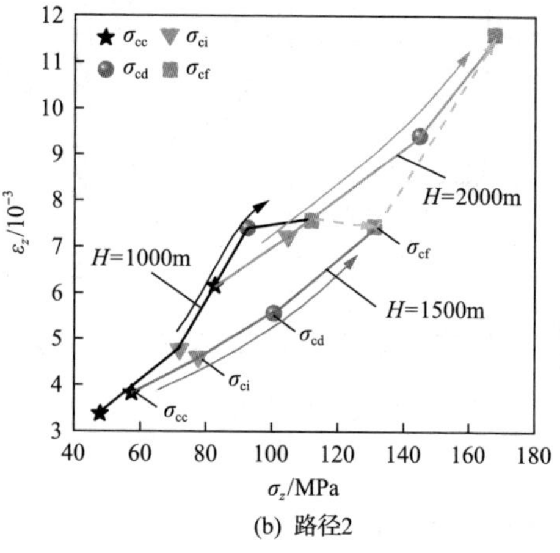

(b) 路径2

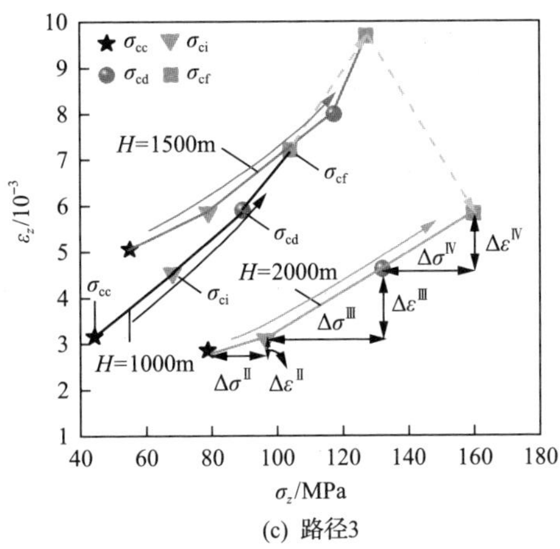

(c) 路径3

图 3-18　不同模拟深度不同应力路径下深部岩石轴向应变渐变破坏特征图[23]

拟深度下深部岩石的强度分界点对应的轴向应变呈现相似特征。然而，相同模拟深度不同应力路径下的深部岩石轴向应变渐变破坏特征仍有一定差异。相同模拟深度下，路径 1 和路径 2 试验条件下深部岩石破坏是由于最小水平应力卸载、轴向应力加载共同作用引起的。最小水平应力的卸载将导致最小水平应力方向容易发生变形，且深部岩石最小水平应力方向大量微裂隙端部衍生的集中拉应力使得轴向方向发生变形。另外，轴向应力的持续加载导致深部岩石的轴向方向表现为压缩，而最大水平应力、最小水平应力方向则表现为膨胀；而路径 3 试验条件下深部岩石的破坏主要是由于最大水平应力、最小水平应力以及轴向应力共同作用引起的。因此，路径 3 下深部岩石轴向应变的渐变破坏特征与路径 1 和路径 2 试验条件下深部岩石渐变破坏特征有所差异。

由图 3-18 可知，相同应力路径不同模拟深度下深部岩石分界点对应的轴向应变渐变特征差距较大。路径 1 和路径 2 试验条件下深部岩石的轴向应变渐变破坏特征相同。随着模拟深度的增加，深部岩石分界点对应的轴向应变逐渐增大；路径 3 试验条件下深部岩石分界点对应的轴向应变渐变破坏特征与其他路径下深部岩石的渐变破坏特征差别较大。随着模拟深度的增加，路径 3 试验条件下深部岩石的轴向应变渐变破坏特征表现为先增大后减小的特征。如 1000m、1500m、2000m 模拟深度，路径 1 试验条件下深部岩石轴向应变的渐变破坏特征为 ε_{zcc} $2.53\times10^{-3}\to2.89\times10^{-3}\to4.68\times10^{-3}$，$\varepsilon_{zci}$ $3.57\times10^{-3}\to3.71\times10^{-3}\to6.09\times10^{-3}$，$\varepsilon_{zcd}$ $5.45\times10^{-3}\to5.67\times10^{-3}\to8.65\times10^{-3}$，$\varepsilon_{zcf}$ $6.39\times10^{-3}\to7.22\times10^{-3}\to11.20\times10^{-3}$；路径 2 试验条件下深部岩石的轴向应变渐变破坏特征具有类似特征。1000m、1500m、2000m 模拟深度，路径 3 试验条件下深部岩石轴向应变的渐变破坏特征为 ε_{zcc} $3.15\times10^{-3}\to5.04\times10^{-3}\to2.86\times10^{-3}$，$\varepsilon_{zci}$ $4.55\times10^{-3}\to5.86\times10^{-3}\to3.10\times10^{-3}$，

ε_{zcd} $5.90\times10^{-3}\rightarrow7.97\times10^{-3}\rightarrow4.62\times10^{-3}$，$\varepsilon_{zcf}$ $7.21\times10^{-3}\rightarrow9.69\times10^{-3}\rightarrow5.81\times10^{-3}$。研究结论同样体现了深部效应与卸载方式有很大关系。

3.2.12　最大水平应变渐变破坏分析

图 3-19 为不同模拟深度不同应力路径下深部岩石最大水平应变渐变破坏特征图。由图 3-19 可知，相同模拟深度不同应力路径下深部岩石的最大水平应变渐变破坏特征差异较大。随着轴向应力加载，最大水平应力及最小水平应力卸载，相同模拟深度、路径 3 试验条件下深部岩石强度分界点对应的最大水平应变也随之减小。模拟深度为 1500m，路径 3 试验条件下深部岩石强度分界点对应的最大水平应变渐变特征为 $3.203\times10^{-3}\rightarrow2.622\times10^{-3}\rightarrow2.44\times10^{-3}\rightarrow0.06\times10^{-3}$。1000m、2000m 模拟深度，路径 3 试验条件下深部岩石强度分界点对应的最大水平应变渐

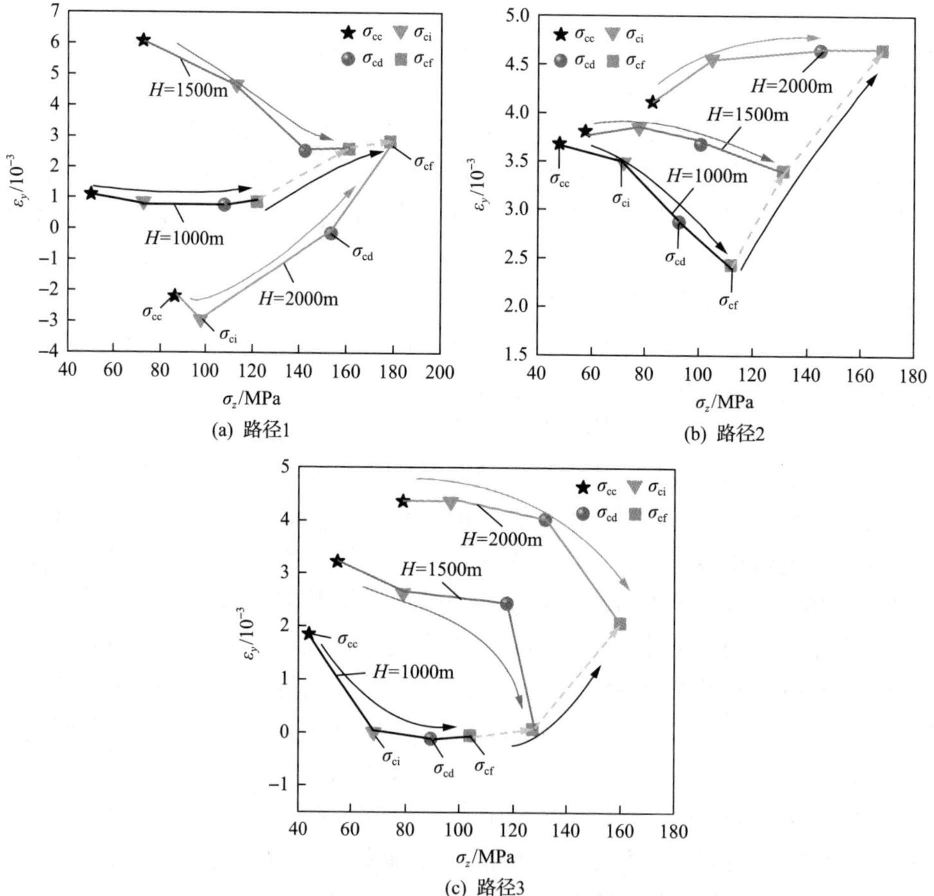

图 3-19　不同模拟深度不同应力路径下深部岩石最大水平应变渐变破坏特征图[23]

变特征呈现相似特征。路径 1 与路径 2 试验条件下深部岩石强度分界点对应的最大水平应变渐变特征却与路径 3 不同。1000m、1500m 模拟深度，路径 1 与路径 2 试验条件下深部岩石各强度分界点对应的最大水平应变随着轴向应力的增大而减小，2000m 模拟深度，路径 1 与路径 2 试验条件下深部岩石各强度分界点对应的最大水平应变却随着轴向应力的增大而增大。

不难发现，相同应力路径不同模拟深度下深部岩石分界点对应的最大水平应变渐变特征差距较大。路径 2 和路径 3 试验条件下深部岩石的最大水平应变渐变破坏特征相同，均为随着模拟深度的增加，深部岩石分界点对应的最大水平应变逐渐增大。路径 1 试验条件下不同模拟深度下深部岩石分界点对应的最大水平应变渐变破坏特征与其他路径下深部岩石的渐变破坏特征差别较大。随着模拟深度的增加，路径 1 试验条件下深部岩石的最大水平应变渐变特征表现为先增大后减小的渐变特征。如 1000m、1500m、2000m 模拟深度，路径 3 试验条件下深部岩石最大水平应变的渐变特征为 $\varepsilon_{y\mathrm{cc}}$ $1.843\times10^{-3}\rightarrow 3.203\times10^{-3}\rightarrow4.35\times10^{-3}$，$\varepsilon_{y\mathrm{ci}}$ $-0.003\times10^{-3}\rightarrow2.622\times10^{-3}\rightarrow4.36\times10^{-3}$，$\varepsilon_{y\mathrm{cd}}$ $-0.12\times10^{-3}\rightarrow2.44\times10^{-3}\rightarrow4.02\times10^{-3}$，$\varepsilon_{y\mathrm{cf}}$ $-0.07\times10^{-3}\rightarrow0.06\times10^{-3}\rightarrow2.06\times10^{-3}$；路径 2 试验条件下深部岩石的最大水平应变渐变特征具有类似特征。1000m、1500m、2000m 模拟深度，路径 1 试验条件下深部岩石最大水平应变的渐变特征为 $\varepsilon_{y\mathrm{cc}}$ $11.09\times10^{-3}\rightarrow6.05\times10^{-3}\rightarrow-2.21\times10^{-3}$，$\varepsilon_{y\mathrm{ci}}$ $0.86\times10^{-3}\rightarrow-2.94\times10^{-3}\rightarrow4.66\times10^{-3}$，$\varepsilon_{y\mathrm{cd}}$ $0.76\times10^{-3}\rightarrow2.52\times10^{-3}\rightarrow-0.13\times10^{-3}$。

3.2.13　最小水平应变渐变破坏分析

图 3-20 为不同模拟深度不同应力路径下深部岩石最小水平应变渐变破坏特征图。由图 3-20 可知，相同模拟深度不同应力路径下深部岩石的最小水平应变渐变破坏特征较为相似，深部岩石强度分界点对应的最小水平应变随着轴向应力的增加而减小。在初始高地应力状态还原阶段，由于轴向应力、最大水平应力及最小水平应力还原，深部岩石在各个方向上均被压密。在真三轴各向应力加卸载阶段，三种应力路径中最小水平应力皆为卸载，由于最小水平应力的卸载以及轴向应力的加载，最小水平应力方向的深部岩石容易发生变形，使得最小水平应变随着轴向应力的增大而减小。如 1500m 模拟深度，路径 1、2、3 试验条件下深部岩石的最小水平应变渐变特征为 $2.839\times10^{-3}\rightarrow1.51\times10^{-3}\rightarrow0.11\times10^{-3}\rightarrow-2.02\times10^{-3}$，$2.85\times10^{-3}\rightarrow2.32\times10^{-3}\rightarrow1.53\times10^{-3}\rightarrow-1.16\times10^{-3}$，$2.83\times10^{-3}\rightarrow$，$2.83\times10^{-3}\rightarrow0.78\times10^{-3}\rightarrow-0.20\times10^{-3}$；1000m、2000m 模拟深度下深部岩石的最小水平应变与 1500m 模拟深度下深部岩石的最小水平应变的渐变特征类似。

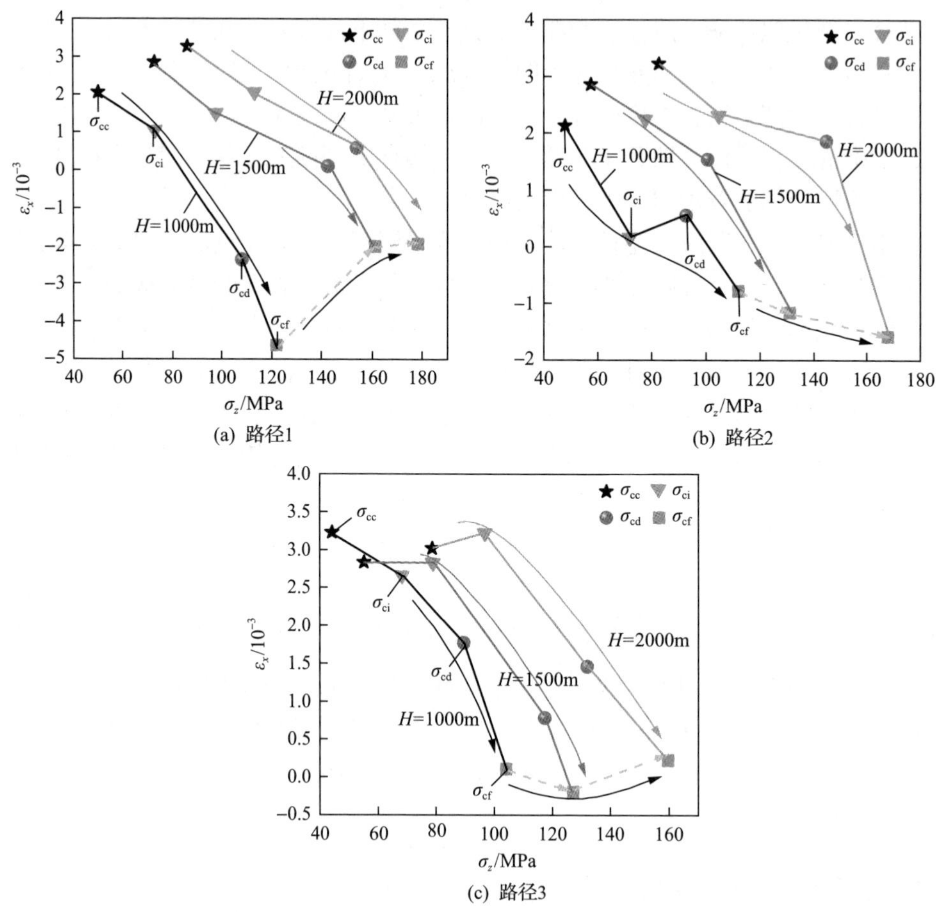

图 3-20　不同模拟深度不同应力路径下深部岩石最小水平应变渐变破坏特征图[23]

不难发现，模拟深度显著影响深部岩石最小水平应变的渐变特征，随着模拟深度的增加，三种应力路径下深部岩石分界点对应的最小水平应变逐渐变大。如路径 1，1000m、1500m、2000m 模拟深度下深部岩石的最小水平应变渐变特征如下：ε_{xcc} $2.048\times10^{-3}\to2.839\times10^{-3}\to3.26\times10^{-3}$，$\varepsilon_{xci}$ $1.05\times10^{-3}\to1.51\times10^{-3}\to2.06\times10^{-3}$，$\varepsilon_{xcd}$ $-2.37\times10^{-3}\to0.11\times10^{-3}\to0.58\times10^{-3}$，$\varepsilon_{xcf}$ $-4.64\times10^{-3}\to-2.02\times10^{-3}\to-1.95\times10^{-3}$；其他应力路径与模拟深度下深部岩石最小水平应变渐变特征具有类似特征。这是由于相同应力路径不同模拟深度下，深部岩石所施加的初始最小水平应力差距较大，初始最小水平应力的不同将导致可卸载的初始最小水平应力以及初始最小水平应变差距加大，而可卸载的最小水平应力越大，使得相同应力路径不同模拟深度下深部岩石最小水平应力方向变形程度越大。因此，相同应力路径不同模拟深度下深部岩石分界点对应的最小水平应变渐变特征差距较大。

3.3　岩石强度准则评价分析及本构模型

3.3.1　岩石强度准则介绍

岩石强度准则是研究岩石力学的基本理论之一，随着计算机数值分析软件的迅速发展，在矿山岩土工程施工过程中，常常将工程失稳问题转化为岩石强度问题，岩石强度已成为岩石力学研究中迫切需要解决的问题。常用的岩石强度准则如下。

1. 莫尔-库仑强度准则

该准则认为材料破坏的原因是剪应力大于抗剪强度，且剪应力 τ 和法向应力 σ 存在以下的函数关系式：

$$\tau = c + \sigma \tan\varphi \tag{3-9}$$

式中，τ 为剪应力；c 为内聚力；σ 为法向应力；φ 为内摩擦角。

莫尔-库仑强度准则还可用 σ_1 与 σ_3 的关系式表示为

$$\sigma_1 = k\sigma_3 + b \tag{3-10}$$

式中，σ_1 为最大主应力；σ_3 为最小主应力；k、b 为岩石强度参数，可分别用式(3-11)和式(3-12)表示：

$$k = \frac{1+\sin\varphi}{1-\sin\varphi} \tag{3-11}$$

$$b = \frac{2c\cos\varphi}{1-\sin\varphi} \tag{3-12}$$

2. Mogi-Coulomb 准则

Mogi-Coulomb 准则描述的是八面体剪应力与有效平均正应力之间存在单调递增的函数关系，即

$$\tau_{\text{oct}} = f(\sigma_{\text{m},2}) \tag{3-13}$$

式中，τ_{oct}、$\sigma_{\text{m},2}$ 分别为八面体剪应力和有效中间主应力，其表达式分别为

$$\tau_{\text{oct}} = \frac{1}{3}\sqrt{(\sigma_1-\sigma_3)^2+(\sigma_1-\sigma_2)^2+(\sigma_2-\sigma_3)^2} \tag{3-14}$$

$$\sigma_{m,2} = \frac{\sigma_1 + \sigma_3}{2} \tag{3-15}$$

式中，σ_1、σ_2、σ_3 分别为最大主应力、中间主应力、最小主应力。

Al-Ajmi 和 Zimmerman[24,25]通过整理大量真三轴试验数据，发现 τ_{oct} 和 $\sigma_{m,2}$ 之间存在如下函数关系式：

$$\tau_{oct} = a + b\sigma_{m,2} \tag{3-16}$$

式中，a 为 Mogi-Coulomb 准则拟合直线的截距；b 为直线的斜率。Mogi 参数 a、b 与 Coulomb 强度参数 c、φ 可由以下关系式表示[26]：

$$a = \frac{2\sqrt{2}}{3} c\cos\varphi \tag{3-17}$$

$$b = \frac{2\sqrt{2}}{3} \sin\varphi \tag{3-18}$$

3. Drucker-Prager 准则

该准则也称为广义的 Von Mises 准则，其考虑了中间主应力对材料强度的影响，其表达式如下：

$$\sqrt{J_2} = \alpha I_1 + k \tag{3-19}$$

式中，α、k 均为试验参数；I_1、J_2 分别为应力第一不变量、应力偏量第二不变量。

$$I_1 = \sigma_1 + \sigma_2 + \sigma_3 \tag{3-20}$$

$$J_2 = \frac{1}{6}\left[(\sigma_1 - \sigma_2)^2 + (\sigma_2 - \sigma_3)^2 + (\sigma_3 - \sigma_1)^2\right] \tag{3-21}$$

考虑平面应变问题，Drucker-Prager 准则与莫尔-库仑强度准则参数之间的关系如下：

$$\alpha = \frac{2\tan\varphi}{\sqrt{9 + 12\tan^2\varphi}} \tag{3-22}$$

$$k = \frac{3c}{\sqrt{9 + 12\tan^2\varphi}} \tag{3-23}$$

4. Hoek-Brown 强度准则

1980 年 Hoek 和 Brown 通过对大量三轴试验数据的整理和分析推导出了 Hoek-Brown 强度准则，也称为狭义的 Hoek-Brown 强度准则，同时可以用最大主应力和最小主应力的关系式来表示

$$\sigma_1 = \sigma_3 + \sqrt{m\sigma_c\sigma_3 + s\sigma_3^2} \tag{3-24}$$

式中，σ_c 为完整岩石的单轴抗压强度；σ_1、σ_3 为岩石破坏时的最大、最小主应力；m、s 为岩石力学性质的参量。其中岩石为完整岩石时，$s=1$；岩石为破碎岩石时，$0<s<1$。

Hoek-Brown 强度准则也可表示为

$$\sigma_1 = \sigma_3 + A\sqrt{B\sigma_3 + 1} \tag{3-25}$$

式中，A、B 分别为相应系数。

3.3.2 真三轴加卸载条件下岩石强度准则评价分析

大多数学者通过开展不同种类的岩石单轴及三轴试验，对得到的试验数据进行系统的分析和总结，得到了不同种类的岩石强度准则。常用的岩石强度准则为莫尔-库仑强度准则、Hoek-Brown 强度准则、Drucker-Prager 准则及 Mogi-Coulomb 准则，然而不同的强度准则所适用的条件与对应的优缺点显著不同。岩石强度准则通常用来判断地下工程中应力、应变是否处于安全判据，因此，通常将岩石强度准则所预测的岩石强度和试验所得的岩石强度之间产生的误差作为判断岩石强度准则准确性的依据。误差越小则岩石强度准则的准确性越好。目前，岩石强度准则预测主要有两种方法，一为经验判据法，二为数学分析法。

表 3-6 为不同模拟深度不同应力路径下深部岩石破坏时的应力状态，对表中的数据用四种强度准则分别进行拟合，以拟合的相关度确定最优准则。

表 3-6　不同模拟深度不同应力路径下深部岩石破坏时的应力状态

路径	模拟深度/m	破坏时 σ_1 /MPa	破坏时 σ_2 /MPa	破坏时 σ_3 /MPa
路径 1	1000	121.8	50.9	6.2
	1500	161.1	73.5	31.7
	2000	178.4	94.5	30.3
路径 2	1000	112.1	51.2	4.2
	1500	131.4	73.2	6.2
	2000	167.9	94.7	13.9
路径 3	1000	104.1	7.1	5.5
	1500	127.2	25.2	22.6
	2000	159.8	45.8	26.1

图 3-21 为四种不同的强度准则分别对表 3-6 的数据进行回归分析得到的拟合曲线。其中 R^2 为拟合相关系数。由图 3-21 可知，深部岩石在不同模拟深度相同应力路径下 Mogi-Coulomb 准则、Drucker-Prager 准则拟合曲线的相关系数大于莫尔-库仑强度准则、Hoek-Brown 强度准则拟合曲线的相关系数，表明 Mogi-Coulomb 准则、Drucker-Prager 准则对于真三轴不同应力路径下岩石的强度特性拟合相关系数较好。例如，不同模拟深度路径 2 条件下深部岩石分别用 Mogi-Coulomb 准则、Drucker-Prager 准则、莫尔-库仑强度准则、Hoek-Brown 强度准则拟合曲线的相关系数大小为 $R_1^2=0.98825>R_2^2=0.92997>R_3^2=0.9199>R_4^2=0.9097$，同样，深部岩石在不同模拟深度路径 1、路径 3 条件下具有相似的规律。在此采用经验判据法来判断岩石强度准则的优劣性，即令 $\sigma_2=\sigma_3=0$，将 Mogi-Coulomb 准则、Drucker-Prager 准则所预测的岩石单轴抗压强度和试验测得

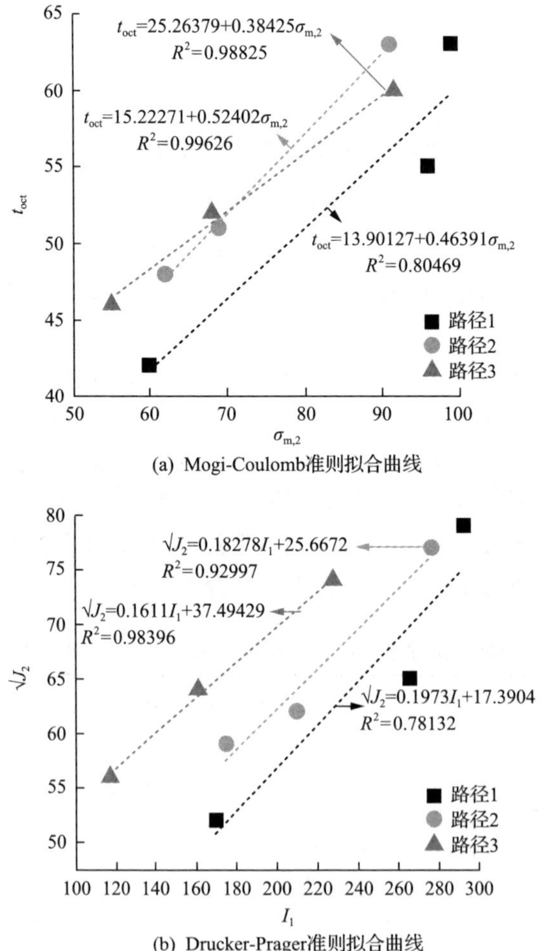

(a) Mogi-Coulomb准则拟合曲线

(b) Drucker-Prager准则拟合曲线

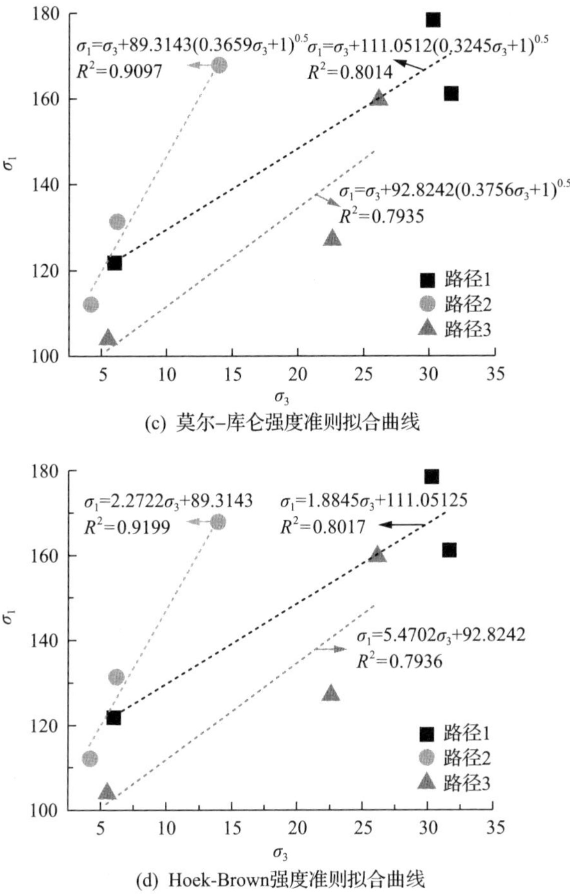

(c) 莫尔-库仑强度准则拟合曲线

(d) Hoek-Brown强度准则拟合曲线

图 3-21　不同模拟深度相同应力路径下岩石强度准则拟合曲线[22]

的岩石单轴抗压强度相比较。取深部岩石在不同模拟深度路径 2 条件下的试验数据进行计算，Mogi-Coulomb 准则、Drucker-Prager 准则所预测的单轴抗压强度分别为 69.18MPa、65.79MPa，而实际测试得到的岩石单轴抗压强度为 72.5MPa，这表明 Mogi-Coulomb 准则所预测的单轴抗压强度更加准确。结合回归分析中的拟合相关系数，可得出 Mogi-Coulomb 准则更适合描述真三轴不同应力路径下岩石的破坏强度特性。表 3-7 分别为采用 Mogi-Coulomb 准则和 Drucker-Prager 准则拟合的深部岩石在不同应力路径下的强度参数，可得采用 Mogi-Coulomb 准则拟合的强度参数来描述不同应力路径下深部岩石的破坏强度特性更为可靠。

由表 3-7 可知，路径 3 的内摩擦角 φ 最大为 33.76°，路径 1 次之，路径 2 最小；路径 2 的内聚力 c 最大，为 29.31MPa，路径 1 最小，为 16.93MPa，这表明不同应力路径会显著影响深部岩石的抗剪强度参数，同时也可得到路径 3 的深部岩石破坏断面更粗糙的结论。

表 3-7　不同应力路径下岩石的抗剪强度参数

路径	Mogi-Coulomb 准则			Drucker-Prager 准则		
	c/MPa	φ /(°)	R^2	c/MPa	φ /(°)	R^2
路径 1	16.93	29.23	0.8046	18.53	18.34	0.7813
路径 2	29.31	24.15	0.9962	37.25	43.23	0.9299
路径 3	19.42	33.76	0.9882	38.79	13.12	0.9839

3.3.3　岩体本构模型

岩体本构模型代表着岩体的本质属性，本构模型可分为弹塑性模型和非线性弹性模型，弹塑性模型比非线性弹性模型所需的参数少，因而在岩石力学中应用较为广泛。目前有关岩体的本构模型研究大多基于单轴、三轴所建立，然而岩体在地质环境中所处的应力状态为真三轴应力状态，本节通过整理不同应力路径下深部岩石的真三轴试验结果，推导岩石在加载轴向应力单面卸载最小水平应力条件下的本构模型。

基于前文有关岩石强度准则分析，对深部岩石本构模型做以下假设。

(1) OA_1、OA 段属于弹性阶段，在此阶段，深部岩石应力、应变符合胡克定律。

(2) AB 段内，深部岩石强度准则适用于 Mogi-Coulomb 准则。

(3) BC 段内，深部岩石残余强度符合修正的 Hoek-Brown 强度准则。

(4) AB 段内，深部岩石应力-应变线段为曲线，其余为直线。

图 3-22 为路径 1 模拟深度 1500m 条件下深部岩石全过程应力-应变曲线。

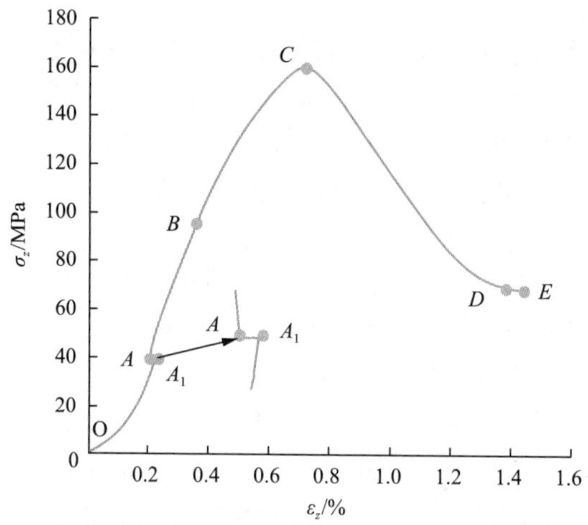

图 3-22　路径 1 模拟深度 1500m 条件下深部岩石全过程应力-应变曲线[21]

其中，OA_1 段为初始应力还原阶段，此阶段对深部岩石所施加的载荷较小，故可认为此阶段深部岩石仍处于弹性阶段。OA 段为弹性阶段，AB 段为塑性屈服阶段，BC 段为应变软化阶段，CD 段为理想塑性阶段。

1. 弹性阶段

岩石在弹性阶段内，随着三向应力的增加，由广义胡克定律可知

$$\{\mathrm{d}\varepsilon\} = \boldsymbol{C}_{\mathrm{e}}\{\varepsilon\} \tag{3-26}$$

式中，$\boldsymbol{C}_{\mathrm{e}}$ 为柔度矩阵，表达式如下：

$$\boldsymbol{C}_{\mathrm{e}} = E_{\mathrm{e}}\begin{bmatrix} 1 & -\mu_{\mathrm{e}} & -\mu_{\mathrm{e}} & 0 & 0 & 0 \\ -\mu_{\mathrm{e}} & 1 & -\mu_{\mathrm{e}} & 0 & 0 & 0 \\ -\mu_{\mathrm{e}} & -\mu_{\mathrm{e}} & 1 & 0 & 0 & 0 \\ 0 & 0 & 0 & 2(1+\mu_{\mathrm{e}}) & 0 & 0 \\ 0 & 0 & 0 & 0 & 2(1+\mu_{\mathrm{e}}) & 0 \\ 0 & 0 & 0 & 0 & 0 & 2(1+\mu_{\mathrm{e}}) \end{bmatrix} \tag{3-27}$$

其中，E_{e} 为弹性模量；μ_{e} 为泊松比。

2. 塑性屈服阶段

采用线性拟合求得应力-应变本构关系如下：

$$\sigma = 36.6718 + 177.7434\varepsilon \tag{3-28}$$

3. 应变软化阶段

由强度准则分析可知，深部岩石在极限承载强度处符合 Mogi-Coulomb 准则，残余强度均符合修正的 Hoek-Brown 强度准则。

峰值屈服函数 f_{F} 可以表示为

$$f_{\mathrm{F}} = \tau_{\mathrm{oct}} - \frac{1}{3}\sqrt{(\sigma_1-\sigma_3)^2+(\sigma_1-\sigma_2)^2+(\sigma_2-\sigma_3)^2} \tag{3-29}$$

残余屈服函数 f_{c} 可以表示为

$$f_{\mathrm{c}} = \sigma_1 - \sigma_3 - \sigma_{\mathrm{c}}\left(m\frac{\sigma_3}{\sigma_{\mathrm{c}}}\right) \tag{3-30}$$

式中，σ_{c} 为单轴抗压强度。

在应变软化阶段，屈服函数与体积应变在峰值屈服函数 f_{F} 和残余屈服函数 f_{c} 之间变化，F 可表示为

$$F=\frac{\varepsilon_{\mathrm{v}}-\varepsilon_{\mathrm{v}}^{\mathrm{F}}}{\varepsilon_{\mathrm{v}}^{\mathrm{c}}-\varepsilon_{\mathrm{v}}^{\mathrm{F}}}f_{\mathrm{c}}+\frac{\varepsilon_{\mathrm{v}}^{\mathrm{c}}-\varepsilon_{\mathrm{v}}}{\varepsilon_{\mathrm{v}}^{\mathrm{c}}-\varepsilon_{\mathrm{v}}^{\mathrm{F}}}f_{\mathrm{F}}=0 \tag{3-31}$$

式中，$\varepsilon_{\mathrm{v}}^{\mathrm{F}}$ 为峰值强度处的体积应变；$\varepsilon_{\mathrm{v}}^{\mathrm{c}}$ 为残余强度处的体积应变。

根据塑性理论，应变软化阶段的本构方程可表示为

$$\left\{\mathrm{d}\sigma\right\}=\boldsymbol{D}_{\mathrm{e}}-\boldsymbol{D}_{\mathrm{p}}\left\{\mathrm{d}\varepsilon\right\} \tag{3-32}$$

$$\boldsymbol{D}_{\mathrm{p}}=\frac{\boldsymbol{D}_{\mathrm{e}}\left\{\dfrac{\partial F}{\partial\sigma}\right\}\left\{\dfrac{\partial F}{\partial\sigma}\right\}^{\mathrm{T}}\boldsymbol{D}_{\mathrm{e}}}{A+\left\{\dfrac{\partial F}{\partial\sigma}\right\}^{\mathrm{T}}\boldsymbol{D}_{\mathrm{e}}\left\{\dfrac{\partial F}{\partial\sigma}\right\}} \tag{3-33}$$

式中，$\boldsymbol{D}_{\mathrm{e}}$ 为弹性矩阵；$\boldsymbol{D}_{\mathrm{p}}$ 为塑性矩阵。

应变软化阶段，A 为负值，可表示为

$$A=\frac{E_{\mathrm{R}}}{1-\dfrac{E_{\mathrm{R}}}{E}} \tag{3-34}$$

式中，E_{R} 为软化系数；E 为弹性模量。

4. 理想塑性阶段

理想塑性阶段 A=0，本构方程可以写为

$$\left\{\mathrm{d}\sigma\right\}=\left(\boldsymbol{D}_{\mathrm{e}}-\boldsymbol{D}_{\mathrm{p}}\right)\left\{\mathrm{d}\varepsilon\right\} \tag{3-35}$$

$$\boldsymbol{D}_{\mathrm{p}}=\frac{\boldsymbol{D}_{\mathrm{e}}\left\{\dfrac{\partial F}{\partial\sigma}\right\}\left\{\dfrac{\partial F}{\partial\sigma}\right\}\boldsymbol{D}_{\mathrm{e}}}{\left\{\dfrac{\partial F}{\partial\sigma}\right\}^{\mathrm{T}}\boldsymbol{D}_{\mathrm{e}}\left\{\dfrac{\partial F}{\partial\sigma}\right\}} \tag{3-36}$$

第 4 章　流-固耦合条件下深部卸荷岩石渗流特性

4.1　流-固耦合条件下深部卸荷岩石渗流试验方案

静水压力和偏应力试验是研究不同围压下深部岩石力学特性的重要手段之一。按照岩石力学符号的通用规则，以下分析中以压应力为正，拉应力为负。σ_i 和 $\varepsilon_i\,(i=1,2,3)$ 分别代表在当前坐标轴方向(也是主应力)上的应力、应变分量，P_g 为渗透压。

4.1.1　静水压力试验

首先，进行静水压力试验，研究深部岩石的体积压缩性，进而得到在初始状态(无损伤)下的有效应力系数。在此试验中，对深部岩石进行静水压力加载 $\sigma_1=\sigma_2=\sigma_3$，设计两种方式：一是排水作用下的静水压力试验，试验中确保渗透压稳定($\Delta P_g=0$)；二是部分排水作用下静水压力加载，确保渗透压和静水压力增加的大小一样($\Delta P_g=\Delta\sigma_m$，$\Delta\sigma_m$ 为平均应力)。

在第一种加载条件下，岩样的孔隙渗流通道的上游和下游阀门开启，保证渗透压为零，即 $P_g=0$。为避免由于静水压力加载引起的渗透压，根据岩样的渗透率，静水压力的加载速率选取为 8×10^{-3}MPa/s，排水条件下($P_g=0$)静水压力曲线如图 4-1 所示，静水压力所引起的轴向和侧向应变并不重合，说明岩样中的层理是形成各向异性的主要因素。此外，在加压的开始阶段，轴向和侧向应变均表现出非线性，非线性的特点是由原始微裂隙和孔隙逐渐紧闭引起的。在静水压力到达一定水平后，约为 22MPa，轴向和侧向应变均表现为线性，体现了深部岩石在静水压力作用下的弹性力学行为。这里，取三个主应变之和为体积应变，即 $\varepsilon_v=\varepsilon_1+2\varepsilon_3$。根据体积应变曲线的线性段，可以通过式(4-1)得到深部岩石排水条件下的体积压缩模量 K_b：

$$K_b=\left(\frac{\Delta\sigma_m}{\Delta\varepsilon_v}\right)_{P_g=0} \tag{4-1}$$

在第二种加载条件下，静水压力和渗透压以相同的速率进行加载($\Delta P_g=\Delta\sigma_m$)，这个试验的目的在于确定深部岩石的固体骨架(固体基质)的压缩模量 K_s，如图 4-2 给出了其典型的应力-应变试验曲线。两种试验曲线的轴向和侧向应变表现为各向异性及加载初期的非线性特性。这表明深部岩石的微结构各向异性主要归结于固

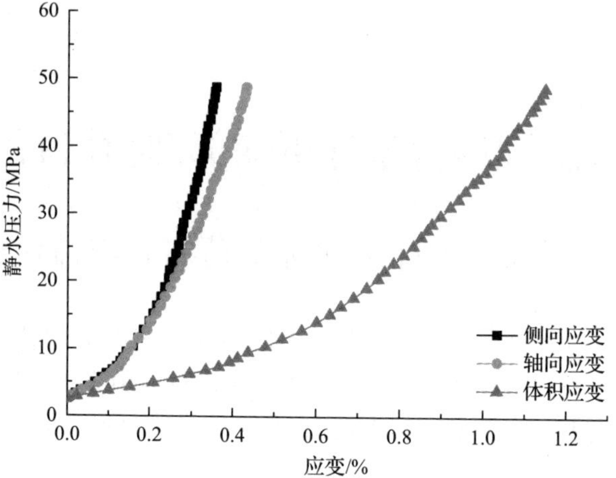

图 4-1　排水条件下(P_g=0)静水压力曲线

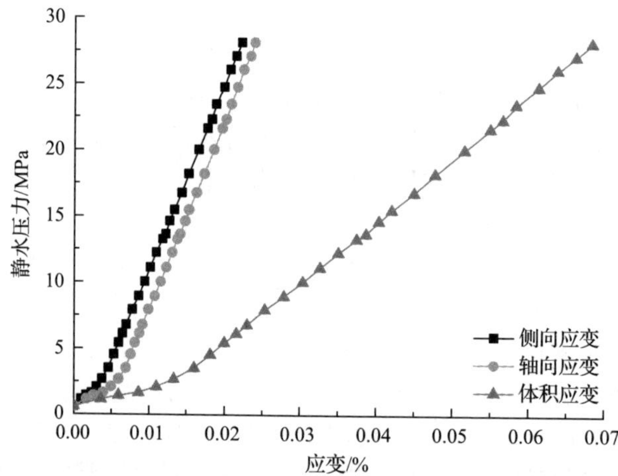

图 4-2　部分排水条件下($\Delta P_g=\Delta\sigma_m$)静水压力加压试验的应力-应变曲线

体基质方向性的微观结构起主要作用，并且在固体基质中存在一些封闭的微裂纹和孔隙，引起了加载初期的非线性变形。根据体积应变曲线的线性段，通过式(4-2)可以得到深部岩石在部分排水条件下的固体骨架的压缩模量 K_s：

$$K_s=\left(\frac{\Delta\sigma_m}{\Delta\varepsilon_v}\right)_{\Delta\sigma_m=\Delta P_g} \tag{4-2}$$

综上所述，忽略深部岩石的微结构各向异性，认为其在初始状态下表现为各向同性。根据有效应力系数和孔隙介质两个压缩模量的关系式，可以计算得到其初始状态下的有效应力系数 α：

$$\alpha = 1 - \frac{K_b}{K_s} \tag{4-3}$$

对于所研究的深部岩石，其体积压缩模量平均值为 7060MPa；固体骨架的压缩模量为 47108MPa，因此其有效应力系数为 0.85。

4.1.2 偏应力试验

为了研究深部岩石在偏应力作用下的力学响应，开展了不同围压作用下的三轴压缩试验，试验中的偏压均使用应变控制方法施加载荷。平均应变加载速率为 $3\times10^{-6}s^{-1}$(对应的平均应力加载速率为 10^{-3}MPa/s)，该速率较小，其目的是避免试验过程中产生渗透压，以满足条件 ΔP_g=0。试验选取五组围压，分别为 2MPa、4MPa、6MPa、10MPa 和 20MPa(图 4-3)。

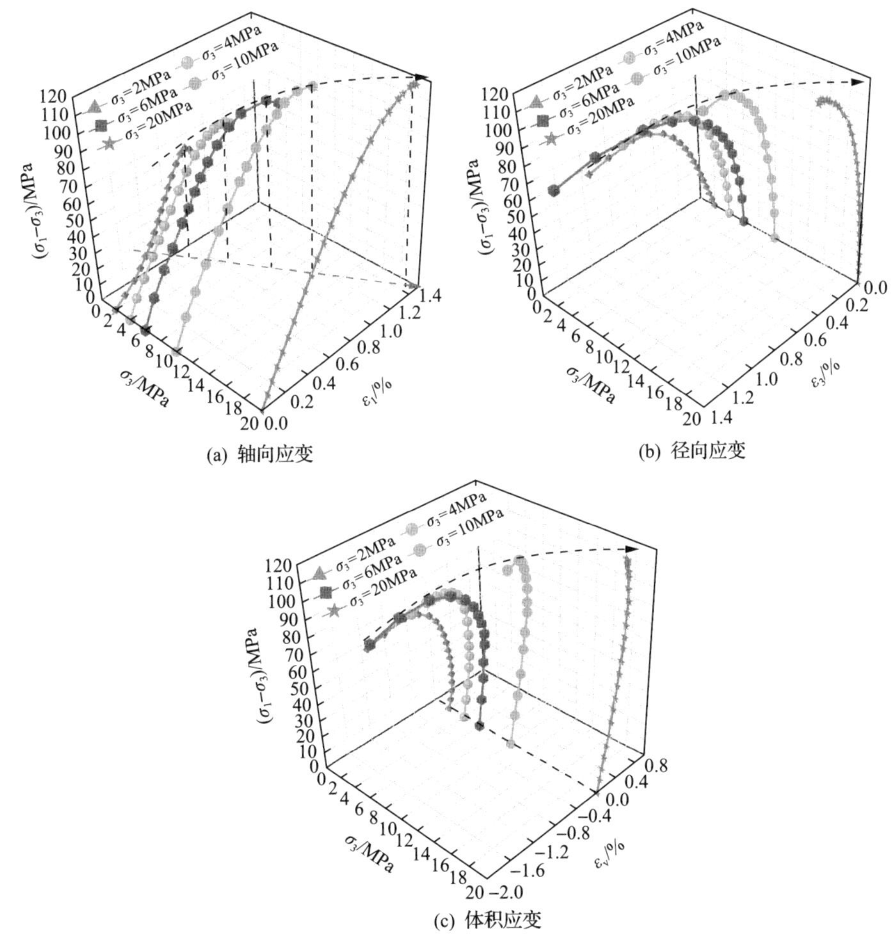

(a) 轴向应变　(b) 径向应变　(c) 体积应变

图 4-3　不同围压作用下三轴压缩试验曲线[27]

综上所述得到以下结论。

(1) 深部岩石的力学行为有较强的围压效应。在低围压条件下，尤其是在单轴压缩(σ_2=σ_3=0)的情况下，在偏压加载初期阶段，应力-应变曲线存在一个明显的非线性段，非线性段是由轴向方向上的初始微裂纹和孔隙逐渐闭合引起的。随着围压的升高，这个非线性段逐渐消失，这是因为在围压施加的过程中，大部分初始微裂纹和孔隙已经基本闭合。此外，在低围压作用下，深部岩石发生脆性破坏，应力-应变曲线表现为峰值点突然下降；这是由于应力诱发的微裂隙贯通联合构成宏观破裂面，致使岩样劈裂破坏。在高围压条件下，应力-应变曲线的峰值点并不明显甚至消失，岩样的破坏机理更多归结为剪切或者压缩带的发生。随着围压的不断加大，岩样的破坏方式经历了由脆性到延性的转化过程。

(2) 对于上述 5 组围压试验，应力-应变曲线出现了一部分线性段后，在峰前与峰后阶段均表现出非线性力学行为特征。这种非线性变形行为由于微裂隙的萌生和扩展，以及裂纹面的摩擦滑移，峰后永久变形与破坏阶段表现得比较明显。

(3) 在上述 5 组围压试验中，体积应变经历明显的体积压缩到体积膨胀的转化过程。相比于高围压，在较低围压条件下，这种体积变形转化发生得更早，并且体积膨胀更为显著。从其物理意义上看，深部岩石在压应力作用下微裂纹不断萌生和发展，粗糙裂纹面上的摩擦滑移变形引起裂纹法向开度增大，进而导致体积膨胀，而围压对微裂纹的扩展行为起到了一定的抑制作用。因此，随着围压的增大，岩样的体积膨胀越来越不明显。

(4) 常规三轴加载条件下的深部岩石峰值强度以及其对应的轴向峰值应变呈现出随着围压的增大而增大的显著规律，围压效应显著；这表明围压效应不仅显著影响常规三轴加载条件下的深部岩石的峰值强度，还会显著影响其轴向变形。

(5) 如图 4-4 所示，给出了这 5 组试验中围压和峰值强度的关系图。表 4-1 给出了不同围压下深部岩石的峰值强度和残余强度。为了将强度包络线进行定量分

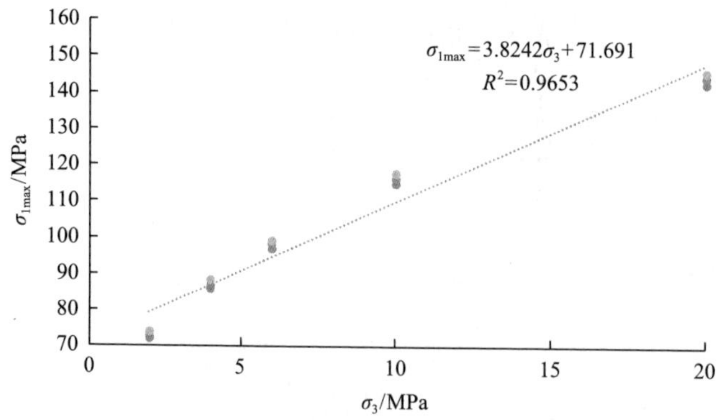

图 4-4　深部岩石峰值强度与围压的关系

表 4-1　不同围压下深部岩石的峰值强度与残余强度

深部岩石编号	围压 σ_3 / MPa	$\sigma_{1\max}$ / MPa	残余强度 / MPa
SZ-1	2	73.04	3.51
SZ-2	2	72.38	3.59
SZ-3	2	74.23	3.32
SZ-4	4	88.31	6.04
SZ-5	4	85.82	6.32
SZ-6	4	86.93	6.21
SZ-7	6	97.07	5.61
SZ-8	6	98.26	5.56
SZ-9	6	99.35	5.72
SZ-10	10	115.19	6.43
SZ-11	10	117.96	6.57
SZ-12	10	116.31	6.48
SZ-13	20	142.98	7.58
SZ-14	20	146.02	7.26
SZ-15	20	144.54	7.36

注：SZ 代表三轴试验。

析，采用经典的莫尔-库仑强度准则对同一围压下三个岩样的最大主应力取平均值进行拟合，通过最大、最小主应力得到深部岩石的内聚力和内摩擦角：c=8.3MPa和 φ=33°。

式(4-4)为莫尔-库仑强度准则拟合的表达式：

$$\sigma_{1\max} = 2c\frac{\cos\varphi}{1-\sin\varphi} + \sigma_3\frac{1+\sin\varphi}{1-\sin\varphi} \tag{4-4}$$

式中，$\sigma_{1\max}$、σ_3 为最大、最小主应力，MPa；φ 为内摩擦角，(°)。

4.1.3　流-固耦合试验

图 4-5 给出了试验方法的示意图，其原理为在岩样的渗透通道上游(即岩样的顶部)向其内部注入水，并保持一定压力；下游阀门保持开启状态，使下游与大气相连，从而在岩样上下游之间形成一个稳定水头压力差(ΔP_g)。当岩样内部稳定流动形成后，岩样上下游的水头压力差 ΔP_g 和上游注入水的流量 Q 均稳定，不随时间发生变化。根据达西定律岩样渗透率的公式如下：

$$k = \frac{\mu QL}{\Delta P_g A} \tag{4-5}$$

式中，Q 为流体流量，m^3/s；L 和 A 分别为岩样的长度和横截面积；μ 为流体的动力黏滞系数，试验温度(20℃)下 $\mu=1.005\times10^{-3}Pa\cdot s$。

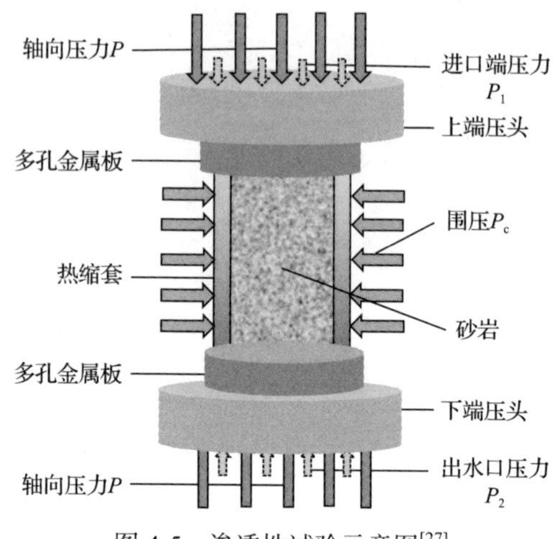

图 4-5　渗透性试验示意图[27]

为研究不同围压和不同渗透压条件下岩样在变形和破坏过程中的渗流演化特征及变化破坏机制，设计 12 组排水试验，具体试验方案如下。

(1)渗透压 1MPa，围压设置三个，2MPa、4MPa、6MPa；渗透压 2MPa，围压设置三个，3MPa、4MPa、6MPa；渗透压 3MPa，围压设置三个，4MPa、5MPa、6MPa。

(2)围压 4MPa，渗透压设置三个，1MPa、2MPa、3MPa。

试验岩样为深部岩石。为了避免流体从岩样与橡胶套的缝隙流出，加载时保证渗透压小于围压。按照工程岩体试验准则以及国际岩石力学学会标准，岩样制作为 φ 50mm×100mm(直径×高度)的圆柱形。

试验以水作为渗透介质，具体试验步骤如下。

(1)首先把制作好的深部岩石进行真空处理，然后在蒸馏水中饱和 48h。

(2)把饱和的深部岩石用质量好的橡胶套装好，然后把深部岩石、透水板以及上下压头套住，做成紧密不透气的结实岩样，然后用热烘机匀称烘干橡胶套，使橡胶套与岩样无气泡紧密贴合；加载过程中岩样紧密不透气，保证油不会从橡胶套和岩样空隙中渗出；调节好位移传感器 LDVT 和环向测位移环的方位(放在岩样高的 2/5 处)，并调整轴向和环向应变片使之与岩样充分接触，测定试验过程中岩样的侧向应变 ε_3 和轴向应变 ε_1。

(3)试验过程中对深部岩石进行预加载，使试验机压力头与岩样上接触面充分紧贴，对岩样施加围压到预定值，等其平稳后，再施加渗透压至预设值，之后再对岩样加载轴向载荷。平稳加载围压 $\sigma_2=\sigma_3$ 至 4MPa，稳定其大小恒定；下一步对岩样施加渗透压，通过开启加水设备的渗流开关，在安装好的岩样上下端面施加渗透压 P_1，待其稳定后再把其一侧压力减小到 P_2，进而使上下端形成稳定的渗透压差 $\Delta P=P_1-P_2$，渗透压的大小有 1MPa、2MPa、3MPa。

(4) 围压、渗透压加载到预设大小后，然后保持以 5MPa/min 的加载速率对岩样施加轴向偏应力，根据深部岩石三轴试验的应力-应变曲线，确定应变点开始试验，保持轴向以固定不变的速率进行加压，岩样的微裂纹、孔隙不停地产生形变，同时涌入岩样的水量也不停增加，直至岩样破坏。在试验过程中，应力-应变曲线由计算机自动记录，同时排水过程中水泵随时间的变化数据亦自动记录，由此可以计算出试验过程中水的流量变化。

(5) 当岩样破坏后，进行卸载试验，一个试验流程完成。

根据岩石渗流试验，体积应变 ε_v 的表达式为

$$\varepsilon_v = \varepsilon_1 + 2\varepsilon_3 \tag{4-6}$$

式中，ε_1 和 ε_3 是试验过程中岩石所受到的轴向、侧向应变。

此外，裂纹体积应变的公式可表示为

$$\varepsilon_{cv} = \varepsilon_v - \frac{(1-2\mu)(\sigma_1+2\sigma_3)}{E} \tag{4-7}$$

式中，E 和 μ 分别为弹性模量和泊松比；σ_1 和 σ_3 分别为岩石所受到的轴向压力和围压；ε_v 为体积应变。

本节做了多组不同渗透压试验，相应的试验结果如图 4-6 所示。

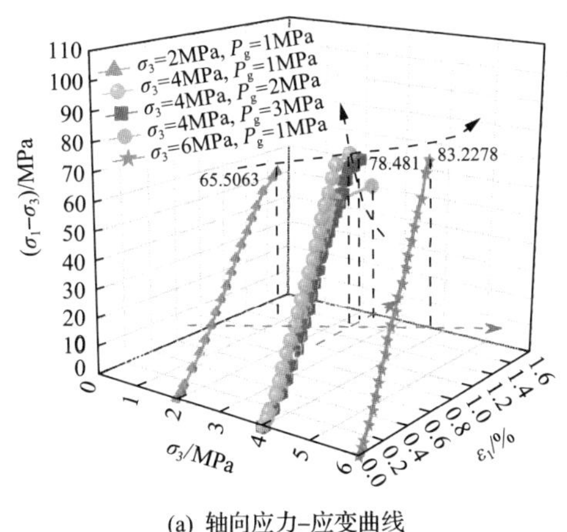

(a) 轴向应力–应变曲线

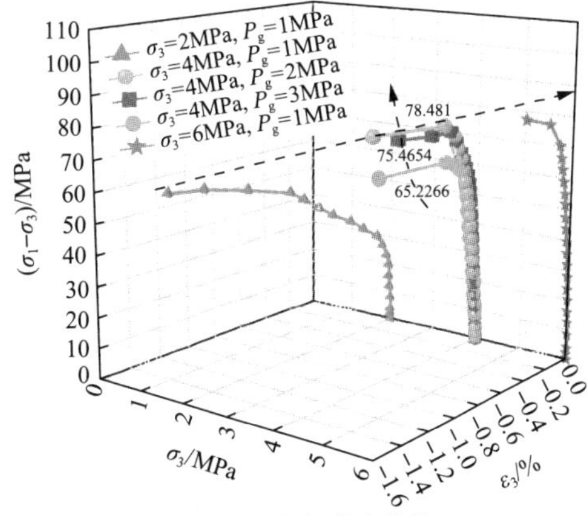

(b) 径向应力–应变曲线

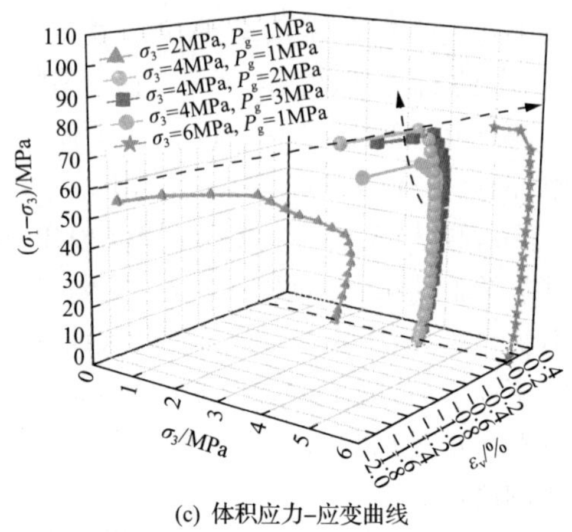

(c) 体积应力–应变曲线

图 4-6　流-固耦合条件下深部岩石轴向、径向与体积应力-应变曲线[27]

4.2　流-固耦合条件下深部卸荷岩石破坏特征

4.2.1　宏观破坏特征分析

如图 4-7(a)所示，随着围压不断增加，深部岩石偏应力峰值强度不断增大，相对应的轴向应变也不断增加，即围压分别为 2MPa、4MPa、6MPa、10MPa、20MPa 下的深部岩石偏应力峰值强度由 71.04MPa→82.93MPa→92.25MPa→106.31MPa→124.54MPa 转化过渡，轴向应变则由 0.702%→0.894%→0.938%→1.142%→1.321%转化变形，破坏模式由拉-剪复合破坏过渡至剪切破坏，最终向压-剪复合破坏转化，破坏形态亦由单一宏观裂隙向多条裂纹堆叠形成的树枝形坍塌转化。产生此种宏观破坏特征的原因可能为：深部岩石在围压及轴向应力的耦合下必会在破裂方向上产生一定的剪切应力，易导致不同围压下的深部岩石破坏模式中均含有剪切破坏。另外，低围压相对于轴向应力而言，其抑制作用较弱，因而轴向应力对低围压下的深部岩石宏观拉裂纹的产生具有一定的主导作用，从而易导致低围压下的深部岩石破坏模式呈现出拉-剪复合破坏特征。而高围压下的深部岩石破坏模式则与低围压下的深部岩石破坏模式相反，高围压与高轴向应力的共同作用，易使深部岩石趋向于整体压缩变形，进而易导致深部岩石内部产生较多压裂裂纹，从而使高围压下的深部岩石破坏模式最终呈现出压-剪复合破坏特征。

如图 4-7(b)所示，相同渗透压下，随着围压不断增加，深部岩石偏应力峰值强度不断增大，相对应的轴向应变却不断减小，即渗透压为 1MPa，围压分别为

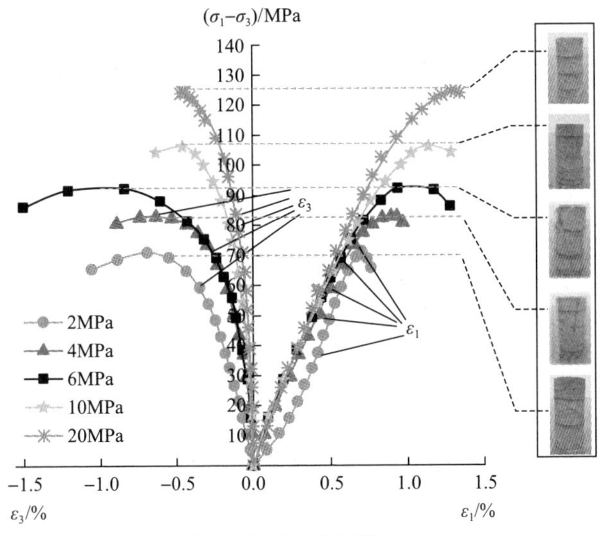

(a) 无水条件下深部岩石变形特征

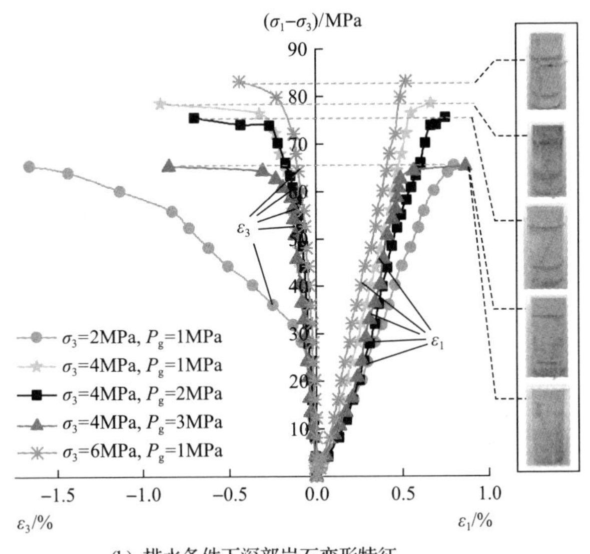

(b) 排水条件下深部岩石变形特征

图 4-7　无水与排水条件下深部岩石变形全过程应力-应变曲线[28]

2MPa、4MPa、6MPa 下的深部岩石偏应力峰值强度由 65.50MPa→78.48MPa→83.23MPa 转化过渡，轴向应变则由 0.80%→0.666%→0.519%转化变形；相同围压下，随着渗透压不断增加，深部岩石偏应力峰值强度不断减小，轴向应变却随之不断增加，即围压为 4MPa，渗透压分别为 1MPa、2MPa、3MPa 下的深部岩石偏应力峰值强度由 78.48MPa→75.47MPa→65.23MPa 转化过渡，轴向应变则由

0.666%→0.751%→0.865%转化变形，强度弱化效应显著。鉴于深部岩石在高围压下难以渗流完全，故流-固耦合试验设置的围压梯度偏低。深部岩石在不同渗透压下的破坏模式及破坏形态比较单一，多数趋向于单一宏观裂纹剪切破坏。产生此种宏观破坏特征的原因可能为：深部岩石在围压及轴向应力的耦合作用下必会在破裂方向上产生一定的剪切应力，易导致不同围压下的深部岩石破坏模式中均含有剪切破坏。另外，渗流水的渗流方向与作用在深部岩石上的轴向应力方向一致，其对轴向应力具有较强的水解弱化作用，从而低围压-渗透压耦合下的深部岩石并不容易产生明显的宏观拉裂纹，导致了低围压-渗透压耦合下的深部岩石破坏模式多数呈现出宏观剪切破坏特征。各工况下深部岩石变形特征见表 4-2。

表 4-2　各深部岩石变形特征统计表

编号	σ_3 / MPa	P_g / MPa	σ_3' / MPa	σ_{cf} / MPa	ε_{1cf} / %
3#	2	0	2	71.04	0.702
4#	4	0	4	82.93	0.894
6#	6	0	6	92.25	0.938
7#	10	0	10	106.31	1.142
8#	20	0	20	124.54	1.321
10#	2	1	1	65.50	0.80
12#	4	1	3	78.48	0.666
13#	6	1	5	83.23	0.519
15#	4	2	2	75.47	0.751
17#	4	3	1	65.23	0.865

注：σ_3 为围压，P_g 为渗透压，σ_{cf} 为偏应力峰值，ε_{1cf} 为偏应力峰值对应的轴向应变，σ_3' 为有效围压，表达式为 $\sigma_3'=\sigma_3-P_g$。

4.2.2　强度与变形特征敏感性分析

从图 4-8 可以得出，渗透压效应影响深部岩石峰值强度的程度明显强于围压效应，但影响深部岩石的轴向、径向以及体积变形的程度却明显弱于围压效应。这亦表明，水对深部岩石强度的弱化作用明显高于围压对强度的强化作用；但水对深部岩石的轴向、径向以及体积变形的促进作用明显低于围压对深部岩石的轴向、径向以及体积变形的抑制作用。

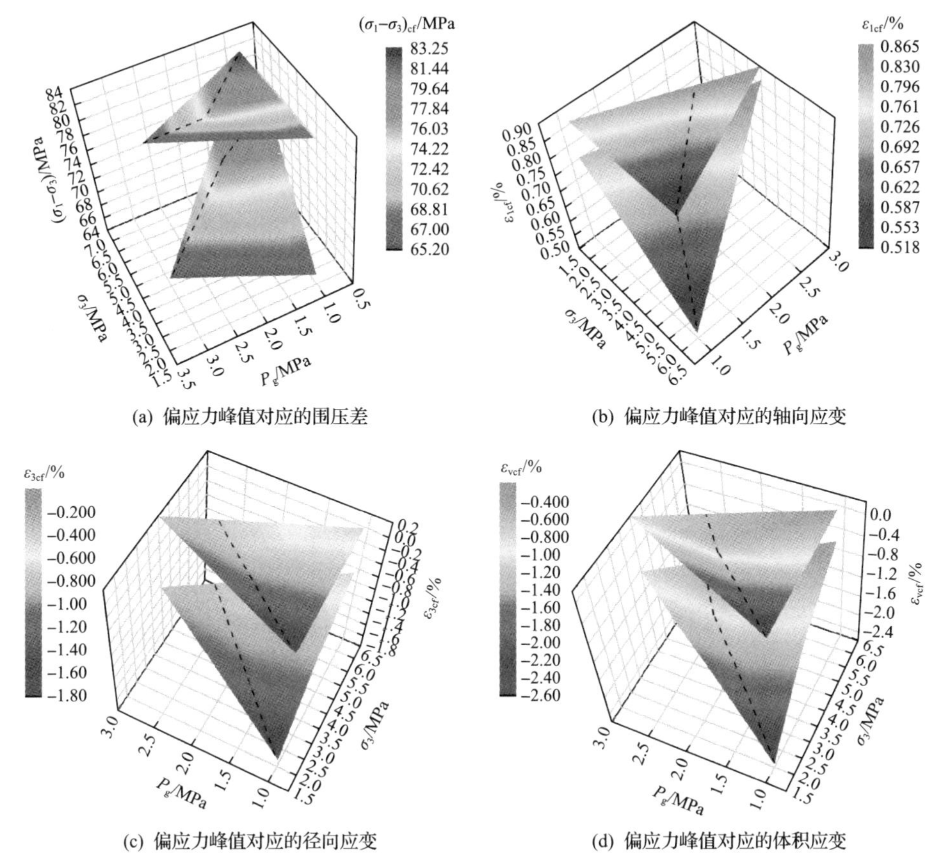

(a) 偏应力峰值对应的围压差　(b) 偏应力峰值对应的轴向应变

(c) 偏应力峰值对应的径向应变　(d) 偏应力峰值对应的体积应变

图 4-8　围压效应与渗透压效应对深部岩石强度与变形特征灵敏性的曲面图[27]

4.2.3　强度分界点的确定

目前,国内外学者通过不同的研究方法对煤岩体应力-应变曲线上各强度分界点进行了明确确定，均取得了较好的成果与进展。此外，根据同一工况下的煤岩体变形存在一定的自相似性特征，在此选取围压为 4MPa，常规三轴加载以及围压为 4MPa，渗透压为 2MPa，流-固耦合下的深部岩石的应力-应变曲线确定闭合应力 σ_{cc}，采用裂纹体积应变法确定损伤应力 σ_{cd} 及起裂应力 σ_{ci}。

另外，深部岩石常规三轴加载过程产生的体积应变表达式为

$$\varepsilon_v = \varepsilon_1 + 2\varepsilon_3 \tag{4-8}$$

与此同时，深部岩石常规三轴加载过程产生的体积应变也可表示为

$$\varepsilon_v = \varepsilon_v^e + \varepsilon_v^c \tag{4-9}$$

轴向与径向应变表达式分别为

$$\begin{cases}\varepsilon_1 = \varepsilon_1^{\mathrm{e}} + \varepsilon_1^{\mathrm{c}} \\ \varepsilon_3 = \varepsilon_3^{\mathrm{e}} + \varepsilon_3^{\mathrm{c}}\end{cases} \tag{4-10}$$

由广义胡克定律可得，轴向与径向弹性应变的表达式分别为

$$\begin{cases}\varepsilon_1^{\mathrm{e}} = (\sigma_1 - 2\mu\sigma_3)/E \\ \varepsilon_3^{\mathrm{e}} = \left[(1-\mu)\sigma_3 - \mu\sigma_1\right]/E\end{cases} \tag{4-11}$$

联立式(4-10)、式(4-11)可得，轴向与径向塑性应变的表达式分别为

$$\begin{cases}\varepsilon_1^{\mathrm{c}} = \varepsilon_1 - (\sigma_1 - 2\mu\sigma_3)/E \\ \varepsilon_3^{\mathrm{c}} = \varepsilon_3 - \left[\sigma_3 - \mu(\sigma_1 + \sigma_3)\right]/E\end{cases} \tag{4-12}$$

此外，由式(4-11)可得深部岩石常规三轴加载过程产生的体积弹性应变：

$$\varepsilon_{\mathrm{v}}^{\mathrm{e}} = \varepsilon_1^{\mathrm{e}} + 2\varepsilon_3^{\mathrm{e}} = (1-2\mu)(\sigma_1 + 2\sigma_3)/E \tag{4-13}$$

联立式(4-8)～式(4-11)可得，深部岩石常规三轴加载过程产生的裂纹体积应变为

$$\varepsilon_{\mathrm{v}}^{\mathrm{c}} = \varepsilon_{\mathrm{v}} - \varepsilon_{\mathrm{v}}^{\mathrm{e}} = \varepsilon_{\mathrm{v}} - (1-2\mu)(\sigma_1 + 2\sigma_3)/E \tag{4-14}$$

此外，根据有效应力原理可得有效围压 σ_3' 及有效轴压 σ_1' 表达式为

$$\begin{cases}\sigma_3' = \sigma_3 - P_{\mathrm{g}} \\ \sigma_1' = \sigma_1 - P_{\mathrm{g}}\end{cases} \tag{4-15}$$

同理，由广义胡克定律可得，深部岩石在流-固耦合条件下产生的轴向与径向弹性应变的表达式分别为

$$\begin{cases}\varepsilon_1^{\mathrm{e}} = (\sigma_1' - 2\mu\sigma_3')/E \\ \varepsilon_3^{\mathrm{e}} = \left[(1-\mu)\sigma_3' - \mu\sigma_1'\right]/E\end{cases} \tag{4-16}$$

联立式(4-11)～式(4-16)可得，深部岩石在流-固耦合条件下产生的轴向与径向塑性应变的表达式：

$$\begin{cases}\varepsilon_1^{c}=\varepsilon_1-(\sigma_1'-2\mu\sigma_3')/E=\varepsilon_1-[\sigma_1-P_g-2\mu(\sigma_3-P_g)]/E\\ \varepsilon_3^{c}=\varepsilon_3-\left[\sigma_3'-\mu(\sigma_1'+\sigma_3')\right]/E=\varepsilon_3-[(\sigma_3-P_g)-\mu(\sigma_1+\sigma_3-2P_g)]/E\end{cases}\tag{4-17}$$

联立式(4-11)～式(4-15)可得，深部岩石在流-固耦合条件下产生的体积弹性应变的表达式：

$$\varepsilon_v^{e}=(1-2\mu)(\sigma_1'+2\sigma_3')/E=(1-2\mu)[(\sigma_1+2(\sigma_3-3/2P_g)]/E\tag{4-18}$$

联立式(4-17)、式(4-18)可得，深部岩石在流-固耦合条件下产生的裂纹体积应变为

$$\varepsilon_v^{c}=\varepsilon_v-(1-2\mu)(\sigma_1'+2\sigma_3')/E=\varepsilon_v-(1-2\mu)[\sigma_1+2(\sigma_3-3/2P_g)]/E\tag{4-19}$$

式中，ε_1、ε_3、ε_v分别为深部岩石在常规三轴加载与流-固耦合条件下产生的轴向、径向及体积应变；ε_1^{e}、ε_3^{e}、ε_v^{e}分别为深部岩石在常规三轴加载与流-固耦合条件下产生的轴向、径向及体积弹性应变；ε_1^{c}、ε_3^{c}、ε_v^{c}分别为深部岩石在常规三轴加载与流-固耦合条件下产生的轴向、径向塑性应变及裂纹体积应变；σ_3'、σ_1'分别为深部岩石所受的有效轴压与有效围压；σ_1、σ_3分别为深部岩石所受的轴压与围压；P_g为深部岩石在流-固耦合条件下所受到的渗透压；E为深部岩石弹性模量；μ为泊松比。

根据上述计算以及图 4-9 给出的不同加载条件下深部岩石应力-应变曲线上各强度分界点的确定依据，可得到各工况下深部岩石各分界点及其对应的应变，相应工况下深部岩石强度特征点详情见表 4-3，变形特征点详情见表 4-4。

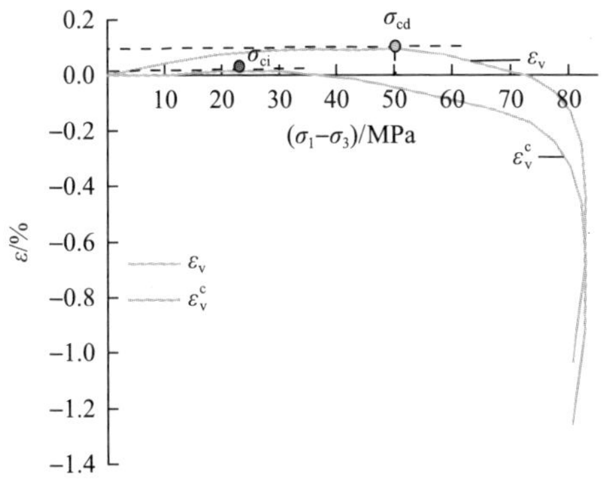

(a) 常规三轴加载下的损伤应力σ_{cd}和起裂应力σ_{ci}

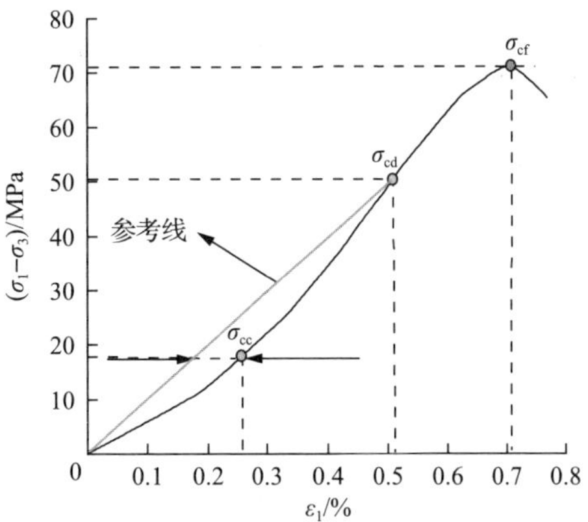

(b) 常规三轴加载下的闭合应力σ_{cc}

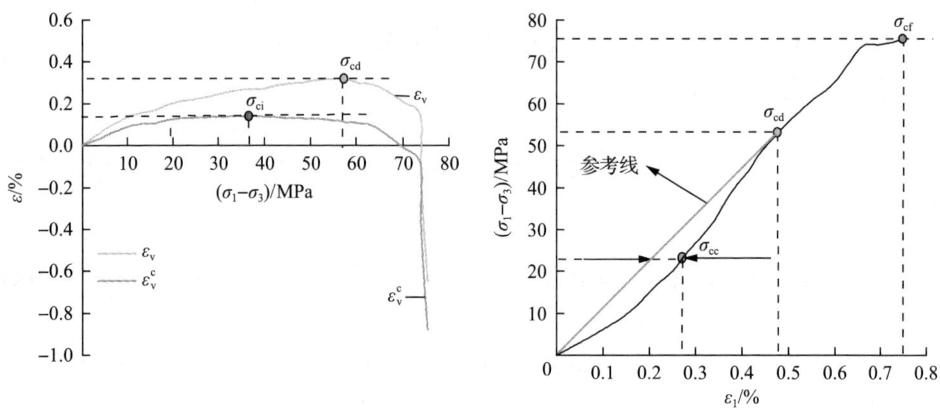

(c) 流–固耦合条件下的损伤应力σ_{cd}和起裂应力σ_{ci}　　(d) 流–固耦合条件下的闭合应力σ_{cc}

图 4-9　深部岩石强度分界[27]

表 4-3　深部岩石强度特征点

编号	σ_3/MPa	P_g/MPa	σ_{cc}/MPa	σ_{ci}/MPa	σ_{cd}/MPa	σ_{cf}/MPa
3#	2	0	17.8151	24.2589	50.2416	71.0352
4#	4	0	19.482	36.826	58.621	82.9267
6#	6	0	21.336	38.371	62.708	92.2549
7#	10	0	35.182	63.816	87.932	106.3136
8#	20	0	51.602	83.487	102.75	124.5416
10#	2	1	17.896	24.056	44.304	65.5063
12#	4	1	20.253	28.164	51.898	78.481
13#	4	2	22.235	36.167	54.9332	75.4654
15#	4	3	20.9114	40.392	54.1266	65.2266
17#	6	1	16.139	52.5316	72.152	83.2278

注：σ_{cc}、σ_{ci}、σ_{cd}、σ_{cf}分别为闭合应力、起裂应力、损伤应力及峰值应力。

表 4-4　深部岩石强度特征点对应的轴向、径向与体积应变统计表

编号	ε_{1cc}/%	ε_{3cc}/%	ε_{vcc}/%	ε_{1ci}/%	ε_{3ci}/%	ε_{vci}/%	ε_{1cd}/%	ε_{3cd}/%	ε_{vcd}/%	ε_{1cf}/%	ε_{3cf}/%	ε_{vcf}/%
3#	0.237	0.112	0.007	0.291	−0.009	0.092	0.518	−0.211	0.096	0.702	−0.693	−0.685
4#	0.146	−0.063	0.010	0.297	−0.068	0.161	0.496	−0.172	0.153	0.894	−0.629	−0.364
6#	0.114	−0.016	0.081	0.286	−0.078	0.131	0.505	−0.168	0.170	0.938	−0.842	−0.746
7#	0.289	−0.049	0.192	0.506	−0.096	0.313	0.763	−0.197	0.370	1.142	−0.458	0.2251
8#	0.463	−0.078	0.307	0.487	−0.059	0.369	0.656	−0.106	0.491	1.321	−0.451	0.4196
10#	0.217	−0.019	0.179	0.299	−0.043	0.212	0.524	−0.163	0.199	0.799	−1.662	−2.524
12#	0.180	−0.015	0.150	0.243	−0.044	0.155	0.402	−0.109	0.185	0.666	−0.894	−1.121
13#	0.279	−0.031	0.218	0.362	−0.048	0.266	0.494	−0.087	0.319	0.751	−0.699	−0.646
15#	0.239	−0.040	0.159	0.371	−0.090	0.191	0.444	−0.125	0.194	0.864	−0.846	−0.828
17#	0.125	−0.008	0.108	0.346	−0.060	0.227	0.463	−0.124	0.216	0.519	−0.439	−0.359

注：ε_{jcc}、ε_{jci}、ε_{jcd}、ε_{jcf}(j=1,3,v)分别为闭合应力、起裂应力、损伤应力及峰值应力对应的轴向应变、径向应变与体积应变。

4.2.4 渐进变形力学行为规律分析

如图 4-10 所示，常规三轴加载条件下深部岩石各强度分界点对应的轴向、径向与体积应变渐进变形规律较好地响应了对应工况下深部岩石各强度分界点的演变特征。常规三轴加载条件下深部岩石各强度分界点对应的轴向应变随着偏应力的增大而增大，对应的径向应变随着偏应力的增大而减小，对应的体积应变则是随着偏应力的增大呈现出先增大后平稳发展最后减小的渐进演变特征。此外，常规三轴加载条件下深部岩石各强度分界点对应的轴向应变随着围压的增大而增大，对应的径向与体积应变却是随着围压增大呈现出先增后减再增的倒“S”形曲线渐进演变特征，围压效应显著。

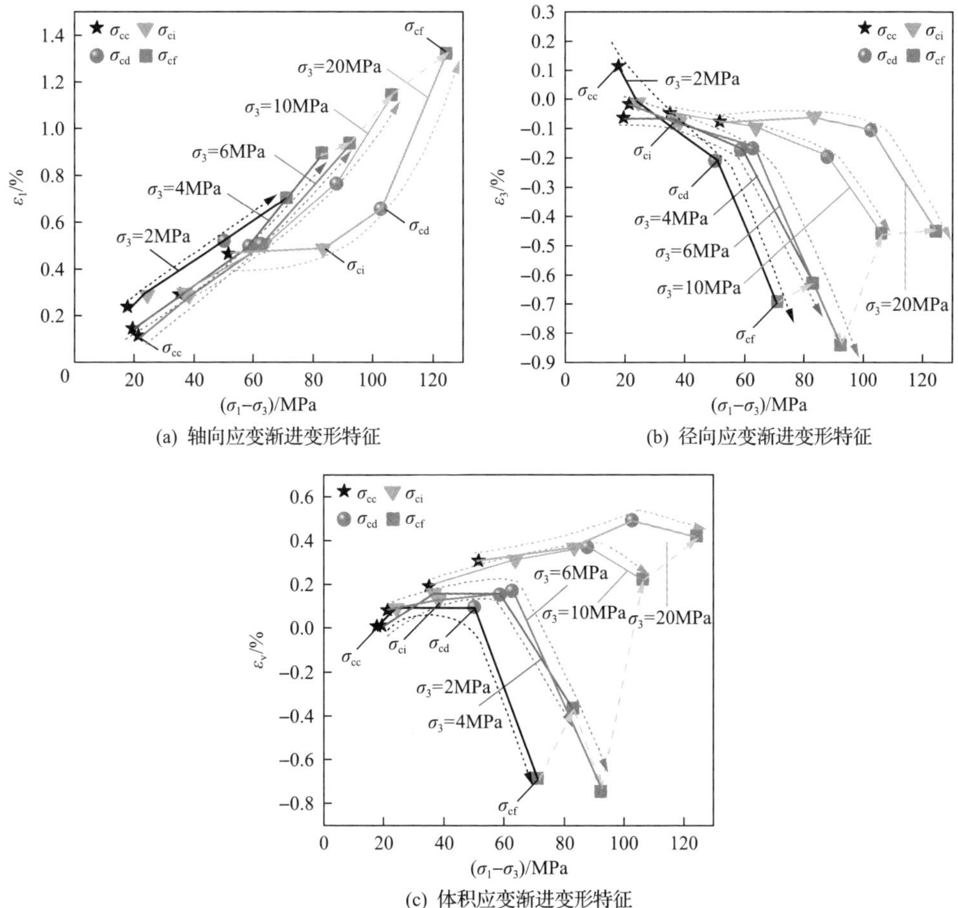

(a) 轴向应变渐进变形特征　(b) 径向应变渐进变形特征

(c) 体积应变渐进变形特征

图 4-10　常规三轴加载下深部岩石轴向、径向与体积应变渐进变形特征[27]

如图 4-11 所示，流-固耦合条件下深部岩石各强度分界点对应的轴向、径向与体积应变渐进演变规律亦较好地响应了对应工况下深部岩石各强度分界点的演变特征。流-固耦合条件下的深部岩石各强度分界点对应的轴向应变随着偏应力的增大而增大，对应的径向应变随着偏应力的增大而减小，对应的体积应变则是随着偏应力的增加呈现出先平稳发展，后急剧减小的渐进演变特征。此外，同一渗透压不同围压下的深部岩石各强度分界点对应的轴向应变随着围压的增大而不断减小，对应的径向与体积应变呈现出随着围压增大而增大的渐进演变特征，围压效应显著。而同一围压不同渗透压下的深部岩石各强度分界点对应的轴向应变随着渗透压的增大而不断减小，对应的径向与体积应变却随着渗透压增大呈现出先增大后减小的渐进演变特征，渗透压效应显著。这表明，围压效应与渗透压效应对深部岩石轴向、径向与体积应变渐变演化规律均存在显著影响。

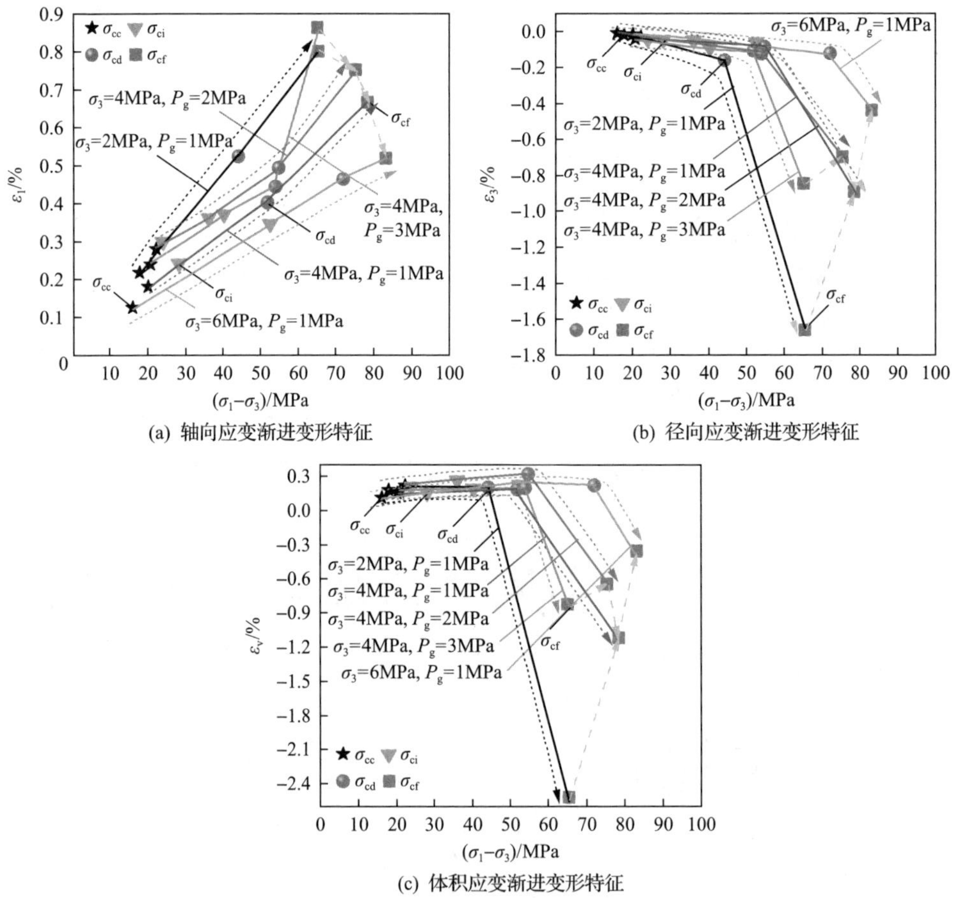

图 4-11 流-固耦合下深部岩石轴向、径向与体积应变渐进变形特征[27]

综上所述，常规三轴加载条件下的深部岩石各强度分界点对应的轴向、径向与体积应变渐进演变特征与流-固耦合条件下深部岩石各强度分界点对应的轴向、径向与体积应变渐进演变特征存在一定的相似性，这与岩石在受到外界场作用后自身的渐进变形特性存在一定的自相似性有关。如图 4-10 和图 4-11 所示，常规三轴加载与流-固耦合条件下深部岩石各强度分界点对应的轴向应变随着偏应力的增大而呈现出“扫帚”状向右上方发散增大的渐进演变规律，而对应的径向与体积应变则是随着偏应力的增大呈现出“爬犁”状向右下方发散减小的渐进演变规律。然而，亦不难发现，常规三轴加载条件下的深部岩石各强度分界点对应的轴向、径向与体积应变渐进演变特征与流-固耦合条件下的深部岩石各强度分界点对应的轴向、径向与体积应变渐进演变特征存在一定的差异性，产生此差异的原因主要是渗透压的存在。

4.3 深部卸荷岩石渗透率变化特征

4.3.1 峰前力学行为与渗透率演化响应分析

如图 4-12 所示，不同工况下的深部岩石峰前渗透率随轴向应变变化呈现出明显的缓慢降低→平稳发展→急剧增加的三阶段演化规律，其与相应工况下的深部岩石峰前偏应力-轴向应变曲线三阶段：初始微裂纹压密阶段、线弹性变形阶段以及新生裂纹扩展阶段变形特征相互响应。如渗透压为 1MPa，围压 4MPa 的深部岩石渗透率是由 $0.774\times10^{-16}m^2$ 缓慢减小至 $0.175\times10^{-16}m^2$，之后平稳发展至 $0.2\times10^{-16}m^2$，最后急剧增加至 $2.925\times10^{-16}m^2$，对应的轴向应变则是由 $0.347\times$

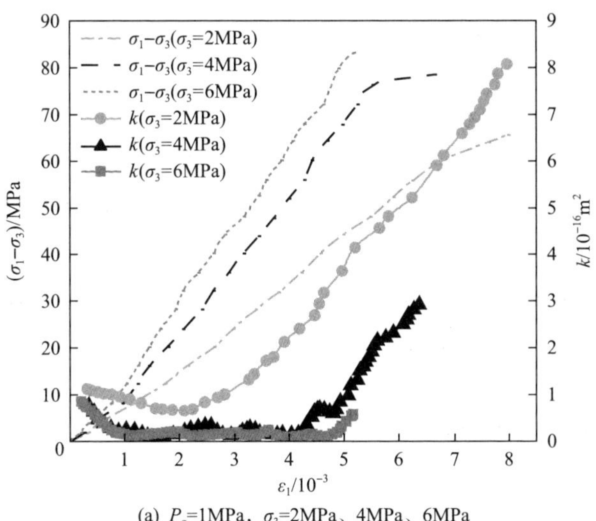

(a) P_g=1MPa，σ_3=2MPa、4MPa、6MPa

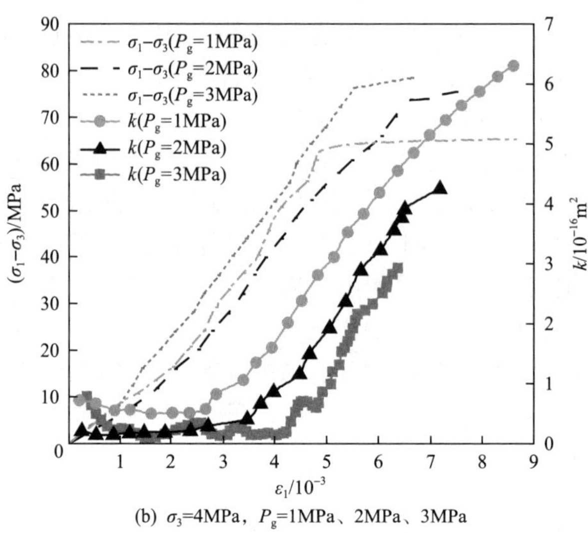

(b) σ_3=4MPa，P_g=1MPa、2MPa、3MPa

图 4-12　不同工况下深部岩石峰前力学行为与渗透率演化响应曲线[28]

10^{-3} 缓慢增加至 1.31×10^{-3}，之后近乎线性增加至 4.24×10^{-3}，最后缓慢增加至 6.37×10^{-3}，其他工况下的深部岩石均存在类似演化特征。在相同渗透压下，围压越高，渗透率越小，这主要是因为围压越高，对深部岩石的径向抑制作用便越强，随之深部岩石内部的裂隙开度便会越小，即渗流喉道宽度便会变得越窄，进而会导致渗透率变得越小。在相同围压下，渗透压越高，渗透率越大，这主要是因为渗透压越高，渗流体流速越大，深部岩石微裂隙中的微颗粒越容易被渗流水带走，使深部岩石内部裂隙开度加大，渗流喉道变宽，从而导致渗透率变大。以上规律表明围压及渗透压对深部岩石渗透率演化规律存在显著影响。

在初始微裂纹压密阶段，由于深部岩石内部微裂隙及微孔洞被外界应力场作用而被压密，深部岩石内部裂隙开度缓慢减小，渗流喉道随之变窄，甚至有些喉道会变成独头喉道而完全隔绝水渗流，从而形成渗流喉道开度变窄以及部分渗流喉道数量衰减的局面，进而导致了在此阶段各工况下的深部岩石渗透率缓慢降低的现象。在此阶段，渗透压 1MPa，围压分别为 2MPa、4MPa、6MPa 下的各深部岩石渗透率分别由 $1.118\times10^{-16}\text{m}^2$、$0.774\times10^{-16}\text{m}^2$、$0.849\times10^{-16}\text{m}^2$ 缓慢降至 $0.645\times10^{-16}\text{m}^2$、$0.175\times10^{-16}\text{m}^2$、$0.117\times10^{-16}\text{m}^2$；围压为 4MPa，渗透压分别为 1MPa、2MPa、3MPa 下的各深部岩石渗透率分别由 $0.774\times10^{-16}\text{m}^2$、$0.205\times10^{-16}\text{m}^2$、$0.721\times10^{-16}\text{m}^2$ 缓慢降至 $0.175\times10^{-16}\text{m}^2$、$0.176\times10^{-16}\text{m}^2$、$0.498\times10^{-16}\text{m}^2$。在线弹性变形阶段，各工况下深部岩石呈现出明显的线弹性变形特征，此阶段各深部岩石均接近于弹性体，内部裂纹开度及数量趋于稳定，渗流喉道宽度及数量随之稳定，渗透率则随之平稳发展演化；在新生裂纹扩展阶段，各工况下深部岩石内部开始衍生出大量新生裂隙，渗流喉道数量显著增加，渗透率急剧增大。

4.3.2 变形全过程力学行为与渗透率演化响应分析

如图 4-13 所示，不同工况下的深部岩石变形全过程渗透率随体积应变变化呈现出明显的降低→急剧增加→稳定发展或略微增大的三阶段演化规律，其与深部岩石变形全过程体积压缩→体积快速膨胀→体积缓慢膨胀三阶段变形特征相互响应。如渗透压为 3MPa，围压 4MPa 的深部岩石渗透率是由 $1.63\times10^{-16}m^2$ 减小至 $1.26\times10^{-16}m^2$，之后急剧增加至 $5.85\times10^{-16}m^2$，最后平稳发展至 $6.61\times10^{-16}m^2$，对应的体积应变则由 0.387×10^{-3} 压缩至 2.148×10^{-3}，之后深部岩石体积发生快速膨胀，体积应变转化至 -0.95×10^{-3}，最终体积应变缓慢增加至 -7.4×10^{-3}，其他工况下的深部岩石均存在类似演化特征。

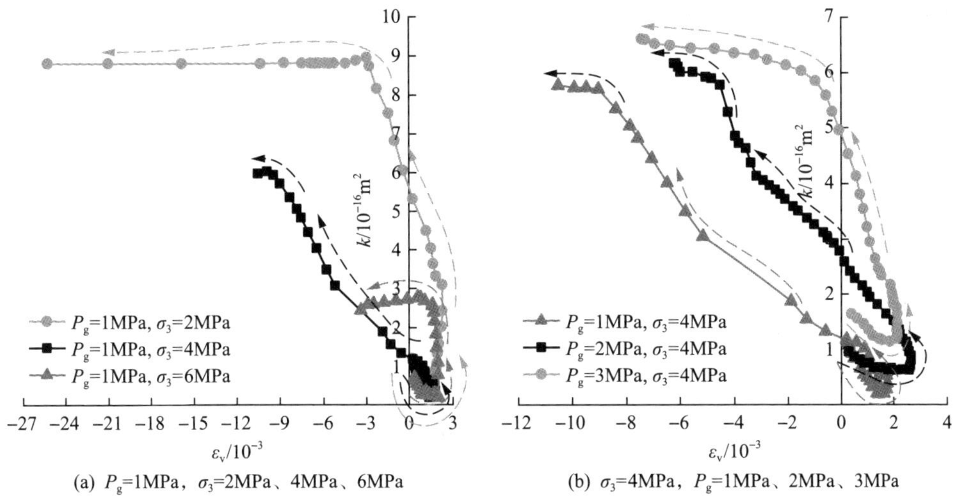

(a) P_g=1MPa，σ_3=2MPa、4MPa、6MPa (b) σ_3=4MPa，P_g=1MPa、2MPa、3MPa

图 4-13 不同工况下深部岩石变形全过程力学行为与渗透率演化响应曲线[28]

在深部岩石压缩变形阶段，由于深部岩石径向膨胀效应弱于轴向压缩效应，轴向压缩变形占主导地位，因而深部岩石在此阶段的体积应变曲线外观上会表现为整体被压缩的假象，其内部微裂纹及微孔洞体积随之减小，即深部岩石空间渗流喉道整体缩小，渗流体通过渗流喉道能力降低，渗透率随之降低；经历了压缩变形阶段后，深部岩石变形进入膨胀扩容阶段。经历了之前的压缩变形阶段，深部岩石在膨胀扩容阶段的径向刚度易存在一定的“弱化”效应，从而易导致深部岩石径向膨胀效应强于轴向压缩效应，径向膨胀扩容变形便占主导地位，进而使深部岩石在此阶段的体积应变曲线外观上表现为膨胀扩容特征。在此阶段，深部岩石内部新生裂隙开始大量衍生，内部新生裂隙体积亦会随之增大，即深部岩石渗流喉道数量及开度便会随之增大。随着轴向应力不断增强至峰值强度，深部岩石会形成宏观裂隙，渗流喉道开度便被完全打开，渗透率便随之急剧增加；在体积缓慢膨胀阶段，深部岩石在围压与轴向应力持续耦合作用下会发生体积缓慢膨胀变形。这表明在膨胀扩容阶段之后，深部岩石轴向压缩效应与径向膨胀效应间的竞争演化机制被弱化，但径向扩容膨胀变形仍然占据主导地位，从而使深部岩石在此阶段的体积应变曲线表现为缓慢增加特征。保持一定水压差的渗流水的持续冲刷会带走堵塞渗流喉道的部分破碎颗粒体，因而渗流喉道宽度会略微增大，渗透率便随之稳定发展或略微增大，与深部岩石在此阶段的变形特征相互响应。

4.4 渗透压作用下深部卸荷岩石强度特征

4.4.1 渗透压对岩石强度的影响

根据莫尔-库仑强度准则，本节将渗透压对岩石抗压强度作用进行深入的描述。其中，Terzaghi 有效应力原理表达式如下[29]：

$$\sigma' = \sigma - P_g \tag{4-20}$$

式中，σ'为作用在岩石上的有效应力；σ为岩石受到的主应力；P_g为岩石内部赋存的渗透压。

为了研究孔隙水压力对岩石强度的影响，依照莫尔-库仑强度公式，可以获得含水岩石抗剪强度公式，即

$$\tau = c_j + (\sigma - P_g)\tan\varphi_j \tag{4-21}$$

式中，τ为岩石所受剪应力大小；c_j、φ_j为岩石缺陷软化面的内聚力和内摩擦角。

由式(4-21)可知，当岩石具有渗透压时，岩石的强度通常会降低，岩石强度降低值大小受渗透压P_g的影响较大。

4.4.2 峰值强度特征分析

无水及排水条件下的深部岩石强度特征曲线如图 4-14 和图 4-15 所示。从图 4-14(a)、(b)可看出，无水条件下深部岩石峰值强度随围压的增大而增大，相应的曲线整体呈现“上凸”趋势。从拟合相关系数可以得出，深部岩石峰值强度随围压非线性增长趋势显著，线性增长趋势弱化，深部岩石强度特征受围压影响显著。排水条件下深部岩石峰值强度随有效围压增大呈现出不断增大的规律，与无水条件下深部岩石强度特征变化规律相似，这表明排水条件下渗透压及围压对

深部岩石强度特征均存在一定的影响，但渗透压相对围压而言，渗透压影响深部岩石强度特征的程度更弱。其中，无水条件下深部岩石峰值强度 σ_{cf} 与围压 σ_3 的关系较好地符合 $\sigma_{cf}=A_1+B_1\times C_1^{\sigma_3}$ 指数函数非线性增长模型；排水条件下深部岩石峰值强度 σ_{cf} 与有效围压 σ_3' 的关系较好地符合 $\sigma_{cf}=A_2+B_2\times C_2^{\sigma_3'}$ 指数函数非线性增长模型。另外，如图 4-14(c)、(d)所示，不难发现，无水条件下深部岩石峰值强度对应的轴向应变变化规律与强度演化特征呈现出明显的对应关系，其轴向变形与围压的关系较好地符合 $\varepsilon_{1cf}=a_1+b_1\times c_1^{\sigma_3}$ 指数函数非线性增长模型，而排水条件下深部岩石轴向变形与有效围压的关系较好地符合 $\varepsilon_{1cf}=a_2+b_2\sigma_3'$ 线性衰减模型，其与无水条件下深部岩石轴向变形随围压的演变规律截然相反，这表明排水条件下深部岩石轴向变形受渗透压影响更为显著。

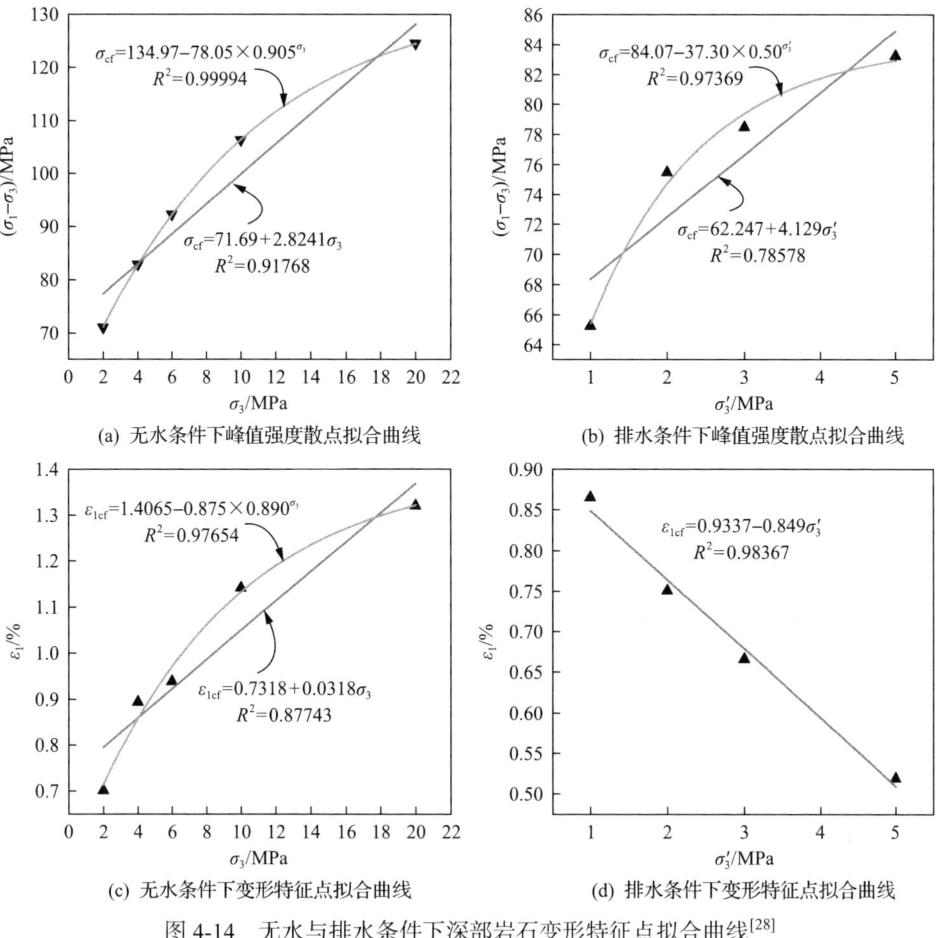

图 4-14　无水与排水条件下深部岩石变形特征点拟合曲线[28]

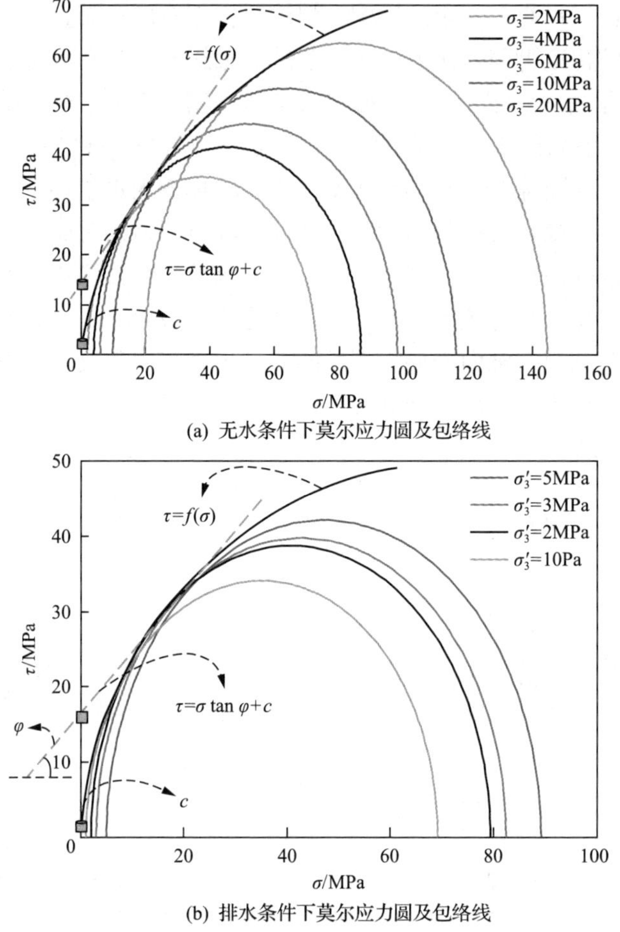

(a) 无水条件下莫尔应力圆及包络线

(b) 排水条件下莫尔应力圆及包络线

图 4-15 无水与排水条件下深部岩石莫尔应力圆及包络线[28]

如图 4-15(a)所示，莫尔-库仑强度准则并不适用于高围压(σ_3＞10MPa)下深部岩石强度演化特征分析，只能采用非线性强度包络曲线 $\tau=f(\sigma)$ 进行分析；如图 4-15(b)所示，通过采用有效围压及轴向峰值强度散点绘制出排水条件下深部岩石莫尔应力圆，相应的莫尔-库仑强度准则及非线性强度包络曲线 $\tau=f(\sigma)$ 均能较好地表征深部岩石强度特征演化规律。但仔细研究不难发现，无论是无水条件还是排水条件，通过莫尔-库仑强度准则所得到的深部岩石内聚力均明显高于通过非线性强度包络曲线所求得的深部岩石内聚力。

另外，根据测得的试验结果，对不同渗透压所对应的围压中每一组岩样的峰值应力取平均值进行线性拟合，以得到不同渗透压条件下的岩石强度参数，拟合曲线如图 4-16 所示。

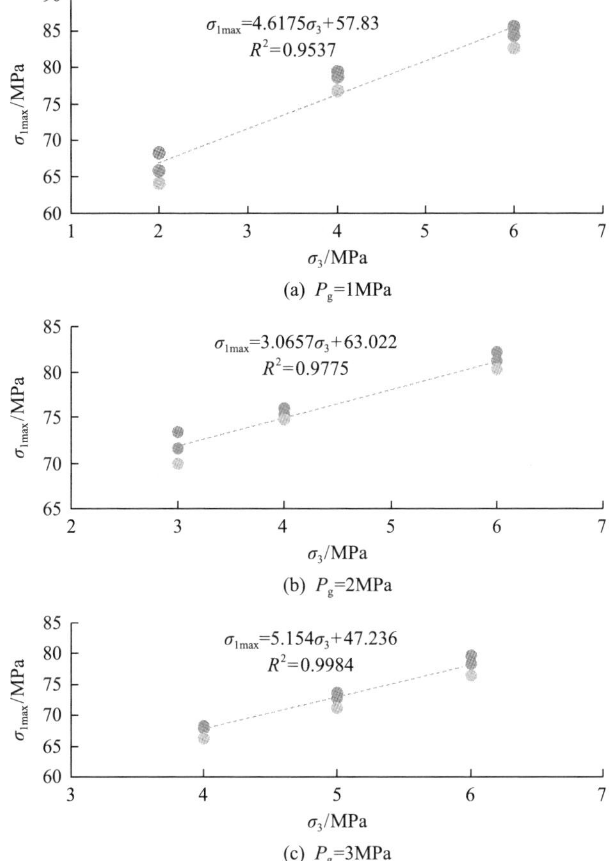

(a) P_g=1MPa

(b) P_g=2MPa

(c) P_g=3MPa

图 4-16　不同渗透压下深部岩石的峰值应力随围压的变化

根据莫尔-库仑强度准则，岩石的强度参数内聚力和内摩擦角的表达式如下：

$$\varphi = \arcsin\frac{m-1}{m+1} \tag{4-22}$$

$$c = b\frac{1-\sin\varphi}{2\cos\varphi} \tag{4-23}$$

式中，φ 和 c 分别为岩石的内摩擦角和内聚力；m 为峰值应力随围压变化的直线斜率；b 为直线的截距。

根据图 4-16 中直线拟合度最高的数据，通过式(4-22)和式(4-23)得到不同渗透压下的内聚力和内摩擦角，见表 4-5。

表 4-5　不同渗透压下的岩石强度参数估算值

渗透压 P_g/MPa	c/MPa	φ/(°)
1	3.15	38.65
2	2.56	52.32
3	0.45	61.50

4.4.3　渗透率演化模型与灵敏性分析

1. 各强度阈值对应的渗透率模型的建立

不同工况下深部岩石强度特征点对应的轴向应变与渗透率统计见表 4-6。

表 4-6　不同工况下深部岩石强度特征点对应的轴向应变与渗透率统计表

序号	ε_{1cc}/%	k_{cc}/10^{-16}m^2	ε_{1ci}/%	k_{ci}/10^{-16}m^2	ε_{1cd}/%	k_{cd}/10^{-16}m^2	ε_{1cf}/%	k_{cf}/10^{-16}m^2
10#	0.217	0.685 6	0.299	1.007	0.524	4.146	0.799	8.057
12#	0.180	0.097 8	0.243	0.339	0.402	0.519	0.666	2.926
13#	0.279	0.283 6	0.362	0.625	0.494	1.928	0.751	4.241
15#	0.239	0.506 8	0.371	1.367	0.444	2.369	0.864	6.294
17#	0.125	0.124 6	0.346	0.1495	0.463	0.3195	0.519	0.575

注：k_{cc}, k_{ci}, k_{cd}, k_{cf}分别为闭合应力、起裂应力、损伤应力及峰值应力对应的渗透率。

深部岩石各强度分界点对应的渗透率-强度-轴向、径向与体积应变模型如图 4-17～图 4-20 所示，该模型可较好地响应流-固耦合条件下深部岩石轴向、径向与体积应变渐进演变规律。从整体拟合的相关系数来看，流-固耦合条件下深部岩石轴向应变能较好地表征其各强度分界点对应的渗透率渐进演变规律。另外，流-固耦合条件下深部岩石各强度分界点对应的渗透率-强度-轴向、径向与体积应变模型均较好地符合二元一次函数关系。流-固耦合条件下深部岩石各强度分界点对应的渗透率-强度-轴向、径向与体积应变模型如下。

(1)闭合应力对应的渗透率-强度-轴向、径向与体积应变模型表达式为

$$\begin{cases} k_{cc}=1.5344-0.41337(\sigma_1-\sigma_3)_{cc}-6.783\varepsilon_{1cc} & (R^2=0.73236) \\ k_{cc}=2.0389+0.2585(\sigma_1-\sigma_3)_{cc}-113.85\varepsilon_{3cc}-0.01(\sigma_1-\sigma_3)_{cc}{}^2-1683.55\varepsilon_{3cc}{}^2 & (R^2=0.99996) \\ k_{cc}=52.53-7.02(\sigma_1-\sigma_3)_{cc}+191.4\varepsilon_{vcc}+0.179(\sigma_1-\sigma_3)_{cc}{}^2-561.3\varepsilon_{vcc}{}^2 & (R^2=0.99995) \end{cases} \tag{4-24}$$

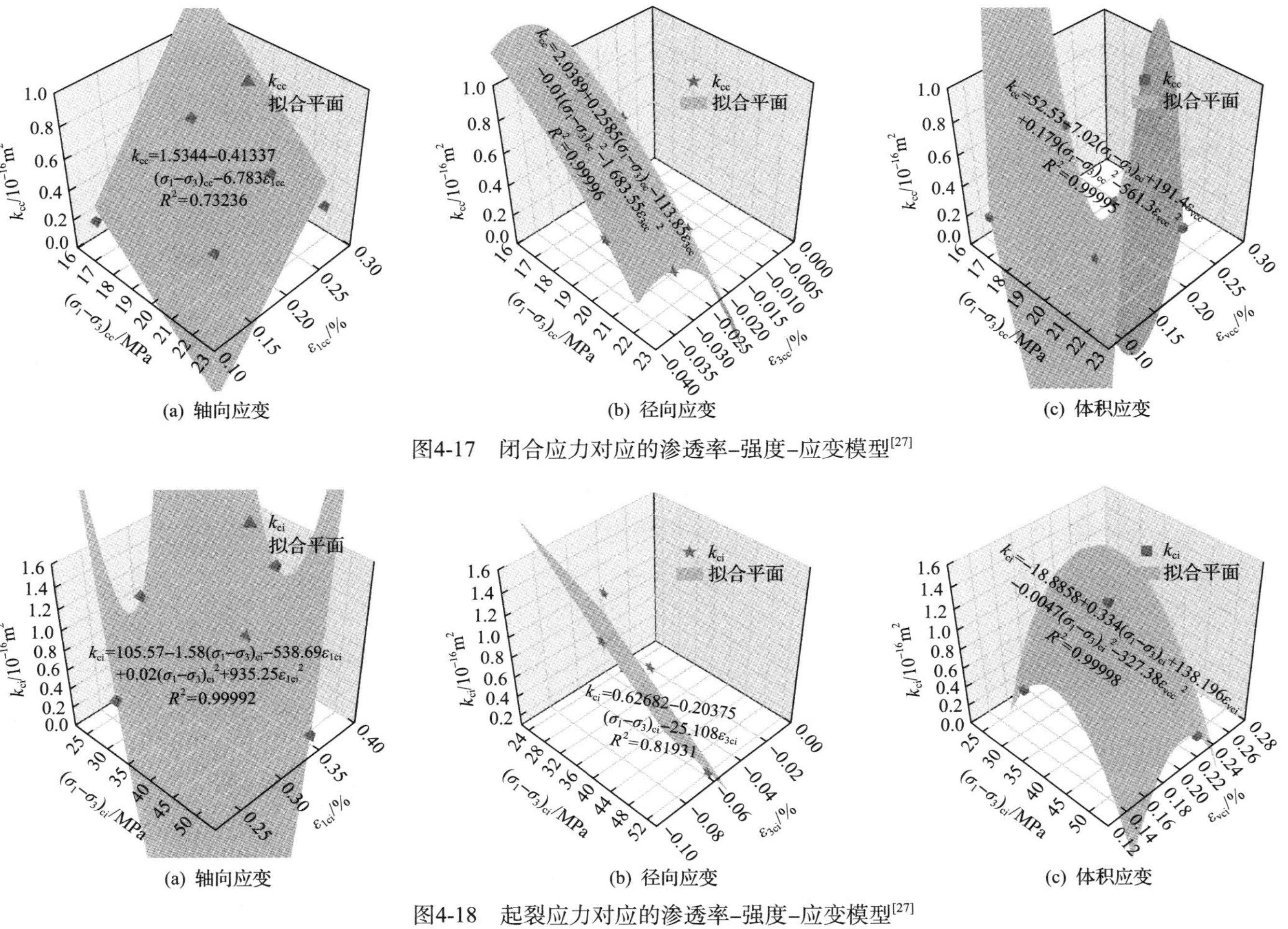

图4-17　闭合应力对应的渗透率-强度-应变模型[27]

图4-18　起裂应力对应的渗透率-强度-应变模型[27]

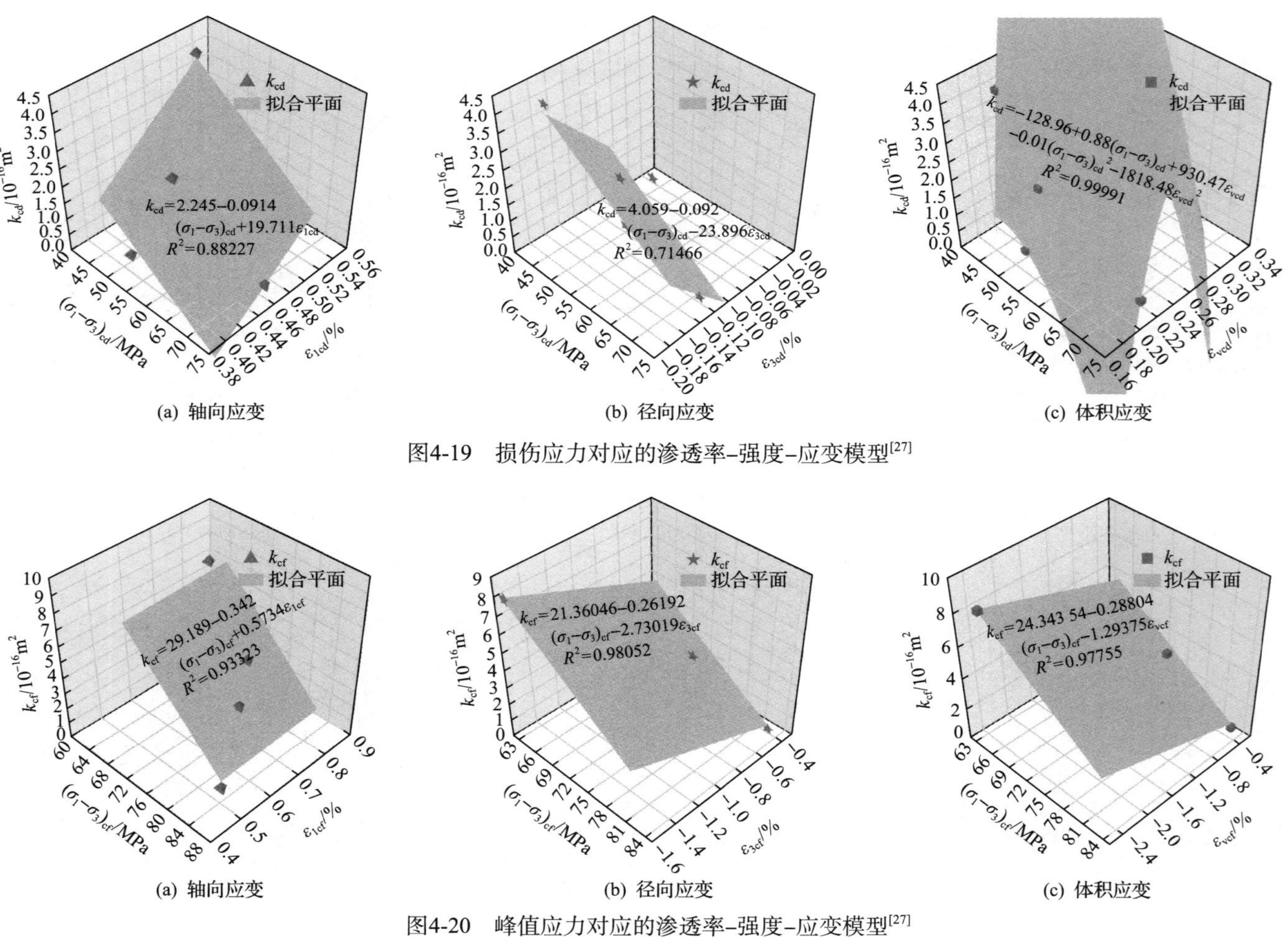

图4-19　损伤应力对应的渗透率-强度-应变模型[27]

图4-20　峰值应力对应的渗透率-强度-应变模型[27]

(2)起裂应力对应的渗透率-强度-轴向、径向与体积应变模型表达式为

$$
\begin{cases}
k_{ci} = 105.57 - 1.58(\sigma_1 - \sigma_3)_{ci} - 538.69\varepsilon_{1ci} + 0.02(\sigma_1 - \sigma_3)_{ci}{}^2 + 935.25\varepsilon_{1ci}{}^2 & (R^2 = 0.99992) \\
k_{ci} = 0.62682 - 0.203\,75(\sigma_1 - \sigma_3)_{ci} - 25.108\varepsilon_{3ci} & (R^2 = 0.81931) \\
k_{ci} = -18.8858 + 0.334(\sigma_1 - \sigma_3)_{ci} + 138.196\varepsilon_{vci} - 0.0047(\sigma_1 - \sigma_3)_{ci}{}^2 - 327.38\varepsilon_{vci}{}^2 & (R^2 = 0.99998)
\end{cases}
\tag{4-25}
$$

(3)损伤应力对应的渗透率-强度-轴向、径向与体积应变模型表达式为

$$
\begin{cases}
k_{cd} = 2.245 - 0.091\,4(\sigma_1 - \sigma_3)_{cd} + 19.711\varepsilon_{1cd} & (R^2 = 0.88227) \\
k_{cd} = 4.059 - 0.092(\sigma_1 - \sigma_3)_{cd} - 23.896\varepsilon_{3cd} & (R^2 = 0.71466) \\
k_{cd} = -128.96 + 0.88(\sigma_1 - \sigma_3)_{cd} + 930.47\varepsilon_{vcd} - 0.01(\sigma_1 - \sigma_3)_{cd}{}^2 - 1818.48\varepsilon_{vcd}{}^2 & (R^2 = 0.99991)
\end{cases}
\tag{4-26}
$$

(4)峰值应力对应的渗透率-强度-轴向、径向与体积应变模型表达式为

$$
\begin{cases}
k_{cf} = 29.189 - 0.342(\sigma_1 - \sigma_3)_{cf} + 0.5734\varepsilon_{1cf} & (R^2 = 0.93323) \\
k_{cf} = 21.36046 - 0.26192(\sigma_1 - \sigma_3)_{cf} - 2.73019\varepsilon_{3cf} & (R^2 = 0.98052) \\
k_{cf} = 24.34354 - 0.28804(\sigma_1 - \sigma_3)_{cf} - 1.29375\varepsilon_{vcf} & (R^2 = 0.97755)
\end{cases}
\tag{4-27}
$$

2. 各强度阈值对应的渗透率模型敏感性分析

如图 4-21 所示，流-固耦合条件下深部岩石各强度分界点对应的渗透率渐进演变规律受围压效应与渗透压效应影响显著。渗透压效应影响流-固耦合条件下深部岩石各强度分界点对应的渗透率渐进演变规律的程度明显弱于围压效应。因此，影响流-固耦合条件下深部岩石各强度分界点对应的渗透率渐进演变规律的主导因素是围压效应。

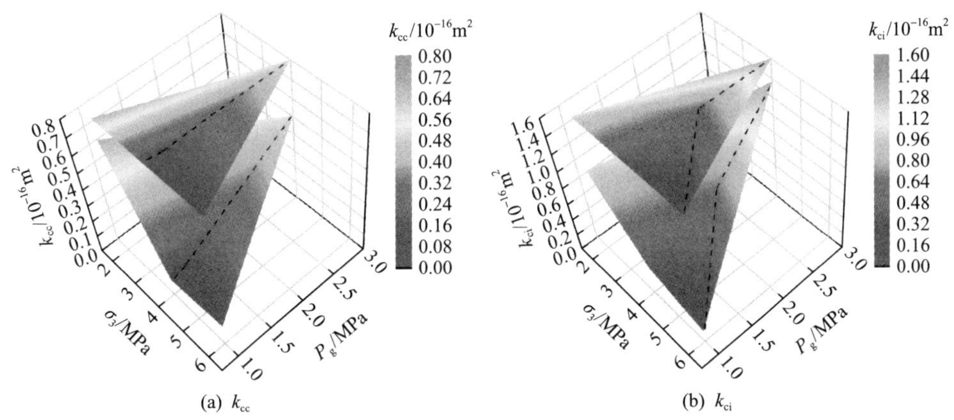

(a) k_{cc}　　(b) k_{ci}

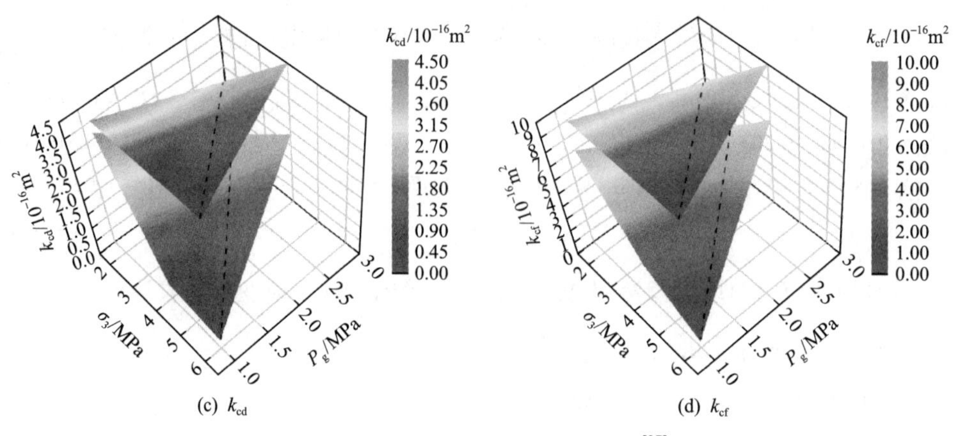

图 4-21　渗透率灵敏性表征演化图[27]

4.5　深部卸荷岩石流-固耦合数值分析

4.5.1　渗流演化特性数值模型

为进一步分析深部岩石的渗流特性，在前述对不同围压、渗透压条件下的深部岩石力学行为分析的基础上，本节运用数值分析方法对应力-渗流条件下的深部岩石渗流特性进行深入研究。数值分析应用的圆柱体模型和边界形式如图 4-22 所示。整个圆柱体模型直径 50mm，高 100mm。圆柱体上部施加轴向应力 σ_1=5MPa，圆柱体周围施加侧应力 σ_2=σ_3=4MPa，同时下端承受不同渗透压 P_g，为 1MPa、2MPa、3MPa。模型内部初始孔隙率 ϕ_0=0.1828，模拟温度是常温，侧向定义为密闭不通水条件，流体水在模型内部流动。数值分析需要的深部岩石物理参数见表 4-7。

表 4-7　深部岩石物理参数

参数名称	数值
弹性模量 E	17.46GPa
泊松比 μ	0.25
密度 ρ	2197kg/m^3
初始渗透率	1.3×10^{-16}m^2
初始孔隙率	0.1828
均质度系数 m	2
水压系数	0.6

4.5.2　数值模拟结果分析

图 4-22 为常温下渗透压 P_g=1MPa、2MPa、3MPa，σ_1=5MPa，σ_2=σ_3=4MPa 时深部岩石位移场变化情况。

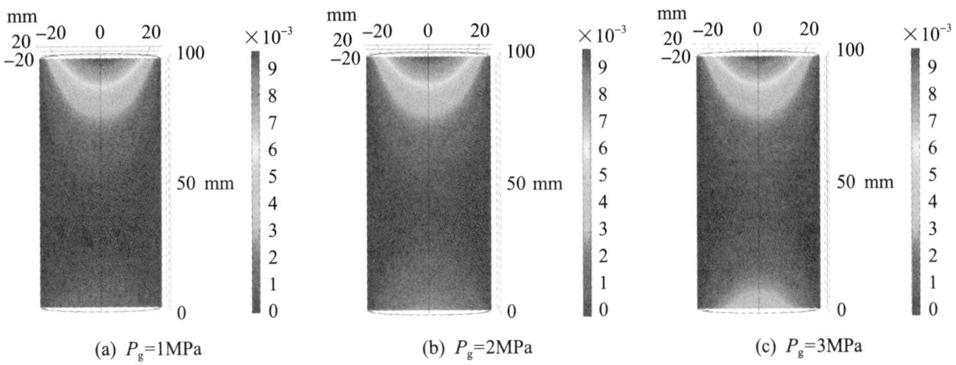

(a) P_g=1MPa　(b) P_g=2MPa　(c) P_g=3MPa

图 4-22　深部岩石在不同渗透压下的位移场

从图 4-22 中可以看出，因深部岩石在侧向受围压作用，两侧并未产生明显位移，但产生的轴向位移较大，主要是由于深部岩石逐渐被轴向压缩。沿 z 方向，深部岩石底端受渗透压力和轴向应力的综合作用，下端未设定固定位移边界，渗透压力小于轴向应力，所以深部岩石上端向下移动多有明显受压趋势。尽管下端没有位移的限制但却也有部分位移发生，深部岩石沿坐标轴 z 方向进一步受压。从位移图中可以得到，深部岩石顶端位移明显高于底部位移压缩量。因此，当轴向应力和渗透压力逐渐增加时，深部岩石内部赋存的孔隙、微裂隙会进一步扩展，渗流通道进一步贯通，进而导致渗透率的变化。

图 4-23 为常温下深部岩石分别在工况 P_g=1MPa、2MPa、3MPa，σ_1=5MPa，σ_2=σ_3=4MPa 下的各物理场状态演变云图。根据深部岩石所受应力场的变化状态可以发现，深部岩石自上而下受力均匀传递演变，此特征能通过圣维南原理进行阐述。在距作用面范围较远的位置，其应力作用会迅速持续均匀下降。此外，根据渗流压力场的变化状态可知，水流体从下端渗透进入深部岩石内部，此过程会导致深部岩石顶端所受的渗流压力逐步衰减，同时也伴随着深部岩石的孔隙、裂隙被渗流水充满，产生孔裂隙内扩张的现象，进而导致深部岩石的孔隙率与渗透率改变。根据深部岩石速度场变化情况，可以发现深部岩石顶端和底端的渗流速度最大，中间部位最小。

此外，图 4-24 为常温下深部岩石分别在工况 P_g=1MPa、2MPa、3MPa，σ_1=5MPa，σ_2=σ_3=4MPa 下的 yz 截面渗透率演化情况和深部岩石 yz 截面渗透率的结果。

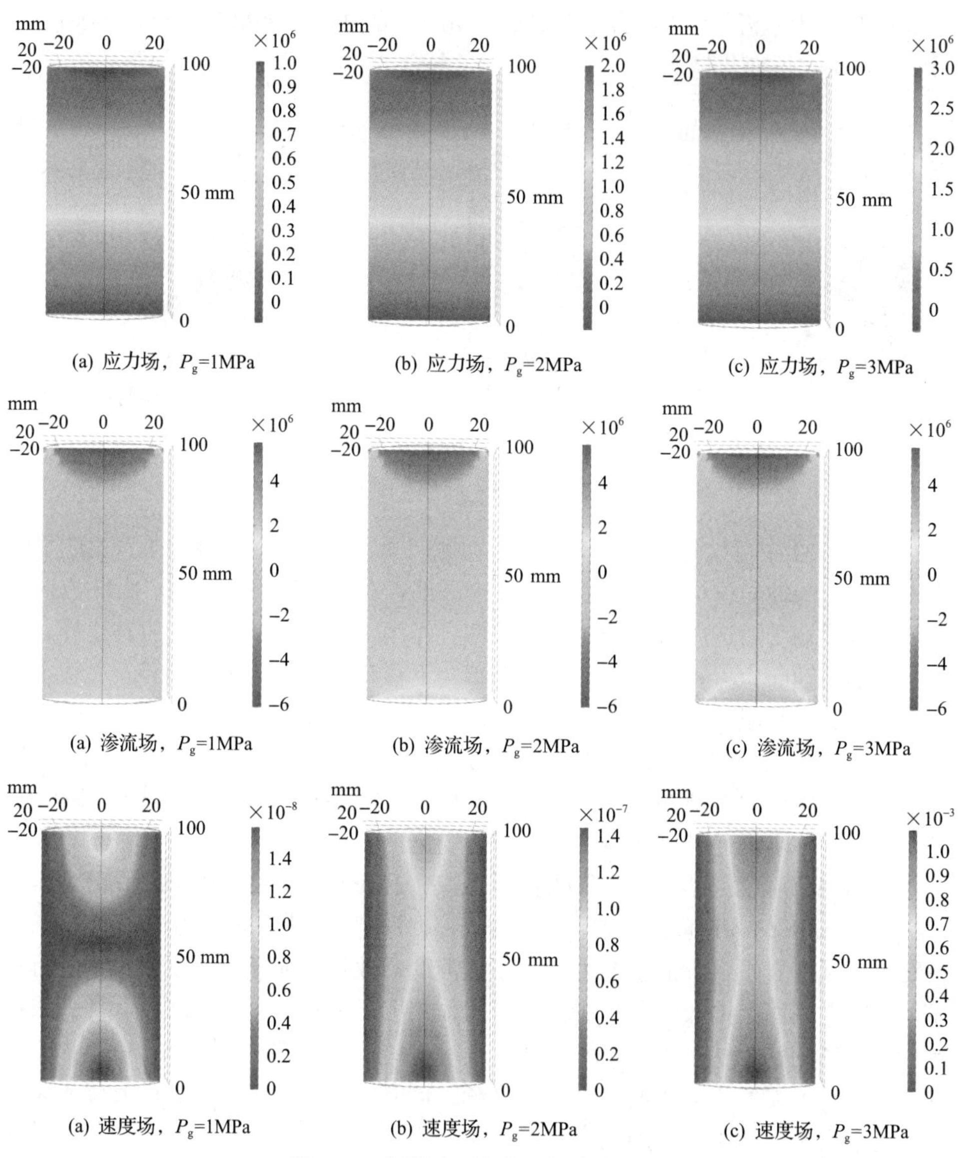

(a) 应力场，P_g=1MPa　(b) 应力场，P_g=2MPa　(c) 应力场，P_g=3MPa

(a) 渗流场，P_g=1MPa　(b) 渗流场，P_g=2MPa　(c) 渗流场，P_g=3MPa

(a) 速度场，P_g=1MPa　(b) 速度场，P_g=2MPa　(c) 速度场，P_g=3MPa

图 4-23　深部岩石各物理场演变云图

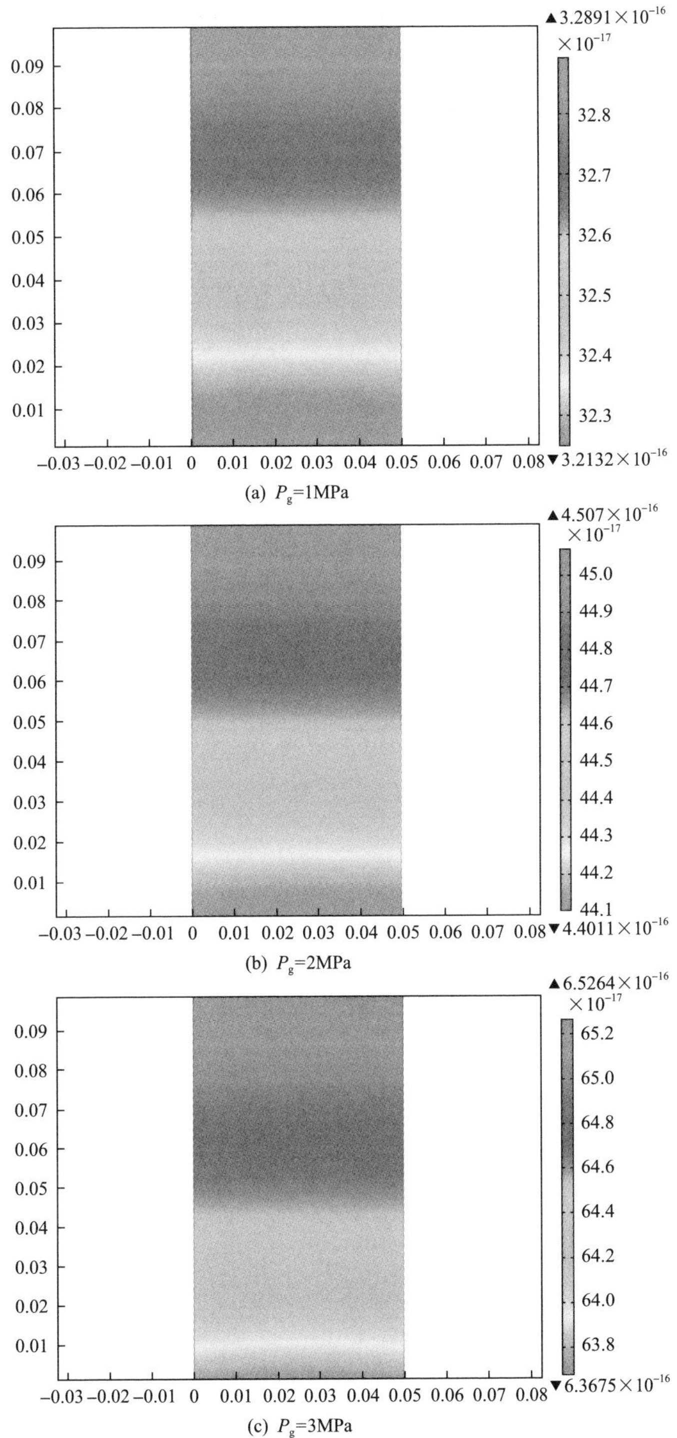

(a) P_g=1MPa

(b) P_g=2MPa

(c) P_g=3MPa

图 4-24　不同渗透压力下深部岩石 *yz* 截面渗透率状态

如图 4-24 所示，随着渗透压力不断增大，深部岩石 *yz* 截面中渗透率随之增大。渗透压力主要是通过渗流水流量控制。渗流水流量增大，作用于深部岩石内部的裂隙渗流通道开度会随之不断增大，进而导致深部岩石在高渗透压作用下渗透率最大。

第 5 章　深部卸荷岩石蠕变力学特性

5.1　基于速率效应的深部卸荷岩石单轴压缩力学试验方案

为了获得深部岩石在单轴压缩下由于加载速率不同引起的力学特性差异和能量损伤演化规律，本次试验设置了 0.05MPa/s、0.10MPa/s、0.15MPa/s、0.25MPa/s、0.50MPa/s 五种加载速率进行单轴压缩试验，并配备 PCI-2 声发射仪。试验过程如下。

(1) 试验前，将深部岩石岩样放于试验机上，先涂抹凡士林以使岩样与声发射仪探头结合，其次用橡胶带把探头固定于深部岩石岩样表面并距岩样端面 5mm 的上下平面中各两个，每两个探头之间对称岩样轴线布置，以此来采集声发射数据，再安装应变传感器以获得加载时深部岩石的轴向、径向应变。

(2) 加载时，按照所设计的加载速率进行轴向均匀加载，声发射仪同步监测，直至深部岩石破坏，结束试验。

(3) 取出破坏深部岩石并对其破坏面进行拍照保存。

(4) 重复上述试验过程，进行下一设计加载速率的单轴压缩试验。

5.2　基于速率效应的深部卸荷岩石强度及能量演化特性

5.2.1　强度特征

在岩石工程中，岩石在外力作用下发生破坏，此最大外力称为峰值强度，即岩石材料单位面积上所承受的最大力，岩石的峰值强度不仅与岩石材料的自身物理力学性质有关，还与岩样的尺寸、含水率、温度及加载速率有关，当加载速率不同时，峰值强度也会有所变化。图 5-1 为深部岩石峰值强度与加载速率的关系曲线。

从图 5-1 可以看出，深部岩石在单轴压缩下的峰值强度随加载速率的增加呈现增大的规律，当加载速率分别为 0.05MPa/s、0.10MPa/s、0.15MPa/s、0.25MPa/s、0.50MPa/s 时，其峰值强度分别呈现出由 67.2531MPa 向 78.3889MPa、108.2048MPa、113.3076MPa、118.388MPa 提高，由此可以确定加载速率的增加对深部岩石有较强的强化特征，大大提高了深部岩石的抵抗破坏能力。以加载速率 0.05MPa/s 为基点，对其余加载速率的增加程度与峰值强度的增加程度进行分析，得到了峰值强度增加倍数随加载速率增加倍数的增大而增大的规律，如图 5-2 所示。通过对

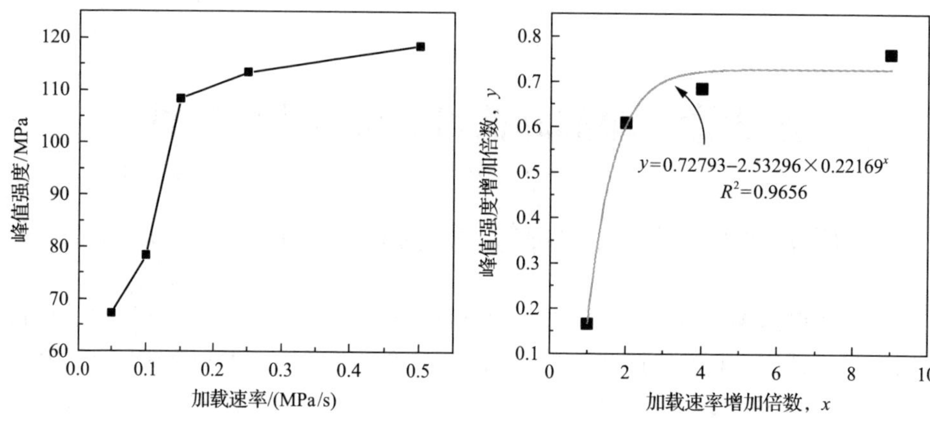

图 5-1　峰值强度与加载速率的关系

图 5-2　峰值强度增加倍数与加载速率增加倍数的关系

数据进行拟合，两者关系呈 $y = A + BC^x$ 的指数函数形式，拟合的相关系数为 0.9656。当加载速率由 0.05MPa/s 分别增加 1 倍、2 倍、4 倍、9 倍时，其对应的峰值强度由 67.25307MPa 分别增加 16.56%、60.89%、68.48%、76.03%，充分体现了深部岩石的极限承载能力有所提升。但是，峰值强度的增加倍数与加载速率的增加倍数并不相适应，当加载速率增加 1 倍和 4 倍时，峰值应力分别增加 16.56%、68.48%，当加载速率增加 9 倍时，在高加载速率下，峰值强度并没有呈现出 9 倍的增加态势，而是仅增加了 76.03%，这说明当加载速率增加时，深部岩石的峰值强度增加存在一定的上限，同时加载速率对其硬化也存在一定的上限。所以加载速率的增加会提高深部岩石的单轴抗压强度，但并不会无限制地使其单轴抗压强度增加，力学强化特征也不会无限制地增加。同时，当加载速率较低时，深部岩石的单轴抗压强度增加倍数也显现出较低的特征，同样也会显现出峰值强度增加倍数与加载速率增加倍数不相适应的特征，例如图 5-2 中当加载速率增加 1 倍时，峰值强度并没有相适应，而是仅仅增加了 16.56%。

5.2.2　变形破坏特性

1. 特征强度的确定

特征强度是确定岩石破坏各阶段分界点的依据，对分析岩石的渐进脆性破坏过程具有重要意义[30]，国内外学者提出了多种确定特征强度点的方法。如裂纹体积应变法、声发射法、移动回归点法、侧向应变法。本节采用裂纹体积应变法来确定各特征强度点。

在岩石的单轴压缩试验中，根据试验记录的轴向和横向应变，体积应变由式(5-1)进行计算：

$$\varepsilon_{\mathrm{v}} = \varepsilon_1 + 2\varepsilon_2 \tag{5-1}$$

式中，ε_1为轴向应变；ε_2为横向应变。

先根据应力-应变曲线中直线弹性变形段获得弹性模量和泊松比，再由胡克定律获得单轴压缩下岩石弹性体积应变，如式(5-2)：

$$\varepsilon_{\mathrm{v}}^{\mathrm{e}} = \frac{1-2\mu}{E}\sigma \tag{5-2}$$

最后联立式(5-1)和式(5-2)获得裂隙体积应变，如式(5-3)：

$$\varepsilon_{\mathrm{v}}^{\mathrm{c}} = \varepsilon_{\mathrm{v}} - \varepsilon_{\mathrm{v}}^{\mathrm{e}} \tag{5-3}$$

2. 变形特征

选取加载速率为 0.15MPa/s 的深部岩石进行各强度点的确定，并进行各阶段的划分，强度点划分见图 5-3，深部岩石应力-应变曲线见图 5-4。

如图 5-3 所示，闭合强度σ_{cc}、起裂强度σ_{ci}、损伤强度σ_{cd}和峰值强度σ_{cf}把深部岩石峰前应力-应变曲线划分为裂纹压密阶段、弹性变形阶段、稳定裂纹发展阶段和非稳定裂纹贯通阶段。当外力小于σ_{cc}时，内部颗粒和原生裂隙被外力逐渐压密；当外力小于σ_{ci}时，开始出现弹性阶段；当外力小于σ_{cd}时，内部裂纹开始产生并发育；当外力大于σ_{cf}时，内部裂纹开始贯通，直至深部岩石发生破坏。具

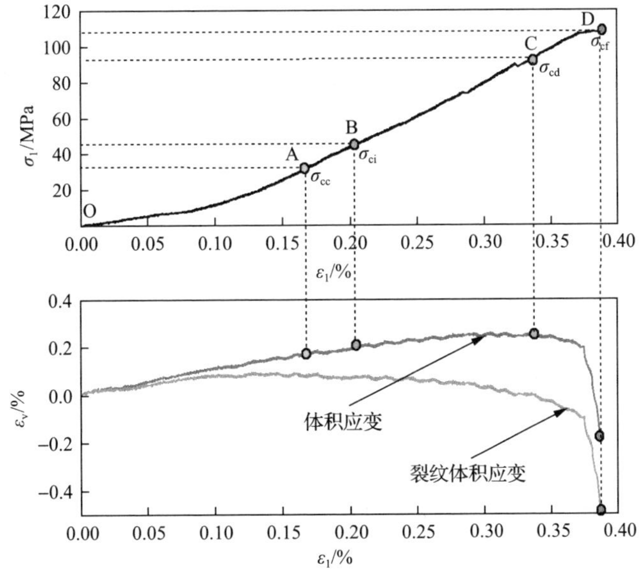

图 5-3　深部岩石单轴压缩下各强度点的划分

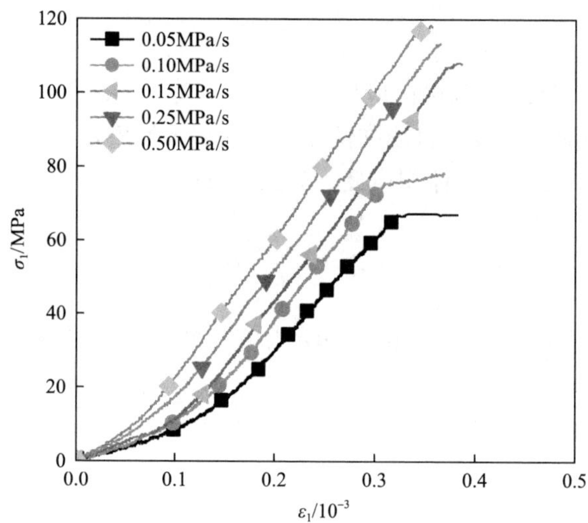

图 5-4　不同加载速率下深部岩石应力-应变曲线

体如下：①裂纹压密阶段(OA)，应力-应变曲线呈现上凹形态，出现首次非线性变形，主要是由于岩样中原有裂隙在外力作用下开始出现闭合，应变的增加速率低于应力的增加速率，体积应变和裂纹体积应变曲线呈现压缩状态。②弹性变形阶段(AB)，应力-应变曲线呈现线性变形，符合胡克定律，裂纹体积应变曲线几乎不变，体积应变曲线呈现继续压密状态。③稳定裂纹发展阶段(BC)，裂纹体积应变曲线开始向负方向偏转，开始出现新生裂纹，并逐渐发育，此阶段为稳定发展阶段。④非稳定裂纹贯通阶段(CD)，体积应变曲线开始向负方向偏转，出现扩容现象，对应的强度点为损伤强度 σ_{cd}，应力-应变曲线开始呈现出下凹形态。在轴向加载的继续作用下，深部岩石明显表现出由弹性变形向塑性变形转变，再次出现非线性变形，此时应变的增加速率高于应力的增加速率，轴向变形迅速增大，微裂纹开始非稳定的扩展与贯穿，开始出现宏观破裂，直至深部岩石完全破坏，此阶段过程较短，即使外力不再增加，裂纹依然会继续贯穿，呈现出非稳定发展状态。

在图 5-4 中，我们能得到深部岩石在 5 种不同加载速率下的峰前轴向应力-应变曲线的变化规律，其曲线变化规律基本相似，也呈现出较为明显的四阶段，反映了深部岩石在不同加载速率下的变形具有相似性，同时也符合深部岩石在变形中存在记忆效应。

随着加载速率的增加，深部岩石呈现出由塑-弹-塑性体向塑-弹性体转换的特征。

岩石的弹性模量与峰值应变同样除了与岩石自身的物理力学性质有关，还与加载速率有关，峰值应变即深部岩石受到最大载荷时所对应的应变，而在单轴压缩中，弹性模量主要为应力-应变曲线中近似直线段的斜率。根据所得数据绘制出图 5-5 和图 5-6。

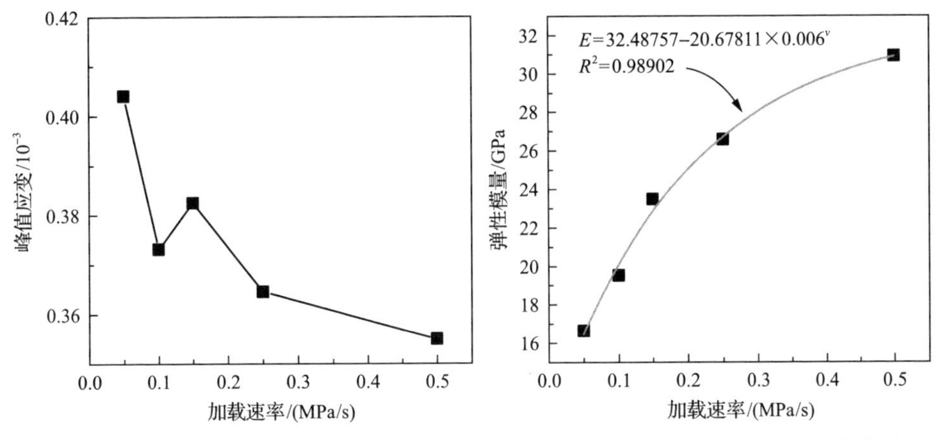

图 5-5　峰值应变与加载速率关系曲线　　图 5-6　弹性模量与加载速率拟合曲线

由图 5-5 可知，随着加载速率的增大，深部岩石的峰值应变呈现出先减小再增加后减小的特征，当加载速率变化为 0.05MPa/s、0.10MPa/s、0.15MPa/s、0.25MPa/s、0.50MPa/s 时，其对应的峰值应变为 $0.404\times10^{-3}\rightarrow0.3731\times10^{-3}\rightarrow0.3825\times10^{-3}\rightarrow0.3646\times10^{-3}\rightarrow0.3550\times10^{-3}$，在低加载速率下会出现跳跃现象。由此推测，加载速率对深部岩石力学性质增强应该有一个下限值。当在此下限值之上时，力学性质的增强才能更好地表现。在单轴压缩中把应力-应变曲线中直线段的斜率定义为岩石的弹性模量，用以表征岩石抵抗变形的能力。由图 5-6 可知，随着加载速率的增加，深部岩石的弹性模量呈现出逐步增大的状态，曲线为下凹型，这表明加载速率增强了深部岩石抵抗外力产生变形的能力。通过对其进行拟合，发现弹性模量 E 与加载速率 v 之间能较好地用 $E=A+BC^v$ 指数函数非线性方程来描述，其拟合的相关系数为 0.98902。

3. 各特征强度的速率敏感性

使用上述方法可获得各加载速率下深部岩石的特征强度，详细情况见表 5-1，特征强度与加载速率和峰值强度的关系曲线分别如图 5-7 和图 5-8 所示。由于各加载速率下特征强度绝对值较大，为了更好地描述加载速率对此岩石渐进脆性破坏特征的影响，本节引入了三个无量纲相对参数：σ_{ci}/σ_{cf}、σ_{cd}/σ_{cf}、σ_{ci}/σ_{cd}，并将其随加载速率的变化曲线绘制成图 5-9。

表 5-1　各速率下深部岩石特征强度点详情表

v/(MPa/s)	σ_{cc}/MPa	σ_{ci}/MPa	σ_{cd}/MPa	σ_{cf}/MPa	σ_{ci}/σ_{cf}	σ_{cd}/σ_{cf}	σ_{ci}/σ_{cd}
0.05	15.1428	27.4285	58.7142	67.2531	0.4078	0.8730	0.4672
0.10	25.5428	35.1428	69.0857	78.3889	0.4483	0.8813	0.5087
0.15	35.2000	53.2571	91.4286	108.2048	0.4922	0.8449	0.5825
0.25	35.5702	56.9873	99.7465	113.3076	0.5029	0.8803	0.5713
0.50	38.7154	67.6209	111.1290	118.3880	0.5712	0.9387	0.6085

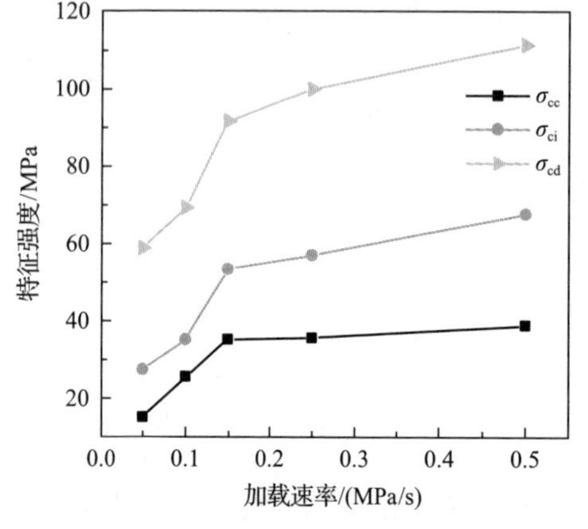

图 5-7　特征强度与加载速率变化曲线

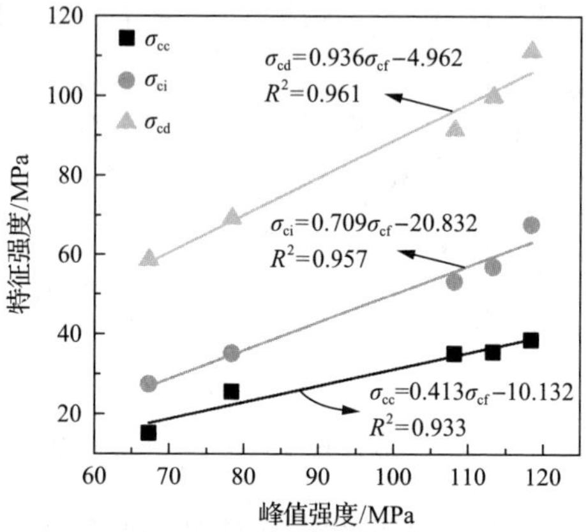

图 5-8　特征强度与峰值强度的关系

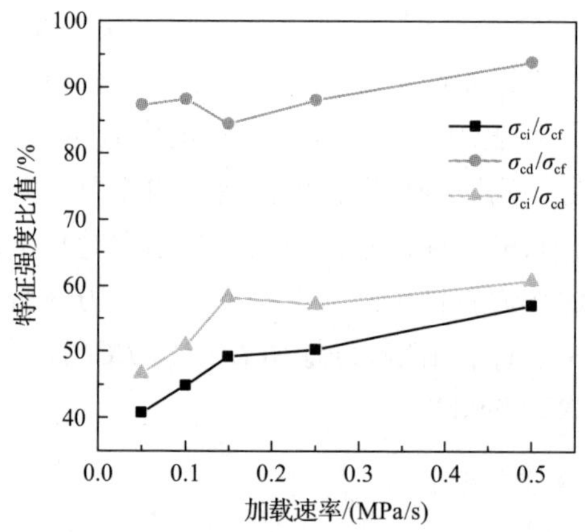

图 5-9　不同加载速率下特征强度比值变化曲线

由图 5-7 和表 5-1 可以看出，闭合强度σ_{cc}、起裂强度σ_{ci}、损伤强度σ_{cd}、峰值强度σ_{cf}均表现出较强的速率敏感性，即随着加载速率的增加，各强度均呈现显著增大的现象。当加载速率由 0.05MPa/s 增至 0.50MPa/s 时，闭合强度由 15.1428MPa 增加到 38.7154MPa，起裂强度由 27.4285MPa 增加到 67.6209MPa，损伤强度由 58.7142MPa 增加到 111.1290MPa，峰值强度由 67.2531MPa 增加到 118.3880MPa。

通过对各特征强度与峰值强度的关系进行拟合，得出如图 5-8 所示的线性关系曲线，且拟合度较高，该结果与梁昌玉等[31]的研究结论相一致。通过引入三个无量纲相对参数对各特征强度进行分析，σ_{ci}/σ_{cf} 在应力-应变曲线上可表示为弹性变形阶段(AB)占峰前总阶段的相对比例，σ_{cd}/σ_{cf} 可表示为稳定裂纹发展阶段(BC)占峰前总阶段的相对比例，同时也表示了岩石抵抗扩容的能力，两者分别反映了起裂强度、损伤强度的相对位置。σ_{ci}/σ_{cd} 则表示在单轴压缩下岩石由稳定裂纹发展阶段(BC)到非稳定裂纹贯通阶段(CD)的相对快慢过程。由图 5-9 不难看出，随着加载速率的增加，三个无量纲相对参数大致呈现出增大的趋势，当加载速率由 0.05MPa/s 增至 0.50MPa/s 时，σ_{ci}/σ_{cf}、σ_{cd}/σ_{cf}、σ_{ci}/σ_{cd} 分别为由 0.4078、0.8730、0.4672 增至 0.5712、0.9387、0.6085，表现出较为明显的速率效应，这表明随着加载速率的增加，弹性阶段所占比重逐渐增加，岩石的扩容阶段呈现出变短的趋势，同时损伤破裂过程在较高的加载速率下也出现耗时较短的特征，脆性破裂代替塑性破坏成为主要破坏方式，在工程中，岩石破裂转变为劈裂破坏，可能引发岩爆现象。

4. 不同加载速率下深部岩石破坏模式的分析

岩石在抵抗外力失败后，会呈现出破坏的形态，不同的岩石或者同一岩石在不同加载速率以及不同加载环境下所表现出来的破坏模式以及破坏特征也不尽相同。在岩石的单轴压缩试验中，其在受力后一般的破裂模式有张拉、剪切、单剪切面的拉-剪组合、共轭双剪切面的拉-剪组合、劈裂破坏等。在此对不同加载速率下的深部岩石破坏模式进行如下分析。

图 5-10 为加载速率为 0.05MPa/s、0.10MPa/s、0.15MPa/s、0.25MPa/s、0.50MPa/s 时的深部岩石单轴压缩下的破坏模式以及所对应的素描图。该加载条件下破坏模式主要分为三类：①一类，单剪切面拉-剪组合破坏(加载速率为 0.05MPa/s 时)，剪切面有部分粉末，端部存在拉裂隙，中部以剪切破坏为主。②二类，共轭双剪切面拉-剪组合破坏(加载速率为 0.10MPa/s 和 0.15MPa/s 时)，剪切面出现共轭 X 交汇，在交汇处出现拉裂纹且存在部分粉末，破坏模式依然以剪切破坏为主。③三类，劈裂张拉组合破坏(加载速率为 0.25MPa/s 和 0.50MPa/s 时)，呈现出劈裂贯通张性裂纹，且出现大量粉末，此时破坏模式并未出现剪切破坏，分析其原因可能为岩石是一种不连续、非均质、各向异性的材料，深部岩石岩样在制备之初，其内部伴随着孔隙裂缝，从而各晶体颗粒之间存在脆弱连接带，当加载速率较低时，此脆弱部分会通过变形来自我调节，从而使吸收的能量达到平衡，相反当加载速率较高时，深部岩石内部吸收的能量没有来得及使岩石晶体颗粒变形而释放，至此能量不平衡，以此长时间内积聚的多余能量导致整个深部岩石的晶体颗粒之间的连接脆弱部分快速发生破坏，因此高速加载下，深部岩石由于此能量

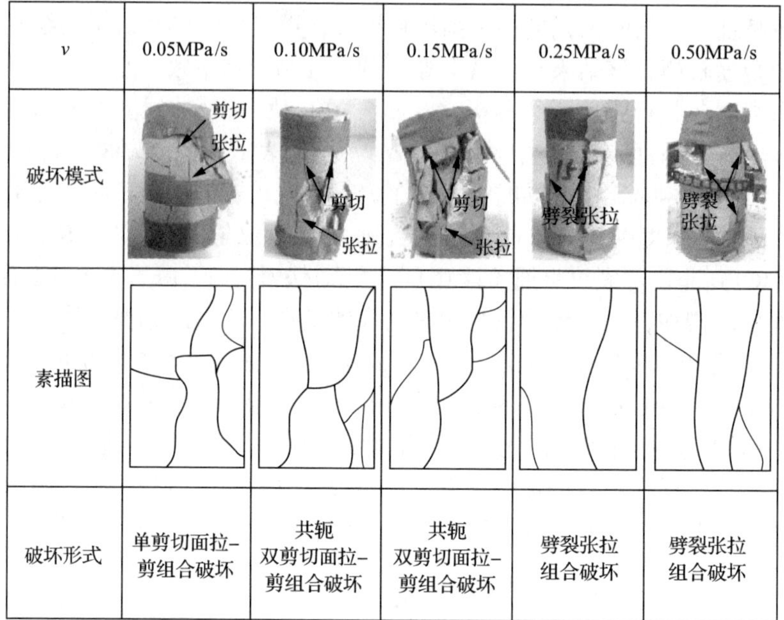

v	0.05MPa/s	0.10MPa/s	0.15MPa/s	0.25MPa/s	0.50MPa/s
破坏模式	剪切 张拉	剪切 张拉	剪切 张拉	劈裂张拉	劈裂 张拉
素描图					
破坏形式	单剪切面拉-剪组合破坏	共轭双剪切面拉-剪组合破坏	共轭双剪切面拉-剪组合破坏	劈裂张拉组合破坏	劈裂张拉组合破坏

图 5-10　不同加载速率下深部岩石破坏模式图

的交换特征在宏观破裂上展现出劈裂张拉组合破坏的特征，这与岩石处于高应力状态下开挖产生岩爆的特征相适应。

当加载速率较低时，深部岩石破坏以剪切破坏为主，同时伴随少许拉裂隙，当加载速率逐渐增大至 0.25MPa/s 时，破坏方式逐渐转为以竖向劈裂破坏为主，同时伴随拉裂隙；当加载速率继续增加至 0.50MPa/s 时，深部岩石在劈裂破坏的同时，伴随着岩样小块的弹射。因此，高速率开挖巷道易产生岩爆现象。

由上分析可知，加载速率为 0.05MPa/s 时为一类破坏模式；加载速率为 0.10～0.15MPa/s 时为二类破坏模式；加载速率为 0.25～0.50MPa/s 时为三类破坏模式，且随着加载速率的增加，破坏模式逐渐由一类向三类过渡。

5.2.3　能量演化特征

岩石在外界作用下发生变形、破坏的同时伴随着能量的变化，在试验机的持续加载下，深部岩石吸收外部能量，与此同时岩石在力的作用下发生变形则消耗能量，当岩石发生破坏时，此吸收的能量几乎全部释放，故深部岩石在单轴压缩下发生破坏的实质就是能量的交换过程，岩石变形强度降低实质上是耗散能量，而岩石彻底发生破坏则是能量的完全释放。假设该过程与外界没有热交换，且不计试验过程中的摩擦损失和岩样破坏产生的动能损失，根据热力学第一定律可得式(5-4)：

$$U = U_e + U_d \tag{5-4}$$

式中，U_e、U_d分别为深部岩石在变形过程中所积聚的弹性应变能和产生的耗散能。

根据文献[32]，计算时可取初始弹性模量 E_0 来代替卸载弹性模量，可得式(5-5)和式(5-6)：

$$U_e \approx \frac{1}{2E_0}\sigma_1^2 \tag{5-5}$$

$$U = \int_0^{\varepsilon_1} \sigma_1 \mathrm{d}\varepsilon_1 \tag{5-6}$$

图 5-11 为加载速率为 0.05MPa/s 时，深部岩石在单轴压缩下的能量交换曲线。由图 5-11 可知，岩石在加载过程中，由外界压力产生的总应变能会转化为弹性应变能和耗散能，各部分能量所占的比重不同。在 OA 段，岩石处于压密阶段，此阶段变形主要为初始孔隙压密，孔隙的闭合耗散了部分能量，吸收的能量除了部分转化为弹性应变能外，其他部分转化为耗散能。当进入 AB 段时，岩石处于弹性变形阶段，吸收的总能量主要转变为弹性应变能储存在岩石中，此阶段弹性应变能占主导地位，部分能量由于应力分布不集中产生的微裂隙转化为耗散能。当岩石继续受力且跨过屈服点并进入 BC 段时，单轴抗压强度持续加大，此时前面存储的弹性应变能也增加，但是由于岩石内部裂隙的产生与扩展，使得能量进一步被耗散，从而引起耗散能增加。当岩石继续受压经历峰值应力后，

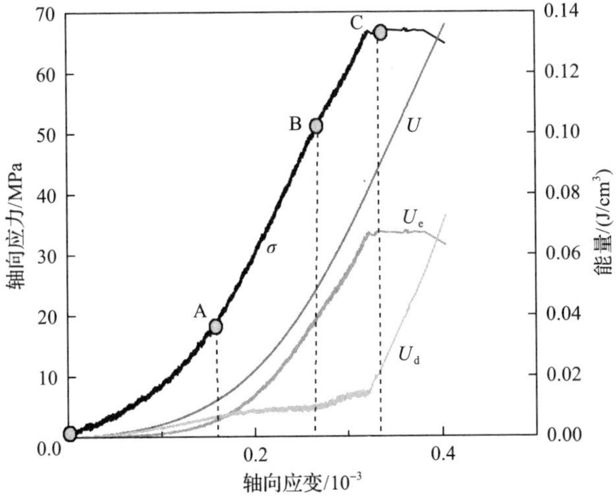

图 5-11　单轴压缩下深部岩石能量交换曲线

岩石内的微裂隙快速扩展，从而形成破裂面直至岩石破坏，此时弹性应变能瞬时释放，释放的能量快速转化为裂隙面滑移而产生的耗散能，耗散能急剧增加，此时耗散能占主导。总体来说，岩石在单轴压缩过程中，吸收的总应变能与耗散能呈现非线性增长，而弹性应变能则出现先增加后减少的趋势，且能量以耗散和储存两种形式波动。

深部岩石的变形破坏虽然可以从能量的角度进行解释，但是由于岩石所处状态不同，其能量交换特征也会存在差异，如不同加载速率下深部岩石单轴压缩试验中，由于加载速率的不同，试验机对深部岩石的做功也会不同，其吸收、消耗的能量也会有差异。为了研究不同加载速率下深部岩石渐进破坏过程的能量转换特征以及能量转换差异与加载速率的关系，绘制了不同加载速率下各强度点处能量特征和能量比值图，如图 5-12、图 5-13 所示。

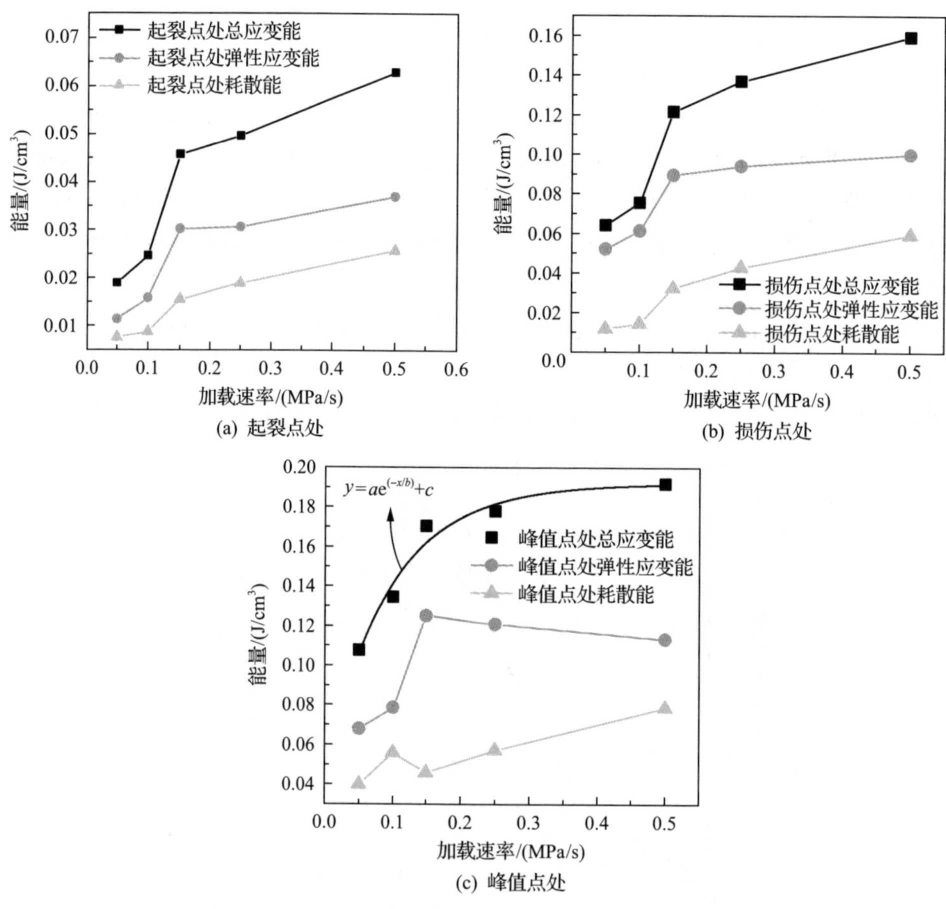

图 5-12　不同加载速率下各强度点处能量特征曲线

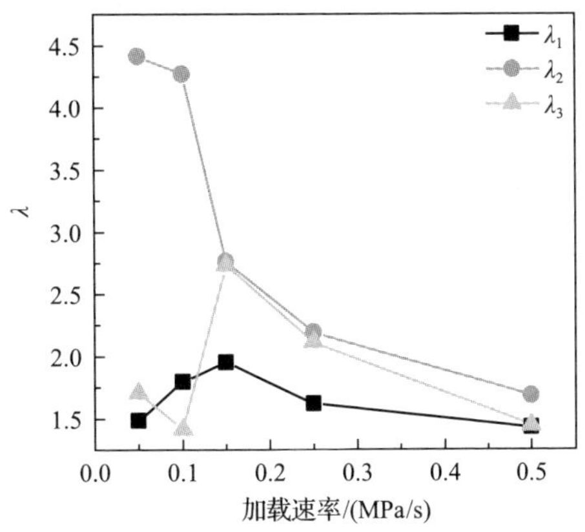

图 5-13　各强度点处能量比值曲线

图 5-12 研究结果表明，深部岩石在各强度点处的应变能表现出较好的速率敏感效应。其中在起裂点处和损伤点处的总应变能、弹性应变能和耗散能都与应力加载速率呈正相关的关系，且同一加载速率下，三种应变能随着加载应力的增加而呈现增大的趋势。峰值点处的弹性应变能由于速率的增加而呈现先增加后减少的趋势，而在峰值点处的总应变能和耗散能大致呈现随加载速率的增加而增加的趋势，其中峰值点处的总应变能能较好地用 $y = A + Be^{-x}$ 的指数函数形式进行拟合，表明岩石破坏所需能量随着加载速率的增加而增加。

图 5-13 中，λ_1、λ_2、λ_3 分别为起裂点、损伤点、峰值点处弹性应变能与耗散能的比值。从图 5-13 中可以看出，随着加载速率的提高，λ 值表现为 $\lambda_2 > \lambda_3 > \lambda_1$。此现象说明岩石在高加载速率下，屈服点处以弹性应变能储存为主，而峰值点后弹性应变能迅速释放，耗散能急剧增加，岩石破坏发展历程较短。同时也可以发现当加载速率提高时，λ_1、λ_2、λ_3 均减小，此现象说明加载速率增大可导致深部岩石内部裂纹的萌生、扩展更快且更加丰富，耗散能也相应增多。

5.2.4　损伤演化特征

从细观的角度出发，损伤是指材料在外力的作用下，裂隙不断扩展，最终整体破坏的现象。声发射技术可用来判别材料损伤特征，特别是振铃计数能较好地反映材料的损伤过程。假定岩样受力损伤均匀且岩石的初始横截面积为 S_0，某时刻损伤处的横截面积为 S_D，则岩石在某时刻的损伤因子定义见式(5-7)：

$$D = \frac{S_D}{S_0} \tag{5-7}$$

设岩石初始横截面积 S_0 完全损伤时的声发射累积振铃计数为 C_0，则岩石单位面积损伤的声发射累积振铃计数 C_D 为式(5-8)：

$$C_{\mathrm{D}} = \frac{C_0}{S_0} \tag{5-8}$$

当损伤面积达到 S_{D} 时，声发射累积振铃计数 C_{d} 为式(5-9)：

$$C_{\mathrm{d}} = C_{\mathrm{D}} \cdot S_{\mathrm{D}} = \frac{C_0}{S_0} \cdot S_{\mathrm{D}} = C_0 \cdot D \tag{5-9}$$

故通过此方法确定的任意时刻的损伤变量为式(5-10)：

$$D = \frac{C_{\mathrm{d}}}{C_0} \tag{5-10}$$

当材料损伤较为严重时，损伤耗散能较大，应力均不会增加，深部岩石发生破坏，停止试验。本次选取峰值点处为深部岩石完全损伤点，将不同加载速率下的累积振铃计数与加载时间曲线绘制成图 5-14，并根据式(5-10)获得不同加载速率下损伤变量与加载时间的关系曲线，如图 5-15 所示。不同加载速率下深部岩石的损伤变量随加载时间的变化大致呈现出倒“S”形曲线，且大致分为三阶段，即损伤第一阶段(OA)、损伤第二阶段(AB)、损伤第三阶段(BC)。OA 段基本对应于应力-应变曲线中的裂纹压密阶段和弹性变形阶段前期，且存在时间较短，原有微裂隙在压力的作用下快速被压密，损伤变量较小。AB 段对应于应力-应变曲线的弹性阶段后期，损伤变量随着时间的变化符合线性增长。BC 段开始为应力-应变曲线进入屈服阶段直至达到峰值点，该阶段内损伤变量的变化最为剧烈，近似于指数函数的形式增长。损伤变量与时间的关系曲线说明了深部岩石损伤破坏的渐进过程：由压密至弹性变形，到损伤稳定发展，直至峰值破坏的过程。深部岩石

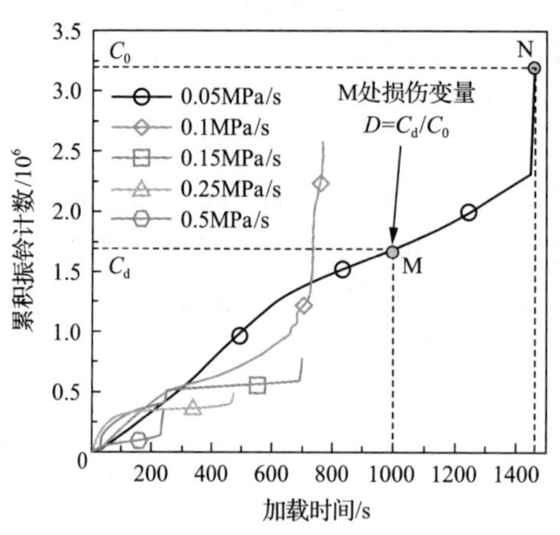

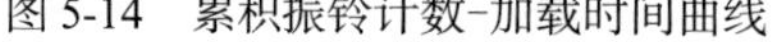
图 5-14　累积振铃计数-加载时间曲线

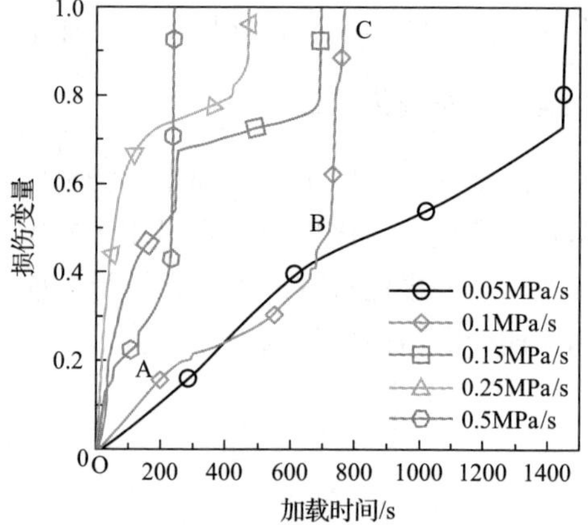

图 5-15　损伤变量-加载时间曲线

损伤随速率的影响主要表现在 AB 段，即当加载速率增加时，深部岩石越早进入损伤第二阶段，且此阶段持续的时间越短，同时越早进入损伤第三阶段。分析其原因，加载速率增加，使得深部岩石存储能量加快，岩样来不及充分变形就进入损伤第二阶段，进入此阶段后，随着裂隙的扩展，之前快速储存的弹性应变能释放速度加快，从而使其损伤加剧，进入损伤第三阶段，最终破坏，故加载速率的增加使得深部岩石损伤越充分且越剧烈，深部岩石越早丧失其稳定性。

5.3　基于速率效应的深部卸荷岩石分级循环加卸载蠕变特性

5.3.1　试验过程与方法

本次深部岩石单轴加卸载蠕变试验装置采用法国 TOP 岩石三轴多场耦合流变仪。本节所进行的蠕变试验均采用分级加载并卸载的方式进行，即在同一深部岩石岩样上进行加载和蠕变，待其蠕变结束后对该级应力进行卸载并使其黏弹性变形恢复，然后再进行下一级应力水平的加载蠕变，这样可以获得更多的蠕变特征，更好地分析其蠕变特性。加载路径示意图如图 5-16 所示。

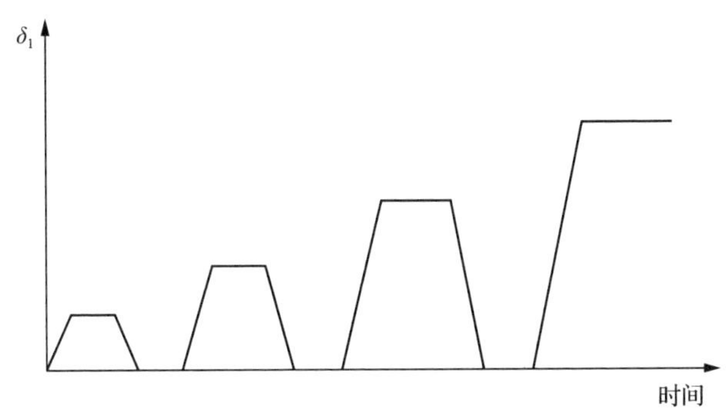

图 5-16　加载路径示意图

先测得其深部岩石在 0.05MPa/s 和 0.50MPa/s 加载速率下的单轴抗压强度，并根据试验情况对每级的应力水平进行调整。本次试验将同一应力比（σ/q）作为其深部岩石蠕变时保持的应力进行蠕变试验，根据 0.05MPa/s 和 0.5MPa/s 加载速率下的单轴抗压强度进行应力水平分级，对应于深部岩石的低、中、高应力状态设置如下四级：分别为单轴抗压强度的 35%（第一级）、55%（第二级）、65%（第三级）和 80%（第四级）。试验时分别以 0.05MPa/s 和 0.50MPa/s 这两种不同的加载速率进行加载，当加载至上述应力比时进行蠕变试验，及时观测轴向位移，且每级加载都维持在 12h，当其蠕变变形稳定时，开始以同一加载速率进行卸载，并观测其滞后黏弹性应变恢复情况，待 12h 后进行下一级应力水平的施加，以此循环往复直至深部岩石发生破坏。具体试验过程如下。

(1)试验开始前对试验仪器进行调试与校准，并在整个试验过程中使其试验温度、湿度保持恒定，以此减少外部环境的干扰。

(2)将深部岩石放置试验系统的塑料套中，并将上下套头用不锈钢管箍套牢紧密密封，防止漏油，再安装轴向和径向位移传感器。

(3)将深部岩石置于试验机加载台的中央位置，下降试验机的装置使之与底板完全扣合，并保持岩石与试验机的加载装置接触良好。

(4)开始试验，对第一组岩样进行加载速率为 0.05MPa/s 的单轴压缩，按照设计的应力水平，达到第一级应力水平时，停止加载，保持该应力使其发生蠕变，待 12h 后以相同速率进行卸载，观测其滞后黏弹性应变恢复情况，待 12h 后再进行设计的第二应力水平的加卸载，以此循环直至岩样发生破坏，结束试验，取出岩样，整理数据。

(5)对第二组岩样进行加载速率为 0.50MPa/s 的单轴压缩，和步骤(2)～(4)一样完成蠕变试验。

5.3.2 变形破坏特征

通过对本次试验数据进行收集、整理、分析，并基于 Boltzmann 线性叠加原理，将试验所得数据处理得出如图 5-17、图 5-18 所示的试验曲线，即分级循环加卸载下的深部岩石各级蠕变曲线。

1. 加载变形特征

根据其分解的不同加载速率下深部岩石的加载曲线，可得深部岩石在不同加载速率下的单轴蠕变加载试验中，蠕变曲线有如下特征。

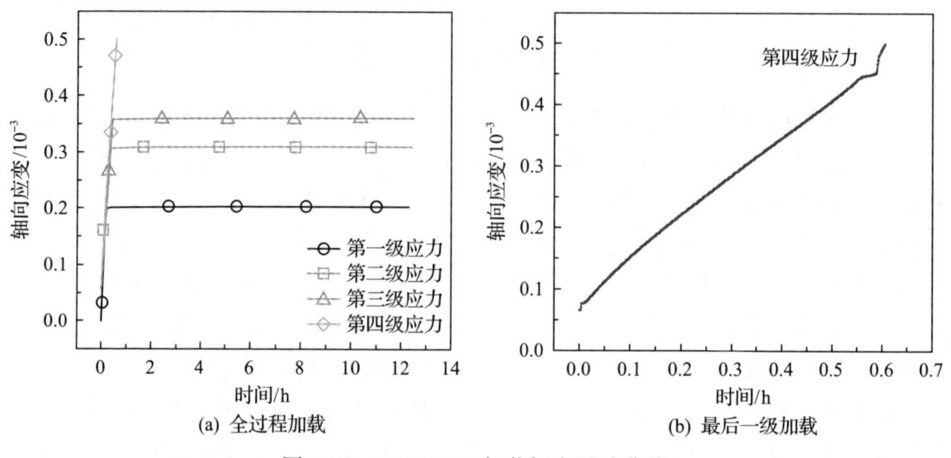

图 5-17 0.05MPa/s 加载蠕变试验曲线

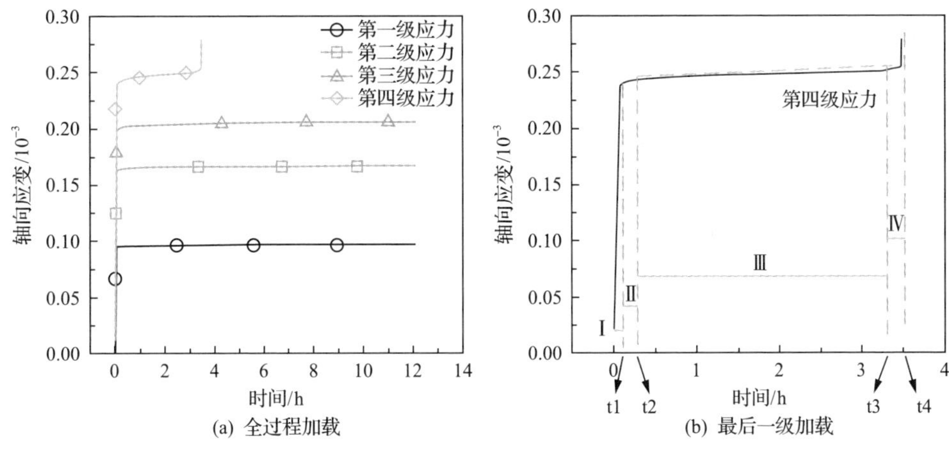

(a) 全过程加载　(b) 最后一级加载

图 5-18　0.50MPa/s 加载蠕变试验曲线

(1) 与其他材料蠕变性能相似，深部岩石在单轴压缩加载蠕变下，曲线分为两部分：第一部分为单轴受载后，在每级应力作用下，深部岩石在短时间内都产生瞬时应变，在应力作用下，深部岩石内部颗粒流动，原有的裂隙或者张开结构被压密，产生变形，瞬时应变量增加，变化幅度较大，且随着加载应力的增加而明显增加且最终变形速率逐渐趋于平缓。第二部分为单轴受载稳定持续时，在每级应力作用下，深部岩石在长时间内都产生蠕变应变，变化幅度较小。在蠕变过程中，当所受应力小于该岩石材料的加速应力(即在前三级应力水平下)时，深部岩石只产生减速蠕变阶段和等速蠕变阶段，只有当所受应力大于该岩石材料的加速应力(即在第四级应力加载下)时，深部岩石才会产生减速蠕变阶段、等速蠕变阶段和加速蠕变阶段，见图 5-18(b)，且在发生瞬时变形后蠕变速率逐渐降低，在 t_2 时间后进入稳定蠕变阶段，并保持此蠕变速率至 t_3，最终在 t_4 时间岩石发生破坏，此阶段原有岩石内部的孔隙不断发育，并在各级应力水平的作用下，该裂隙扩展不断累积，变形迅速加剧，最终形成贯通面直至深部岩石破坏。

(2) 此坚硬脆性岩石，其变形特征与其他软岩材料相比也有区别。在瞬时变形后进入到蠕变变形阶段，深部岩石减速蠕变阶段历时较短，而等速蠕变阶段较长，且应变浮动范围较小，变形速率也较低。在进入加速蠕变后，其加速蠕变在维持较短时间内就发生破坏。岩石在减速蠕变阶段和等速蠕变阶段的时间也会随着应力的变化而变化，即同一加载速率下，应力水平越高，岩石减速蠕变阶段的时间越长，等速蠕变阶段的时间越短。并且同一应力状态下，加载速率越大，岩石越晚进入加速蠕变阶段，破坏状态越剧烈。

(3) 两种加载速率下的深部岩石最后一级蠕变变形的发展历程显然不同，当加载速率为 0.05MPa/s 时，深部岩石在短时间内发生破坏，相反当加载速率为 0.50MPa/s 时，深部岩石则在 3～4h 才发生破坏，因此可以推测深部岩石发生破坏时所需的加速应力并不是一个特定的值，有可能是一个可变的应力范围。因此，当加载应力处于不同范围内的应力水平时，其蠕变破坏过程也会不同。较多研究表明对于大部分坚硬脆性岩石而言，当所受应力大于长期强度(O 点)时，加速蠕变阶段才会出现。因此可以分析深部岩石的加速应力应该是处于长期强度与峰值强度之间的某一范围，如图 5-19 所示。当加载应力处于 OA 段时，不管是靠近 O 点还是靠近 A 点，岩石都会出现完整的蠕变三阶段曲线，不同的是越靠近 A 点，加速蠕变阶段会越短。当加载应力处于 AB 段时，深部岩石会出现不完整的蠕变曲线，靠近 A 点时，减速蠕变阶段完成后出现较短或者不出现等速蠕变，直接进行加速蠕变直至破坏；靠近 B 点时，减速蠕变和等速蠕变均不出现或者不明显，直接进行加速蠕变直至破坏。当加载应力超过 B 点时，深部岩石直接快速发生破坏，不出现蠕变特征。对比图 5-17(b)、图 5-18(b)中不同加载速率下最后一级蠕变破坏曲线，可得其蠕变类型有差异，说明其加速应力范围较短，试验设计的最后一级应力都是靠近加速应力上限值，而深部岩石具有不均匀性且受到加载速率的影响，故深部岩石发生加速蠕变直至破坏时对应的加速应力不仅与材料有关，还与加载速率有关，不同的加载速率影响了其加速应力的上限值。

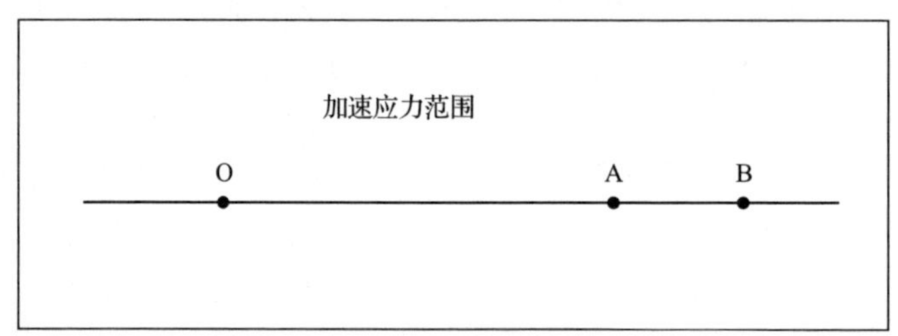

图 5-19　加速应力范围

O-长期强度；A-加速应力上限；B-峰值强度

(4)两种加载速率下深部岩石均在第四级应力加载作用下发生破坏，破坏时应力为深部岩石瞬时单轴抗压强度的 80%左右。

2. 卸载变形特征

根据其分解的不同加载速率下深部岩石的卸载曲线(图 5-20)，可得深部岩石在不同加载速率下的单轴蠕变卸载试验中，蠕变曲线有如下特征。

当深部岩石处于卸载蠕变时，曲线也分为明显的两阶段。第一阶段，在每级应力卸载后短时间内岩石在加载蠕变阶段产生的变形瞬间回弹恢复，岩石表现出较强的瞬弹性特征，且曲线为线性，变化幅度较大。随着应力的增加，瞬时恢复的应变越大。第二阶段，在每级应力卸载后，部分变形会随着时间的增加而逐渐恢复，岩石应变恢复至不为零的残余变形，岩石表现出黏弹性特征，且

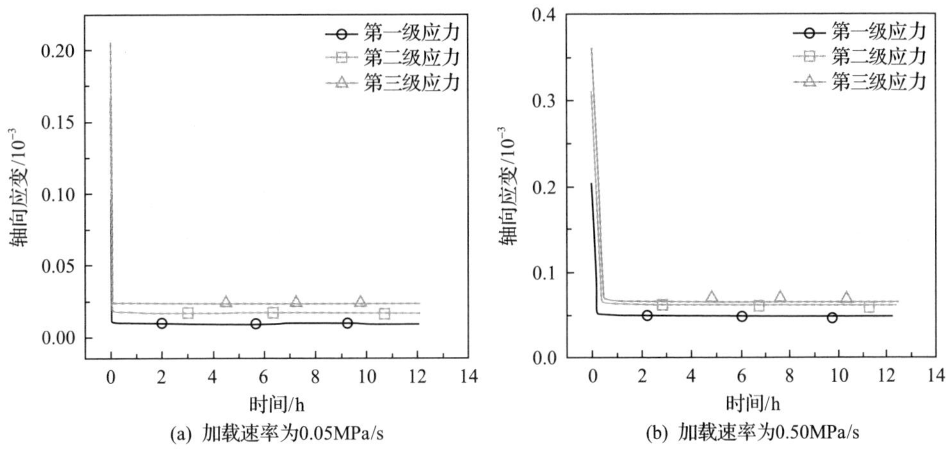

图 5-20　0.05MPa/s、0.50MPa/s 加载速率下岩石卸载蠕变试验曲线

卸载恢复应变随时间表现为曲线，变化幅度较小且该残余变形随轴向应力的增加而增大，卸载后恢复应变随应力与时间的增加几乎呈现出线性减小的趋势。

5.3.3　黏弹塑性特征

由前述的各级应力水平下深部岩石蠕变曲线可以看出，深部岩石在每级加载、应力持续与卸载、应力持续下均产生了瞬时应变、蠕变应变、卸载后的可恢复弹性应变、滞后弹性恢复应变以及残余应变。可将深部岩石任意时刻的总应变 ε 分解成瞬时应变 ε_m 和蠕变应变 ε_c。而瞬时应变 ε_m 可由可恢复的瞬弹性应变 ε_{me} 与不可恢复的瞬塑性应变 ε_{mp} 组成，同时蠕变应变 ε_c 则可由滞后的黏弹性应变 ε_{ce} 和不可恢复的黏塑性应变 ε_{cp} 组成，应变示意图如图 5-21 所示，具体关系如式(5-11)。

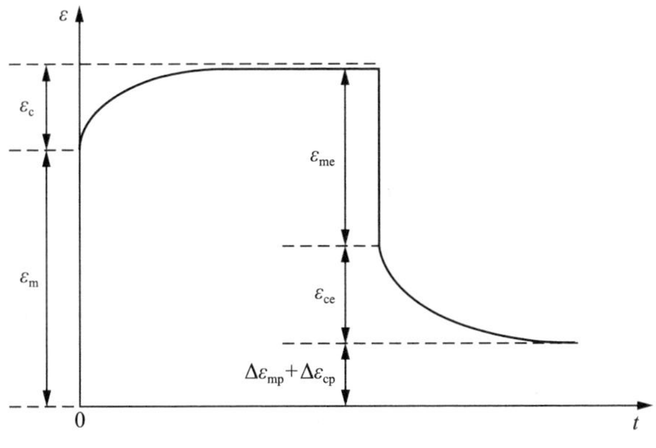

图 5-21　加卸载蠕变试验曲线一般形式

$$\begin{cases}\varepsilon = \varepsilon_{\mathrm{m}} + \varepsilon_{\mathrm{c}} \\ \varepsilon_{\mathrm{m}} = \varepsilon_{\mathrm{me}} + \varepsilon_{\mathrm{mp}} \\ \varepsilon_{\mathrm{c}} = \varepsilon_{\mathrm{ce}} + \varepsilon_{\mathrm{cp}}\end{cases} \tag{5-11}$$

采用分级循环加卸载的方式进行蠕变时，在每级应力水平作用下，当载荷达到预定值时，瞬时应变和蠕变应变则由式(5-12)组成，瞬时塑性应变和黏塑性应变由式(5-13)获得：

$$\begin{cases}\varepsilon_{\mathrm{m}}^{(i)} = \varepsilon_{\mathrm{me}}^{(i)} + \varepsilon_{\mathrm{mp}}^{(i)} \\ \varepsilon_{\mathrm{c}}^{(i)} = \varepsilon_{\mathrm{ce}}^{(i)} + \varepsilon_{\mathrm{cp}}^{(i)}\end{cases} \tag{5-12}$$

$$\begin{cases}\varepsilon_{\mathrm{mp}}^{(i)} = \sum\limits_{n=1}^{i} \Delta\varepsilon_{\mathrm{mp}}^{(n)} \\ \varepsilon_{\mathrm{cp}}^{(i)} = \sum\limits_{n=1}^{i} \Delta\varepsilon_{\mathrm{cp}}^{(n)}\end{cases} \tag{5-13}$$

式中，$\varepsilon_{\mathrm{m}}^{(i)}$、$\varepsilon_{\mathrm{me}}^{(i)}$、$\varepsilon_{\mathrm{mp}}^{(i)}$、$\varepsilon_{\mathrm{c}}^{(i)}$、$\varepsilon_{\mathrm{ce}}^{(i)}$、$\varepsilon_{\mathrm{cp}}^{(i)}$分别为第 i 级加载下瞬时应变、瞬弹性应变、瞬塑性应变、蠕变应变、黏弹性应变、黏塑性应变；$\Delta\varepsilon_{\mathrm{mp}}^{(n)}$、$\Delta\varepsilon_{\mathrm{cp}}^{(n)}$分别为第 n 级加载下瞬塑性应变增量和第 n 级加载下黏塑性应变增量。

在各级应力加载中，瞬时弹性应变是完全恢复的，可通过蠕变曲线中卸载时恢复应变获得，黏弹性应变$\varepsilon_{\mathrm{ce}}$是完全可逆的，具体表现为在卸载过程中随时间的增加而完全恢复。因此，假设深部岩石在加载与卸载蠕变过程中的黏弹性曲线是对称的，如图 5-22 所示，t 轴上方表示加载时的黏弹性应变$\varepsilon_{\mathrm{ce}}$，$t$ 轴下方表示卸载时的滞后可恢复应变$-\varepsilon_{\mathrm{ce}}$，故可通过对卸载后的曲线计算所得的滞后可恢复应变得出黏弹性应变，即$\varepsilon_{\mathrm{ce}}=-\varepsilon_{\mathrm{ce}}$。

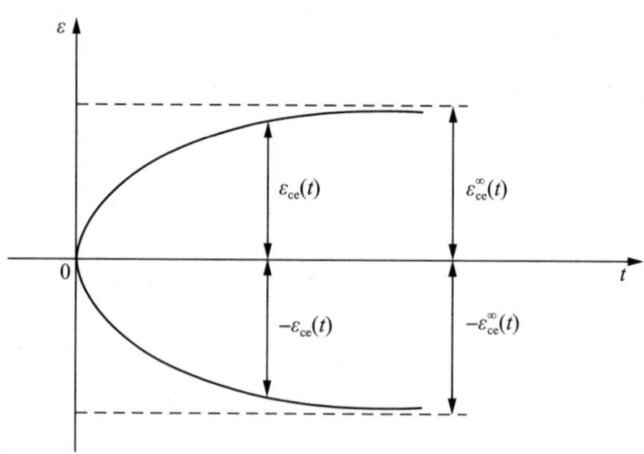

图 5-22　蠕变中黏弹性应变曲线

综上，第 i 级加载下瞬时应变和蠕变应变可由式(5-14)获得：

$$\begin{cases} \varepsilon_{\mathrm{m}}^{(i)} = \varepsilon_{\mathrm{me}}^{(i)} + \varepsilon_{\mathrm{mp}}^{(i)} = \varepsilon_{\mathrm{me}}^{(i)} + \sum_{n=1}^{i} \Delta\varepsilon_{\mathrm{mp}}^{(n)} \\ \varepsilon_{\mathrm{c}}^{(i)} = \varepsilon_{\mathrm{ce}}^{(i)} + \varepsilon_{\mathrm{cp}}^{(i)} = \varepsilon_{\mathrm{ce}}^{(i)} + \sum_{n=1}^{i} \Delta\varepsilon_{\mathrm{cp}}^{(n)} \end{cases} \tag{5-14}$$

根据不同加载速率下蠕变试验测得到各级应力水平下的瞬时应变和蠕变应变，按照上述方法对深部岩石的各级加卸载蠕变数据进行整理和分析。由于第四级加载时深部岩石发生加速蠕变最终导致失稳破坏，故只能测出第四级加载时的瞬时应变和蠕变应变，无法测出其卸载时的应变恢复量，且加载速率为 0.50MPa/s 时卸载阶段的径向应变测量存在故障，无法得到此加载速率下的径向变形结果，因此在此不予记录。最终整理分析得到的结果见表 5-2～表 5-4。

表 5-2　加载速率为 0.05MPa/s 时分级加卸载条件下轴向黏-弹-塑性应变实测值(10^{-3})

分级	ε_{m}	$\varepsilon_{\mathrm{me}}$	$\varepsilon_{\mathrm{mp}}$	$\Delta\varepsilon_{\mathrm{mp}}$	ε_{c}	$\varepsilon_{\mathrm{ce}}$	$\varepsilon_{\mathrm{cp}}$	$\Delta\varepsilon_{\mathrm{cp}}$
第一级	0.1973	0.1512	0.0460	0.0460	0.0055	0.0032	0.0022	0.0022
第二级	0.3017	0.2446	0.0571	0.0110	0.0080	0.0040	0.0040	0.0017
第三级	0.3497	0.2874	0.0622	0.0051	0.0098	0.0073	0.0025	0.0014
第四级	0.441				0.0578			

表 5-3　加载速率为 0.05MPa/s 时分级加卸载条件下径向黏-弹-塑性应变实测值(10^{-3})

分级	ε_{m}	$\varepsilon_{\mathrm{me}}$	$\varepsilon_{\mathrm{mp}}$	$\Delta\varepsilon_{\mathrm{mp}}$	ε_{c}	$\varepsilon_{\mathrm{ce}}$	$\varepsilon_{\mathrm{cp}}$	$\Delta\varepsilon_{\mathrm{cp}}$
第一级	0.0150	0.0032	0.0118	0.0118	0.0013	0.0012	0.00005	0.00005
第二级	0.0261	0.0073	0.0187	0.0069	0.0026	0.0003	0.00228	0.00223
第三级	0.0280	0.0089	0.0190	0.0003	0.0012	0.00031	0.00092	0.00136
第四级	0.0333				0.1079			

表 5-4　加载速率为 0.5MPa/s 时分级加卸载条件下轴向黏-弹-塑性应变实测值(10^{-3})

分级	ε_{m}	$\varepsilon_{\mathrm{me}}$	$\varepsilon_{\mathrm{mp}}$	$\Delta\varepsilon_{\mathrm{mp}}$	ε_{c}	$\varepsilon_{\mathrm{ce}}$	$\varepsilon_{\mathrm{cp}}$	$\Delta\varepsilon_{\mathrm{cp}}$
第一级	0.0933	0.0867	0.0065	0.0065	0.0036	0.0014	0.0021	0.0021
第二级	0.1611	0.1486	0.0124	0.005	0.0054	0.0015	0.0040	0.0018
第三级	0.1973	0.1801	0.0172	0.0047	0.0084	0.0029	0.0054	0.0014
第四级	0.2387				0.0172			

将表 5-2～表 5-4 中的数据绘制成对应的瞬时应变、蠕变应变变化曲线，见

图 5-23 和图 5-24。

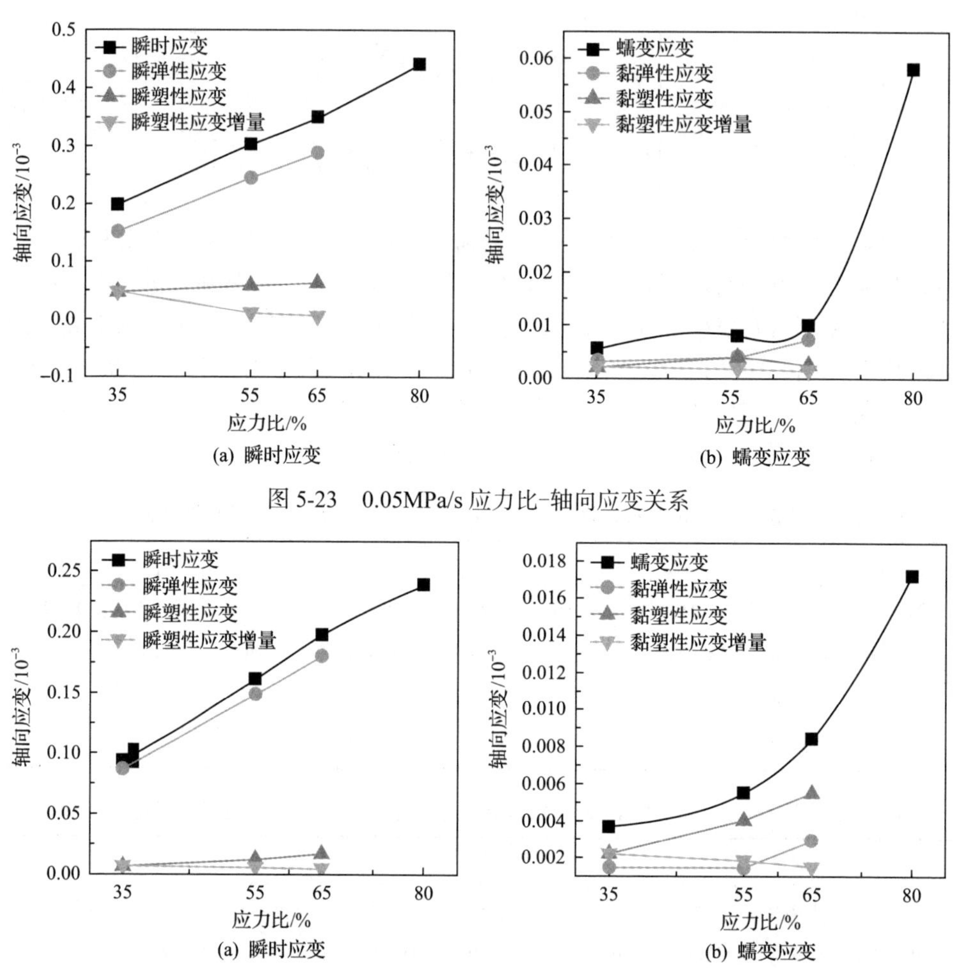

图 5-23　0.05MPa/s 应力比-轴向应变关系

图 5-24　0.50MPa/s 应力比-轴向应变关系

由图 5-23 和图 5-24 可得以下结论。

(1)两种加载速率下深部岩石的瞬时应变、瞬弹性应变、瞬塑性应变都随应力水平的增加而增加，呈现类似线性关系增长，但增加幅度却不同，瞬时应变和瞬弹性应变增加较为明显，而瞬塑性应变则增加较为缓慢，甚至出现斜率随应力水平增加而减少的特征，表明此坚硬岩石随加载应力水平的增加，其弹性能力越明显。与此同时在相同应力水平下，深部岩石瞬时应变、瞬弹性应变、瞬塑性应变都随着加载速率的增加呈现减少的趋势，表明加载速率越大，深部岩石越坚硬，同时变形越不明显。

(2)每级应力水平下瞬塑性应变远远小于瞬弹性应变，表明该种深部岩石比较坚硬，硬化已经占主导作用，塑性并不十分显著，岩石以弹性为主。随着每一级应力水平的提升，两种加载速率下的瞬塑性应变增量却呈现出较为明显的减少趋势，表明深部岩石抵抗瞬塑性变形的能力在应力的逐级增加下表现出逐级增强的趋势，深部岩石以弹性为主。

(3) 同一加载速率下，在不同应力水平下的蠕变阶段，深部岩石的蠕变应变、黏弹性应变、黏塑性应变都与应力水平呈现出正相关的特性，且前两级应力水平下，增加较为缓慢，从第三级应力水平下，增加速率加快，表明随着应力的增加，卸载恢复应变增加，残余应变增加。但随着加载速率的增加，不可恢复的黏塑性变形所占比例却增加，分析其原因可能是：蠕变前加载速率的增加使其岩石更加坚硬，待其发生蠕变后，坚硬的岩石不可恢复的黏塑性变形相比之下较大，残余应变增加，岩石无法恢复至加载前的状态。并且蠕变应变与应力水平呈指数函数形式增长，表明应力水平越大，岩石越容易发生蠕变现象。

(4) 随着加载速率的增加，同一应力水平下蠕变应变反而变小，表明加载速率越大，此深部岩石越坚硬，以硬化为主导，脆性越强，越不容易发生蠕变现象。

(5) 在每级应力作用下，岩石均表现出瞬弹性、瞬塑性以及黏弹性、黏塑性，则可认为此深部岩石的蠕变变形具有黏-弹-塑性共存的特征。

(6) 在整个分级循环加卸载蠕变试验过程中，深部岩石变形特征的差异性主要体现在蠕变变形阶段，并且在高应力水平时更为显著。并且随着加载速率的增加，越不明显，其原因可能是岩石的蠕变作用使得其塑性阶段被恶化，使得其弹性变得更为明显。

由图 5-25 可得以下结论。

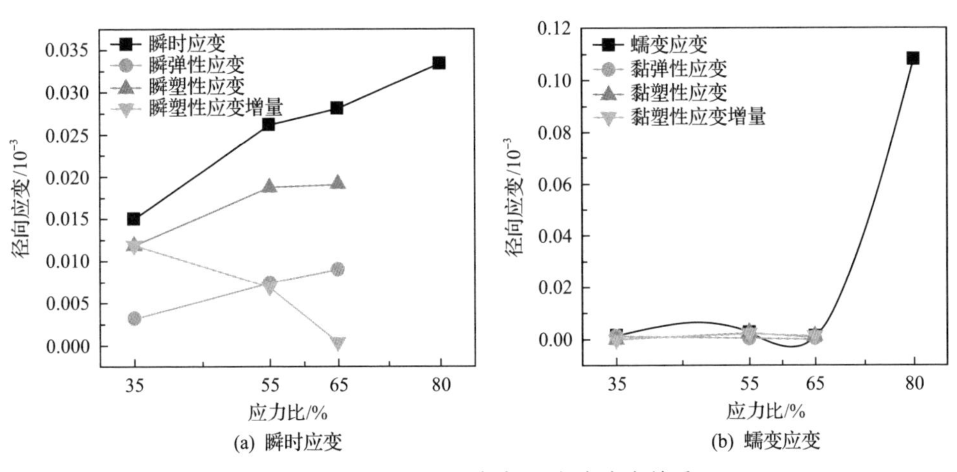

图 5-25　0.05MPa/s 应力比-径向应变关系

(1) 在加载速率为 0.05MPa/s 时，径向瞬时应变随应力水平增加的变化规律与轴向瞬时应变变化规律相一致，都呈现类似线性关系增长。但是在各级应力水平作用下，轴向瞬时应变相比于径向瞬时应变要高很多，且增长速率略有增加，表现在该条件下，深部岩石由于轴向载荷的作用，总体变形以轴向瞬时压缩为主。

(2)径向蠕变应变随应力水平增加的变化规律与轴向蠕变应变变化规律相一致，都呈现类似指数函数的关系增长。表明在单轴压缩下，深部岩石轴向和径向都具有蠕变现象。

(3)在前三级应力水平下，轴向蠕变应变明显大于径向蠕变应变，径向的瞬时应变也比对应的蠕变应变大很多。相反在第四级应力水平下，轴向蠕变应变却远远小于径向蠕变应变，径向瞬时应变相比于径向蠕变应变也显得尤为低。表明岩石在前三级应力水平下，变形以瞬时变形为主；而在第四级应力水平下，岩石发生加速蠕变，直至破坏。在岩石蠕变失稳破坏的过程中，径向蠕变效应较轴向蠕变效应更为明显，同时也表明此脆性坚硬深部岩石表现出较为明显的抗压不抗拉的特征。

5.3.4　蠕变速率特征

蠕变速率是一个描述蠕变阶段变化的重要指标。通常，蠕变速率可以用分级循环加卸载条件的各级应力水平下蠕变曲线的斜率来表示。从蠕变速率的变化出发，深部岩石的蠕变可分为减速蠕变、等速蠕变、加速蠕变三阶段。通过对蠕变曲线的斜率数据进行整理分析，得出如下第二级、第四级应力水平下深部岩石的蠕变速率-时间曲线图，如图 5-26 所示。

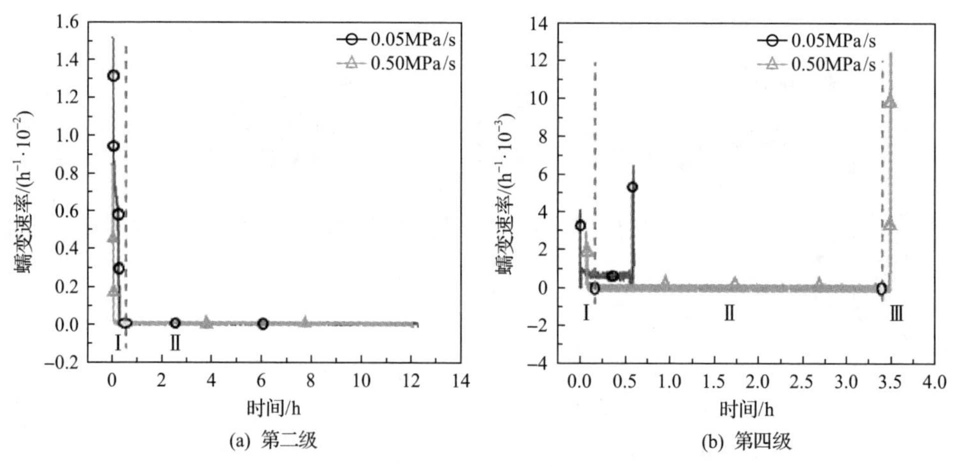

(a) 第二级　　(b) 第四级

图 5-26　不同加载速率下深部岩石的蠕变速率-时间曲线图

由图 5-26 可知，深部岩石蠕变速率-时间曲线和深部岩石蠕变曲线类型相适应，对应于瞬时阶段的瞬时变形、蠕变初期的减速蠕变、中期的等速蠕变以及破坏时的加速蠕变。在第二级轴向应力的加载下，如图 5-26(a)所示，深部岩石完成瞬时变形时，蠕变速率的曲线大致为一条垂直于横坐标的直线，则可以把此瞬时蠕变速率当作是无穷大，且随着持续的加载，蠕变速率开始降低，即发生减速蠕变，随后随着加载时间的增加，蠕变速率逐渐降低至零，且加载速率越快，蠕变速率衰减越慢。此后蠕变速率不再发生变化，基本停止，即等速蠕变阶段。在实际中此变形发生在低、中应力水平下。

在第四级应力水平下，如图 5-26(b)所示，蠕变速率除了上述表现外，还有如下特征：蠕变速率稳定后在持续一段时间的加载下，蠕变速率快速增加，此时在裂隙的扩展贯穿下，深部岩石发生破坏，此时可以认为蠕变速率无穷大，在实际中此变形发生在高应力水平下。此蠕变速率曲线表现出了完整的蠕变三阶段特征，且随着加载速率的增加，最大蠕变速率也相应增加，相比于衰减、稳定蠕变两阶段，加速蠕变阶段的时间则较短，表明在最后破坏时岩石在极短时间内呈现出脆性破坏的特点。这是由于岩石作为一种非连续、各向异性、非均质的岩石材料，当受到持续的外部高应力水平作用下，其岩石内部应力状态发生不断变化与调整，深部岩石的内部裂隙结构逐渐发生扩展与损伤，且在时间与高应力的双重积累下，深部岩石内部的损伤不断扩展与累积，当累积超过一定范围时，深部岩石局部开始出现裂隙并演化，岩石在加速流动的作用下发生加速蠕变，最终产生贯通面，深部岩石发生失稳破坏。

5.3.5　破坏模式

当应力达到第四级时，深部岩石发生破坏，由于加载速率不同，其破坏模式也呈现出不同的破坏特征，深部岩石的破坏实物图及素描图，如图 5-27 所示。

深部岩石在不同加载速率下的单轴压缩蠕变试验中的破坏模式显现出剪切与张拉混合的破坏特征(图 5-27)。岩石由于加载速率的不同，最终破坏模式呈现出明显的差异性。但最终都是以剪切破坏为主导破坏地位，剪切面附近有部分较为明显的张拉破坏面且端部张拉较为严重，分析其原因可能是在加载过程中由于外力的加载导致内部应力状态重新分布。在非均质、不连续的影响下，端部应力集中，导致内部裂隙产生损伤累积，随后在加速蠕变阶段径向张拉扩容，此时与试验机形成较大的剪应力，深部岩石最终发生破坏，端部出现明显的张拉破坏面并伴随无规则弱化区，破坏的同时产生粉末。无论加载速率的高低，深部岩石最终都是沿着与轴向加载方向呈一定角度发生单面或双面交汇破坏的，且都成剪切-张拉主控面与无规则弱化区的复合破坏，但是随着加载速率的增加，深部岩石蠕变破坏由单剪切-张拉破坏逐渐向双剪切-张拉破坏转变，破坏形态仍较为完整，弱化区块体较小，且随着加载速率的增加，岩石破坏越明显，破裂面越多，破裂

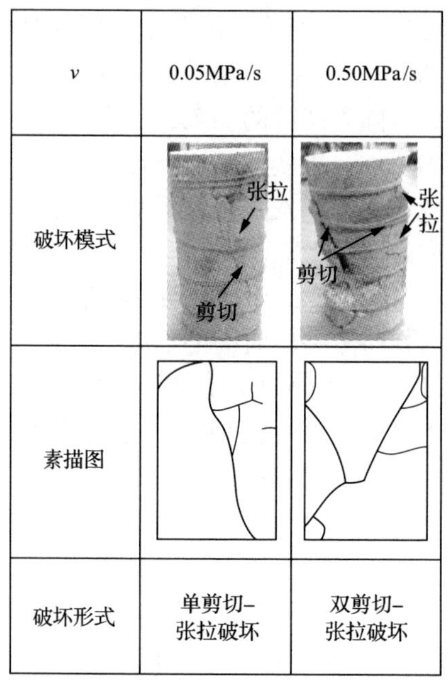

图 5-27　不同加载速率下深部岩石破坏模式图

块体有增大的趋势，且相比于单轴压缩破坏，蠕变破坏以剪切破坏为主，破坏过程没有那么强烈，且没有伴随巨响。因此，深部岩石蠕变过程中破坏机制可以大致描述为：端部应力集中—内部裂隙损伤累积—径向轴向非协调变形—损伤加剧致裂隙扩展—剪切张拉混合破坏。

5.3.6　长期强度

长期强度是岩石蠕变力学性质中又一个重要的指标。在众多现场经验中表示岩石的强度具有时间性，当岩石长期处于载荷下时，其强度会随时间而降低，岩石发生稳定蠕变与不稳定蠕变的临界值称为长期强度。

等时应力-应变曲线是指在相同时间内，每级应力下对应的蠕变应变与该应力的曲线。而等时应力-应变曲线法是将各等时应力-应变曲线的直线段发生偏移时所对应的应力值称为岩石的长期强度。在低、中应力水平下深部岩石主要发生黏弹性变形，在此应力水平的持续下可以维持较长时间，当应力水平逐渐提高时，岩石内黏-塑性蠕变开始发展，在此应力水平的持续下应变随时间的增加而不断增加，最终导致深部岩石发生蠕变破坏。由于在最后一级应力水平下，深部岩石在 3h 内发生加速蠕变破坏，所以当应力达到最后一级时，只获得了 3h 以前的等时应力-应变曲线，且根据深部岩石的蠕变曲线用应力比代替应力绘制出了不同加载速率下的等时应力-应变曲线如图 5-28 所示。

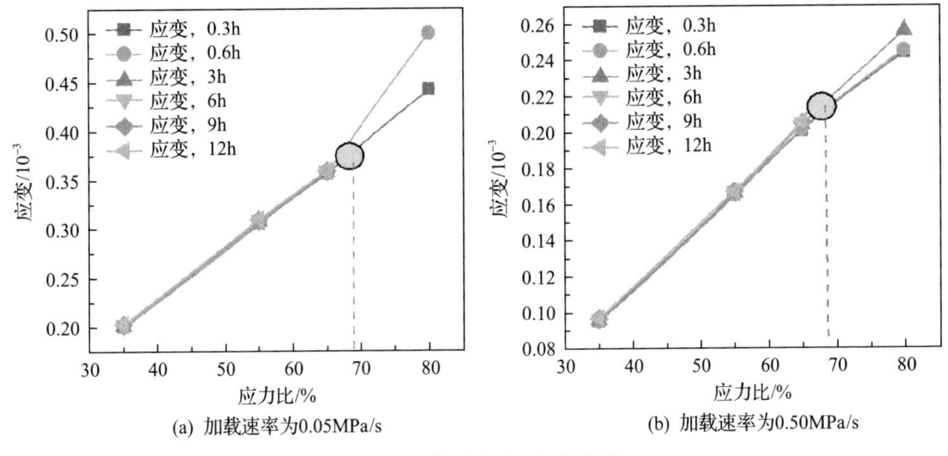

图 5-28　等时应力-应变曲线

由图 5-28 可知，曲线大致由两段构成，随着应力水平和时间的增加，直线段逐渐发生偏移，且随着加载速率的增加，曲线呈现出相似的规律，说明岩石蠕变具有明显的非线性特征且与加载速率无关。线段转折后，斜率发生明显的变化，表明其可视为黏弹塑性体，在前三级应力水平下，曲线为一条直线，表明岩石在低于破坏应力时可视为黏弹性体，当达到破坏应力时，直线发生偏移，表明此时岩石可视为黏弹塑性体，蠕变阶段较为明显。直线段较长，偏移段较短，表明岩石黏弹性阶段较长，黏塑性阶段较短。各等时线的拐点标志着岩石由黏弹性阶段向黏塑性阶段转化，岩石内部结构发生变化，并开始破坏，故不同加载速率下岩石的长期强度大致为峰值强度的 70%左右。

5.4　分级加载下深部卸荷岩石三轴蠕变特性

5.4.1　分级加载下深部卸荷岩石三轴蠕变试验方案

深部岩石分级加载蠕变试验装置采用法国 TOP 岩石三轴多场耦合流变仪，三轴蠕变试验采用分级加载的方式进行。其对应的轴压、围压加载路径示意图如图 5-29 所示。

首先测得其深部岩石在围压 8MPa 下的三轴抗压强度，数值为 267MPa，以此作为三轴蠕变试验每级应力水平划分的依据，并根据蠕变试验情况对每级的应力水平进行调整。本次试验将同一应力比(σ/q)作为其深部岩石蠕变时保持的应力水平进行蠕变试验，并保持每一级应力增量相同，以此来排除由于加载应力的增量不同而带来的蠕变规律差异。根据围压 8MPa 下的三轴抗压强度进行应力水平分级，对应于深部岩石的中、中高和高应力状态设置如下五个分级，分别为三轴抗

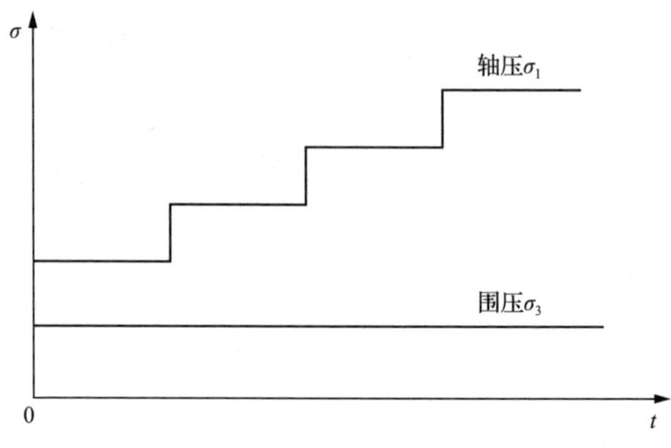

图 5-29　三轴蠕变加载路径示意图

压强度的 50%(第一级)、60%(第二级)、70%(第三级)、80%(第四级)和 90%(第五级)。由于法国 TOP 岩石三轴多场耦合流变仪采用的是偏应力加载，故通过换算则第一级应力水平为 126MPa，第二级应力水平为 152MPa，第三级应力水平为 179MPa，第四级应力水平为 205MPa，第五级应力水平为 231MPa。试验时，当加载至上述应力比时停止应力继续增加，进行蠕变试验，及时观测所测位移，且每级加载都维持在 12h，当其蠕变变形稳定，开始进行下一级应力水平的施加，以此循环往复直至深部岩石发生破坏，结束试验。

具体试验过程如下。

(1)试验开始前对试验仪器进行调试与校准并减少外部环境的干扰。

(2)将深部岩石放置在试验系统的塑料套中，并将上下套头用不锈钢管箍套牢紧密密封，防止漏油，再安装轴向和径向位移传感器。

(3)将深部岩石置于试验机加载台的中央位置，下降试验机的装置使之与底板完全扣合，并保持深部岩石与试验机的加载装置接触良好。

(4)开始试验，先对深部岩石施加 0.5MPa 的轴向应力，保证深部岩石与压力机紧密接触，以此来防止围压施加过程中深部岩石移动。然后以 0.05MPa/s 的加载速率施加围压至 8MPa，待变形稳定后，将轴向、径向的位移传感器清零。然后保持 8MPa 的围压不变，开始以 0.05MPa/s 的加载速率分级施加轴压至第一级应力水平，保持 12h 进行稳压蠕变，然后继续以相同加载速率加载至试验设计的第二级应力水平并保持 12h，以此循环往复，直至深部岩石发生失稳破坏。整个过程中计算机保持变形数据的采集，为了得到准确的数据，本次试验采集频率为 5s 采集一次，直至深部岩石发生失稳破坏。

(5)蠕变结束后，先以 0.05MPa/s 的速率卸轴压，再继续卸围压至 0，取出深部岩石，结束试验。

1. 蠕变变形特征

本次试验共进行了五级应力水平的加载，图 5-30 是分级加载下深部岩石的蠕变全过程曲线，采用 Boltzmann 线性叠加原理，对分级加载试验的数据进行处理，将其转换为分级加载条件下的曲线，如图 5-31 所示。

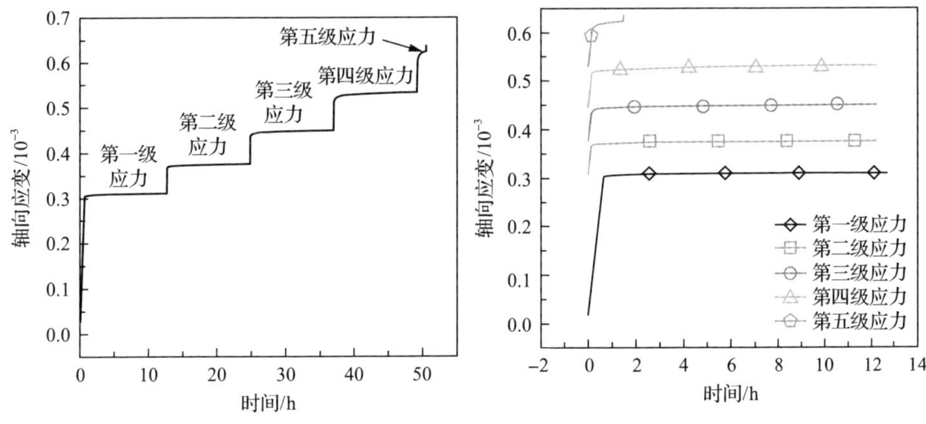

图 5-30　分级加载全过程蠕变曲线　　图 5-31　处理后的每级应力加载蠕变曲线

由图 5-31 可知，从整个曲线来看，在分级加载条件下，深部岩石变形大致分为两部分，即在每级应力加载初期产生的瞬时变形和在每级应力持续加载阶段产生的蠕变变形，且瞬时变形较大，蠕变变形较小。在前四级应力水平加载下，每级蠕变时间 12h，深部岩石只产生了减速蠕变和等速蠕变两阶段，当进行第五级应力水平的加载时，深部岩石才展现出了完整的蠕变三阶段，且由于时间的持续作用，使得岩石内部裂隙迅速扩展，蠕变速率近似于垂线的形式增长，而只在 1.4h 就发生了蠕变破坏。并且每级应力水平下，深部岩石蠕变阶段以等速蠕变为主，持续较长时间，且不同应力水平下的等速蠕变率近乎相同，与应力水平增量相同但没有出现与之相对应的增量关系。

通过对每级应力水平下的蠕变数据进行整理分析，得出其轴向瞬时应变、轴向蠕变应变、径向瞬时应变和径向蠕变应变，将其整理最终结果见表 5-5。根据表 5-5 绘制出各应变与应力比的关系曲线如图 5-32 所示。从图 5-32 中可以看出，

表 5-5　各级应力水平下深部岩石应变增量(10^{-3})

分级	轴向应变		径向应变	
	瞬时应变	蠕变应变	瞬时应变	蠕变应变
第一级	0.2827	0.0091	0.0750	0.0353
第二级	0.0552	0.0098	0.0292	0.0489
第三级	0.0574	0.0139	0.0348	0.0483
第四级	0.0622	0.0208	0.0409	0.0503
第五级	0.0695	0.0319	0.0619	0.0560

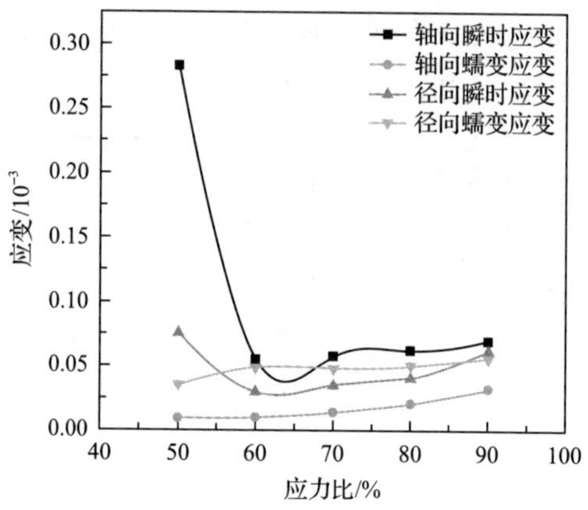

图 5-32　各级应力下的应变增量

在应力比为 50%和 60%时，轴向和径向瞬时应变随加载应力水平的增加而减小，在应力比为 60%、70%、80%、90%时，轴向和径向瞬时应变随应力水平的增加而增加。与此同时在整个分级加载的过程中，深部岩石轴向和径向蠕变应变随着加载应力水平的增加而增加，且随着应力水平的增大，其增加速率也相应加大。在此分级加载条件下深部岩石的径向蠕变应变与轴向蠕变应变相比较大，且应变以轴向瞬时应变占主导位置，表明深部岩石在三轴压缩下，岩石总体变形主要表现为轴向压缩，且相比于轴向蠕变来说，径向蠕变效应更为明显，岩石以径向蠕变为主。

2. 蠕变过程硬化-损伤演化

根据深部岩石的分级加载蠕变曲线并结合弹性材料的本构方程得出每级应力加载时深部岩石的瞬时弹性模量如式(5-15)：

$$E_s = \frac{\Delta\sigma}{\Delta\varepsilon} = \frac{\sigma_2 - \sigma_1}{\varepsilon_2 - \varepsilon_1} \tag{5-15}$$

式中，E_s 为瞬时弹性模量，GPa；σ_1 为加载阶段的各级加载时的初始应力；σ_2 为加载阶段的各级加载稳定时的应力，即开始发生蠕变的应力；ε_1 为应力 σ_1 时对应的轴向应变；ε_2 为应力 σ_2 时对应的轴向应变。

根据深部岩石的分级加载蠕变曲线并结合黏性材料的本构方程得出每级应力保持不变时深部岩石的蠕变黏性系数如式(5-16)：

$$\eta = \frac{\sigma_2 \Delta t}{\varepsilon_3 - \varepsilon_2} \tag{5-16}$$

式中，η 为蠕变黏性系数；σ_2 为加载阶段的各级加载稳定时的应力，即开始发生蠕变的应力；ε_3 为每级蠕变完成时的轴向应变；ε_2 为应力 σ_2 时对应的轴向应变；

Δt 为每级应力蠕变的维持时间。

根据式(5-15)和式(5-16)以及分级加载条件下的应力-应变曲线，绘制出深部岩石瞬时弹性模量和蠕变黏性系数随应力水平的变化曲线分别如图 5-33 和图 5-34 所示。

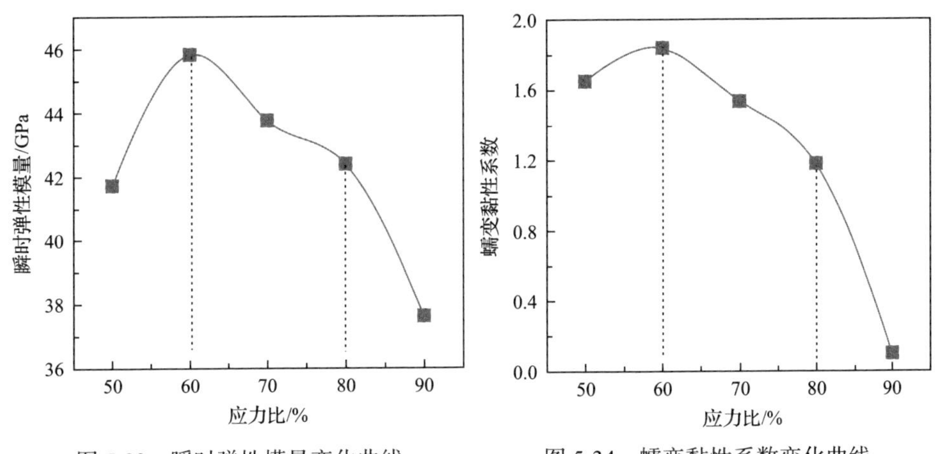

图 5-33　瞬时弹性模量变化曲线　　图 5-34　蠕变黏性系数变化曲线

由图 5-33 和图 5-34 可知，在应力比为 50%、60%时，随着应力水平的增大，瞬时弹性模量逐渐增加，表明深部岩石抵抗塑性变形的能力增加，在分级加载的过程中产生了硬化；与此同时对应的蠕变黏性系数因为受到瞬时弹性模量增大的影响也表现出随应力水平的增大而逐渐增大，但增加斜率明显小于瞬时弹性模量的增加斜率，由此可知在蠕变损伤过程中，此时硬化充当主导作用。当应力比达到 70%、80%、90%时，瞬时弹性模量随应力水平的增加而减小；当应力比达到 80%～90%时，曲线减小的斜率突然增大，而此时蠕变黏性系数也开始随应力水平的增加而逐级减少，并在应力比达到 80%～90%时曲线减少程度加剧，原因是在发生蠕变的阶段，深部岩石产生了蠕变损伤，与此同时降低了瞬时弹性模量增加对其增大的影响，且在应力比达到 80%～90%时，两个变量均减小加剧，表明深部岩石在中高应力水平的影响下蠕变损伤逐渐占据主要位置，且损伤逐级累加并在高应力水平下发生加速蠕变，此时硬化可以忽略不计，深部岩石发生失稳破坏。

通过以上描述，总结出在分级加载蠕变全过程中深部岩石硬化-损伤演化机制为：在瞬时加载过程中，因为瞬时弹性模量的增加，加载过程硬化效应较为明显；在分级加载蠕变过程中，总体以损伤软化为主。并结合整个过程，在中应力比阶段，以硬化为主导；在中高应力比阶段，基本以损伤为主；在高应力比阶段，深部岩石由于前面蠕变各级损伤的累积，损伤增速明显，此阶段损伤占主导地位，深部岩石不足以承载外界载荷而发生加速蠕变直至失稳破坏。

3. 破坏模式

当应力达到第五级时，即应力比达到90%时，深部岩石发生破坏，将三轴蠕变和常规三轴压缩岩石的破坏实物图进行拍照并绘制其素描图，如图5-35所示。

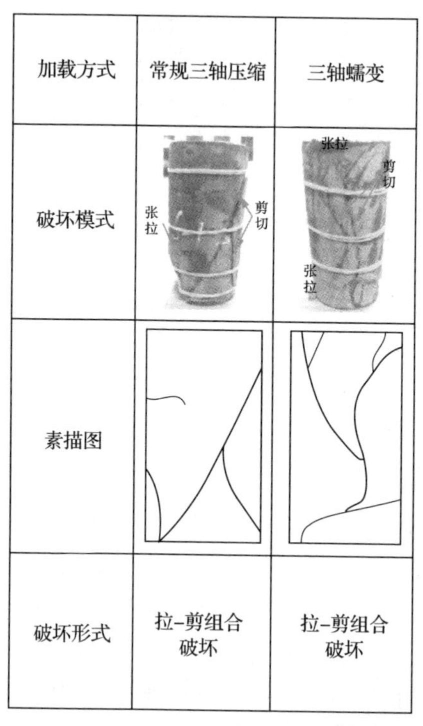

图5-35　不同加载方式下深部岩石破坏模式图

如图5-35所示，深部岩石在不同加载方式下(围压为8MPa的常规三轴压缩试验和围压为8MPa的三轴蠕变试验)的破坏模式，均显现出剪切与张拉混合的破坏特征。岩石由于加载方式的不同，最终破坏模式呈现出明显的差异性。但最终都是以剪切破坏为主导的破坏形式，在常规三轴压缩中，剪切面附近有部分较为明显的张拉破坏面，端部张拉较为严重，且端部存在大量粉末，有部分小块体存在弹射，脱离主破裂面，且存在一个大致为45°的主剪切面，剪切较为明显，两剪切面之间由于颗粒之间的摩擦作用而并没有脱落，但存在主剪切面滑移的趋势，并在破坏过程中伴随巨响产生。分析其原因可能是在轴压加载过程中由于外力的加载导致内部应力状态的重新分布，端部应力集中，导致内部裂隙急剧损伤贯穿，且在围压的束缚下能量积聚，破裂则更加明显，最终展现出剪切破坏并伴随较少张拉破坏的组合。在三轴蠕变破坏中，深部岩石存在两条较为明显的剪切面，且伴随多条张拉裂隙，端部有少量裂隙，与常规三轴压缩破坏相比，没有较为明显的滑移面，也没有出现块体弹射的情况，不存在巨响产生。分析其原因为在径向和轴向蠕变损伤的每级累积下，深部岩石在加速蠕变阶段径向张拉扩容，与试验机形成较大的剪应力，深部岩石最终发生破坏，端部出现明显的张拉破坏面，破坏的同时产生少量粉末。无论是常规三轴压缩试验还是三轴蠕变试验，深部岩石最终都是沿着与轴向加载方向呈一定角度发生双面交汇破坏，且都呈剪切主控面并伴随张拉裂隙的产生。但是常规三轴的岩石破坏更明显，存在剪切滑移主控面，破坏过程更加强烈。因此深部岩石破坏机制可以大致描述为：端部应力集中—内部裂隙损伤累积—围压束缚、损伤加剧—剪切主导破坏并伴随张拉组合。

4. 长期强度

在分级加载蠕变过程中通常采用等时应力-应变曲线来确定其长期强度。即将各级应力水平下的蠕变曲线进行处理分析，从而得出每级应力水平下相同时间表示的蠕变应变与应力的关系曲线。而等时应力-应变曲线中曲线段发生偏移的部分所对应的应力可称为岩石的长期强度。由于在第五级应力水平下，深部岩石在1.4h 内发生加速蠕变破坏，所以当应力达到最后一级时，只获得了 1.4h 以前的等时应力-应变曲线，且根据深部岩石的蠕变曲线用应力比代替应力绘制出了围压为8MPa 的深部岩石三轴蠕变中的轴向、径向等时应力-应变曲线，如图 5-36 所示。

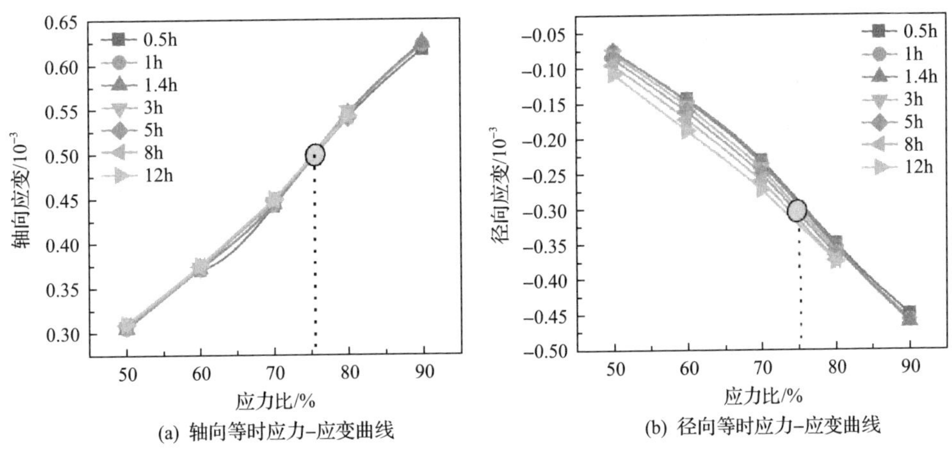

(a) 轴向等时应力–应变曲线　(b) 径向等时应力–应变曲线

图 5-36　等时应力-应变曲线

由图 5-36 可知，曲线大致由两段不同斜率的折曲线构成，在应力水平和时间的双重影响下，曲线逐渐偏离应力轴，表明应变随时间的增加而增加，与之相对应的是变形模量的减少，表明深部岩石的蠕变具有非线性特征。且轴向和径向曲线都大致在应力比为 0.75 时发生偏移，各等时线的拐点标志着岩石内部结构发生变化，并开始发生破坏，故由图 5-36 可知围压为 8MPa 的分级加载蠕变下深部岩石的长期强度大致为峰值强度的 75%左右。

5.4.2 “三阶段”分级增量加载深部卸荷岩石蠕变特性

1. 试验方案

本试验采用轴向压力分级加载的方法对深部岩石进行蠕变试验。试验主要分为三个阶段，以围压 5MPa 的蠕变试验为例介绍试验过程。第一阶段(Ⅰ)：还原深部初始应力阶段。根据试验之前测得的深部岩石赋存环境的原岩应力对岩样进行原始应力状态还原，以轴向压力 σ_1 =36MPa，侧向压力 σ_3 =29MPa 进行加载，偏应力为 7MPa，加载完成后荷载 12h。第二阶段(Ⅱ)：卸围压阶段。为了在有限时间内获得较完整的蠕变曲线和明显的蠕变效果，对岩样进行卸围压处理。本阶段内轴向压力保持不变，减小围压至 5MPa，偏应力($\sigma_1-\sigma_3$)增加至 31MPa。第三阶段(Ⅲ)：分级加载岩石蠕变阶段。围压为 5MPa 保持不变，轴向压力保持 36MPa，荷载 12h，此时偏应力为第一级加载；第二级加载时，轴向压力从 36MPa 升高到 56MPa，保持荷载 12h；第三级加载时轴向压力从 56MPa 升高至 76MPa，继续保持荷载 12h，以此类推，轴向压力分级增量加载直至深部岩石发生蠕变破坏。具体试验阶段及偏应力加载路径如图 5-37 所示。设计试验轴向荷载从低水平到高水平一共六个等级进行分级加载试验，偏应力分别是 31MPa、51MPa、71MPa、91MPa、111MPa、131MPa。加载采用应力控制的方式，加载速率为 100N/s。试验数据采样在加载时每 0.05min 采样一次，荷载时 1h 之内 2min 采样一次，荷载 1h 之后每 10min 采样一次。平均每个等级应力水平荷载时间为 12h，最后一级荷载时间由深部岩石破坏状态而定，当观测到深部岩石蠕变完全后再进行下一等级应力水平加卸载循环，直到深部岩石发生蠕变破坏。试验工况见表 5-6。

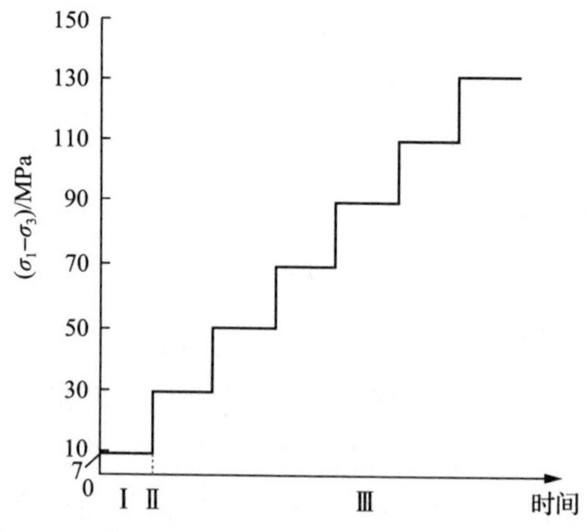

图 5-37　分级增量加载试验阶段及应力路径示意图

表 5-6　分级增量加载蠕变试验工况表

模拟深度/m	轴压/MPa	初始围压/MPa	第二、三阶段围压/MPa	偏应力增加梯度/MPa	每级荷载时间/h	加载路径	采样间隔
1000	36	29	5	20	12	分级增量加载	加载阶段 0.05min 荷载 1h 内 2min 荷载 1h 后 10min

2. 变形特征

分级增量加载深部岩石蠕变试验严格按照以上的试验方案和控制方法在 ZTRC-1500 三轴流变试验系统上进行。试验得到深部岩石的时间-应力-应变曲线如图 5-38 所示。由图 5-38 可知，随着每个等级偏应力的瞬间加载，深部岩石会产生瞬时弹性变形；在试验加载的前五个等级，深部岩石只产生减速蠕变阶段和等速蠕变阶段，且在偏应力加载的前四个等级深部岩石等速蠕变阶段的速率基本为零，偏应力加载的第五级深部岩石出现非零速率的等速蠕变阶段，只有偏应力加载到第六级即 131MPa 时，深部岩石产生明显的蠕变三阶段现象，当深部岩石进入加速蠕变阶段后深部岩石迅速发生破坏。

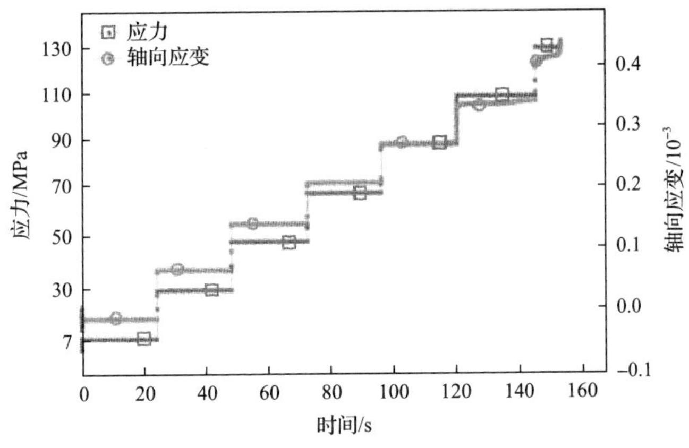

图 5-38　分级增量加载蠕变试验时间-应力-应变图

深部岩石分级增量加载蠕变试验应变-时间曲线如图 5-39 所示。从图 5-39 中可以看出，在分级增量加载蠕变试验过程中，深部岩石的轴向和横向应变随时间的变化关系，深部岩石的轴向和横向变形有如下特点。

(1) 本次分级增量加载试验共分五个等级，每级应力加载开始阶段，深部岩石的轴向和横向都会产生瞬时变形，此变形量占每个等级总变形量的绝大部分。随后 24h 偏应力不变，深部岩石进入蠕变变形阶段，此阶段变形量较小。如在第二级加载即偏应力水平为 51MPa 时，瞬时应变在此阶段总应变的占比超过 90%，第五级加载时瞬时应变占此阶段总应变的 82%。

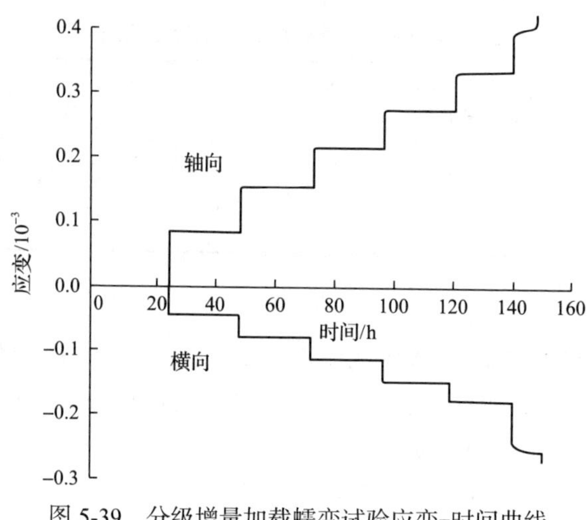

图 5-39　分级增量加载蠕变试验应变-时间曲线

(2)随着加载等级的提高，轴向载荷不断增加，试件的横向和轴向都会产生较多瞬时变形和蠕变变形，轴向产生瞬时应变较多，横向会产生更多的蠕变应变，表明横向的蠕变发展得更快。

(3)深部岩石在发生蠕变时有一个应力阈值，只有当外部载荷高于此值时才会出现不稳定蠕变，即深部岩石出现等速蠕变速率不为零阶段，在本试验第五级加载即偏应力为 111MPa 时，加速蠕变速率不为零，深部岩石发生不稳定蠕变；而在第四级加载即偏应力为 91MPa 时，深部岩石等速蠕变速率为零，深部岩石发生稳定蠕变。由此可知，深部岩石的轴向应力阈值在 91～111MPa。由于横向蠕变发展得更快，深部岩石横向蠕变应变较大，深部岩石轴向的应力阈值大于横向。

3. 瞬时弹性模量分析

每级荷载下的瞬时应力增量和瞬时应变增量的比值称为瞬时弹性模量，则深部岩石在加载试验过程中的瞬时弹性模量与偏应力的关系曲线如图 5-40 所示。从图 5-40 中可以看出，深部岩石的瞬时弹性模量整体呈现先增加后减小的演化趋势。在第一级加载应力作用下，瞬时弹性模量为 27.68GPa，在第二级加载时，瞬时弹性模量减小，减小到 26.04GPa，之后便随偏应力的增加不断增加。其中瞬时弹性模量的最大值在第四级应力加载时出现，其值为 41.76GPa。整体而言，深部岩石的瞬时弹性模量基本都在 26～42GPa 区间内波动，平均值为 33.89GPa。在第六级加载即最后一级加载时，深部岩石的瞬时弹性模量锐减到 11.95GPa，相对于前几个加载等级的瞬时弹性模量平均值，下降幅度达到 64.74%，表明此阶段加载时深部岩石内部已经发生破坏，应力水平提高后产生较大的变形。

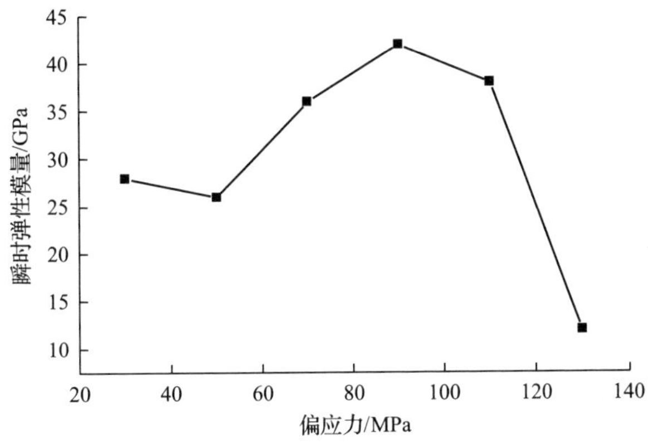

图 5-40　瞬时弹性模量-偏应力关系曲线

4. 瞬时泊松比分析

单位应力增量下的横向应变和轴向应变的比值称为瞬时泊松比。深部岩石的瞬时泊松比演化规律如图 5-41 所示。从图 5-41 中可以看出，深部岩石的瞬时泊松比随加载偏应力的增加呈现逐级上升的趋势。在第一级应力加载作用下即偏应力水平为 31MPa 时，瞬时泊松比为 0.09，到最后一级应力加载作用下即偏应力水平为 131MPa 时，瞬时泊松比增长到 0.81。整个加载蠕变试验过程中瞬时泊松比增长幅度达到 88.9%，此结果远远大于常规加载试验时泊松比的数值，这是由于蠕变过程中深部岩石整体表现为：轴向硬化，横向软化。随着加载等级的提高，应力水平增加，深部岩石内部的微裂隙和裂纹不断发育扩张，岩石损伤累积，产生较多塑性变形，而横向的塑性变形远远超过轴向的塑性变形，因此，瞬时泊松比不断增加。

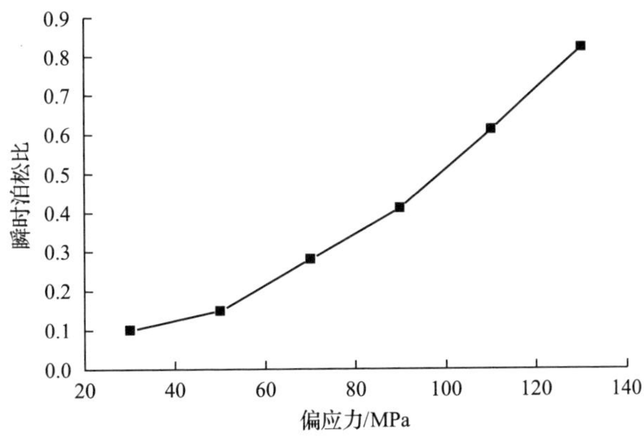

图 5-41　瞬时泊松比-偏应力关系曲线

5.5 分级增量加卸载深部卸荷岩石蠕变特性

5.5.1 试验方案

本试验采用轴向压力分级增量加卸载的方法对深部岩石进行蠕变试验。试验主要分为三个阶段，以围压为 5MPa 的蠕变试验为例介绍试验过程。第一阶段(I)：还原深部初始应力阶段。根据试验之前测得的深部岩石赋存环境的原岩应力对岩样进行原始应力状态还原，以轴向压力 σ_1=36MPa，侧向压力 σ_3=29MPa 进行加载，加载完成后荷载 12h。第二阶段(Ⅱ)：卸围压阶段。为了在有限时间内获得较完整的蠕变曲线和明显的蠕变效果，对岩样进行卸围压处理。本阶段内轴向压力保持不变，减小围压至 5MPa，偏应力($\sigma_1-\sigma_3$)增加。第三阶段(Ⅲ)：分级增量循环加卸载蠕变阶段。围压为 5MPa 保持不变，轴向压力保持 36MPa，荷载 12h，此为第一级加载；第二级加载时，轴向压力从 36MPa 升高到 46MPa，保持荷载 12h，再减小轴向载荷到 36MPa 即从 46MPa 卸到 36MPa；第三级加载时轴向压力从 36MPa 升高至 56MPa，保持荷载 12h 后再卸载至 36MPa，以此类推，轴向压力分级增量循环加卸载直至深部岩石发生蠕变破坏。具体试验阶段及应力加载路径如图 5-42 所示。设计试验轴向荷载从低水平到高水平一共六个等级进行循环加卸载试验，分别是 36MPa、46MPa、56MPa、66MPa、76MPa、86MPa。加载采用应力控制的方式，加载速率为 100N/s。试验数据采样在加载时每 0.05min 采样一

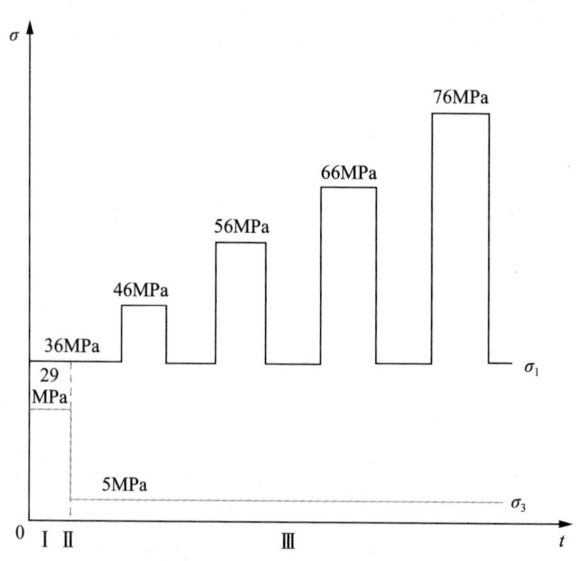

图 5-42 分级增量加卸载试验阶段及应力路径示意图

次，荷载时 1h 之内 2min 采样一次，荷载 1h 之后每 10min 采样一次。平均每个等级应力水平荷载时间为 12h，当观测到深部岩石蠕变完全后再进行下一等级应力水平加卸载循环，直到深部岩石发生蠕变破坏。试验具体工况见表 5-7。

表 5-7　分级增量加卸载试验工况表

模拟深度/m	轴压/MPa	初始围压/MPa	第二、三阶段围压/MPa	偏应力增加梯度/MPa	每级荷载时间/h	加载路径	采样间隔
1000	36	29	5	10	12	分级增量加卸载	加载阶段 0.05min 荷载 1h 内 2min 荷载 1h 后 10min

5.5.2　变形特征分析

本分级增量循环加卸载深部岩石试验严格按照以上的试验方案和控制方法在 RLJW-2000 型微机控制伺服三轴、剪切(蠕变)试验机上进行。试验还原深部初始应力阶段(第一阶段)和卸围压阶段(第二阶段)，试验结果如图 5-43 所示。从图 5-43 中可以看出，试验的第一阶段深部岩石会发生两部分变形：在轴向应力加载时会产生瞬时变形，此部分变形发生时间短且变形量较大，变形量约为 0.24×10^{-3}；在深部岩石保持轴向压力为 36MPa，围压为 29MPa 的应力环境下荷载时，深部岩石发生轻微的蠕变变形，变形量很小，约为 0.01×10^{-3}。第一阶段的试验曲线表明，深部岩石在原岩应力的作用下会产生轻微的弹性变形和较小的蠕变变形。试验的第二阶段轴向压力保持不变，围压降低，偏应力增加，轴向应变瞬时增加，此阶段变形量约为 0.30×10^{-3}。

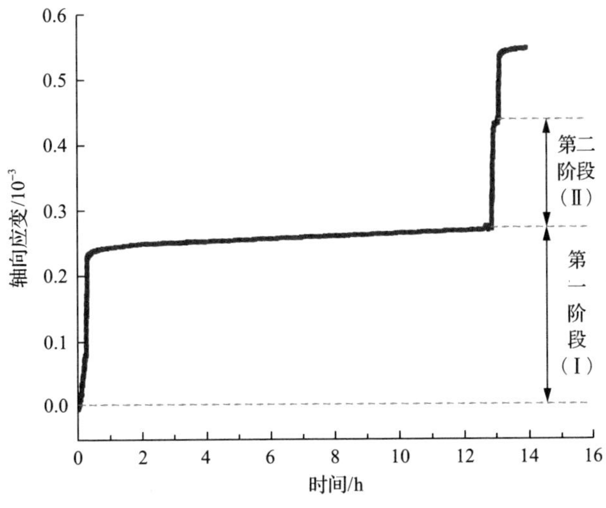

图 5-43　试验初期两个阶段时间-应变曲线

试验的第三阶段，分级增量循环加卸载蠕变阶段。采用分级增量循环加卸载时，常常根据线性叠加的原理整理试验数据，将其分解为不同应力下的岩石蠕变曲线。这种将每一个等级的蠕变曲线都单独拆分出来，按单级加载方式进行蠕变曲线的分析研究，可以从更少的岩样中获得更多的试验数据资料，使蠕变试验的周期大大缩减，节约了试验的时间成本。

分级增量循环加卸载蠕变阶段一共分六个等级进行加载，将每个应力水平的应变-时间曲线单独分解出来，前五个加载等级的时间-应变曲线如图 5-44 所示。从图 5-44 中可以看出，在低水平应力加载下即加载的前四个等级，深部岩石在每个加载等级的加载瞬间会产生较大的变形现象，这是因为深部岩石在受到载荷的瞬间发生瞬时弹性变形，随着内部岩石微元体颗粒的移动，深部岩石中原有的张开性结构面和微裂隙被压缩闭合。随着加载时间的延长，变形速率逐渐减小趋于平缓，此阶段微元体未被破坏，深部岩石发生黏弹性变形。在第五级加载即轴向压力为 76MPa 时，此时载荷较高，深部岩石中的张开性结构面和微裂隙被进一步闭合压实，深部岩石的变形速率同前几个加载等级一样逐渐减小，但是由于加载载荷较大，一部分有瑕疵的微元体发生塑性变形破坏。因此，荷载期间深部岩石的等速蠕变速率不为 0，深部岩石的蠕变应变随时间保持非零速率稳态增加，这时候深部岩石同时存在黏弹性变形和黏塑性变形。

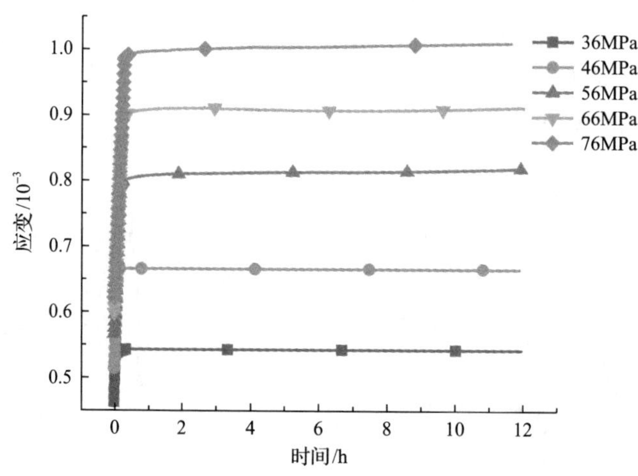

图 5-44　第三阶段前五个加载等级时间-应变曲线

试验的第三阶段第六级加载时间-应变曲线如图 5-45 所示。从图 5-45 中可以看出，深部岩石在发生瞬时应变后，变形速率逐渐降低，0.18h 后进入稳速蠕变阶段，应变随时间趋于一条斜直线，且与第五级加载相比施加应力越高，稳态蠕变速率越大。在等速蠕变 1.02h 后，变形速率激增，深部岩石进入加速蠕变阶段，深部岩石迅速发生破坏。在第六级加载阶段，受高应力作用，微元体内部的结构面和裂隙进一步被压缩闭合，部分存在裂隙和孔隙的微元体无法承受这种高应力作用，逐渐开始破坏，同时高应力水平会使岩石内的颗粒流产生定向流动，增加了颗粒流之间的相互作用，使深部岩石在等速蠕变阶段的变形呈非零速率增长。此外，较高水平的应力也会加剧深部岩石黏塑性变形的发展，使这一等级的等速蠕变速率高于前几个加载等级，此时深部岩石发生黏弹塑性变形，内部的黏塑性变形不断累积最终导致深部岩石破坏。

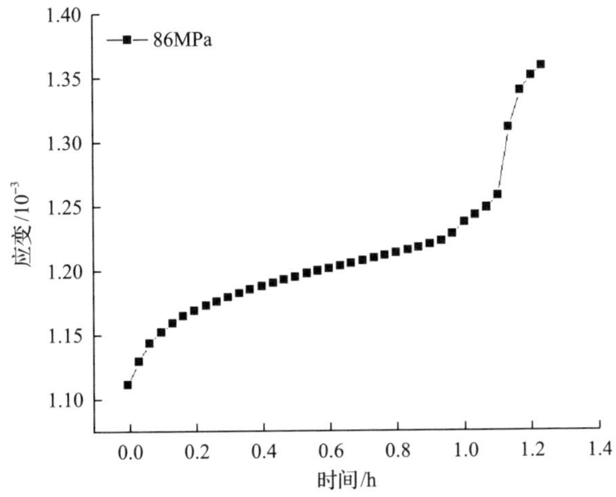

图5-45　第三阶段第六级加载时间-应变曲线

深部岩石破坏状态及裂纹示意图如图5-46所示，可以看到深部岩石都呈现裂隙贯通的“X”或“Y”形破坏。

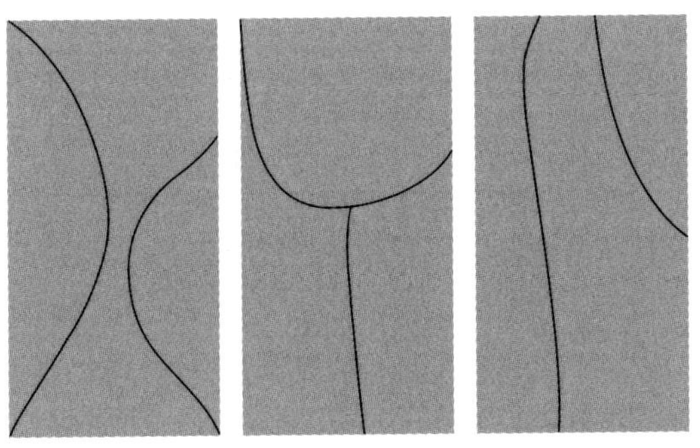

图5-46　深部岩石破坏状态及裂纹示意图

由图5-47和图5-48可知，在深部岩石蠕变试验过程中主要经历四个变形阶段：瞬时变形阶段、减速蠕变阶段、等速蠕变阶段、加速蠕变阶段。图5-47是一段典型的岩石蠕变曲线，图中ε_0、ε_1、ε_2、ε_3分别表示瞬时弹性的应变、减速蠕变阶段的应变、等速蠕变阶段的应变和加速蠕变阶段的应变。从图 5-47 中可以看出，岩石在试验开始阶段，应力加载瞬间会产生弹性变形，此阶段时间很短，但变形量很大，岩石蠕变试验的大部分应变在此阶段产生。随后变形速率逐渐降低，进入减速蠕变阶段，此阶段应变曲线呈上凸形，此阶段岩石的变形逐渐增加但变形速率逐渐降低，岩石应变曲线的切线斜率逐渐减小。当蠕变变形速率逐渐减小趋于稳定时，岩石的蠕变进入等速蠕变阶段，此阶段变形曲线呈近似一次函数形式，岩石的应变速率基本是一个常数，在此过程中，岩石的应变稳态增长，岩石的蠕变试验在此阶段经历的时间最长。随着荷载时间的延长，在某一时刻会出现应变速率急剧增加，蠕变应变迅速增长，此时的岩石内部塑性变形累积较多，试验开始进入加速蠕变阶段。加速蠕变阶段岩石的应变曲线呈上凹形，此阶段加载应力过大，岩石不可承受此强度很快产生塑性破坏，岩石内部裂隙不断发育扩张形成贯通裂缝，岩石在短时间内发生破裂，岩石的蠕变试验在此阶段经历的时间最短。

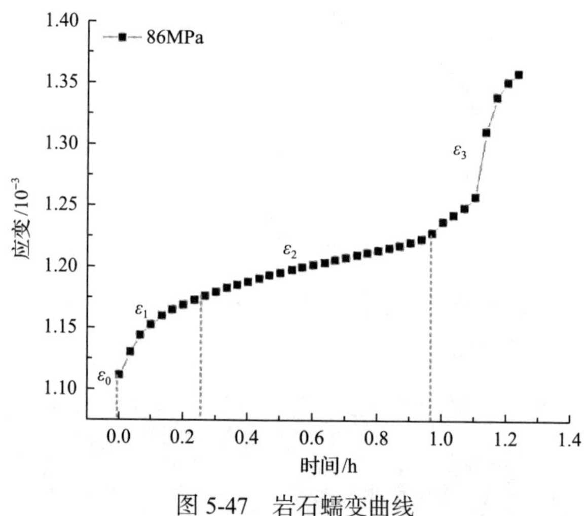

图 5-47　岩石蠕变曲线

试验的卸载阶段时间-应变曲线如图 5-48 所示，在每一加载等级应力卸去后，岩石的轴向应变有一个瞬时恢复，瞬时恢复的一部分应变就是可恢复的弹性应变。从图 5-48 可以看出，随着加载等级的增加，卸去应力后可恢复的弹性应变也增加。由于岩石内部的微元体还发生塑性变形，因而卸去应力岩石的轴向应变不能恢复到零而是逐渐减小最后趋于平缓稳定到某一值，该值称为不可恢复的塑性变形。随着加载等级的增加，塑性变形也不断累积增加。

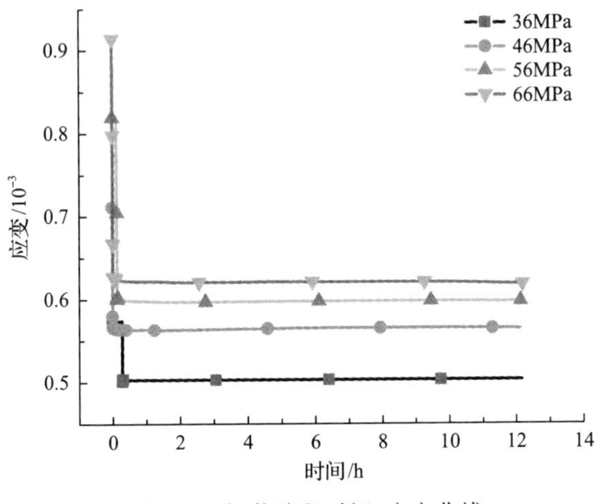

图 5-48　卸载阶段时间-应变曲线

5.5.3　能量耗散分析

深部岩石在被压过程中，依次经历了原始孔隙裂隙压密阶段、弹性变形阶段、弹塑性变形阶段、屈服阶段及峰后残余阶段。岩石在压缩过程中每时每刻都在进行各种能量的转换和耗散。在不考虑设备原因造成的能量损失情况下，由能量守恒原理可知，在被压过程中岩石所吸收的能量一部分以弹性应变能U_e的形式储存在岩石内部，另一部分则为被消耗的能量U_d，因此岩石所吸收的能量U可表示为

$$U = U_e + U_d$$

式中，U_e为岩石内部可恢复的弹性应变能；U_d为被岩石消耗的能量，即耗散能。

在加卸载蠕变试验中，一般认为加载时的应力-应变曲线与x轴围成的面积表示为岩石所吸收的全部能量U。当对岩石卸载处理时，原本储存在岩石内部的可恢复弹性应变能得到释放，其数值等于卸载时的应力-应变曲线与x轴所围成的面积，而由同一级加载曲线和卸载曲线围成的面积为岩石在该加载等级消耗的能量U_d。分级增量加卸载蠕变试验能量演化如图 5-49 所示。在分级增量加卸载蠕变试验过程中，消散的能量U_d一般包括：岩石发生塑性变

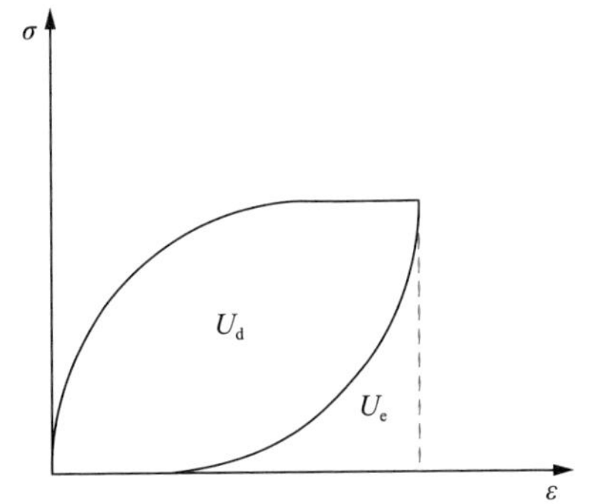

图 5-49　分级增量加卸载蠕变试验能量演化示意

形时的塑性变形能、加载时散发的热能和声发射能等，因而耗散能的大小往往反映出岩石力学性能的变化。当岩石内部储存的弹性应变能足够大以至于超过试件可承载的极限，足以承担岩石破坏裂纹起裂的表面能，此时弹性应变能就会释放出来用于微裂隙扩展乃至贯通破坏，因此，可释放的弹性应变能是岩石破坏的直接原因。

图 5-50 为分级增量加卸载蠕变试验的应力-应变曲线，表 5-8 是加载各级的能量计算结果。由于第六级加载时岩石发生破坏不能卸载，在此不予记录。从表 5-8 中可以看出，岩石在每级加载过程中吸收的总能量和储存在岩石内部的弹性应变能都会随着加载应力的提高而增加。试验全过程中，第一级加载即加载应力为 36MPa 时岩石没有卸载，所以认为岩石吸收的能量全部被吸收或耗散，此过程耗散能较多，这可能是在第一等级加载时岩石经历了结构面和微裂隙被压缩，原始孔隙、裂隙被压密的过程，岩石内部微元体之间发生相对错位，此过程消耗了大量的能量，而从第二级加载开始岩石的耗散能和耗散能与吸收的总能量的比值也随加载水平的提高而逐渐增大。从图 5-50 中可以看出岩石在蠕变破坏过程中，从第二级加载开始岩石的耗散能与吸收的总能量比值都趋近于一个定值，即 0.35，而将各等级加载过程中岩石的耗散能进行累加与吸收的总能量进行累加的比值也基本一致，此值为 0.355。例如，当第四级应力加载时，岩石吸收的总能量为 1.545J/cm^3，耗散能约为 0.564J/m^3，耗散能与吸收的总能量的比值为 0.365。

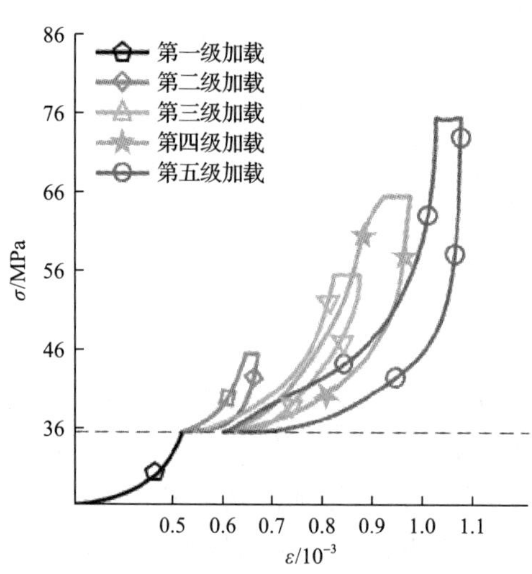

图 5-50　分级增量加卸载蠕变试验的应力-应变曲线

表 5-8　加载各级能量计算结果

加载应力/MPa	吸收的总能量 U/(J/cm^3)	耗散能 U_d/(J/ m^3)	弹性应变能 U_e/(J/m^3)	耗散能与吸收的总能量之比
36	0.468	0.468	—	1
46	0.611	0.199	0.412	0.325
56	0.903	0.304	0.599	0.336
66	1.545	0.564	0.981	0.365
76	1.955	0.676	1.279	0.376
总计	5.482	1.948	3.534	0.355

当加载试验进行到第六等级即加载应力为 86MPa 时，加载过程中岩石发生加速蠕变，加速蠕变过程中岩石的变形速率随荷载时间逐渐增加，岩石内黏塑性变形增加。因为岩石在此等级发生破坏无卸载阶段，现认为在此阶段岩石吸收的总能量等于岩石的耗散能，通过以上结果可以得出，岩石发生加速蠕变之前有一个消耗能量的阈值，当耗散能不超过这个阈值时岩石不会出现不稳定蠕变，这是因为岩石通过消耗能量产生塑性变形积累、散发热能和声能导致岩石的力学性能减弱。而当岩石内部储存的可恢复弹性应变能积累到一定程度以至于超过岩石的极限，高于裂隙扩展破坏所需要的能量时，弹性应变能就会释放出来，岩石内部的裂隙开始逐渐扩张，并慢慢发育贯通最终导致岩石破坏。

5.5.4 黏弹塑性分析

由岩石各级的蠕变变形曲线可以看出，岩石在加载过程中的总应变 ε 可分为瞬时应变 ε_{m} 和蠕变应变 ε_{c}。瞬时应变 ε_{m} 可分解为瞬弹性应变 $\varepsilon_{\mathrm{me}}$ 和瞬塑性应变 $\varepsilon_{\mathrm{mp}}$；蠕变应变 ε_{c} 可分解为黏弹性应变 $\varepsilon_{\mathrm{ce}}$ 和黏塑性应变 $\varepsilon_{\mathrm{cp}}$ 两部分。因此，分级加载下岩石总应变量 ε 是由瞬弹性应变 $\varepsilon_{\mathrm{me}}$、瞬塑性应变 $\varepsilon_{\mathrm{mp}}$、黏弹性应变 $\varepsilon_{\mathrm{ce}}$ 和黏塑性应变 $\varepsilon_{\mathrm{cp}}$ 组成(黏弹塑性变形分离示意图如 5-21 所示)，即

$$\varepsilon = \varepsilon_{\mathrm{me}} + \varepsilon_{\mathrm{mp}} + \varepsilon_{\mathrm{ce}} + \varepsilon_{\mathrm{cp}} \tag{5-17}$$

对于每一级加载中应力加载瞬间的瞬时应变 ε_{m} 是由两部分组成，即

$$\varepsilon_{\mathrm{m}}^{(i)} = \varepsilon_{\mathrm{me}}^{(i)} + \varepsilon_{\mathrm{mp}}^{(i)} = \varepsilon_{\mathrm{me}}^{(i)} + \sum_{n=1}^{i} \Delta\varepsilon_{\mathrm{mp}}^{(n)} \tag{5-18}$$

式中，$\varepsilon_{\mathrm{m}}^{(i)}$、$\varepsilon_{\mathrm{me}}^{(i)}$、$\varepsilon_{\mathrm{mp}}^{(i)}$ 分别为第 i 级加载下瞬时应变、瞬弹性应变、瞬塑性应变；$\Delta\varepsilon_{\mathrm{mp}}^{(i)}$ 为第 i 级加载下瞬塑性应变增量。

通过分析可以得出加载过程中产生的黏弹性应变和卸载后恢复的弹性形变数值相等，方向相反，因此可以认为加载过程和卸载过程中的黏弹性变形曲线是关于 x 轴对称的，加卸载试验过程中黏弹性应变如图 5-22 所示，在 t 轴上方的曲线为加载时的黏弹性应变 $\varepsilon_{\mathrm{ce}}$，在 t 轴下方的曲线为卸载时的黏弹性应变 $-\varepsilon_{\mathrm{ce}}$，因此在加载时不能直接测量出的黏弹性应变可以通过测量卸载后岩石恢复的变形量计算出来，即 $\varepsilon_{\mathrm{ce}}=-\varepsilon_{\mathrm{ce}}$。

在应力加载阶段，岩石蠕变应变 ε_{c} 可分解为以下两个部分，即

$$\varepsilon_{\mathrm{c}}^{(i)} = \varepsilon_{\mathrm{ce}}^{(i)} + \varepsilon_{\mathrm{cp}}^{(i)} = \varepsilon_{\mathrm{ce}}^{(i)} + \sum_{n=1}^{i} \Delta\varepsilon_{\mathrm{cp}}^{(n)} \tag{5-19}$$

式中，$\varepsilon_{c}^{(i)}$、$\varepsilon_{ce}^{(i)}$、$\varepsilon_{cp}^{(i)}$ 分别为第 i 级加载下的蠕变应变、黏弹性应变、黏塑性应变；$\Delta\varepsilon_{cp}^{(i)}$ 为第 i 级加载下黏塑性应变增量。

试验实测得到瞬时应变和蠕变应变，对各级加卸载的数据进行分析和整理。由于第六级加载时岩石发生加速蠕变导致破坏，无法测量出第六级加载时的变形量，故在此不予记录，得到的结果见表 5-9。

表 5-9　分级增量加卸载蠕变过程中黏弹塑应变实测值

分级	ε_{m}	ε_{me}	ε_{mp}	$\Delta\varepsilon_{mp}$	ε_{c}	ε_{ce}	ε_{cp}	$\Delta\varepsilon_{cp}$
第一级	0.048 53	0.037 54	0.010 99	0.010 99	0.004 53	0.002 30	0.002 23	0.002 23
第二级	0.113 93	0.102 53	0.011 40	0.000 41	0.010 70	0.005 23	0.005 47	0.003 24
第三级	0.231 53	0.215 05	0.016 48	0.005 08	0.014 85	0.005 45	0.009 40	0.003 93
第四级	0.317 52	0.282 61	0.034 91	0.018 43	0.021 40	0.011 89	0.009 51	0.000 11
第五级	0.408 19	0.350 9	0.057 29	0.022 38	0.038 85	0.020 10	0.018 75	0.009 24

瞬时应变与加载等级的关系如图 5-51 所示，可以看出瞬时应变 ε_{m} 由瞬弹性应变 ε_{me} 和瞬塑性应变 ε_{mp} 两部分组成，而瞬弹性应变远大于瞬塑性应变，说明了深部岩石的岩性和质地较为坚硬，塑性变形相对不明显。随着加载等级的增加，轴向应力水平提高，瞬时应变、瞬弹性应变和瞬塑性应变均有所增加，但是增加幅度不同。瞬弹性应变呈非线性增加且增幅显著，而瞬塑性应变增幅较小。瞬时应变总量每级平均增长 0.089 91，瞬弹性应变每级平均增长 0.078 34，瞬塑性应变每级平均增长 0.011 575。瞬塑性应变增量在加载前两个等级时略微降低，在第二等级和第三等级开始加载时瞬塑性应变增量分别为 0.000 41 和 0.005 08，但在随后几个加载等级的加载中稳态增加，第四级和第五级加载时瞬塑性应变增量分别为

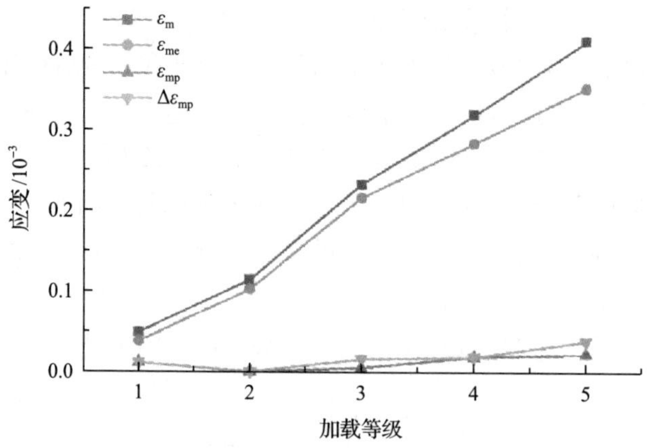

图 5-51　加载等级-瞬时应变关系曲线

0.01843 和 0.02238，这可能是由于在刚开始加载时岩石内部的部分有瑕疵的微元体被破坏从而产生塑性变形，之后瞬塑性应变量较前面阶段也增幅明显。

蠕变应变与加载等级关系曲线如图 5-52 所示，随着加载等级的提高，滞后的黏弹性应变和不可恢复的黏塑性应变均呈现增长态势。黏弹性应变在前三个等级增速较慢尤其是第三级加载时应变增长只有 0.000 22，而从第三级之后呈线性迅速增加，第四级和第五级平均增长 0.007 325，这表明随加载应力水平增加，岩石的不可恢复的黏性流动增强。黏塑性应变在前两个等级增长较快，平均每个等级增长 0.003 585。第三级加载时黏塑性应变几乎没有增长，增量仅有 0.000 11。但在之后加载阶段黏塑性应变又迅速增加，增量达到 0.009 24。在前两个加载等级即较低应力水平下，黏弹性应变和黏塑性应变几乎相等；第三级加载时岩石的黏弹性应变约占总蠕变应变的 1/3，此阶段蠕变变形主要表现为黏塑性变形；在第四级和第五级加载的高应力水平下，黏弹性应变和黏塑性应变相差不多，在此阶段蠕变变形主要表现为黏弹塑性状态。

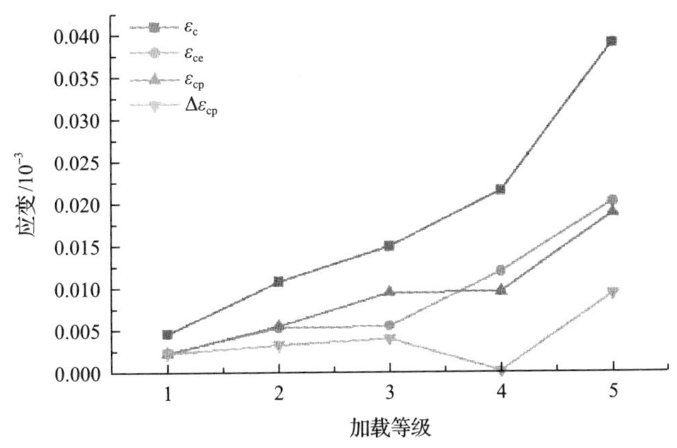

图 5-52　加载等级-蠕变应变关系曲线

5.5.5　损伤阈值及长期强度分析

对岩石蠕变损伤进行研究的首要问题是岩石开始出现损伤的条件，即当外部施加的应力达到某水平时才会导致岩石出现损伤，此应力水平被称为蠕变损伤阈值。目前，国内外学者对岩石蠕变损伤问题进行了诸多研究和报道，对蠕变损伤阈值问题主要有两种看法：一部分学者认为只有当岩石进入到加速蠕变阶段才会出现蠕变损伤，而只发生初始蠕变和等速蠕变时岩石不会产生损伤；另一部分学者认为岩石的蠕变损伤阈值就是岩石的长期强度，当外部载荷超过长期强度时岩石会出现蠕变损伤。从微观角度来看，岩石蠕变损伤的本质就是岩石内部微元体中的原子键发生断裂。对于岩石内部的微元体，同时受到相邻微元体的吸引力和排斥力，作用力的表达式如下。

相互吸引的作用力 F_1：

$$F_1 = \alpha b^{-n} \tag{5-20}$$

相互排斥的作用力 F_2：

$$F_2 = \beta b^{-m} \tag{5-21}$$

式中，α、β、m 和 n 为微元体的特征常数，且 $1<n<m$；b 为微元体之间的距离。

岩石内部微元体受到的合力 F 为

$$F = F_1 - F_2 = \alpha b^{-n} - \beta b^{-m} \tag{5-22}$$

由式(5-20)～式(5-22)可知，岩石内部的微元体之间的相互吸引力、相互排斥力和微元体所受的合力是微元体间距 b 的函数。微元体之间相互作用力如图 5-53 所示。在没有外界力干扰的情况下，组成岩石的微元体之间处于相对平衡的状态，此时微元体之间的相互吸引力等于相互排斥力，即所受的结合力 F 为 0。在式(5-22)中，把 F=0 代入，可得到相对平衡状态下微元体之间的距离 b_0，因此 b_0 的表达式为

$$b_0 = \frac{\beta^{\frac{1}{m-n}}}{\alpha} \tag{5-23}$$

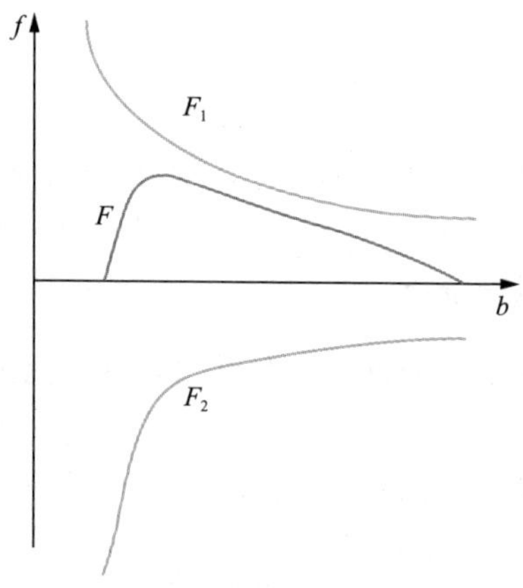

图 5-53　微元体之间相互作用力示意图

由此看来，若使得相邻两个微元体之间完全没有相互作用的力，就需要让两个微元体之间的距离无限加长趋近于无穷大。而此时由微元体组成的系统中所吸

收的外部能量 W 大于 Q，Q 的表达式为

$$Q=\int_{b_0}^{\infty}\alpha b^{-n}-\beta b^{-m}d(b) \tag{5-24}$$

Q 的数值等于微元体所受的结合力 F 曲线与坐标 x 轴围成的面积。当外部施加载荷作用，岩石发生变形，此时组成岩石的微元体之间的距离由 b_0 增加到某一值 b_i，若要使两微元体之间完全没有作用力，则需要外界施加的能力 q 为

$$q=Q-\int_{b_0}^{\infty}\alpha b^{-n}-\beta b^{-m}d(b) \tag{5-25}$$

由式(5-25)可以看出，若组成岩石的微元体之间的相互作用力逐渐减小，甚至完全消失，则其所需要外界施加的能量会随岩石变形量的增加而逐渐减小。从细观角度上看，随着岩石变形量增加，岩石中的裂隙和裂纹扩展发育所需要的表面能逐渐减小。根据岩石蠕变过程中的能量演化可得：外部施加载荷提供给岩石的能量一部分用于岩石在试验过程中以热能、声能等形式耗散，而剩余部分则以弹性应变能的形式储存在岩石中。因此，当储存在岩石内部微元体中的弹性应变能不断增加，微元体之间相互作用力持续增大，直到两个微元体之间作用力超过原子键产生的作用力，原子键断裂，微元体之间的相互作用力消失。

当加载等级较低时，外部载荷施加给岩石的能量不足，储存在微元体内部的能量不能使原子键发生破坏，宏观上表现为岩石蠕变过程只发生减速蠕变和等速蠕变且等速蠕变速率为零，岩石不会产生损伤。当加载等级较高时，应力水平超过岩石的长期强度，岩石蠕变过程中岩石发生减速蠕变和等速蠕变且等速蠕变速率不为零，岩石的黏塑性变形逐渐累积，且随着岩石耗散能的增加，岩石的力学性质减弱，微元体之间的连接键逐渐不稳定。微元体内部储存的能量不断增加，破坏连接键的必要能量逐渐降低，连接键很快发生破坏，岩石出现损伤。

在进行岩石压缩试验时，受压时间越长，岩石的强度越低，岩石在长期荷载作用下可抵挡破坏的强度最低值被称为岩石的长期强度。长期强度也是一个临界应力值，当对岩石施加的应力值超过此临界值时，岩石的蠕变变形向不稳定蠕变发展；但对岩石施加的应力值小于此临界值时，岩石的蠕变变形相对平稳发展。应力-应变等时线簇法是间接法中常用的方法之一，但此方法适用于拥有大量加速蠕变数据点的试验，本试验只有六个加载等级，且只有第六级有明显的加速蠕变阶段，使用此方法效果不好。前述提到的损伤阈值方法可以确定岩石的长期强度，此种确定岩石长期强度的方法被称为等速蠕变速率法。

低应力时岩石主要发生黏弹性应变，可以维持较长时间，随着应力水平提高，岩石内黏塑性蠕变发展，应变随时间的增加而不断增长，最终导致岩石发生蠕变

破坏。等速蠕变速率法认为当岩石只发生减速蠕变或者保持等速蠕变阶段，蠕变速率为零时的最大应力就是岩石的长期强度的应力阈值。当外部载荷超过此应力阈值时岩石出现稳态蠕变和加速蠕变，岩石内部孔隙和裂缝发生扩展，在一定时间之后发生蠕变破坏。因此可以通过蠕变速率的变化水平判断应力是否到达阈值，以此来推断岩石的长期强度。

加载轴向压力为 66MPa 时等速蠕变阶段应变-时间曲线如图 5-54(a)所示，曲线比较平缓，几乎不存在波动，岩石的黏塑性蠕变速率即曲线的切线斜率基本为零；当轴向压力升高，加载应力水平到 76MPa 时，从图 5-54(b)可以看出，此等级应变随时间增长变化的较为明显，等速应变速率不为零，可以认为此时的加载应力已经超过应力阈值。因此，可以认为此岩石的应力阈值存在于 66～76MPa，在无法精确地确定此值的情况下，可以将 66MPa 粗略地认为是岩石的长期强度。此岩石在加载应力为 86MPa 时发生加速蠕变，岩石破坏，可以估计此岩石的长期强度约为常规强度的 77%。

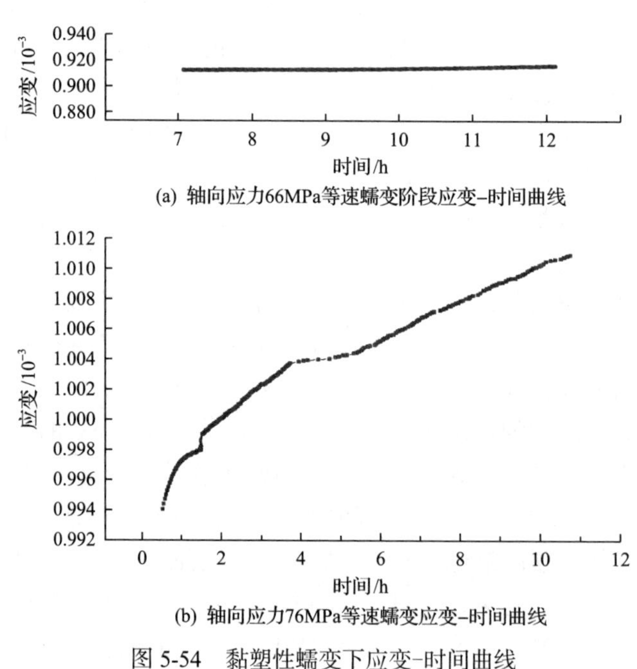

(a) 轴向应力66MPa等速蠕变阶段应变–时间曲线

(b) 轴向应力76MPa等速蠕变应变–时间曲线

图 5-54　黏塑性蠕变下应变–时间曲线

5.6　深部卸荷岩石黏弹塑性蠕变模型

近年来，广大学者为了准确描述岩石蠕变的非线性特征，获得了不少新方法和新理论，分数阶导数蠕变模型就是其中之一。周宏伟等[33]引入常黏性系数 Abel

黏壶来代替西原模型中的牛顿黏壶，该 Abel 黏壶为一种新型的变黏性系数的元件，称为分数阶 Abel 黏壶元件，并基于此构建出了分数阶导数的岩石蠕变模型；吴斐等[34]通过将 Abel 黏壶代替模型中的黏弹塑体和改变 Abel 黏壶的求导阶数两个方面改进了分数阶模型。许多等[35]在周宏伟教授研究的带有变系数 Abel 黏壶的模型中又加入了一个 Abel 黏壶对模型加以改进。通过上述分析得到加卸载条件下深部岩石的黏弹塑性变形特征，本节采用改进后的带有 Abel 黏壶的分数阶模型拟合本试验数据以验证改进后的分数阶模型对深部岩石的适用性。

上述提到弹性元件就是理想弹性体，其应力-应变关系符合胡克定律（$\sigma(t)-\varepsilon(t)$），黏性元件即牛顿流体，符合牛顿流动定律（$\sigma(t)-\mathrm{d}^1\varepsilon(t)/\mathrm{d}t^1$）。如果把胡克定律的应力-应变关系式写作与牛顿流动定律相同的形式，即 $\sigma(t)-\mathrm{d}^0\varepsilon(t)/\mathrm{d}t^0$，就可以明确看出介于理想弹性体和牛顿流体之间的材料应力-应变关系式可写作 $\sigma(t)-\mathrm{d}^\gamma\varepsilon(t)/\mathrm{d}t^\gamma$，式中，$0\leqslant\gamma\leqslant1$。因此 Abel 黏壶的本构关系式为

$$\sigma=\frac{\eta\mathrm{d}^\gamma\varepsilon(t)}{\mathrm{d}t^\gamma} \tag{5-26}$$

式中，$0\leqslant\gamma\leqslant1$。当 γ=0 时，式(5-27)可化简为一次函数关系即满足胡克定律的理想弹性体；当 γ=1 时，应力-应变为一阶导数关系。η 为黏性系数；γ 为求导阶数。由于 Abel 黏壶的求导阶数在 0～1 之间，因此可以认为它是一个综合元件，它的性质介于弹性元件和黏性元件之间。

在深部岩石蠕变过程中，尤其是在加速蠕变阶段，岩石的黏性系数不是恒定的一个常数，因此引入一个损伤变量 D 来描述黏性系数的劣化。若只考虑加载作用的时间对岩石的影响，则有

$$\eta^\gamma=\eta^\gamma(D)=\eta^\gamma(1-D) \tag{5-27}$$

式中，η^γ 为黏性系数。一般认为蠕变过程中的损伤演化规律为负指数函数的形式，即 $D=1-\mathrm{e}^{-\alpha t}$，其中 α 为与岩石性质相关的系数。由式(5-26)、式(5-27)和损伤变量的负指数函数可以得到，变系数 Abel 黏壶的应力-应变关系为

$$\sigma=(\eta^\gamma\mathrm{e}^{-\alpha t})\frac{\mathrm{d}^\gamma\varepsilon(t)}{\mathrm{d}t^\gamma} \tag{5-28}$$

为了更好地反映岩石蠕变特性，将 Abel 黏壶和变系数 Abel 黏壶引入西原模型，分别替换黏性元件和黏塑性体以表征岩石非线性变形特征、初始蠕变及等速蠕变特征。因此，改进后的分数阶模型如图 5-55 所示。

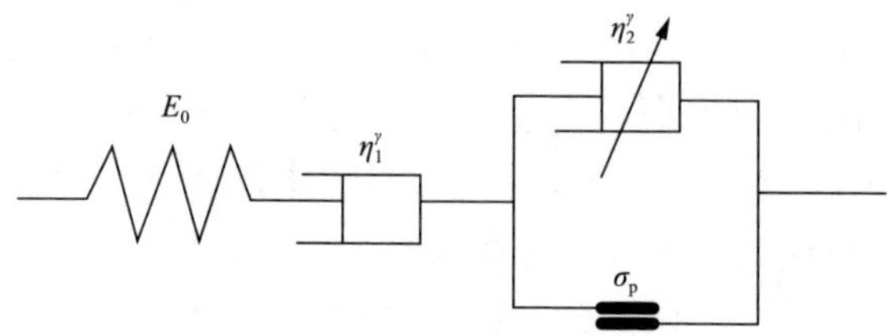

图 5-55　改进后的分数阶模型示意图

由上述分析可得，循环加卸载作用下深部岩石蠕变过程变形是由瞬时变形、初始蠕变变形、等速蠕变变形和加速蠕变变形组成。从图 5-55 可以看出，改进后的分数阶模型是由一个弹性元件、一个 Abel 黏壶、一个变系数 Abel 黏壶与一个塑性元件并联的组合三部分串联而成。

设相互串联的三部分应变分别是 ε_1、ε_2 和 ε_3，则总应变 ε 可写为

$$\varepsilon = \varepsilon_1 + \varepsilon_2 + \varepsilon_3 \tag{5-29}$$

对于图 5-55 中的三个部分，总应力均为 σ，各部分的应力-应变关系如下。

(1) Abel 黏壶的应力-应变关系为

$$\varepsilon_2 = \frac{\sigma t^\gamma}{\eta_1 \Gamma(\gamma+1)} \tag{5-30}$$

式中，$\Gamma(\gamma+1)$ 为 Gamma 函数；η_1 为黏性系数。

(2) 弹性元件的应力-应变关系为

$$\varepsilon_1 = \frac{\sigma}{E_0} \tag{5-31}$$

式中，E_0 为弹性元件中弹簧的弹性模量。

(3) 黏塑性体的应力-应变关系为

当 $\sigma \leqslant \sigma_s$ 时，

$$\varepsilon_3 = 0 \tag{5-32}$$

当 $\sigma > \sigma_s$ 时，

$$\varepsilon_3 = \frac{(\sigma - \sigma_s)}{\eta_2^\gamma} t^\gamma \sum_{k=0}^{\infty} \frac{(\alpha t)^k}{\Gamma(k+1+\gamma)} \tag{5-33}$$

式中，σ_s 为屈服极限。

引入 Mittag-Leffler 函数：

$$E_a^b(c) = \sum_{k=0}^{\infty} \frac{(c)^k}{\Gamma(a+b)} \tag{5-34}$$

可得此模型的本构方程为

当 $\sigma \leqslant \sigma_s$ 时，

$$\varepsilon(t)=\frac{\sigma}{E_0}+\frac{\sigma}{\eta_1^{\gamma}}\frac{t\gamma}{\Gamma(\gamma+1)} \tag{5-35}$$

当 $\sigma > \sigma_s$ 时，

$$\varepsilon(t)=\frac{\sigma}{E_0}+\frac{\sigma}{\eta_1^{\gamma}}\frac{t^{\gamma}}{\Gamma(\gamma+1)}+\frac{(\sigma-\sigma_s)}{\eta_2^{\gamma}}t^{\gamma}E_{1,1+\lambda}(\alpha t) \tag{5-36}$$

在岩石蠕变本构模型研究中，常常选用西原模型来描述岩石的蠕变特性，本节采用西原模型和改进后的分数阶模型同时进行试验结果的数据拟合，拟合参数 E_0、E_1、η_1、η_2、γ 等结果见表 5-10 和表 5-11。试验数据与西原模型和改进后的分数阶模型拟合的效果对比如图 5-56 所示。

表 5-10　西原模型和改进后的分数阶模型参数拟合结果($\sigma \leqslant \sigma_s$)

模型	E_0/GPa	E_1/GPa	η_1/(GPa·h)	γ
西原模型	113.636	96.006	11.265	1
改进后的分数阶模型	114.513	—	113.001	0.285

表 5-11　西原模型和改进后的分数阶模型参数拟合结果($\sigma > \sigma_s$)

模型	E_0/GPa	E_1/GPa	η_1/(GPa·h)	η_2/(GPa·h)	γ
西原模型	183.575	130.155	16.216	24.151	1
改进后的分数阶模型	179.631	—	98.247	1018.7	0.335

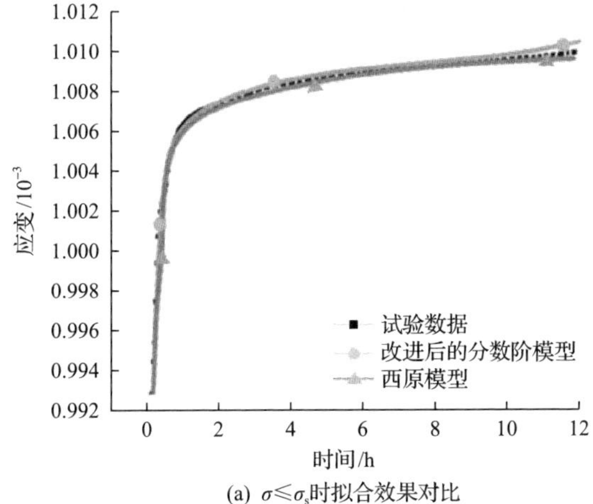

(a) $\sigma \leqslant \sigma_s$ 时拟合效果对比

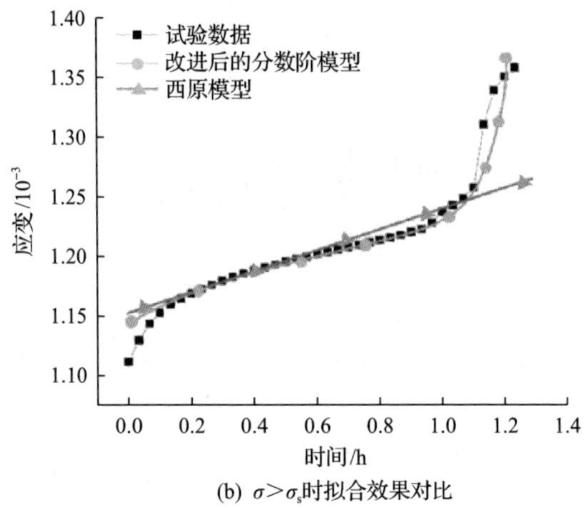

(b) $\sigma > \sigma_s$时拟合效果对比

图 5-56 西原模型和改进后的分数阶模型拟合结果与试验数据对比

由图 5-56 可以看出，在加载应力小于等于屈服极限时，即蠕变过程的初始蠕变阶段和等速蠕变阶段，西原模型和改进后的分数阶模型都可以很好地拟合出数据曲线，反映了深部岩石在初始蠕变阶段的应变非线性增长和等速蠕变阶段应变速率逐渐趋于稳定的特征。当加载应力大于屈服极限时，可以看出西原模型拟合结果趋于一条直线，明显偏离了试验结果曲线，不能反映深部岩石的加速蠕变阶段非线性蠕变特征；而改进后的分数阶模型虽然也稍有偏离，但整体上还可以较好地反映全过程蠕变应变特征，特别是加速蠕变阶段应变量呈非线性急剧增加的过程。由此可见，改进后的分数阶模型相对于西原模型可以更好地反映岩石全过程蠕变特征，尤其是对加速蠕变阶段有良好的描述。

第 6 章　错层位开采卸压原理及技术

6.1　错层位卸压巷道围岩力学分析

6.1.1　错层位卸压巷道的特点

错层位开采巷道布置的一般形式如图 6-1 所示。该布置方式是将工作面进风巷和回风巷布置于厚煤层的不同层位。当煤层倾角较小时，工作面进风巷 1 布置在厚煤层的下部层位，工作面回风巷 2 布置于厚煤层的上部层位。当煤层倾角较大时，工作面进风巷沿煤层顶板布置，工作面回风巷沿底板布置，原理相同。接续工作面进风巷 3 在上一工作面稳定的采空区下掘进，形成负煤柱。采煤工艺为三段式，即 a 段铺网式、b 段放顶煤(或大采高一次采全厚)式、c 段网下回采式。

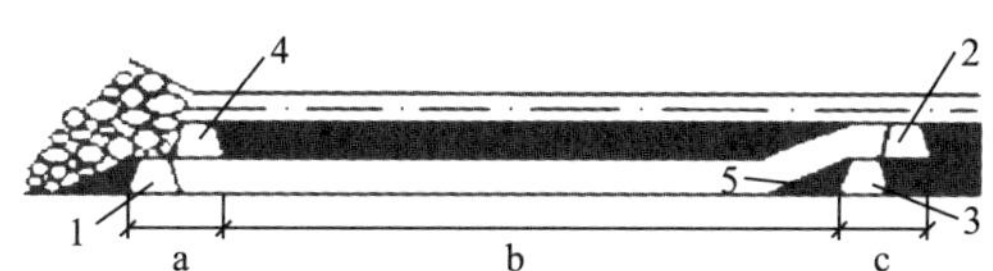

图 6-1　错层位开采巷道布置一般形式

1-工作面进风巷；2-工作面回风巷；3-接续工作面进风巷；4-上一工作面回风巷(已垮)；5-煤柱

这种巷道布置形式取消了区段之间要留设的保护煤柱，只在沿底板部分留有少量的三角实体煤柱，大大减少了煤炭损失，实现了真正意义上的无煤柱开采。其技术特点简要说明如下。

1. 减少煤炭损失

放顶煤开采具有过渡支架及端头部分不能放煤的特点，会形成巨大的 T 形煤柱，煤层越厚，损失越大。而错层位开采可将这一部分煤柱大部分采出，只留有少量的三角实体煤损失，经计算可提高煤炭回采率至少 10%。

2. 巷道掘进与维护

巷道 1 位于上一工作面的采空区内，即卸压区内。不管是遗留的实体三角煤还是工作面进风巷 1，均处于老顶岩层形成的砌体梁结构保护之下，其所承受的压力仅为采空区垮落矸石的重量。其次，由于错层位开采在起坡段将顶煤采出后，大大减弱了三角煤柱、工作面进风巷 1 与未断裂老顶之间的力学联系，巷道围岩变形量很小。除此之外，采空区垮落矸石还可起到垫层的作用。因此，巷道利于掘进与维护，节约了支护成本。

3. 自然发火危险性

与传统沿底板布置两巷的放顶煤开采相比，错层位开采将引起自然发火的区段煤柱、巷道顶煤及过渡支架上方的煤体采出，从源头上消除了产生自然发火的介质，即使留有少量的三角煤柱也是实体煤，而不是松散浮煤。因此，错层位开采大大减少了煤炭自然发火的危险性。

4. 降尘排放瓦斯

错层位开采巷道布置由于进回风巷道不处于同一层位，始终存在一条巷道(倾角小时为回风巷道，倾角大时为进风巷道)沿煤层顶板(或特厚煤层时沿煤层中部)布置，这样的巷道布置形式符合瓦斯的上浮效应，利于瓦斯排放；若该巷道沿煤层顶板布置时，在减尘方面要好于托顶煤布置。

5. 冲击地压防治

区段煤柱由于承受了来自顶底板的集中压力，特别是受工作面超前采动影响时，原煤柱中的能量突然释放而产生冲击地压。而错层位负煤柱开采时由于采出了区段保护煤柱，取消了顶板与三角煤柱之间的力学联系。因此，错层位负煤柱开采从根源上消除了区段煤柱发生冲击地压的危害。

6. 缓解开采沉陷危害

无煤柱开采是提高工作面回采率的重要手段之一。沿空留巷的巷帮充填、加强小煤柱稳定性条件下的窄煤柱护巷是传统无煤柱开采的典型方法。这种方法不仅增加了吨煤成本，而且造成了地表的不规则下沉，即地表呈波浪状。而错层位开采由于完全采出了区段保护煤柱，相邻工作面之间形成整体，老顶呈现连续性弯曲下沉，此时地表沉陷比较平缓，减弱了开采沉陷带来的危害。

7. 工作面防滑

倾斜、急倾斜煤层开采时面临的一个共性问题，就是设备的下滑。因为设备的重力沿煤层倾斜方向产生分力，这个分力可称为下滑力。传统控制设备下滑的措施通常是在工作面设备中增加防滑装置、工作面伪斜角布置或设置合适的迎山角等。设备防滑装置成本高、可靠性差，且效果一般；伪斜角和迎山角从力学角度看，可分解一部分下滑力，但两角度的大小变化范围都有一定的限度。错层位开采倾斜、急倾斜煤层时，由于存在一条沿顶板布置的平巷，使得工作面沿倾向的下端形成一弯曲段。从力学分析结果看，这一弯曲段能产生一个阻止设备下滑的反力，能够在一定程度上平衡下滑力。

6.1.2 错层位卸压巷道的分类

错层位开采是一种新型的采煤方法，因为它不仅体现了工作面巷道的布置，而且还包含了采煤工艺。工作面巷道布置充分利用了采动后围岩应力重新分布的特点，按照接续工作面进风平巷(倾角大时为回风平巷)与上一工作面回风平巷(倾角大时为进风平巷)的水平距离不同，可分为内错式、重叠式及外错式。内错式如图 6-1 所示，内错式也称为负煤柱开采形式，内错式是指将巷道 1、巷道 3 分别布置于上一工作面回风巷(大倾角时为进风巷)靠近采空区侧一定距离，使内错巷道处于完全卸压区中。重叠式是指将巷道 1、巷道 3 布置于上一工作面回风巷(大倾角时为进风巷)的正下方，此时的巷道仍处于卸压区中，如图 6-2 所示。外错式是指将巷道 1、巷道 3 布置于靠近工作面实体煤的一侧，如图 6-3 所示。图中各数字表示含义与图 6-1 相同。

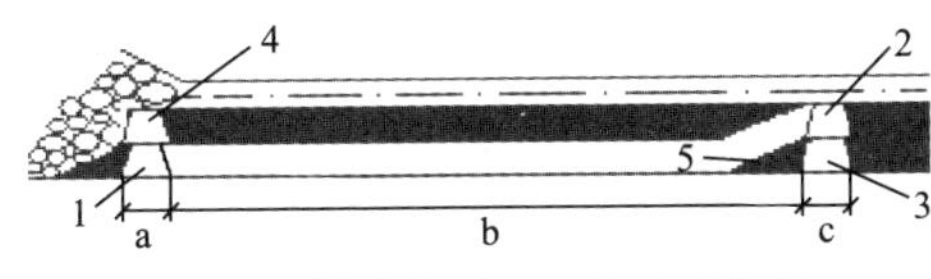

图 6-2　错层位开采重叠式布置图

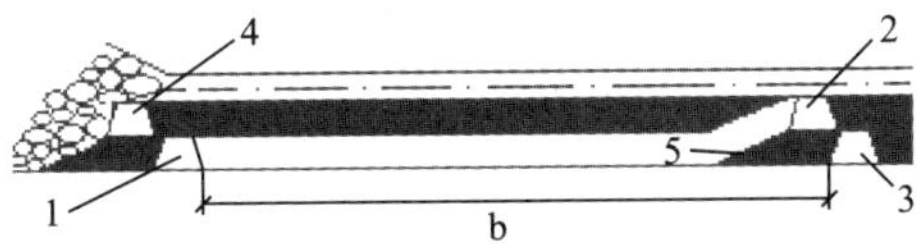

图 6-3　错层位开采外错式布置

对于特厚煤层，根据煤层厚度的不同，可分为沿顶留煤内错式、层间留煤内错式及混合留煤内错式，分别如图 6-4～图 6-6 所示。通过改变接续工作面进风巷道 3 的水平位置，又可划分为沿顶留煤重叠式及沿顶留煤外错式、层间留煤重叠式及层间留煤外错式、混合重叠式及混合外错式，布置形式类同图 6-2 及图 6-3。

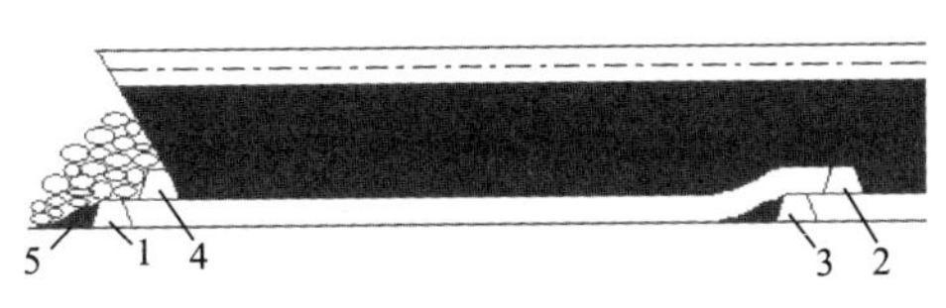

图 6-4　沿顶留煤内错式

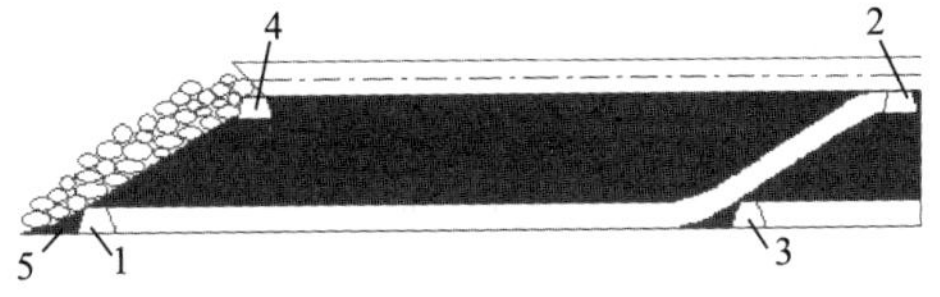

图 6-5　层间留煤内错式

图 6-6　混合留煤内错式

对于缓倾斜、倾斜、急倾斜煤层，为了有效减少工作面设备的下滑，将工作面进风巷道沿顶板布置而形成错层位开采。图 6-7～图 6-9 分别表示了缓倾斜、倾斜、急倾斜煤层中 10°、25°、45°倾角的错层位开采巷道布置形式，图中巷道 1 为接续工作面回风巷，巷道 2、3 分别为上一工作面进风巷及回风巷。其中，巷道 1 的位置可在 1 到 1′之间变化，其理论依据在 6.1.4 节和 6.1.5 节中详细分析。

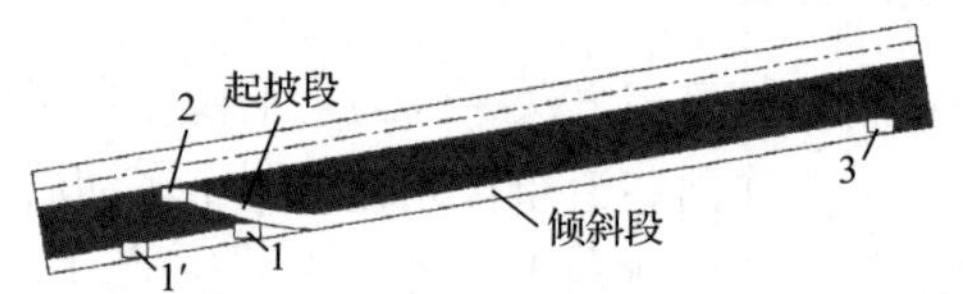

图 6-7　10°倾角煤层错层位开采巷道布置

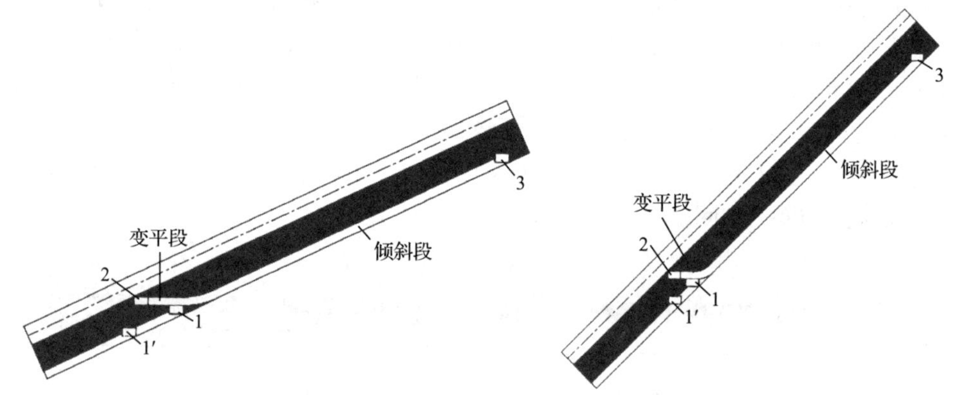

图 6-8　25°倾角煤层错层位开采巷道布置　　图 6-9　45°倾角煤层错层位开采巷道布置

6.1.3　错层位卸压巷道围岩力学属性

为了分析错层位卸压巷道围岩的位移特征和受力状况，需依据不同的上覆岩层结构特征建立对应的力学模型，为揭示不同环境条件下围岩的载荷及变形特征产生的机理准备条件，具体力学模型及载荷大小详见 6.1.4 节和 6.1.5 节有关内容。

确定错层位卸压巷道围岩结构各组成部分的力学属性时主要考虑以下几方面因素：①围岩的变形特征，以确定其各部分围岩的变形状态；②各部分围岩在不同结构中所处的位置，以确定其受力状态；③各部分围岩强度及刚度等参数的相对大小关系，以确定各部分围岩在结构的总变形量中占的比例。

1. 巷道围岩的变形特征

围岩变形是衡量巷道矿压显现强烈程度的重要指标，是巷道围岩应力、围岩强度和巷道支护三大因素随时间相互耦合作用的结果。一般巷道围岩变形量是指顶板下沉量、底鼓量、两帮移近量及巷道剩余断面积等。错层位卸压巷道围岩变形量主要由掘进引起的变形、掘进稳定后的变形以及本区段回采引起的变形组成。

(1) 掘进引起的变形。错层位卸压巷道开掘在上区段工作面回采后形成的应力降低区内。由于掘进时采空区已趋于稳定，巷道围岩变形很小。

(2) 掘进稳定后的变形。由于煤岩的流变性，此时的围岩变形仍会随时间而缓慢增长，但巷道围岩变形量较掘进时的变形量要小。

(3) 回采时引起的变形。本工作面回采时，由于超前支承压力的影响，巷道围岩应力重新分布，塑性区显著扩大，巷道围岩变形明显增长。但较传统巷道布置，由于侧向支承压力峰值离沿空巷道较远，其变形量仍然较小，且变形量往往是实体煤侧的煤帮大于三角煤柱的煤帮。

巷道围岩由于受采掘影响的程度不同而处于不同的变形特征，围岩变形是一种物理现象。随着围岩所受荷载的增加，或在恒定荷载作用下，随时间的延长，围岩变形逐渐增大，最终导致围岩破坏。巷道围岩是不同岩石的集合体，因其组成成分和结构的复杂，其力学属性往往也很复杂。同时，岩石的力学属性还与受力条件、温度等环境因素有关。在常温常压下，岩石既不是理想的弹性体，也不是简单的塑性体和黏性体，而往往表现出弹-塑性、塑-弹性、弹-黏-塑性或黏-弹性等复合性质。

2. 围岩力学属性的确定

巷道围岩结构中各组成部分由于受采动影响程度及岩性的不同而处于不同的变形及破坏状态，进而可能表现出不同的力学属性，现分析如下。

(1) 老顶岩层(块)。根据老顶的定义(厚及坚硬的岩层)及其破断方式(悬梁式断裂)可判断出老顶岩层(块)的力学属性近似为具有一定强度的刚性体，即老顶在一定载荷条件下会发生强度破坏，但与巷道围岩的其他组成部分相比，主要表现为刚性转动或移动，变形量较小。

(2) 未破坏的直接顶岩层。直接顶岩层的刚度一般介于老顶与煤层之间。当直接顶未破坏时，可以认定其力学属性为弹性或弹塑性。

(3) 已破坏的直接顶岩块。已破坏的直接顶岩块其力学属性与破坏方式密切相关。直接顶以悬梁方式产生的破坏岩块具有形状规则、尺寸大、完整性好等特点，故其力学属性可近似为弹性或弹塑性；直接顶以挤压破坏方式形成的岩块具有破损度高的特征，其力学属性可近似为弹塑性或黏性。

(4) 实体煤帮。根据煤的硬度系数及完整性程度，实体煤帮的力学属性可近似为刚性、弹性或弹塑性等。

(5) 煤层底板。煤层底板除受铅直应力外，还受剪应力及水平应力的影响。为此，采动引起的底板岩层可划分为原岩应力区、应力集中区、卸压区、应力恢复区及拉伸破坏区。根据不同区域岩层的特性，其力学塑性可近似为弹塑性体、塑性体或黏弹性体。

(6) 采空区冒落矸石。采空区冒落矸石距离煤壁位置不同，其矸石的压实程度不同。随着关键块的长度/断裂位置、直接顶的厚度/硬度/碎涨系数/垮落角、错层位起坡段割煤厚度的不同，在煤壁侧不同距离内，冒落矸石受力状态不同。当冒落矸石完全处于关键块之下且与关键块之间存在空隙时，此时的矸石为不受力的松散体，其下巷道的受力非常小，只需进行简单的松散矸石重量计算即可。当冒落矸石与关键块之间有力的作用时，此时矸石处于逐渐压缩状态，其力学属性可近似为弹性或弹塑性；当远离煤壁时，冒落矸石趋于压实状态，其压实变形具有不可恢复性，其力学属性可近似为滞弹性或黏塑性。

(7) 三角煤柱。三角煤柱是由上区段工作面起坡形成的，煤柱上方为采空区垮落矸石，脱离了与顶板的直接联系，其力学属性可认为是弹性体。

6.1.4　巷道围岩弹塑性力学分析

众所周知，巷道开挖前岩体处于三向应力平衡状态，开挖后围岩应力将发生显著变化，巷道周边径向应力降低为零，围岩强度明显下降，且出现切向应力集中现象。如果巷道围岩较软，巷道周边围岩将首先破裂，并逐渐向深部发展，形成破裂区、塑性区，而更深部岩石仍处于弹性状态，称为弹性区。如果巷道围岩坚硬，巷道围岩应力重新分布以后，可能不出现破裂区，甚至连塑性区也不出现，在实际中这种状态较为少见。煤体侧向支承压力分布的两种状态如图 6-10 所示。

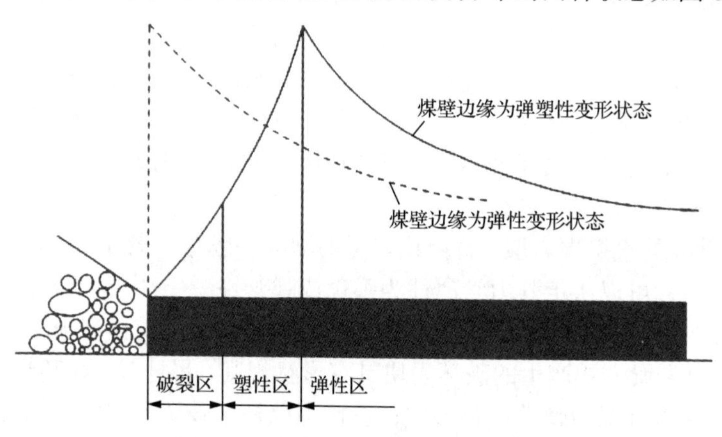

图 6-10　煤体侧向支承压力分布特征

根据岩石的应力-应变曲线，其变形同样可看成是具有弹性区、塑性区和破裂区三种状态(图 6-11)[36]。岩石受到载荷作用后，随着载荷的增大将发生屈服或破坏，当岩体(岩石)由弹性状态过渡到塑性状态时，这种过渡为屈服；当岩石进入无限塑性状态时，称为破坏。岩石的屈服准则很多，如应用较多的莫尔-库仑强度准则(未考虑中间主应力影响)和考虑了中间主应力影响的统一强度理论以及由高红和郑颖人提出的三剪能量屈服准则。由热力学定律可知，能量转化是物质物理过程的本质特征，伴随着材料的整个变形过程并体现了材料性质的不断变化。因此，基于能量观点提出的三剪能量屈服准则更加合理。鉴于此，下述为应用能量屈服准则来分析巷道围岩的弹塑性过程。

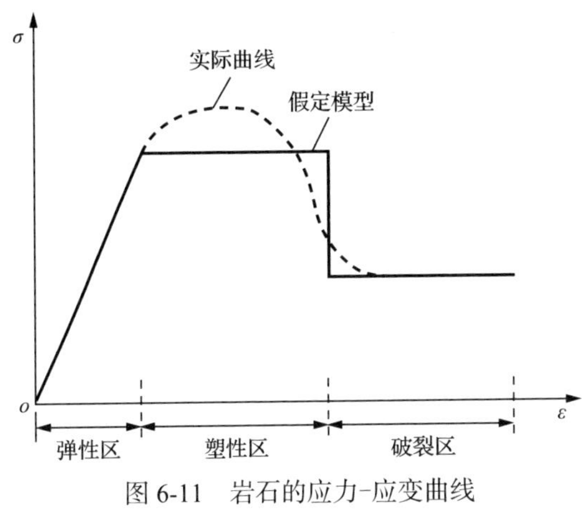

图 6-11　岩石的应力-应变曲线

1. 三剪能量理论

三剪能量理论是一个新的强度理论[37]，该理论认为岩土材料是一种双强度材料，既具有内聚力强度，又具有摩擦强度，在弹性力学计算中必须考虑摩擦力的影响，摩擦力形成摩擦比能，它会阻止弹性剪切变形，并在材料中积聚。因此，摩擦体的真实弹性剪切应变比能应是无摩擦材料的剪切应变比能与摩擦比能之和。对于岩土材料，在三个不同的主应力作用下，可以画出三个莫尔应力圆，相应存在三个最大摩擦角作用面（三个 $\alpha = 45° + \varphi / 2$），当这三个摩擦角作用面的剪切应变比能之和达到某个极限值时材料开始屈服。三剪能量屈服准则在应力空间和应变空间分别有两种形式。其中，在应力空间中可表述为

$$p\sin\varphi + \frac{q}{3}\left(\sqrt{3}\cos\theta_\sigma - \sin\theta_\sigma \sin\varphi\right) = 2c\cos\varphi\sqrt{\frac{1-\sqrt{3}\tan\theta_\sigma \sin\varphi}{3+3\tan^2\theta_\sigma - 4\sqrt{3}\tan\theta_\sigma \sin\varphi}} \tag{6-1}$$

式中，

$$p = \frac{1}{2}\left(\sigma_1 + \sigma_2 + \sigma_3\right);$$

$$q = \frac{1}{\sqrt{2}}\left[\left(\sigma_1 - \sigma_2\right)^2 + \left(\sigma_2 - \sigma_3\right)^2 + \left(\sigma_3 - \sigma_1\right)^2\right]^{\frac{1}{2}};$$

$$\tan\theta_\sigma = \frac{1}{\sqrt{3}}\left(\frac{2\sigma_2 - \sigma_1 - \sigma_3}{\sigma_1 - \sigma_3}\right);$$

c，φ分别为材料的内聚力和内摩擦角。

在单剪条件下，式(6-1)可变化为莫尔-库仑条件，即

$$p\sin\varphi+\frac{q}{3}\left(\sqrt{3}\cos\theta_\sigma-\sin\theta_\sigma\sin\varphi\right)=c\cos\varphi \tag{6-2}$$

2. 弹塑性分析

1)弹性区的应力与径向位移

对于$r \geqslant R_0$的弹性区围岩，其应力及径向位移仍按拉梅解答计算[38]，即

$$\sigma_r^{\mathrm{e}}=p_0\left(1-\frac{R_0^2}{r^2}\right)+\sigma_{r'R_0}^{\mathrm{p}}\frac{R_0^2}{r^2}$$

$$\sigma_\theta^0=p_0\left(1+\frac{R_0^2}{r^2}\right)-\sigma_{\theta'R_0}^{\mathrm{p}}\frac{R_0^2}{r^2}$$

$$u_r^{\mathrm{e}}=\frac{\left(p_0-\sigma_{r'R_0}^{\mathrm{p}}\right)R_0^2}{2Gr}$$

式中，p_0为原岩应力；R_0为围岩塑性区半径；$\sigma_{r'R_0}^{\mathrm{p}}$、$\sigma_{\theta'R_0}^{\mathrm{p}}$为弹塑性区边界处的应力。

2)塑性区的应力与径向位移

假设巷道为无限长的圆形断面巷道，可以简化为轴对称平面应变问题。根据塑性力学理论，设塑性区围岩体应变$\varepsilon_{\mathrm{v}}=0$，此时巷道轴向应力$\sigma_z^{\mathrm{p}}$、切向应力$\sigma_\theta^{\mathrm{p}}$和径向应力$\sigma_r^{\mathrm{p}}$之间的关系[39]为$\sigma_\theta^{\mathrm{p}}>\sigma_z^{\mathrm{p}}>\sigma_r^{\mathrm{p}}$，且

$$\sigma_z^{\mathrm{p}}=\frac{1}{2}\left(\sigma_\theta^{\mathrm{p}}+\sigma_r^{\mathrm{p}}\right) \tag{6-3}$$

因此，在塑性区内 3 个主应力的大小为$\sigma_1=\sigma_\theta^{\mathrm{p}},\sigma_2=\sigma_z^{\mathrm{p}},\sigma_3=\sigma_r^{\mathrm{p}}$，则可得

$$p=\frac{1}{2}\left[\sigma_\theta^{\mathrm{p}}+\sigma_r^{\mathrm{p}}+\frac{1}{2}\left(\sigma_\theta^{\mathrm{p}}+\sigma_r^{\mathrm{p}}\right)\right] \tag{6-4}$$

$$q=\frac{1}{\sqrt{2}}\left\{\sigma_\theta^{\mathrm{p}}-\frac{1}{2}\left(\sigma_\theta^{\mathrm{p}}+\sigma_r^{\mathrm{p}}\right)^2+\left[\frac{1}{2}\left(\sigma_\theta^{\mathrm{p}}+\sigma_r^{\mathrm{p}}\right)-\sigma_r^{\mathrm{p}}\right]^2+\left(\sigma_r^{\mathrm{p}}-\sigma_\theta^{\mathrm{p}}\right)^2\right\}^{\frac{1}{2}} \tag{6-5}$$

将式(6-4)、式(6-5)代入式(6-1)化简得

$$\left(\frac{\sin\varphi}{2}+\frac{A}{2\sqrt{3}}\right)\sigma_\theta^{\mathrm{p}}+\left(\frac{\sin\varphi}{2}-\frac{A}{2\sqrt{3}}\right)\sigma_r^{\mathrm{p}}=2cB \tag{6-6}$$

式中，$A=\sqrt{3}\cos\theta_\sigma-\sin\theta_\sigma\sin\varphi$；$B=\cos\varphi\sqrt{\dfrac{1-\sqrt{3}\tan\theta_\sigma\sin\varphi}{3+3\tan^2\theta_\sigma-4\sqrt{3}\tan\theta_\sigma\sin\varphi}}$。

由弹性理论可知，满足平衡条件的应力分量可用轴对称应力函数 $\varPhi$ 表示，即 $\sigma_r^{\mathrm{p}}=\dfrac{1}{r}\dfrac{\mathrm{d}^2\varPhi}{\mathrm{d}r^2}$，$\sigma_\theta^{\mathrm{p}}=\dfrac{\mathrm{d}^2\varPhi}{\mathrm{d}r^2}$，则式(6-6)可变化为关于轴对称应力函数 $\varPhi$ 的微分方程，即

$$\frac{\mathrm{d}^2\varPhi}{\mathrm{d}r^2}+\frac{\sqrt{3}\sin\varphi-A}{r\left(\sqrt{3}\sin\varphi+A\right)}\frac{\mathrm{d}\varPhi}{\mathrm{d}r}-\frac{4\sqrt{3}cB}{\sqrt{3}\sin\varphi+A}=0 \tag{6-7}$$

令 $K_1=\dfrac{\sqrt{3}\sin\varphi-A}{\sqrt{3}\sin\varphi+A}$，$K_2=-\dfrac{4\sqrt{3}cB}{\sqrt{3}\sin\varphi+A}$，则式(6-7)可简化为

$$\frac{\mathrm{d}^2\varPhi}{\mathrm{d}r^2}+\frac{K_1}{r}\frac{\mathrm{d}\varPhi}{\mathrm{d}r}+K_2=0 \tag{6-8}$$

求解式(6-8)微分方程得

$$\varPhi=\frac{-K_2}{2\left(K_1+1\right)}r^2+\frac{c_1r^{-k+1}}{-k+1}+c_2 \tag{6-9}$$

$$\sigma_r^{\mathrm{p}}=\frac{1}{r}\frac{\mathrm{d}\varPhi}{\mathrm{d}r}=\frac{-K_2}{K_1+1}+c_1r^{-K_1-1} \tag{6-10}$$

$$\sigma_\theta^{\mathrm{p}}=\frac{\mathrm{d}^2\varPhi}{\mathrm{d}r^2}=\frac{-K_2}{K_1+1}-c_1K_1r^{-K_1-1} \tag{6-11}$$

将边界条件 $r=r_0$，$\sigma_r^{\mathrm{p}}=-p_z$（$r_0$ 为巷道半径，p_z 为支护反力）代入式(6-10)中，可得

$$c_1=\left(\frac{K_2}{K_1+1}-p_z\right)r_0^{K_1+1} \tag{6-12}$$

将式(6-12)代入式(6-10)、式(6-11)中，可得到塑性区的应力分量为

$$\sigma_r^{\mathrm{p}}=\frac{-K_2}{K_1+1}+\left[\left(\frac{K_2}{K_1+1}-p_z\right)r_0^{K_1+1}\right]r^{-K_1-1} \tag{6-13}$$

$$\sigma_\theta^{\mathrm{p}}=\frac{-K_2}{K_1+1}-K_1\left[\left(\frac{K_2}{K_1+1}-p_z\right)r_0^{K_1+1}\right]r^{-K_1-1} \tag{6-14}$$

围岩弹塑性交界面上的应力是连续的，由此可得塑性区的半径为

$$R_0=\left\{\frac{\left[p_zK_1\left(K_1+1\right)-K_1K_2\right]r_0^{K_1+1}}{p_0\left(K_1+1\right)+K_2}\right\}^{\frac{1}{K_1+1}} \tag{6-15}$$

将式(6-15)分别代入式(6-13)及式(6-14)中，并令$r=R_0$，即可得弹塑性区边界处的应力为

$$\sigma_{r'R_0}^{\mathrm{p}}=\frac{-K_1}{K_1+1}+\left[\left(\frac{K_2}{K_{1+1}}-p_z\right)r_0^{K_1+1}\right]R_0^{-K_1-1} \tag{6-16}$$

$$\sigma_{\theta'R_0}^{\mathrm{p}}=\frac{-K_2}{K_1+1}-K_1\left[\left(\frac{K_2}{K_{1+1}}-p_z\right)r_0^{K_1+1}\right]R_0^{-K_1-1} \tag{6-17}$$

根据弹塑性力学理论，可知平面应变问题的几何方程为

$$\begin{cases}\varepsilon_r=\dfrac{\mathrm{d}u}{\mathrm{d}r}\\ \varepsilon_\theta=\dfrac{u}{r}\\ \varepsilon_z=0\end{cases} \tag{6-18}$$

式中，u为围岩位移量，m；ε_r为围岩径向应变；ε_θ为围岩切向应变；ε_z为巷道延伸方向围岩应变。

岩石在“三区”均满足体积不变条件：

$$\varepsilon_r+\varepsilon_\theta=0 \tag{6-19}$$

将式(6-18)代入式(6-19)中得

$$\frac{\mathrm{d}u_r^{\mathrm{p}}}{\mathrm{d}r}+\frac{u_r^{\mathrm{p}}}{r}=0$$

积分后，得

$$u_r^{\mathrm{p}}=\frac{C}{r}$$

式中，C 为积分常数。

当 $r=R_0$ 时，满足径向位移连续条件：

$$u_r^{\mathrm{p}}\Big|_{r=R_0}=\frac{C}{R_0}=u_r^{\mathrm{e}}\Big|_{r=R_0}=\frac{\left(p_0-\sigma_{r'R_0}^{\mathrm{p}}\right)R_0}{2G} \tag{6-20}$$

式中，G 为剪切模量。

求解式(6-20)得

$$C=\frac{\left(p_0-\sigma_{r'R_0}^{\mathrm{p}}\right)R_0^2}{2G}$$

因此，塑性区的径向位移为

$$u_r^{\mathrm{p}}=\frac{\left(p_0-\sigma_{r'R_0}^{\mathrm{p}}\right)R_0^2}{2Gr}$$

3）破裂区的应力与径向位移

对于处于破裂区的围岩，由于巷道围压的降低，可以忽略中间主应力的影响。因此，破裂区围岩的强度可认为服从莫尔-库仑强度准则。根据莫尔-库仑强度准则，破裂区岩石强度为

$$\sigma_\theta=K_{\mathrm{p}}\sigma_r+\sigma_{\mathrm{c}}^* \tag{6-21}$$

式中，K_{p} 为侧压影响系数，$K_{\mathrm{p}}=\dfrac{1+\sin\varphi}{1-\sin\varphi}$；$\sigma_{\mathrm{c}}^*$ 为岩石单轴残余抗压强度，σ_{c}^* 一般为 0.2～0.5MPa。

根据文献[40]，塑性区与破裂区交界处满足：

$$r=R_t=t\cdot R_0 \tag{6-22}$$

式中，R_t 为围岩破裂区半径；t 为系数，$t=R_t/R_0$。

其中：

$$t=\sqrt{\frac{\beta B_0}{\sigma_{\mathrm{c}}-\sigma_{\mathrm{c}}^*+\beta B_0}}$$

式中，σ_{c} 为岩石的单轴抗压强度；β 为岩石脆性系数，其值可由试验测试计算得出；B_0 为系数。

其中：

$$B_0=\frac{(1+\mu)\left[\sigma_{\mathrm{c}}+\left(K_{\mathrm{p}}-1\right)p_0\right]}{1+K_{\mathrm{p}}}$$

在不考虑体积力时，平面应变的平衡方程为

$$\frac{\partial\sigma_r^{\mathrm{f}}}{\partial r}+\frac{\sigma_r^{\mathrm{p}}-\sigma_\theta^{\mathrm{p}}}{r}=0 \tag{6-23}$$

将式(6-21)代入式(6-23)中得

$$\frac{\partial\sigma_r^{\mathrm{f}}}{\partial r}+\frac{\left(1-K_{\mathrm{p}}\right)\sigma_r^{\mathrm{f}}-\sigma_{\mathrm{c}}^*}{r}=0 \tag{6-24}$$

解微分方程(6-24)可得

$$\sigma_r^{\mathrm{f}}=Cr^{\left(K_{\mathrm{p}}-1\right)}-\frac{\sigma_{\mathrm{c}}^*}{K_{\mathrm{p}}-1}$$

应用边界条件在 $r=R_t=t\cdot R_0$ 时，根据式(6-23)：

$$\sigma_r^{\mathrm{f}}\Big|_{r=R_0}=C\left(t\cdot R_0\right)^{\left(K_{\mathrm{p}}-1\right)}-\frac{\sigma_{\mathrm{c}}^*}{K_{\mathrm{p}}-1}=\sigma_r^{\mathrm{p}}\Big|_{r=R_t}=\frac{-K_2}{K_1+1}+\left[\left(\frac{K_2}{K_1+1}-p_z\right)r_0^{K_1+1}\right]\left(t\cdot R_0\right)^{-K_1-1}$$

可得

$$C=\left(\frac{-K_2}{K_1+1}+\frac{\sigma_{\mathrm{c}}^*}{K_{\mathrm{p}}-1}\right)\Big/\left(t\cdot R_0\right)^{\left(K_{\mathrm{p}}-1\right)}+\left[\left(\frac{K_2}{K_1+1}-p_z\right)r_0^{K_1+1}\right]\Big/\left(t\cdot R_0\right)^{K_{\mathrm{p}}+K_1}$$

所以，破裂区应力为

$$\sigma_r^{\mathrm{f}}=\left\{\left(\frac{-K_2}{K_1+1}+\frac{\sigma_{\mathrm{c}}^*}{K_{\mathrm{p}}-1}\right)\Big/\left(t\cdot R_0\right)^{\left(K_{\mathrm{p}}-1\right)}+\left[\left(\frac{K_2}{K_1+1}-p_z\right)r_0^{K_1+1}\right]\Big/\left(t\cdot R_0\right)^{K_{\mathrm{p}}+K_1}\right\}r^{\left(K_{\mathrm{p}}-1\right)}-\frac{\sigma_{\mathrm{c}}^*}{K_{\mathrm{p}}-1}$$

$$\sigma_\theta^{\mathrm{f}}=K_{\mathrm{p}}\sigma_r^{\mathrm{f}}+\sigma_{\mathrm{c}}^*$$

破裂区的径向位移按塑性区求径向位移的方法建立微分方程，再按照破裂区

与塑性区边界的位移连续条件确定积分常数，即可得破裂区的径向位移为

$$u_r^{\mathrm{f}} = \left(p_0 - \sigma_r^{\mathrm{p}}\right) R_0^2 \Big/ 2Gr_0$$

3. 算例分析

已知某矿一圆形巷道半径 r_0=3m，φ=30°，θ=20°。由式(6-15)可知，塑性区半径的大小受原岩应力 p_0、内聚力 c、支护反力 p_z 的影响将已知条件代入式(6-15)中，分别考虑 p_0、c 及 p_z 的变化影响，可得图 6-12～图 6-14。结果分析表明，塑性区半径的大小随原岩应力的增加而增大，随内聚力的增加而减小，随支护反力的增加而增大，但支护反力对塑性半径的影响变化不大，当增加到一定程度时，半径将保持不变。将已知数据代入式(6-13)、式(6-14)中，考虑塑性区半径的影响，可得塑性区半径与围岩应力的关系如图 6-15 所示，径向应力与切向应力随半径的增大而增大，当半径达到塑性区半径时，切向应力将保持不变，其值为原岩应力，而径向应力在一定范围内仍将保持递增，但递增率减小，一直到原岩应力。由图 6-12～图 6-15 可知，单剪条件下的塑性区半径变化灵敏度不高，只有当原岩应力值、内聚力值达到某一值时塑性区半径才产生变化，一旦产生变化，其递增

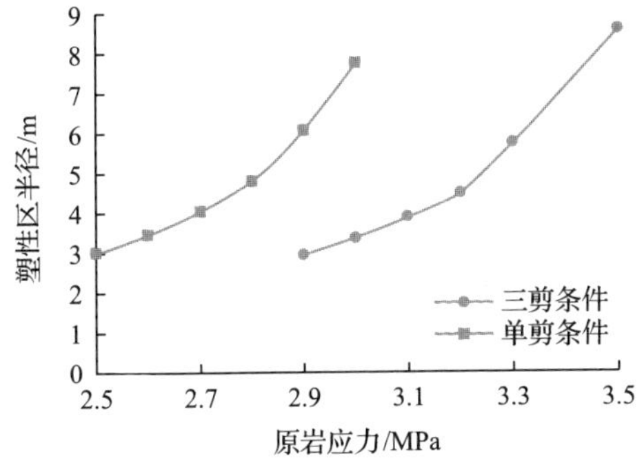

图 6-12　原岩应力与塑性区半径的关系[42]

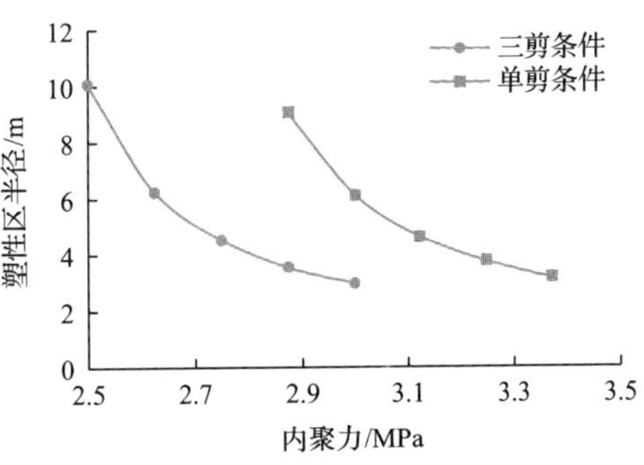

图 6-13　内聚力与塑性区半径的关系[42]

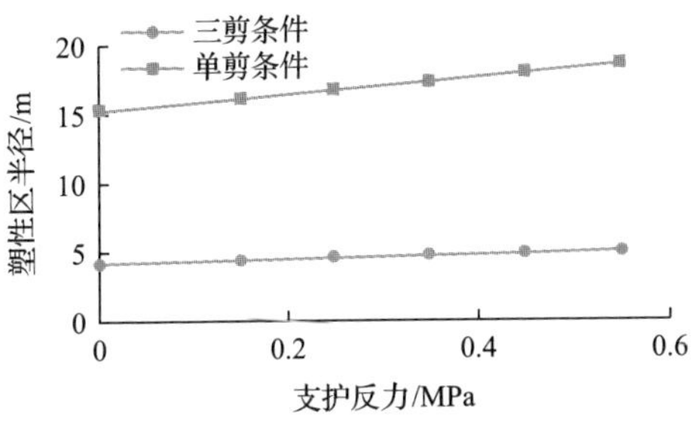

图 6-14　支护反力与塑性区半径的关系[42]

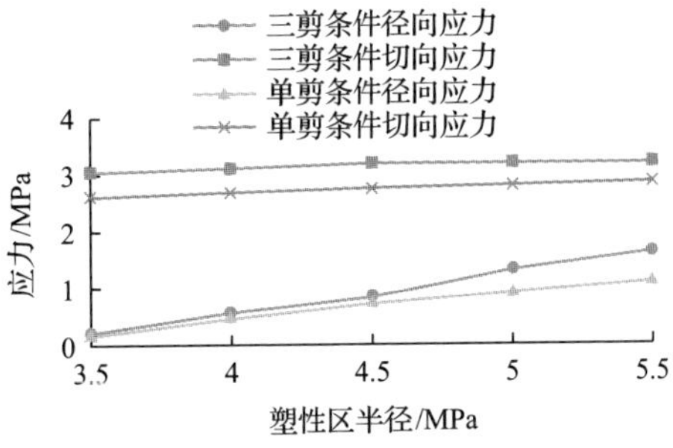

图 6-15　塑性区半径与围岩应力的关系[42]

或递减速率较大。破裂区半径是塑性区半径的 t 倍，径向应力与切向应力也可得到类似结论，这里不再赘述。从分析结果看，三剪能量屈服准则条件下的巷道围岩弹塑性公式比莫尔-库仑强度准则的公式更为准确，其试验验证结果参考文献[41]的岩石真三轴及常规三轴试验。

6.1.5　三角煤柱力学分析

错层位三角煤柱是由于刮板输送机的不断起坡而形成的，起坡角一般按 3°的变化率而增加，最终形成如图 6-1 中三角煤柱的形式。三角煤柱的上方为直接顶垮落矸石，区别于传统留有直接接触完整顶板的煤柱。下面对三角煤柱进行力学分析。为了方便分析问题，将逐渐起坡按统一角度假设。力学分析如图 6-16 所示。

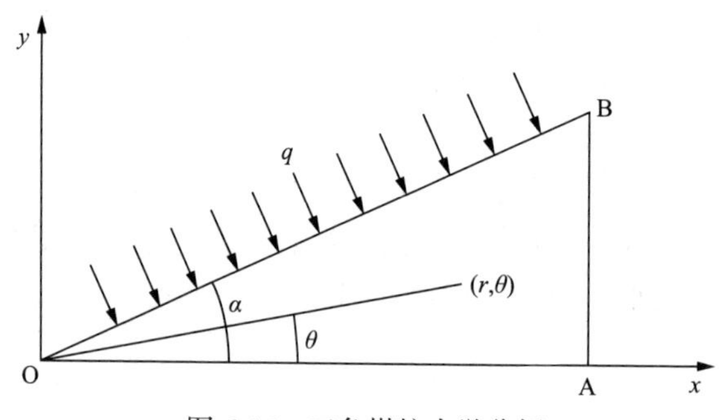

图 6-16　三角煤柱力学分析

设极坐标下的应力函数为 $\phi(r,\theta)$ ，并满足如下形式的微分关系：

$$\begin{cases}\sigma_r = \dfrac{1}{r}\dfrac{\partial\phi}{\partial r} + \dfrac{1}{r^2}\dfrac{\partial^2\phi}{\partial\theta^2} \\ \tau_{r\theta} = \dfrac{1}{r^2}\dfrac{\partial\phi}{\partial\theta} - \dfrac{1}{r}\dfrac{\partial^2\phi}{\partial r\partial\theta}\end{cases} \tag{6-25}$$

令 O 点为起始点，即

$$\begin{cases}\phi_{\mathrm{A}} = 0 \\ \dfrac{\partial\phi}{\partial\theta} = 0\end{cases}$$

则在 OA 边界 $(\theta = 0)$ 上，

$$\begin{cases}\phi = 0 \\ \dfrac{\partial\phi}{\partial\theta} = 0\end{cases} \tag{6-26}$$

在 OB 边界 $(\theta=\alpha)$ 上，

$$\begin{cases}\phi(r,\alpha)=\dfrac{1}{2}qr^2\\ \dfrac{\partial\phi}{\partial\theta}=0\end{cases}\tag{6-27}$$

根据 $\phi(r,\alpha)$ 表达式的形式，可设应力函数 $\phi(r,\theta)$ 取如下函数形式：

$$\phi(r,\theta)=r^2f(\theta)\tag{6-28}$$

极坐标下的双调和变形连续方程为

$$\nabla^4\phi=\left(\frac{\partial^2}{\partial r^2}+\frac{1}{r}\frac{\partial}{\partial r}+\frac{1}{r^2}\frac{\partial^2}{\partial\theta^2}\right)\left(\frac{\partial^2\phi}{\partial r^2}+\frac{1}{r}\frac{\partial\phi}{\partial r}+\frac{1}{r^2}\frac{\partial^2\phi}{r^2\partial\theta^2}\right)=0\tag{6-29}$$

将式(6-28)代入式(6-29)得

$$f^{(4)}(\theta)+4f''(\theta)=0\tag{6-30}$$

根据微分方程理论，可得式(6-30)的通解为

$$f(\theta)=A\cos2\theta+B\sin2\theta+C+D\tag{6-31}$$

式中，A、B、C、D 为待定常数。

将式(6-31)代入式(6-28)中得

$$\phi(r,\theta)=r^2(A\cos2\theta+B\sin2\theta+C+D)\tag{6-32}$$

将边界条件式(6-26)、式(6-27)代入式(6-32)中得

$$\begin{cases}A\cos2\alpha+B\sin2\alpha+C\alpha+D=0\\ -2A\sin2\alpha+2B\cos2\alpha+C=0\\ A\cos2\alpha-B\sin2\alpha-C\alpha+D=\dfrac{1}{2}q\\ 2A\sin2\alpha+2B\cos2\alpha+C=0\end{cases}\tag{6-33}$$

求解方程组(6-33)得

$$\begin{cases}A=0\\ B=\dfrac{q}{4(2\alpha\cos2\alpha-\sin2\alpha)}\\ C=\dfrac{-q\cos2\alpha}{2(2\alpha\cos2\alpha-\sin2\alpha)}\\ D=\dfrac{1}{4}q\end{cases}$$

将 A、B、C、D 值代入式(6-32)中得

$$\phi(r,\theta)=r^2\left[\frac{q\sin 2\theta}{4(2\alpha\cos 2\alpha-\sin 2\alpha)}-\frac{q\cos 2\alpha}{2(2\alpha\cos 2\alpha-\sin 2\alpha)}-\frac{1}{4}q\right] \tag{6-34}$$

将式(6-34)代入式(6-25)中，即得三角煤柱中任意一点的应力为

$$\sigma_r=\left[\frac{\sin 2\theta+2\cos 2\alpha}{2(\sin 2\alpha-2\alpha\cos 2\alpha)}-\frac{1}{2}\right]q$$

$$\sigma_\theta=\left[\frac{\sin 2\theta-2\cos 2\alpha}{2(2\alpha\cos 2\alpha-\sin 2\alpha)}-\frac{1}{2}\right]q$$

$$\tau_{r\theta}=\frac{-q\cos 2\theta}{2(2\alpha\cos 2\alpha-\sin 2\alpha)}$$

6.2　巷道侧向围岩能量耗散研究

6.2.1　概述

巷道开挖引起的围岩变形和破坏历来是工程界及学术界十分重视的问题。岩石作为一种非均质的多相复合结构材料，在长期的地质构造运动中，岩石内部形成了大量微裂隙、微空洞等天然缺陷。当受到外力作用时，岩石要经过微裂纹闭合、弹性变形、微缺陷演化扩展、灾变破坏等阶段，在这些阶段中岩石始终和外界进行能量的交换，将外部的机械能转变为应变能，热能存储为自身的内能；同时又将应变能转化为塑性能、表面能等，并以电磁辐射、声发射、动能等形式向外界释放能量。由矿压理论可知，巷道一侧围岩可分为破裂区 a、塑性区 b、弹性区应力升高部分 c 及原岩应力区 d，具体划分如图 6-17 所示。

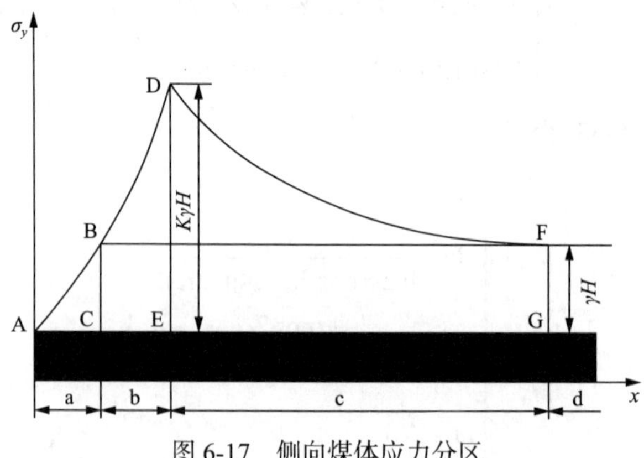

图 6-17　侧向煤体应力分区

在原岩应力区中，围岩一般承受自重应力与构造应力。在此外力作用下，围岩产生弹性变形，在岩体内部储存弹性应变能，在此范围内，若卸载掉这部分能量，能量会释放出来；在弹性区应力升高部分中，围岩除承受自重应力与构造应力外，还承受侧向支承压力。在此外力作用下，围岩同样产生弹性变形，在岩体内部储存弹性应变能，卸载时能量也会释放出来。在塑性应力区中，岩石内部的微裂纹不断发育、扩展。在外力作用下，围岩产生弹性变形、塑性变形，在岩体内部产生弹性应变能、表面耗散能、塑性耗散能等。在应力降低区中，微裂纹相互贯通形成主裂纹，岩体发生整体破坏，前期存储的弹性应变能转化为表面能及塑性流变耗散能。

6.2.2　能量耗散基本理论

能量耗散遵循热力学基本定律，能量耗散产生的根本原因是热力学不可逆过程。所谓耗散，是指外界对系统输入的能量被系统本身的某种线性或非线性变化机制耗散掉。热力学第一定律是能量守恒定律[43-44]，具体表述为，封闭系统中总能量的增量等于外力对系统所做的功和系统从外界吸收的热量之和：

$$\mathrm{d}T + \mathrm{d}E = \mathrm{d}A + \mathrm{d}Q \tag{6-35}$$

式中，$\mathrm{d}T$ 为动能增量；$\mathrm{d}E$ 为内能增量；$\mathrm{d}A$ 为外力对系统所做的功；$\mathrm{d}Q$ 为系统从外界吸收的热量。

热力学第二定律表述为：自然界中发生的一切热力学过程都不会使产熵减少，也称熵增原理，即

$$\mathrm{d}S_{\mathrm{i}} \geqslant 0 \tag{6-36}$$

$\mathrm{d}S_{\mathrm{i}}$ 是系统内部的产熵，即绝热情况下由系统内部产生的不可逆过程所引起的熵的增量。对于可逆过程 $\mathrm{d}S_{\mathrm{i}} = 0$。

熵是热力学中的一个状态函数。系统的总熵等于系统内各组成部分的熵之和，即满足：

$$\mathrm{d}S = \mathrm{d}S_{\mathrm{e}} + \mathrm{d}S_{\mathrm{i}} \tag{6-37}$$

式中，$\mathrm{d}S_{\mathrm{e}}$ 为系统的供熵，可表述为

$$\mathrm{d}S_{\mathrm{e}} = \frac{\mathrm{d}Q}{\theta} \tag{6-38}$$

其中，$\mathrm{d}Q$ 为系统自外界吸收的微热量；θ 为系统的绝对温度。

将式(6-38)代入式(6-37)中，整理得

$$dQ = \theta dS - \theta dS_i \tag{6-39}$$

令 $\theta dS_i = dD$，dD 为耗散增量，则式(6-35)可变化为

$$dA = dT + dE - dQ = dT + (dE - \theta dS) + dD \tag{6-40}$$

令 $dE - \theta dS = dF$，dF 为自由能函数增量，则可得能量的基本函数形式为

$$dA = dT + dF + dD \tag{6-41}$$

式中，dF 为可恢复的变形，即单元可释放的弹性应变能；dD 为不可恢复的变形，即单元耗散能；dT 为动能增量，对于岩体受力变形而言，动能增量为零。

6.2.3　巷道围岩能量表征

通常情况下，岩石的变形形式多样，同样对应于不同的能量形式：弹性变形对应于弹性应变能；塑性变形对应于塑性耗散能；裂纹贯通形成对应于表面耗散能；发生破坏对应于动能等。

1. 弹性应变能

巷道围岩在原岩应力区及弹性区应力升高部分，岩石发生弹性变形，将外界输入的能量转化为弹性应变能，并储存于内部。实际上，岩石材料属于内摩擦材料，在弹性变形时需考虑摩擦能。因此，弹性应变能应由两部分组成，弹性体积应变能与弹性摩擦能。单元体的弹性体积应变能可按弹性力学理论计算[45]，单元体的弹性摩擦能按塑性力学理论计算[37]。

单向应力状态下弹性体积应变能：

$$\omega^e = \frac{1}{2}\sigma_1\varepsilon_1^e \tag{6-42}$$

三向应力状态下弹性体积应变能：

$$\omega^e = \frac{1}{2}\sigma_1\varepsilon_1^e + \frac{1}{2}\sigma_2\varepsilon_2^e + \frac{1}{2}\sigma_3\varepsilon_3^e \tag{6-43}$$

单向应力状态下弹性摩擦能：

$$\omega_f^e = \frac{1}{2}\sigma_n \tan\varphi\gamma_n \tag{6-44}$$

式中，σ_n、γ_n 为屈服面上的法向力与剪应变；φ 为材料的内摩擦角。

由莫尔-库仑定律可知：

$$\sigma_{\mathrm{n}}=\frac{\sigma_1+\sigma_3}{2}+\frac{\sigma_1-\sigma_3}{2}\sin\varphi$$

$$\gamma_{\mathrm{n}}=\frac{\sigma_{\mathrm{n}}\tan\varphi}{G}$$

三向应力状态下弹性摩擦能：

$$\omega_{\mathrm{f}}^{\mathrm{e}}=\omega_{\mathrm{f12}}^{\mathrm{e}}+\omega_{\mathrm{f23}}^{\mathrm{e}}+\omega_{\mathrm{f13}}^{\mathrm{e}}=\frac{1}{2}\left(\sigma_{\mathrm{n1}}\tan\varphi_{12}\gamma_{12}+\sigma_{\mathrm{n2}}\tan\varphi_{23}\gamma_{23}+\sigma_{\mathrm{n3}}\tan\varphi_{13}\gamma_{13}\right) \tag{6-45}$$

式中，σ_{n1}、σ_{n2}、σ_{n3}、φ_{12}、φ_{23}、φ_{13} 为三个屈服面上的法向力与岩石的内摩擦角。

其中：

$$\sigma_{\mathrm{n1}}=\frac{\sigma_1+\sigma_2}{2}+\frac{\sigma_1-\sigma_2}{2}\sin\varphi_{12}$$

$$\gamma_{12}=\frac{\sigma_{\mathrm{n1}}\tan\varphi_{12}}{G}$$

$$\sigma_{\mathrm{n2}}=\frac{\sigma_2+\sigma_3}{2}+\frac{\sigma_2-\sigma_3}{2}\sin\varphi_{23}$$

$$\gamma_{23}=\frac{\sigma_{\mathrm{n2}}\tan\sigma_{23}}{G}$$

$$\sigma_{\mathrm{n3}}=\frac{\sigma_1+\sigma_3}{2}+\frac{\sigma 1-\sigma_3}{2}\sin\varphi_{13}$$

$$\gamma_{13}=\frac{\sigma_{\mathrm{n3}}\tan\sigma_{13}}{G}$$

将式(6-42)、式(6-44)及式(6-43)、式(6-45)对应相加，分别可得单向应力、三向应力状态下的弹性应变能：

$$U_{\mathrm{e}}=\omega^{\mathrm{e}}+\omega_{\mathrm{f}}^{\mathrm{e}}$$

弹性应变能具有可逆性，在受力后期，岩石发生破坏时这些能量从岩石内部释放出来，转化为其他形式的能量，在一些文献中也称为可释放弹性应变能。因此，可以认为岩石破坏后释放出来的能量都是前期储存的弹性应变能，这些能量是岩石发生破坏的原动力。

2. 表面耗散能

从岩石内部微裂纹出现开始，一直扩展到贯通的宏观裂纹，总是不断地形成新的裂纹表面，表征这种新裂纹表面增加而消耗的能量，称为表面耗散能，也可称为损伤耗散能。表面耗散能增量可用下式计算[46]：

$$\mathrm{d}u_{\mathrm{c}} = \sum_{i=1}^{2} r\mathrm{d}l_i$$

式中，r 为材料表面能密度；$l_i(i=1,2)$ 为两个主应力受拉方向的开裂长度。

表面耗散能为

$$U_{\mathrm{c}} = \int l\mathrm{d}u_{\mathrm{c}}$$

3. 塑性耗散能

根据广义塑性力学理论[47]，岩石屈服后产生塑性变形，屈服面采用莫尔–库仑条件 $F=\tau-c-\sigma_{\mathrm{n}}\tan\varphi=0$ ，塑性势面采用 q 面，即

$$Q = q = \sqrt{3}\left[\left(\frac{\sigma_x-\sigma_y}{2}\right)^2+\tau_{xy}^2\right]^{\frac{1}{2}} \tag{6-46}$$

塑性变形切向剪应变为

$$\gamma^{\mathrm{p}} = \mathrm{d}\lambda\frac{\partial Q}{\partial \tau} \tag{6-47}$$

将式(6-46)代入式(6-47)得

$$\gamma^{\mathrm{p}} = \frac{\sqrt{3}\tau xy^{\mathrm{d}\lambda}}{\sqrt{\left(\frac{\sigma_x+\sigma_y}{2}\right)^2+\tau_{xy}^2}} \tag{6-48}$$

塑性耗散能增量为

$$\mathrm{d}u_{\mathrm{p}} = \tau\gamma^{\mathrm{p}}\mathrm{d}l = \left(\sigma_{\mathrm{n}}\tan\varphi+c\right)\gamma^{\mathrm{p}}\mathrm{d}l = \sigma_{\mathrm{n}}\tan\varphi\gamma^{\mathrm{p}}\mathrm{d}l + c\gamma^{\mathrm{p}}\mathrm{d}l \tag{6-49}$$

式(6-49)中包括黏聚力能耗和摩擦力能耗两部分。

塑性耗散能为

$$U_{\mathrm{p}}=\int l\mathrm{d}u_{\mathrm{p}}$$

4. 塑性流变耗散能

塑性流变耗散能采用西原模型计算[46]。

在一维条件下，能量耗散率为

$$u_{\mathrm{r}}'=\sigma_0\varepsilon=\frac{\sigma_0^2\mathrm{e}^{\left(1-\frac{E^2}{\eta_1}t\right)}}{\eta_2}+\frac{\sigma_0\left(\sigma_0-\sigma_{\mathrm{f}}\right)}{\eta_2}H\left(\sigma_0-\sigma_{\mathrm{f}}\right)$$

令 $t=0$ 时，$u_{\mathrm{r}}'=u_{\mathrm{r}}^0$，则：

$$U_{\mathrm{r}}=\frac{\sigma_0^2\left(1-\mathrm{e}^{-\frac{E^2}{\eta_1}t}\right)}{E_2}+\frac{\sigma_0\left(\sigma_0-\sigma_{\mathrm{f}}\right)}{\eta_2}H\left(\sigma_0-\sigma_{\mathrm{f}}\right)+u_{\mathrm{r}}^0$$

式中，$H\left(\sigma_0-\sigma_{\mathrm{f}}\right)=\begin{cases}1, & \sigma_0>\sigma_{\mathrm{f}}\\ 0, & \sigma_0\leqslant\sigma_{\mathrm{f}}\end{cases}$。

在三维条件下：

$$u_{\mathrm{r}}'=\frac{\sigma_{ij}^0 s_{ij}^0\mathrm{e}^{1-\frac{G_2}{\eta_2}}}{2\eta_2}+\frac{\breve{F}}{2\eta_2}s_{ij}^0\sigma_{ij}^0$$

$$U_{\mathrm{r}}=\frac{\sigma_{ij}^0 s_{ij}^0}{2G_2}\left(1-\mathrm{e}^{1-\frac{G_2}{\eta_2}t}\right)+\frac{\breve{F}}{2\eta_2}s_{ij}^0\sigma_{ij}^0 t+u_{\mathrm{r}}^0$$

式中，$\breve{F}=\begin{cases}F, & F>0\\ 0, & F\leqslant 0\end{cases}$。

6.2.4　巷道侧向围岩能量耗散分析

1. 巷道侧向支承压力特点[48]

矿压理论表明，当煤体上支承压力高峰值超过煤体单向抗压强度时，煤体边缘进入塑性破坏状态，支承压力高峰向煤体内部转移，煤体一定范围内出现卸压现象。在这种状态下，只要基本顶强度较高或厚度较大，运动时回采工作面有明显影响，端部断裂线深入煤壁前方，压力分布就会随基本顶岩层运动而明显变化，如图 6-18(a)所示。如果基本顶强度较低或厚度较小，基本顶端部断裂线将处于煤壁上方，显著运动时对支承压力分布和回采工作面矿压有较大的影响，如图 6-18(b)所示。但在一些采深较小，采空区冒落高度与采高之比较大，煤体强度较高情况下，回采工作面的支承压力峰值小于煤体单向抗压强度，煤体边缘始终处于弹性变形状态，支承压力分布形式不随上覆岩层运动而变化，呈单调曲线，高峰在煤体边缘上，如图 6-18(a)和(b)的曲线 1 形式。当采深较大，采空区冒落高度与采高之比较小，煤体强度较低且基本顶厚度较大或强度较高时，煤体边缘出现一定围岩的塑性区，支承压力表现为内外应力场形式，如图 6-18(a)中的曲线 2 形式。当采深较大，采空区冒落高度与采高之比较小，煤体强度较低且基本顶厚度较小或强度较低时，煤体边缘同样出现一定围岩的塑性区，支承压力不出现内应力场形式，如图 6-18(b)中的曲线 2 形式。

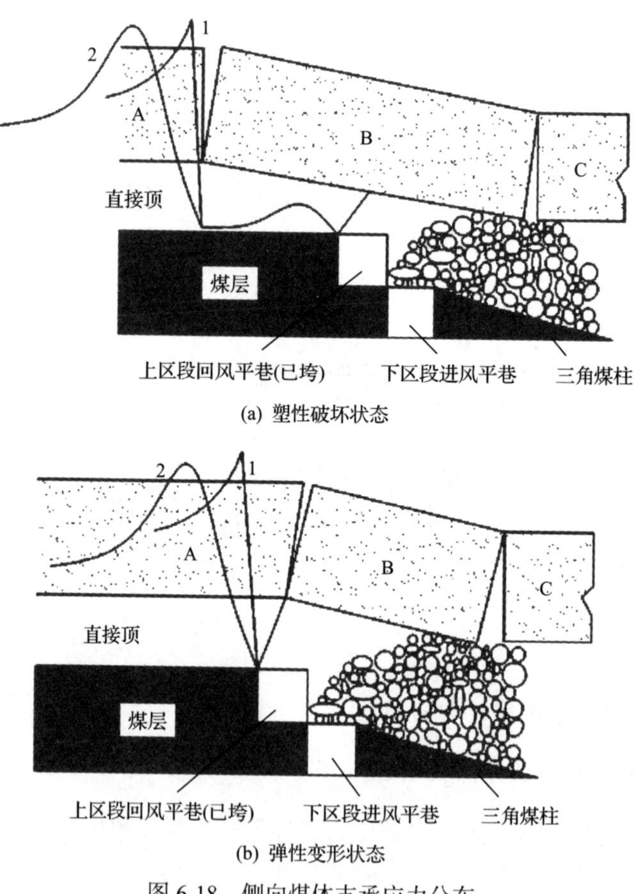

图 6-18　侧向煤体支承应力分布

2. 巷道侧向围岩能量分析[48]

根据侧向煤体支承压力分布情况，不管是基本顶断裂位置在煤壁上方还是在煤壁前方，巷道边缘围岩存在两种不同的变形状态，即弹性变形与塑性变形。

当煤壁边缘处于弹性状态时，如图 6-18 中的曲线 1 所示。岩石不断吸收能量，岩体内部将储存较高的弹性应变能 U_e，巷道的开挖是能量的释放过程，若能量突发性短时间释放，这种较高的弹性应变能将转化为动能，形成冲击地压。此时系统内部的总能量为

$$U^{(1)} = U_e^{(1)} = \omega^e + \omega_f^e \tag{6-50}$$

当煤壁边缘处于塑性状态时，包含了图 6-17 的塑性区与破裂区两个部分。塑性区中，岩体的原岩应力与支承压力对煤体的做功除了一部分转化为岩石的弹性应变能外，另一部分则被岩石内部的非线性机制所消耗。耗散的能量包括表面耗散能与塑性耗散能两部分，系统内部的总能量可表示为

$$U^{(2)} = U_e^{(2)} + U_c^{(2)} + U_p \tag{6-51}$$

塑性区的实质是外力(仅指支承压力)在维持对岩石弹性应变能输入过程中的能量耗散。耗散的结果是弹性应变能转化为塑性耗散能，以及岩石开裂形成的表面耗散能。随着外力作用的持续进行及对岩石输入能量的持续增加，岩石存储的弹性应变能所占比例减小，而耗散能比例则不断增大。

在破裂区中，岩体的能量性质表现为裂纹加速扩展直至围岩破坏。原储存在塑性区中的弹性应变能绝大部分转化为新生成破裂面的表面能及塑性流变能。系统内部的总能量可表示为

$$U^{(3)} = U_e^{(3)} + U_c^{(3)} + U_r \tag{6-52}$$

破裂区中的弹性应变能 U_e 已经很小，可忽略不计。因此，式(6-52)可进一步表示为

$$U^{(3)} = U_c^{(3)} + U_r \tag{6-53}$$

3. 巷道侧向围岩能量耗散分析[48]

尽管前述了塑性耗散能、表面耗散能及流变耗散能的计算方法，但实际测算起来难度很大，并且能量耗散的种类很多，远远多于前述类型，如能量耗散还伴随有声波能、动能、热能等，这些能量的计算目前还没有很好的解决办法。实际上，我们更多关心的是能量耗散的总体，而不是具体的有哪些能量且怎么去计算。

因此，本节从能量守恒的角度寻求一种新的能量耗散计算方法。

由热力学第一定律可知，外力对系统所做的功与自外界吸收的热量之和等于系统的动能与内能增量。具体到巷道围岩系统，则假设系统与外界没有热交换，是一个封闭系统。热力学第一定律也可表述为：外力对系统所做的功等于系统单元耗散能与可释放弹性应变能之和，即

$$W_{\mathrm{F}} = U_{\mathrm{d}} + U_{\mathrm{e}} \tag{6-54}$$

式中，U_{d} 为耗散能；U_{e} 为可释放弹性应变能；W_{F} 为外力对系统所做的功。

耗散能 U_{d} 用于形成材料内部的损伤与塑性变形，其变化满足热力学第二定律。

根据矿压理论中的侧向煤体应力分区图(图 6-17)可知，破裂区中的外力(包括支承应力及原岩应力)所做的功为曲三角形 ABC 的面积，即

$$W_{\mathrm{F}}^{\mathrm{a}} = \int_0^{l_{\mathrm{a}}} \sigma_y \mathrm{d}l_{\mathrm{a}} \tag{6-55}$$

塑性区中的外力(包括支承应力及原岩应力)所做的功为曲四边形 BCDE 的面积，即

$$W_{\mathrm{F}}^{\mathrm{b}} = \int_{l_{\mathrm{a}}}^{l_{\mathrm{b}}} \sigma_y \mathrm{d}l_{\mathrm{b}} \tag{6-56}$$

弹性区应力升高部分中的外力(包括支承应力及原岩应力)所做的功为曲四边形 DEFG 的面积，即

$$W_{\mathrm{F}}^{\mathrm{c}} = \int_{l_{\mathrm{b}}}^{l\mathrm{c}} \sigma_y \mathrm{d}l_{\mathrm{c}} \tag{6-57}$$

在弹性应力升高区内，耗散能 $U_{\mathrm{d}}^{\mathrm{e}} = 0$ 。

在塑性区内，将式(6-51)、式(6-56)代入式(6-54)中得耗散能：

$$U_{\mathrm{d}}^{\mathrm{p}} = U_{\mathrm{c}}^{(2)} + U_{\mathrm{p}} = W_{\mathrm{F}}^{\mathrm{b}} - U_{\mathrm{e}}^{(2)} = \int_{l_{\mathrm{a}}}^{l_{\mathrm{b}}} \sigma_y \mathrm{d}l_{\mathrm{b}} - U_{\mathrm{e}}^{(2)} \tag{6-58}$$

在破裂区内，令 $U_{\mathrm{e}} = 0$ 。将式(6-53)、式(6-55)代入式(6-54)中得耗散能：

$$U_{\mathrm{d}}^{\mathrm{r}} = U_{\mathrm{c}}^{(3)} + U_{\mathrm{r}} = \int_0^{l_{\mathrm{a}}} \sigma_y \mathrm{d}l_{\mathrm{a}} \tag{6-59}$$

在实际矿压观测中，利用应力传感仪可以很容易得到巷道侧向围岩的支承应力曲线，据此得到 $W_{\mathrm{F}}^{\mathrm{a}}$ 、$W_{\mathrm{F}}^{\mathrm{b}}$ 、$W_{\mathrm{F}}^{\mathrm{c}}$ ，从而计算出相应区域的能量耗散值。

6.2.5 巷道侧向围岩能量损伤特性

岩石结构在受载过程中，其内部发生着能量的消耗，同时也伴随着弹性应变能的储存，岩石材料的损伤劣化与内部能量的耗损密切有关，对于巷道围岩同样如此，损伤特性可衡量岩体强度及围岩的变形破坏规律，而评价损伤特性的一个重要参数就是确定损伤变量。

确定损伤变量的方法有很多，如谢和平院士曾在文献[32]和[49]中分别采用初始弹性模量与卸载弹性模量的关系、单元破坏数目与总单元数目的关系、能量损耗与单元强度丧失时的临界能量耗散值的关系等确定损伤变量。孙钧院士在文献[50]中通过对脆性岩石的应力-应变试验反映材料常数确定损伤变量。本节为了反映巷道侧向围岩破坏程度，以确定沿空巷道位置的卸荷状态，通过围岩能量耗散值与外力对系统做功的比值确定损伤变量，即定义：

$$D=\frac{U_{\mathrm{d}}}{W_{\mathrm{F}}}$$

具体到弹性区应力升高部分、塑性区及破裂区中，分别为

$$D^{\mathrm{e}}=\frac{U_{\mathrm{d}}^{\mathrm{e}}}{W_{\mathrm{D}}^{\mathrm{c}}}=0 \tag{6-60}$$

$$D^{\mathrm{p}}=\frac{U_{\mathrm{d}}^{\mathrm{p}}}{W_{\mathrm{F}}^{\mathrm{b}}}=\frac{\int_{l_{\mathrm{a}}}^{l_{\mathrm{b}}}\sigma_{y}\mathrm{d}l_{\mathrm{b}}-U_{\mathrm{e}}^{(2)}}{\int_{l_{\mathrm{a}}}^{l_{\mathrm{b}}}\sigma_{y}\mathrm{d}l_{\mathrm{b}}} \tag{6-61}$$

$$D^{\mathrm{r}}=\frac{U_{\mathrm{d}}^{\mathrm{r}}}{W_{\mathrm{F}}^{\mathrm{a}}}=\frac{\int_{0}^{l_{\mathrm{a}}}\sigma_{y}\mathrm{d}l_{\mathrm{a}}}{\int_{0}^{l_{\mathrm{a}}}\sigma_{y}\mathrm{d}l_{\mathrm{a}}}=1 \tag{6-62}$$

由式(6-60)、式(6-61)、式(6-62)很明显可以得出：

$$D^{\mathrm{e}}<D^{\mathrm{p}}<D^{\mathrm{r}}$$

该结论符合弹性区破坏程度小，塑性区破坏程度较大，破裂区破坏程度最大的结论。因此，若将巷道布置于破裂区，系统中外界输入能量最低，巷道最容易维护。

6.3 负煤柱巷道顶板吸能及耗能机理

6.3.1 负煤柱定义

错层位开采最为经典的巷道布置方式，就是将下区段进风平巷(大倾角煤层时为回风平巷)内错一定距离，使该巷处于完全采空状态，其顶板为采空区垮落矸石层，也就是负煤柱巷道布置形式。见图 6-19 中在 x 负轴位置的待掘巷道，与现有巷道布置相比，定义为“错层位负煤柱”。负煤柱巷道布置不仅煤炭损失量最小，而且巷道上方的矸石层能够起到卸压作用。从能量的角度看，矸石层可以吸收耗散失稳垮落老顶及其上部载荷的能量；当老顶为动载荷时，矸石层又起到缓冲的作用。本节分别以砌体梁理论、传递岩梁理论、短砌体梁理论及台阶岩梁理论分析关键块或老顶岩梁的平衡状态出发，确定失稳垮落关键块或老顶岩梁的静载荷和动载荷，运用能量平衡理论，分析计算矸石层的卸压机理。注：书中所指的砌体梁、传递岩梁、短砌体梁、台阶岩梁均指巷道一侧，沿工作面倾斜方向形成的结构。

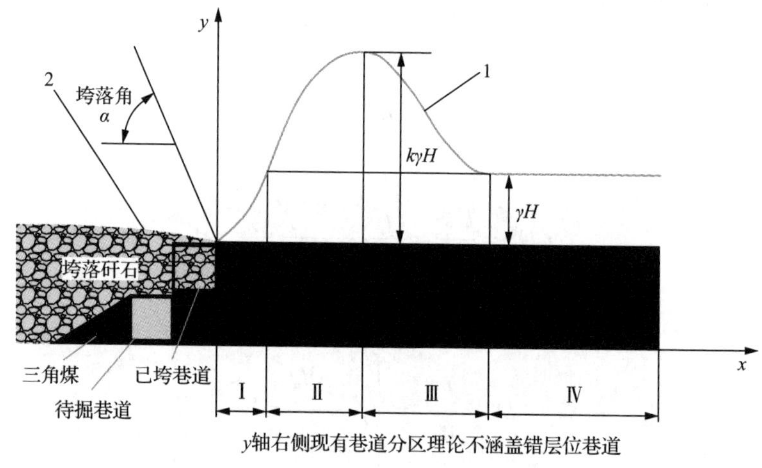

图 6-19 负煤柱巷道布置与应力分布特征[51]

Ⅰ-破裂区；Ⅱ-塑性区；Ⅲ-弹性区应力；Ⅳ-原岩应力区；1-弹塑性应力分布；2-上覆岩层已垮区应力分布升高部分

6.3.2 老顶失稳机理分析

1. 按砌体梁理论分析

当老顶达到极限跨距时，随着工作面的继续推进，老顶发生初次断裂，断裂以后的老顶形成外表似梁，实质是拱的裂隙体梁的平衡关系，这种结构称为砌体梁。在巷道一侧，若相邻工作面为采空区，沿工作面倾斜方向，老顶同样也形成砌体梁结构，如图 6-20 所示。此时，梁的前咬合点在巷道实体煤侧前上方，负煤柱巷道在砌体梁的保护之下只承受直接顶的重量。

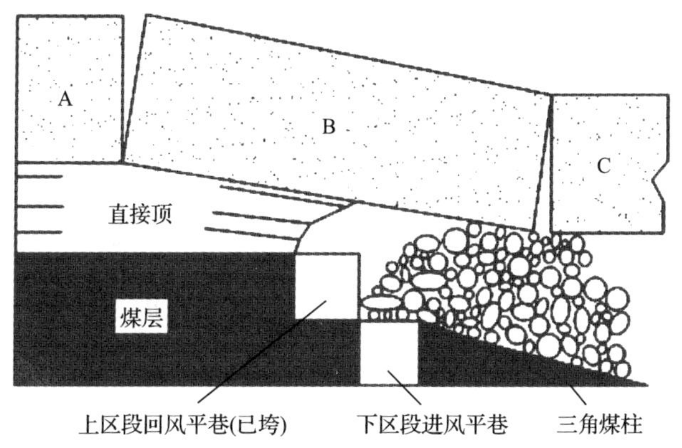

图 6-20　负煤柱采空侧上覆岩层砌体梁结构

当砌体梁失稳时，破裂的岩块垮落在采空区后方，负煤柱巷道上方的老顶载荷作用在矸石层上。一般情况下，老顶岩块断裂时，断裂面与垂直面成一断裂角 θ，如图 6-21(a)的情况。岩块保持稳定的平衡条件为

$$(T\cos\theta - R\sin\theta)\tan\varphi \geqslant R\cos\theta + T\sin\theta$$

则

$$\frac{R}{T} \leqslant \tan(\varphi - \theta)$$

式中，φ 为断裂岩块的内摩擦角，一般取 38°～45°。

对于如图 6-21(b)的情况，岩块保持稳定的平衡条件为

$$(T\cos\theta + R\sin\theta)\tan\varphi \geqslant R\cos\theta - T\sin\theta$$

则

$$\frac{R}{T} \leqslant \tan(\varphi + \theta)$$

对于图 6-21(a)，当 $\theta=\varphi$ 时，不论水平推力 T 有多大，系统不能取得平衡，岩块 B 将滑落失稳，其重量及其上部随动载荷作用在采空区矸石层上。而对于图 6-21(b)，则情况要好一些。

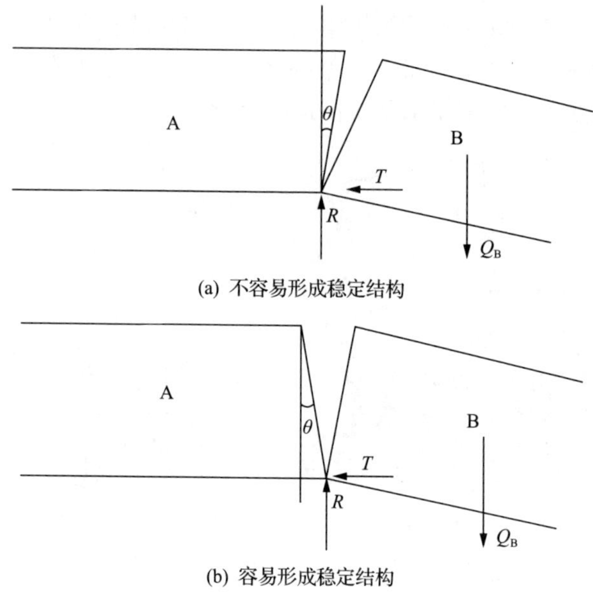

图 6-21　岩块咬合点的力学平衡分析

岩块在破断平衡过程中，将发生回转变形，在岩块咬合点处发生局部挤压而应力集中，使咬合点处的岩块局部进入塑性状态，或者压坏，促使岩块进一步回转，导致平衡结构失稳。对于图 6-21(b)的情况，岩块 B 更可能发生的就是此种类型的回转变形失稳。

2. 按传递岩梁理论分析

传递岩梁理论认为，随采场推进到上覆岩层悬露，悬露岩层在重力作用下弯曲下沉。随着跨度进一步增大，下沉发展到一定程度后，上覆岩层便在深入煤壁的端部开裂和中部开裂，形成“假塑性岩梁”，其两端由煤体支承，或一端由工作面前方煤体支承，另一端由采空区矸石支承，在推进方向上保持力的传递。当其沉降值超过“假塑性岩梁”允许沉降值时，悬露岩层自行垮落。把每一组同时运动(或近乎同时运动)的岩层看成是一个运动整体，称为“传递力的岩梁”，简称为传递岩梁。在煤层倾斜方向上同样具有该种结构模型，如图 6-22 所示，模型图按水平煤层绘制。

当基本顶岩梁断裂后，脱离整体，以“载荷”形式作用于煤壁及采空区矸石层上。在这种状态下，岩梁运动至最终状态时的顶板下沉量(即岩梁无阻碍最终沉降值)为

$$\Delta h = h - m_z\left(K_A - 1\right)$$

式中，K_A 为直接顶垮落碎涨系数。

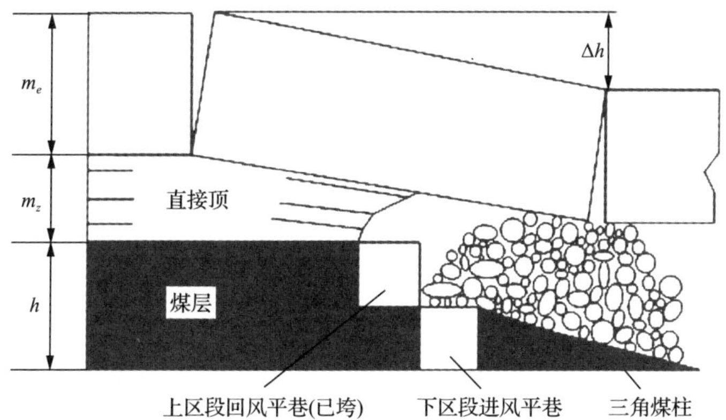

图 6-22　负煤柱采空侧上覆岩层传递岩梁结构

3. 按短砌体梁理论分析

浅埋煤层长壁工作面开采过程中，顶板关键层将产生周期性破断，破断后形成的岩块也将相互铰接形成砌体梁结构。由于浅埋煤层顶板单一关键层的特点，其顶板砌体梁结构呈现新的形态：形成的岩块比较短，岩块的块度接近于 1，这种形成的铰接岩梁，成为短砌体梁结构，其结构如图 6-23 所示；关键块的受力如图 6-24 所示。

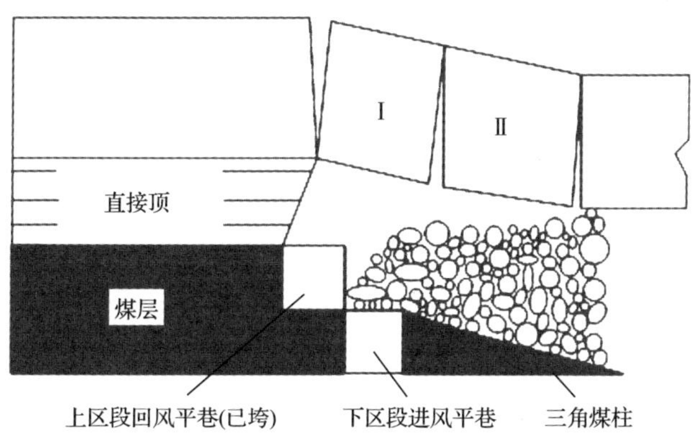

图 6-23　负煤柱采空侧上覆岩层短砌体梁结构

分别对Ⅰ、Ⅱ岩块 A、C 两点求力矩平衡，可得到岩块水平力 T 和老顶岩块受的剪切力 Q_A：

$$T=\frac{4i\sin\theta_1+2\cos\theta_1}{2i+\sin\theta_1\left(\cos\theta_1-2\right)}P_1 \tag{6-63}$$

$$Q_A=\frac{4i-3\sin\theta_1}{4i+2\sin\theta_1\left(\cos\theta_1-2\right)}P_1 \tag{6-64}$$

式中，i 为老顶岩块块度，$i=h/l$，其中 h 为老顶厚度，m，l 为老顶岩块长度，m；θ_1 为Ⅰ岩块的回转角，(°)；P_1 为老顶岩块载荷，kN，$P_1=P_G+P_Z$，其中 P_G 为老顶岩层重量，kN，P_Z 为载荷层传递的重量，kN。

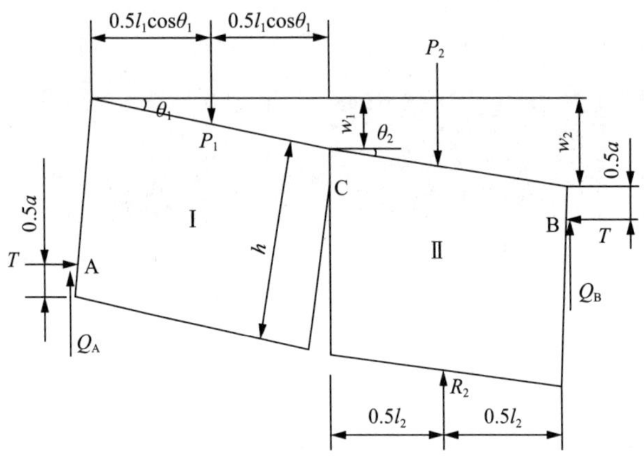

图 6-24　短砌体梁结构关键块的受力

P_1、P_2-Ⅰ、Ⅱ岩块承受的载荷；R_2-Ⅱ岩块的支承反力；θ_1、θ_2-Ⅰ、Ⅱ岩块的回转角；h-老顶厚度；Q_A、Q_B-A、B 接触铰上的剪力；l_1、l_2-Ⅰ、Ⅱ岩块的长度

老顶断裂后形成铰接的短砌体梁，在巷道侧向同样有滑落失稳和回转失稳两种情况。保证顶板结构不发生回转失稳的条件是

$$T \geqslant a\eta\sigma_c^*$$

式中，$\eta\sigma_c^*$ 为老顶岩块端角挤压强度；T/a 为接触面上的平均挤压应力，$a=\frac{1}{2}\left(h-l_1\sin\theta_1\right)$。

防止结构在 A 点滑落失稳的条件是

$$T\tan\varphi \geqslant Q_A \tag{6-65}$$

将式(6-63)、式(6-64)代入式(6-65)得

$$i \leqslant \frac{2\cos\theta_1+3\sin\theta_1}{4\left(1-\sin\theta_1\right)}$$

i 一般在 0.9 以内顶板不会出现滑落失稳。浅埋煤层 i 在 1.0 以上，顶板易出现滑落失稳。

Ⅰ岩块一旦出现滑落失稳，在采空区的下沉量可按式(6-66)计算：

$$\omega = m-\left(K_p-1\right)\sum h \tag{6-66}$$

式中，ω 为 I 岩块在采空区的下沉量；m 为采高；K_p 为直接顶垮落矸石碎涨系数；$\sum h$ 为直接顶厚度。

4. 按台阶岩梁理论分析

浅埋煤层顶板岩块滑落失稳的另一种结构形式是台阶岩梁结构，老顶垮落后形成如图 6-25 所示的形态。

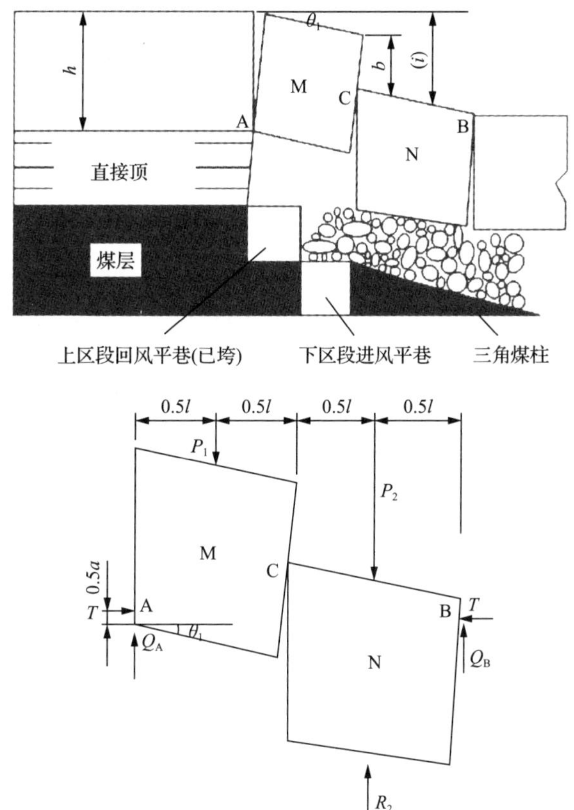

图 6-25　负煤柱采空侧上覆岩层台阶岩梁结构及受力分析

结构中 N 岩块完全在垮落矸石上，M 岩块回转时受到 N 岩块在 C 点的支撑。此时 N 岩块基本处于压实状态。

N 岩块的下沉量仍满足式(6-66)。

M 岩块滑落失稳的条件同样满足式(6-65)。将 M 岩块达到最大回转角时的挤压应力：

$$T = P_1 / \left(i - 2\sin\theta_{1\max} + \sin\theta_1 \right)$$

代入式(6-65)中，可得台阶岩梁不发生滑落的条件是

$$i \leqslant 0.5 + 2\sin\theta_{1\max} - \sin\theta_1$$

计算结果表明，与短砌体梁相同，只有 i 在 0.9 以内顶板不会出现滑落失稳。而浅埋煤层 i 一般均在 1.0 以上，因此，台阶岩梁结构下的顶板也易出现滑落失稳。

6.3.3　负煤柱巷道矸石层顶板变形与吸能机理分析

根据 6.3.2 节对老顶平衡结构的分析，老顶保持稳定需要一定的条件，当既定条件不能满足时，老顶发生滑落失稳或回转变形失稳。当老顶岩梁失稳后，老顶脱离整体，以载荷的形式作用于矸石层上。载荷形式一般可分为静载荷和动载荷两种，当直接顶垮落后，破碎矸石能够充填满采空区时，我们将这种类型的载荷看成是静载荷；当直接顶垮落后，破碎矸石不能充填满采空区时，这种类型的载荷看成是动载荷。不管是静载荷还是动载荷，实际工程中更关心的是巷道位置处的矸石层，因为它对将来巷道的支护有直接的影响。为此，我们将负煤柱巷道附近的矸石层划分为巷道矸石层与三角煤柱矸石层，如图 6-26 所示。在此划分基础上，下面分别就巷道矸石层承受不同载荷时的变形及能量耗散进行分析。

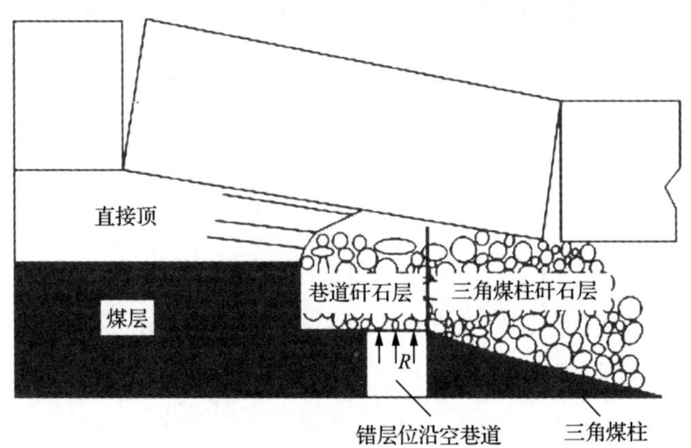

图 6-26　巷道矸石层与三角煤柱矸石层划分

1. 巷道矸石层不承受载荷

老顶失稳前能够形成三铰拱式平衡结构，或者传递岩梁将载荷传递到煤壁及后方采空区中，而负煤柱巷道恰好处于此结构的保护之下，如图 6-26 所示状态。此时巷道矸石层与形成结构的老顶之间没有力的联系，此时巷道矸石层中的矸石处于自然堆积状态，不承受来自老顶的载荷，因此，巷道矸石层不发生变形。巷道矸石层不承受载荷的另一种情况是，发生回转变形的关键块比较长，一端架在前方煤壁上，另一端架在三角煤柱矸石层上，三角煤柱矸石层的作用反力以维持老顶的三铰拱式平衡，巷道矸石层同样不发生变形。

2. 巷道矸石层承受静载荷

当关键块比较短，类似于图6-23、图6-25 Ⅰ块和M块，老顶的平衡结构需要巷道矸石层给予支护反力时，我们认为巷道矸石层承受静载荷，载荷的大小近似为Ⅰ块和M块的重量及其上部随动载荷，此时巷道矸石层将发生压缩变形。为了研究问题的方便，假定这种压缩变形仅仅为弹性变形，变形量仍满足式(6-66)。发生的弹性变形储存能量，包括弹性体积应变能与弹性摩擦能，弹性体积应变能满足式(6-42)，弹性摩擦能满足式(6-44)。根据热力学第一定律，令式(6-54)中的U_d=0，得

$$W_F = U_e \tag{6-67}$$

其中：

$$W_F = (P_1 + Q_B) \times \left[m - (K_p - 1)\sum h\right]$$

式中，P_1、Q_B分别为Ⅰ块和M块的随动载荷和自重；其他变量意义同前。

因此，巷道矸石层发生弹性变形吸收的能量值为W_F。

3. 巷道矸石层承受动载荷

当巷道矸石层与Ⅰ块或M块有较大空隙且出现滑落失稳时，失稳的岩块将对巷道矸石层产生冲击，形成冲击力。冲击力对巷道矸石层进行压缩变形及矸石的二次破碎，此时的压缩变形可具体假定为弹塑性变形，由于塑性变形和矸石的二次破碎将耗散掉大量的能量，从而降低沿空巷道支护体的冲击力影响。关于动载荷条件下能量守恒中重要的两个变量就是冲击力与变形量的确定。

1)冲击力的确定[52]

冲击力的确定是一个比较复杂的问题，为了简化冲击力的计算，将滑落失稳的Ⅰ块或M块及矸石转化为两弹性球体的接触问题，如图6-27所示。根据Hertz理论，法向接触变形δ_e与接触压力P_e的关系为

$$P_e = \frac{4}{3} E R^{1/2} \delta_e^{3/2} \tag{6-68}$$

其中：

$$\frac{1}{E} = \frac{1-\nu_1^2}{E_1} + \frac{1-\nu_2^2}{E_2}$$

式中，E 为等效弹性模量；E_1、ν_1、E_2、ν_2 分别为滑落失稳老顶与巷道矸石层的弹性模量和泊松比；R 为等效半径，这里假定其为滑落失稳老顶的长度。

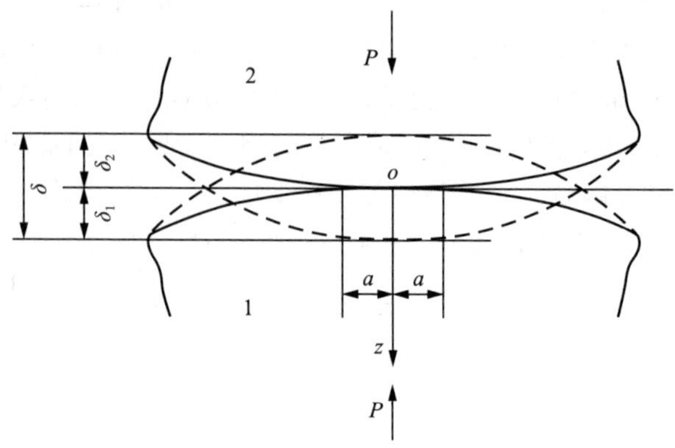

图 6-27　Hertz 接触问题

2) 变形量的确定

假定滑落失稳老顶的质量为 m，其下落高度为 ω，巷道矸石层为理想弹塑性体，则失稳老顶与巷道矸石层接触时的初速度为

$$v_0 = \sqrt{2g\omega}$$

于是系统的运动方程为

$$m\ddot{x} + R(x) = 0 \tag{6-69}$$

式中，x 为巷道矸石层的变形量；$\ddot{x}$ 为加速度；$R(x)$ 为巷道矸石层沿变形方向的应力。

以失稳老顶刚接触巷道矸石层为变形的开始，初速度为 v_0，则可得初始条件为

$$\begin{cases} x(0) = 0 \\ \dot{x}(0) = \dfrac{S}{m} \end{cases} \tag{6-70}$$

式中，$S = mv_0$。

对于理想弹塑性系统(模型如图 6-28 所示)，有

$$R(x) = Cx \quad (\text{当 } x \leqslant x_0 = \frac{R_0}{C})$$

$$R(x) = R_0 \quad (\text{当 } x \geqslant x_0 = \frac{R_0}{C})$$

$$R(x)=C\left(x-x^{\mathrm{p}}\right)=Cx^{\mathrm{e}}$$

式中，C 为比例系数；R_0 为塑性极限应力；x^{p} 为塑性变形量；x^{e} 为弹性变形量。

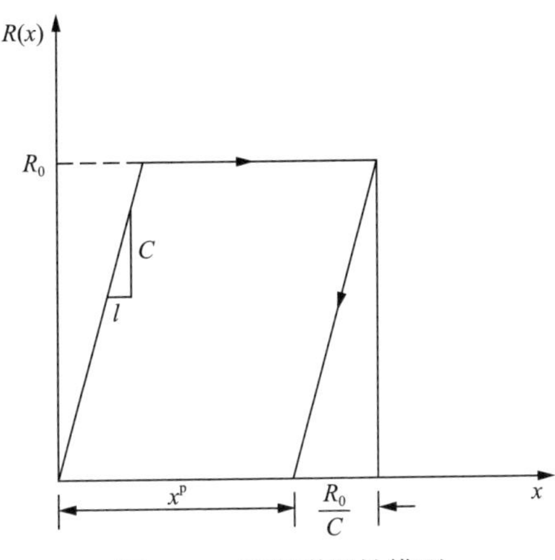

图 6-28　理想弹塑性模型

在式(6-69)中，令 $R(x)=Cx$，则可得系统在弹性阶段的运动规律：

$$x=\frac{\lambda s}{C}\sin\lambda t \tag{6-71}$$

其中，$\lambda=\frac{C}{m}$，弹性阶段运动的持续时间为 t_1，应满足：

$$x\left(t_1\right)=x_0=x^{\mathrm{e}}=\frac{R_0}{C} \tag{6-72}$$

将式(6-72)代入式(6-71)中，可得

$$\lambda t=\sin^{-1}\left(\frac{R_0}{\lambda S}\right) \tag{6-73}$$

将式(6-72)对 t 求导，并联立式(6-73)，可得

$$\dot{x}\left(t_1\right)=\frac{\lambda}{C}\sqrt{(\lambda S)^2-R_0^2} \tag{6-74}$$

当式(6-74)中的 $\lambda S\geqslant R_0$ 时，$\dot{x}\left(t_1\right)>0$，系统将进入塑性变形阶段。

塑性变形阶段的运动方程为

$$m\ddot{x}+R_0=0 \tag{6-75}$$

将式(6-72)、式(6-75)作为初始条件，求解微分方程(6-75)可得

$$x=\frac{R_0}{C}\left\{-\frac{1}{2}\lambda^2\left(t-t_1\right)^2+\lambda\left(t-t_1\right)\left[\left(\frac{\lambda S}{R_0}\right)^2-1\right]+1\right\} \tag{6-76}$$

将式(6-76)求导，并令 $\dot{x}(t)=0$，位移达最大值时的时刻为 t_2，即

$$\lambda t_2=\lambda t_1+\left[\left(\frac{\lambda S}{R_0}\right)^2-1\right]^{\frac{1}{2}} \tag{6-77}$$

将式(6-77)代入式(6-76)得

$$x\left(t_2\right)=x_{\max}=\frac{R_0}{2C}\left[\left(\frac{\lambda S}{R_0}\right)^2+1\right] \tag{6-78}$$

根据 $x^{\mathrm{e}}=x-x^{\mathrm{p}}$ 代入式(6-78)，可得塑性变形量为

$$x^{\mathrm{p}}=x\left(t_2\right)-\frac{R_0}{C}=\frac{R_0}{2C}\left[\left(\frac{\lambda S}{R_0}\right)^2-1\right] \tag{6-79}$$

3)巷道矸石层能量守恒分析

在失稳老顶冲击过程中，失稳老顶与巷道矸石层接触产生的弹性体积应变能为

$$\omega^{\mathrm{e}}=\int_0^{x^{\mathrm{e}}}P_{\mathrm{e}}\mathrm{d}x^{\mathrm{e}}=\frac{8}{15}ER^{1/2}\left(x^{\mathrm{e}}\right)^{5/2} \tag{6-80}$$

$x^{\mathrm{e}}=x-x^{\mathrm{p}}$，将式(6-72)代入式(6-80)得

$$\omega^{\mathrm{e}}=\frac{8}{15}ER^{1/2}\left(\frac{R_0}{C}\right)^{5/2} \tag{6-81}$$

同时考虑弹性变形时摩擦力的作用，由式(6-44)可得弹性摩擦能为

$$\omega_{\mathrm{f}}^{\mathrm{e}}=\frac{1}{2}\sigma_{\mathrm{n}}\tan\varphi\gamma_{\mathrm{n}}=\frac{1}{2}\sigma_{\mathrm{n}}\tan\varphi\times\frac{\sigma_{\mathrm{n}}\tan\varphi}{G}=\frac{1}{2G}\sigma_{\mathrm{n}}^2\tan^2\varphi \tag{6-82}$$

将式(6-81)、式(6-82)相加得弹性应变能，即巷道矸石层吸收的能量为

$$U_{\mathrm{e}}=\omega^{\mathrm{e}}+\omega_{\mathrm{f}}^{\mathrm{e}}=\frac{8}{15}ER^{\frac{1}{2}}\left(\frac{R_0}{C}\right)^{\frac{5}{2}}+\frac{1}{2G}\sigma_{\mathrm{n}}^2\tan^2\varphi \tag{6-83}$$

其中：

$$\sigma_{\mathrm{n}}=\frac{P_{\mathrm{e}}}{L}$$

式中，L 为沿空巷道的宽度，m；其他变量意义同前。

根据式(6-49)，塑性变形耗散的能量为

$$\begin{aligned}U_{\mathrm{p}}&=\int_{0}^{x^{\mathrm{p}}}x^{\mathrm{p}}\mathrm{d}u_{\mathrm{p}}=\int_{0}^{x^{\mathrm{p}}}\left[\left(\sigma_{\mathrm{n}}\tan\varphi+C\right)\gamma^{\mathrm{p}}\right]\mathrm{d}x^{\mathrm{p}}=\frac{1}{2}\left[\left(\sigma_{\mathrm{n}}\tan\varphi+C\right)\gamma^{\mathrm{p}}\right]\times\left(x^{\mathrm{p}}\right)^{2}\\&=\frac{1}{2}\gamma^{\mathrm{p}}\left[\frac{4}{3}ER^{1/2}\left(\frac{R_{0}}{C}\right)+C\right]\times\left\{\frac{R_{0}}{2C}\left[\left(\frac{\lambda S}{R_{0}}\right)^{2}-1\right]\right\}^{2}\end{aligned}\tag{6-84}$$

在冲击过程中，还伴随着声、热及矸石的二次破碎等能量损耗，将这些损耗能量合计为$U_{其他}$。

根据能量守恒定律：

$$W_{\mathrm{F}}=E_{\mathrm{k}}=U_{\mathrm{e}}+U_{\mathrm{p}}+U_{其他}\tag{6-85}$$

其中：

$$W_{\mathrm{F}}=P_{\mathrm{e}}\times\left(x^{\mathrm{p}}+x^{\mathrm{e}}\right)=P_{\mathrm{e}}\times\frac{R_{0}}{2C}\left[\left(\frac{\lambda S}{R_{0}}\right)^{2}+1\right]$$

$$E_{\mathrm{k}}=\frac{1}{2}mv_{0}^{2}$$

式中，W_{F}为冲击力所做的功，其他变量意义同前；E_{k}为失稳老顶刚接触巷道矸石层时的动能，其他变量意义同前；U_{e} 为巷道矸石层弹性变形时吸收的能量；U_{p}为巷道矸石层塑性变形时耗散的能量。

由式(6-85)能量平衡式可知各个变量的值。

6.4　负煤柱巷道围岩结构及其卸让压原理

6.4.1　常规沿空侧巷道围岩结构特征及技术难点

长壁工作面开采中沿空侧巷道通常会受到地应力和相邻采空区的影响。按巷道与采空区的距离可分为留煤柱巷道、无煤柱巷道。其巷道布置形式如图 6-29 所示。

1) 留煤柱沿空侧巷道围岩结构特征

对比图 6-29 中巷道布置形式，可以对巷道围岩结构特征、应力环境进行分析。

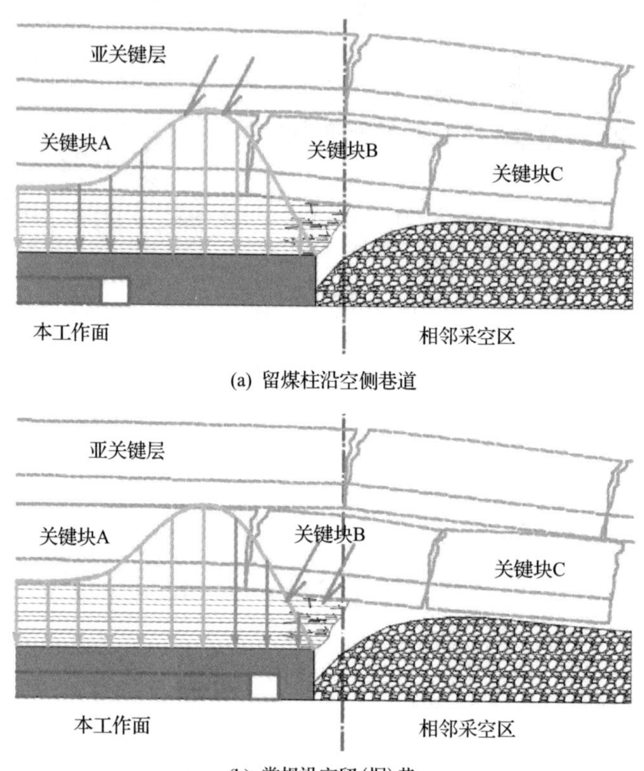

(a) 留煤柱沿空侧巷道

(b) 常规沿空留(掘)巷

图 6-29　沿空侧巷道围岩结构特征[53]

留煤柱巷道煤柱较宽，巷道距离采空区较远。这类巷道覆岩为完整岩层，两帮为煤壁和宽煤柱。当留煤柱护巷时，为了避免巷道受采空区侧向应力影响，将巷道布置在应力集中程度较小的原岩应力区。其技术难点有两个。

(1) 由于巷道处于正常的应力分布区域，巷道受到埋深及构造应力的影响。对于深部、地质条件复杂的区域，巷道支护会存在较大难度。

(2) 由于井下开采技术、地质条件的不同，采空区侧向支承压力不同。因此，煤柱宽度设计存在一定难度。留设较大，会造成资源的浪费；留设较小，会在侧向支承压力作用下发生破坏，巷道维护困难。

2) 常规无煤柱沿空侧巷道围岩结构特征

采用沿空留(掘)巷能够较好地避开上述问题。从图 6-29(b) 中可以看出，沿空留巷位于采空区侧向支承压力降低区。其覆岩结构为相邻采空区基本顶侧向关键块。由于关键块破断回转并与上覆岩层发生离层，沿空留巷实际位于开采卸压区内，不受所处位置地应力的影响。其煤柱(或巷旁充填体)通常宽度较小，也处于卸压区内，主要受关键块运移的影响。当然，尽管如此，这种无煤柱沿空留巷也存在技术难度。

(1)无煤柱沿空留巷位于破断基本顶关键块下方，因此沿空留巷主要的压力来源便是关键块。而关键块通常重量大，保证关键块稳定性较为困难。

(2)无煤柱沿空留巷通常煤柱(或巷旁充填体)宽度较小，承载能力较差，很难阻止关键块回转对直接顶的挤压变形。因此如何保证煤柱(或充填体)的承载能力一直是此类巷道支护的难题。

6.4.2　负煤柱巷道围岩结构特征

尽管学者对以上问题开展了针对性的研究，也提出很多解决办法。但如果能通过合理的布置避免上述难点，无疑是更好的选择。负煤柱巷道便是这样的一种技术。在探讨负煤柱巷道围岩结构前，首先对显著影响沿空巷道稳定性的基本顶运移规律进行研究。

1. 侧向基本顶结构特征及演化规律

根据现有沿空留巷及采场顶板结构的研究，工作面顶板呈 O-X 型破断，其中工作面侧向破断基本顶为弧形三角板，其长度近似为周期来压步距。巷道位于侧向基本顶关键块下方，如图 6-29 所示。自工作面开挖至弧形三角板关键块触矸稳定侧向顶板依次按悬顶结构、空间铰接拱结构、半拱结构演化。

(1)悬顶结构。自前次来压结束后继续开挖，直至下次来压期间，基本顶保持悬顶弯曲下沉的状态，关键块 A、B 为一个完整岩梁。

(2)空间铰接拱结构。悬顶长度达到周期来压步距，顶板发生 O-X 型破断，形成侧向三角板。侧向三角板一端搭接在待采工作面煤体上方，另一端与相邻周期来压顶板形成铰接拱结构。这样的空间铰接拱结构随着工作面推进及其他稳定性影响因素迅速回转，容易造成对承载体的动载作用。

(3)半拱结构。随着工作面的继续推进，侧向三角板触矸，形成一端搭接在实体煤、一端触矸的半拱结构，变形达到最大，对承载体形成静载作用。

可以看出，无论是煤层刚开挖时的悬顶结构还是关键块触矸后的半拱结构，均是稳态结构。通常情况下基本顶的这两种稳态结构的转变很难通过支护来阻止，而两种结构的位态是固定的。因此，基本顶的破断、回转至关键块 B 达到稳定，关键块发生了给定变形。通常情况下，侧向基本顶关键块是决定沿空留巷成败的关键部位，而关键块稳态结构的维持或转换期间的安全保障是沿空巷道维护的关键技术。负煤柱巷道围岩结构自身便能保证稳态结构转换过程的安全性，从而避开这一难题。

2. 负煤柱巷道卸让压围岩结构体系构建

为了弄清负煤柱巷道围岩结构特征，以某矿工作面地质条件为原型开展了相似模拟试验，按负煤柱巷道围岩结构进行模拟，其结果如图 6-30(a)所示。

该方法在上工作面开采时起坡、抬高巷道，本工作面开采时，将巷道布置在上工作面采空区起坡段底板中。由于其特殊的巷道布置形式，围岩形成了卸压、让压的围岩结构，能够有效地避开高地应力、关键块 B 失稳及触矸压实引起的动静载。其卸让压围岩结构主要包括以下三部分，如图 6-30(b)所示。

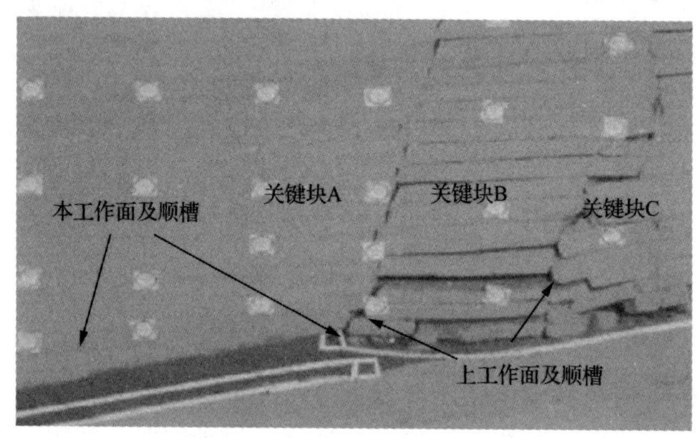

(a) 围岩结构相似模拟试验

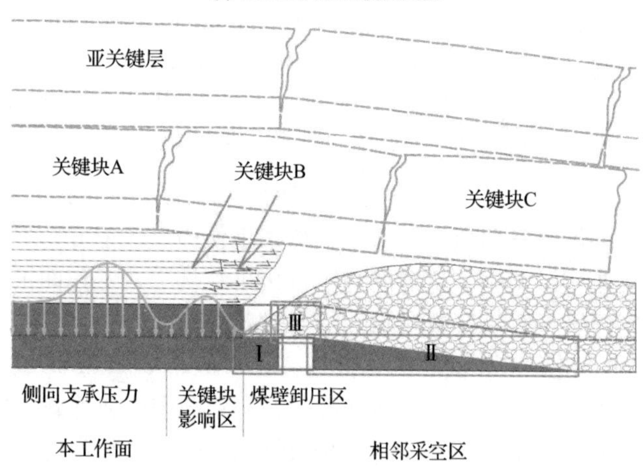

(b) 围岩结构模型

图 6-30 负煤柱巷道围岩结构[53]

1) 煤壁侧自动卸压结构(Ⅰ)

负煤柱巷道煤壁侧有一个巷道宽度的卸压煤体，如图 6-30 中Ⅰ区域所示。这部分煤体上方为上一个工作面开采时的顺槽，本工作面开采时该顺槽顶板垮落。由于其位于两工作面过渡段，侧向基本顶关键块下方会形成自由空间而不对矸石压实。因此，这一个巷道宽度的煤体中应力主要来源于冒落的矸石。相比于深部高地应力、侧向支承压力及关键块搭接影响区的应力，这部分煤体中应力几乎可以忽略，实际形成了将高应力向煤体深部转移的作用，其效果类似于巷道防冲时采用的卸压爆破、钻孔卸压和定向裂隙。

2) 矸石-三角煤柱让压结构(Ⅱ)

负煤柱巷道布置在上工作面采空区起坡底板中，护巷煤柱为三角煤柱结构，其上方为开采垮落的碎胀矸石。这样的结构既可以通过矸石的压实来让压，缓冲顶板的动载，又可以通过采空侧已压实矸石的侧护来提供较大的支护力。此外，由于坡度较小，三角煤柱宽度较大，三角形煤柱本身稳定性较好，能较好地保证巷道稳定性。

3) 矸石顶板卸压结构(Ⅲ)

负煤柱巷道顶板为垮落矸石，通常通过留煤皮及铺设金属网等综合性手段来预防漏顶。通常情况下这一区域处于采场 O 型圈范围内，采空区冒落的矸石很难接顶(即过渡段矸石顶板上方存在的自由空间)，不必承担上覆关键块作用力，顶板维护的主要任务是保证不漏矸。可以看出，不同于常规沿空留巷顶板[图 6-29(b)]随基本顶回转而回转，负煤柱巷道不接顶的矸石堆顶板有较大的压实变形性能以及给关键块的回转提供了较大的变形空间。因此，负煤柱巷道顶板能够避开基本顶关键块给定变形的影响。即便基本顶发生失稳，滑落到矸石上，矸石也可通过流变、压实将压力卸载到煤壁侧或煤柱上，避免顶板灾害。

现场实践及相关的统计表明，负煤柱巷道能有效降低冲击地压的发生，而其关键技术便在于其破碎矸石顶板、矸石-三角煤柱及卸压煤壁的三元结构。因此，应当进一步对负煤柱巷道围岩结构及相应的卸压、让压机理进行分析。

当然，值得注意的是外错到上工作面底板的巷道会在上工作面采动支承压力的作用下发生损伤，进而导致围岩强度降低。然而，现场实践过程中发现，此方法实际应用过程中并未发生巷道支护困难的问题，巷道通常容易维护，其更多的问题集中在破碎顶板引起的瓦斯、水、煤自燃等问题。分析可知，负煤柱巷道能够避开地应力的影响，巷道只需承担垮落的岩层重量。其机理类似于长壁开采液压支架只需承担破断岩层重量而非到地表的重量。而对于其破碎矸石顶板，其支护与传统的分层开采技术一致，以目前的支护技术已能够较好的解决。

6.4.3　负煤柱巷道围岩卸让压原理力学分析

1. 煤壁侧自动卸压结构(Ⅰ)

常规沿空巷道煤柱位于垮落顶板下方，地应力对其影响较小，但巷道实体煤一侧为覆岩的承载体，将受地应力及侧向支承压力的影响。应力的集中会导致巷道发生大的变形，埋深较大时实体煤侧集聚的弹性应变能释放还会造成冲击地压。

负煤柱巷道刚好能将这样的集中应力卸载掉，如图 6-31 所示。巷道远离侧向集中应力，造成实体煤侧支承压力向煤体深部转移的效果。负煤柱巷道煤壁侧自动卸压原理如下。

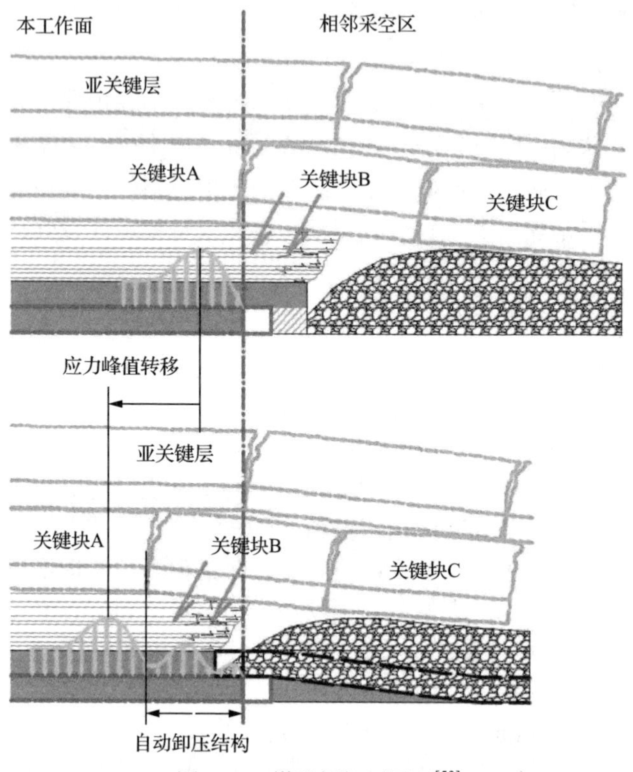

图 6-31　煤壁侧卸压原理[53]

(1)负煤柱巷道通过改变布置位置，利用旧巷自动卸压，避免了沿空巷道受深部高地应力的影响，降低了人工卸压释放应力的成本。

(2)相比于卸压爆破、钻孔卸压和定向裂隙等人工卸压技术，负煤柱巷道自动卸压结构未经历高应力的破坏，岩体力学性能较好，容易支护；加之其宽度较大，是天然的抗变形及防冲屏障。

(3)煤壁侧自动卸压结构宽度较大，力学性能较好，能够提供侧护力，改善应力集中区岩体受力状态，降低支护难度。

煤壁侧自动卸压的原理可通过定量计算来进一步描述。图 6-32(a)为某矿 22202 工作面侧向支承应力及采空区矸石压实情况。其中，设 OC 段矸石压实载荷呈线性增大；OA 段为应力降低区，AB 段为应力升高区，应力的变化简化为线性变化。煤层埋深 300m 左右，应力集中系数为 2.5，OA=10m，AB=40m，OC=50m。据此可计算底板任意点$(x_0,\ y_0)$的应力解析式。

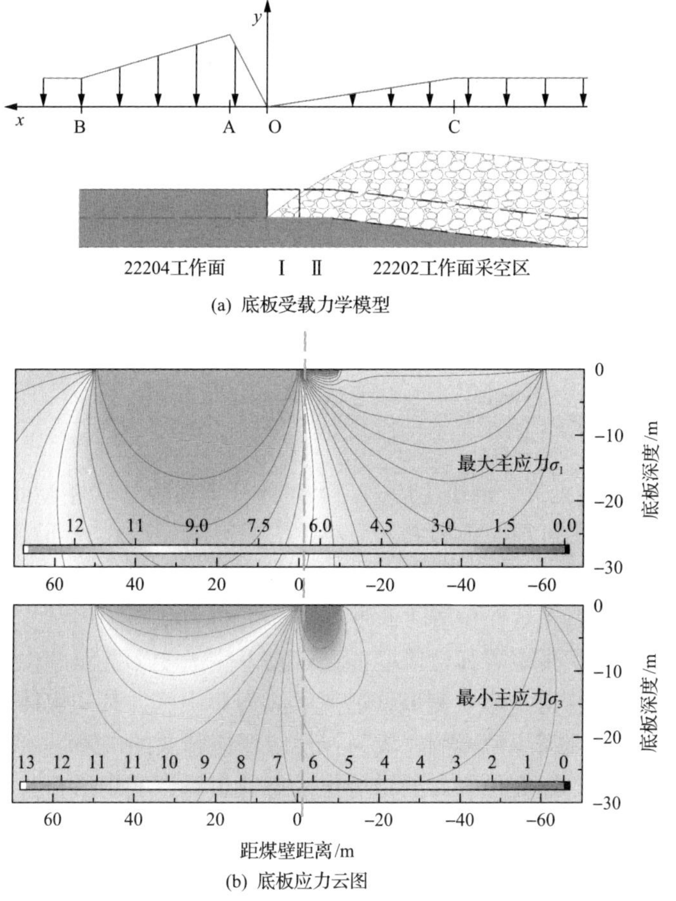

(a) 底板受载力学模型

(b) 底板应力云图

图 6-32　侧向支承压力下底板受载力学模型及应力云图[53]

首先，均布载荷 q 作用下的任意点 (x_0, y_0) 的应力为[54]

$$\begin{cases}\sigma_x=\dfrac{q}{\pi}\left[\begin{array}{l}\arctan\dfrac{x_0-x_2}{y_0}-\arctan\dfrac{x_0-x_1}{y_0}\\-\dfrac{(x_0-x_2)y_0}{y_0^2+(x_0-x_2)^2}+\dfrac{(x_0-x_1)y_0}{y_0^2+(x_0-x_1)^2}\end{array}\right]\\ \sigma_y=\dfrac{q}{\pi}\left[\begin{array}{l}\arctan\dfrac{x_0-x_2}{y_0}-\arctan\dfrac{x_0-x_1}{y_0}\\+\dfrac{(x_0-x_2)y_0}{y_0^2+(x_0-x_2)^2}-\dfrac{(x_0-x_1)y_0}{y_0^2+(x_0-x_1)^2}\end{array}\right]\\ \tau_{xy}=\dfrac{q}{\pi}\left[\dfrac{y_0^2}{y_0^2+(x_0-x_1)^2}-\dfrac{y_0^2}{y_0^2+(x_0-x_2)^2}\right]\end{cases}\tag{6-86}$$

式中，x_1、x_2 为均布载荷的起始点，且 $x_1 < x_2$；σ_x、σ_y、τ_{xy} 为坐标系方向应力，MPa。

根据式(6-86)计算原理先对图 6-32(a)中各段作用力下底板应力积分、求解，再将各段解析结果相加，得到工作面底板应力分布，最终利用式(6-87)得到最大和最小主应力。

$$\begin{cases} \sigma_1 = \dfrac{\sigma_x + \sigma_y}{2} \pm \sqrt{\left(\dfrac{\sigma_x - \sigma_y}{2}\right)^2 + \tau_{xy}^2} \\ \sigma_3 = \dfrac{\sigma_x + \sigma_y}{2} \pm \sqrt{\left(\dfrac{\sigma_x - \sigma_y}{2}\right)^2 + \tau_{xy}^2} \end{cases} \tag{6-87}$$

式中，σ_1、σ_3 分别为最大、最小主应力。上述计算均在数学软件 Mathematica 中进行，导出其计算结果可得底板最大、最小主应力云图如图 6-32(b)所示。

可以看出，以巷道实体煤侧煤壁为分界面，其左侧为应力集中区，右侧为应力降低区。若将巷道布置在位置Ⅰ，巷道处于低应力状态，但其实体煤侧煤壁处于高应力集中状态，集聚着弹性应变能，容易发生大变形甚至巷内冲击。若将巷道布置在位置Ⅱ，巷道实体煤侧煤壁远离了应力集中区，其间煤体处于低应力状态，能够较好地避开高应力影响，成为弹性应变能释放的屏障。

因此，将巷道布置在位置Ⅱ的错层位沿空巷道可以实现沿空巷道实体煤侧的高应力卸压(位置Ⅰ)，降低支护难度。

2. 矸石-三角煤柱让压结构(Ⅱ)让压及承载机理力学分析

无煤柱沿空巷道位于侧向关键块下方，影响其变形的主要问题不再是高应力，而是顶板的显著运动。前述分析可知，顶板破断后会发生由高位态的不稳定拱结构到低位态的稳定半拱结构的显著运动。由于常规沿空留巷需保证一定的使用空间，没有足够空间让出顶板如此大的变形，因此现有巷旁支护致力于维持顶板的高位态以保证足够的使用空间，维护成本较高。负煤柱巷道上方自由空间允许关键块回转而不影响使用空间，与此同时其矸石-三角煤柱还可保证关键块位态转换过程中的安全性，分析如下。

由于基本顶破断位置位于其夹支端，因此破断后关键块搭接在直接顶上方。为了避免关键块回转后对巷道顶板造成影响，通常通过调整关键块长度与巷道宽度、巷道位置，使关键块另一端位于三角煤柱上方。这样，煤柱便成为覆岩的承载体。首先对作用在煤柱上的载荷进行分析，图 6-33 展示了作用在煤柱上侧向基本顶破断后位态的转变过程。

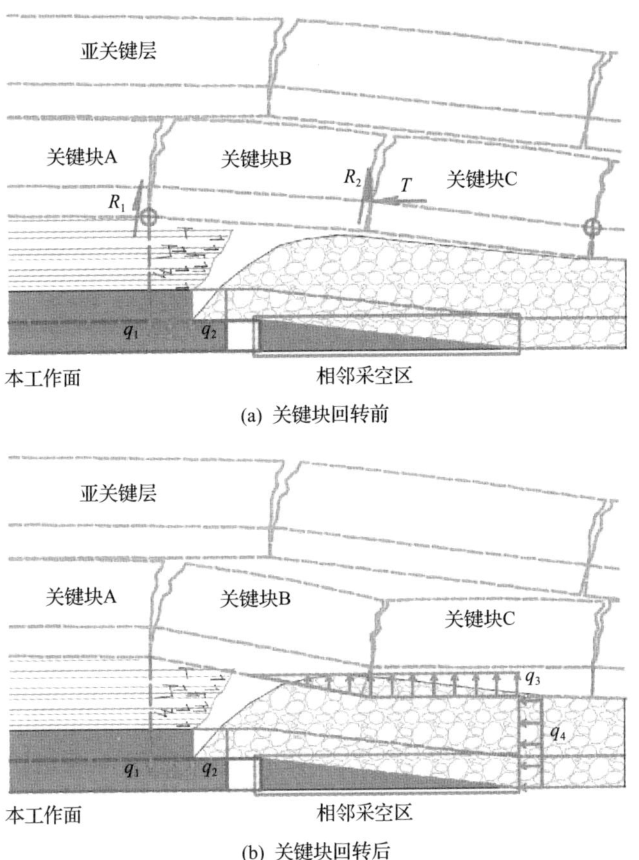

(a) 关键块回转前

(b) 关键块回转后

图 6-33　侧向关键块稳态结构特征[53]

随着关键块的回转，侧向不稳定的基本顶空间铰接拱结构失稳，关键块 C 完全垮落在矸石上，关键块 B 形成搭接在矸石上的半拱结构。其载荷主要靠煤壁和矸石-三角煤柱结构共同承担：

$$R_1 + R_2 = \gamma \sum hl \tag{6-88}$$

$$T(h-a) + R_2 l = \gamma \sum h \cdot \frac{l}{2} \tag{6-89}$$

当关键块间挤压力作用在煤柱上的载荷 R_2 达到最大：

$$R_2 = \frac{\gamma hl}{2} \tag{6-90}$$

式中，R_1、R_2 为半拱拱顶、拱脚竖向载荷，MPa；l 为关键块长度，m；$\sum h$ 为破断关键块及其载荷层厚度；h 为基本顶厚度，m；a 为铰接点位置参数，m；γ 为平均容重，kN/m^3。

在此过程中，矸石顶板因其上方有一定高度的自由空间，允许顶板的回转行程不受影响。当基本顶侧向关键块回转、垮落时，矸石-三角煤柱结构是顶板显著运动的主要承载体，需承担回转引起的动载、静载作用。为了研究矸石-三角煤柱对顶板显著运动的让压机理、对顶板显著运动结束后静载的承载机理，开展了限侧矸石压实试验。试验参数及结果如表 6-1 及图 6-34 所示，据此可得矸石-三角煤柱让压及承载机理。

表 6-1 试验参数

项目	参数
岩样种类	岩石
块度范围	25～30mm
完整岩样单轴抗压强度	40MPa
加载方式	限侧加载/限侧定载(7.5MPa)

图 6-34 限侧矸石压缩试验[53]

限侧矸石压缩试验结果表明，限侧加载过程中应力-应变符合指数关系[53]：

$$\sigma = 0.572e^{9.5683\varepsilon} \tag{6-91}$$

式中，σ、ε 为限侧矸石加载过程中的应力、应变；公式中系数为试验所得，与矸石块径、空间形状有关。

1) 大变形让压机理

图 6-35(b)为限侧矸石室内压实过程中应力-应变曲线，可以看出，在矸石压实的前期(快速压实阶段)，应力较小时矸石便会发生大的变形；随着矸石进一步压实(动载缓冲段)，应力大幅增长。图 6-36 中恒定载荷作用下(固定载荷 7.5MPa，达到固定载荷用时 1～2min)变形随时间变化规律可知，矸石压实过程中绝大部分

变形发生在载荷作用初期。对照两曲线可知，当限侧矸石上作用动载时，矸石会通过短时间内产生大的变形来缓冲动载。在此阶段，上覆载荷做功用于碎石空隙闭合、碎石摩擦滑移及挤压破坏等不可恢复的塑性变形，因此能够吸收顶板滑落等剧烈运动造成的动载，达到缓冲作用到三角煤柱上动载的效果。若矸石能完全吸收顶板势能便能保护三角煤柱不受动载影响；反之，煤柱上覆矸石无法缓冲顶板运动。这一阶段的能耗计算如下[55]：

$$U_{\mathrm{g}}=\int\sigma\cdot\varepsilon\mathrm{d}\varepsilon=0.572\int_{0}^{\varepsilon_{\max}}\varepsilon\mathrm{e}^{9.5683\varepsilon}\mathrm{d}\varepsilon \tag{6-92}$$

式中，U_{g} 为矸石压实过程中能量的耗散，即图 6-35(b)中曲线与坐标轴围成的面积；$\varepsilon_{\max}$ 为矸石压实最大变形量。

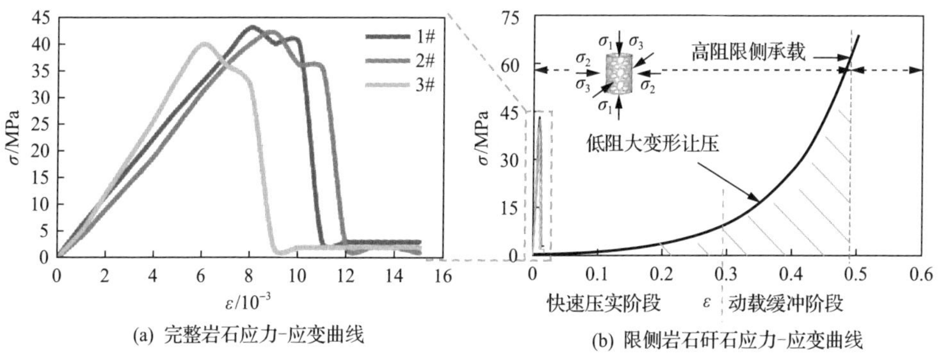

图 6-35　应力-应变曲线[53]

据此便可计算低阻大变形让压阶段矸石的缓冲效果。当顶板位置势能

$$U>U_{\mathrm{g}} \tag{6-93}$$

认为此时矸石已完全压实，失去大变形的缓冲作用。

限侧矸石堆让压效果可由式(6-91)及图 6-35 对比而得。图 6-35(a)为试验所用矸石未破碎前岩样单轴压缩应力-应变曲线(三次重复试验，编号 1#、2#、3#)，对比矸石堆压实过程应力-应变曲线[图 6-35(b)]可知，压实过程发生的变形为单轴压缩过程发生变形的几十倍。按照式(6-91)的计算原理(即曲线围成面积)，在顶板动载作用下，限侧矸石堆变形比完整岩石增大几十倍，故而能耗也增长几十倍。因此，相比于完整岩石，当顶板发生剧烈运动时限侧矸石堆可以通过大变形缓冲顶板对煤柱的破坏(动载缓冲段)，吸收顶板显著运动动能，起到保护煤柱的作用，实现对顶板的让压。

2)限侧高阻承载机理

按照顶板垮落的先后顺序，当煤柱上方矸石压实时，上工作面顶板早垮落，其采空区矸石也早已压实。当煤柱上方矸石在顶板作用下向两侧扩展时，会受到已压实矸石的限制，形成限侧矸石堆。从图 6-35(b)中可以看出，对于限侧矸石堆而言，当矸石压实后，矸石堆的承载能力急剧增长。因此，矸石-三角煤柱中矸石层能够提供较大承载力。

由图 6-35(b)、图 6-36 可知，在短暂的大变形压实缓冲动载后，顶板显著运动停止，煤柱上方限侧矸石迅速达到支撑顶板所需静载(限侧承载段)。尽管这一阶段矸石发生变形很小，却经历较长的时间。相关试验的统计表明：高阻限侧承载阶段很长时间内，限侧矸石发生的变形通常为整个受力阶段的 5%左右[56]。通常采用压缩流变模型来刻画这一阶段矸石流变特征：

$$\varepsilon = -a\exp(-bt) + c \tag{6-94}$$

式中，a、b、c 由顶板垮落矸石压缩试验获得。

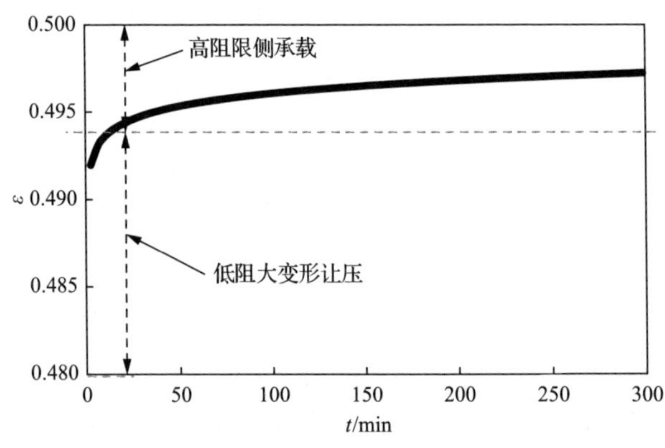

图 6-36　限侧矸石流变曲线[53]

尽管矸石堆会在关键块作用下发生一定流变，但由于其位于三角煤柱外侧，其变形对巷道无影响。巷道变形主要考虑静载作用下三角煤柱稳定性。图 6-37 为不同围压下煤样抗压强度。容易看出，围压增大，煤样抗压强度增大。这一结论可用于分析三角煤柱稳定性。相比于一般沿空窄煤柱巷道或窄充填体，负煤柱巷道三角煤柱核区受到煤柱边缘的侧护作用，因此三角煤柱受力状态具有天然的优势，稳定性较好。为了进一步说明三角煤柱的稳定性，可采用极限平衡的方法进行分析。

对于三角煤柱，由于其位于矸石下方，矸石与煤柱接触面上以正应力为主，摩擦力影响较小。按照文献[57]总结，煤柱一般多发生压剪破坏。假设压剪破坏面为圆弧面，可通过极限平衡法对煤柱稳定性进行分析。

如图 6-38 所示，将煤柱分为 n 个煤条，取第 k 个煤条进行分析。第 k 个煤条承担上覆载荷传递到滑动面上的载荷为 F_k，将其分解为[58]

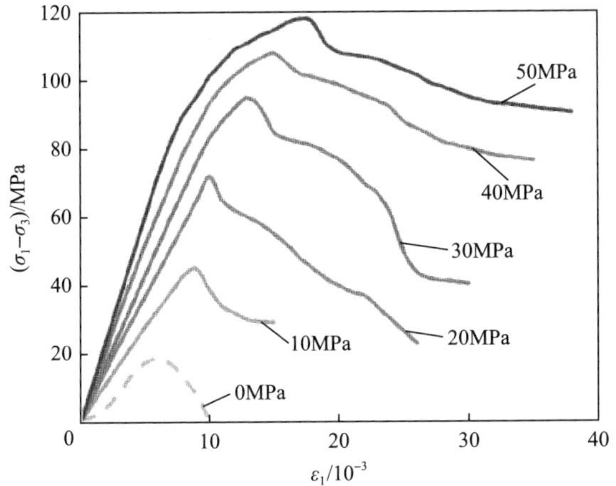

图 6-37　煤样三轴压缩试验[53]

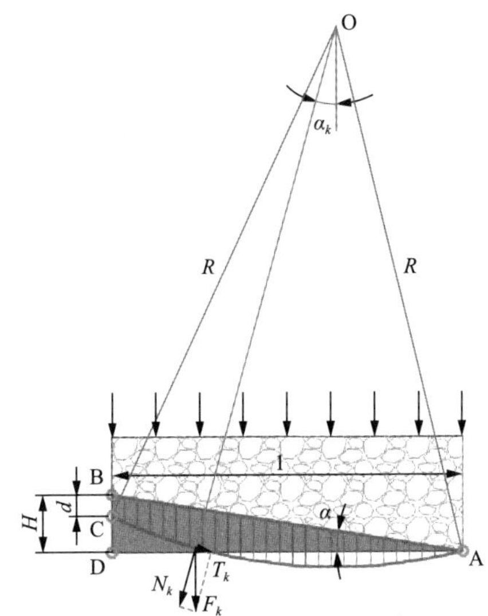

图 6-38　三角煤柱极限平衡分析[53]

$$\begin{cases} N_k = F_k \cos \alpha_k \\ T_k = F_k \sin \alpha_k \end{cases} \tag{6-95}$$

式中，F_k 为第 k 个煤条自重及所受载荷；N_k 及 T_k 为其轴向和切向分力；α_k 为煤条位置与垂直方向夹角。

滑移面 AC 上平均抗剪强度为

$$\tau = \sigma \tan \varphi + c \tag{6-96}$$

式中，τ 为剪应力；c 为煤体内聚力；σ 为剪切面上的正应力；φ 为煤体的内摩擦角。

故滑移面上的抗滑力为

$$R_k = \tau l_k = N_k \tan\varphi + c l_k \tag{6-97}$$

总的抗滑力矩为

$$(M_R)_k = R l_k = \left(\sum N_k \tan\varphi + \sum c l_k\right) R \tag{6-98}$$

据此可得安全系数为

$$K = \frac{\sum N_k \tan\varphi + \sum c l_k}{\sum T_k} \tag{6-99}$$

式中，l_k 为煤条宽度；R 为半径。

上述计算中，滑动面和圆心位置是任意假定的。不同圆心及滑动面对应的安全系数表征该假定位置滑动面的稳定性。因此，式(6-99)的计算既可判断整个煤柱的稳定性也可判断某一部分的稳定性，其内在的力学破坏机理是一致的。但正是由于滑动面的不确定，式(6-99)实际是一种试算，需要对不同滑动面分别进行计算，这显然是很难做到的。

针对这个问题学者进行了大量的计算，绘制了坡脚与坡高系数的关系曲线如图 6-39 所示。

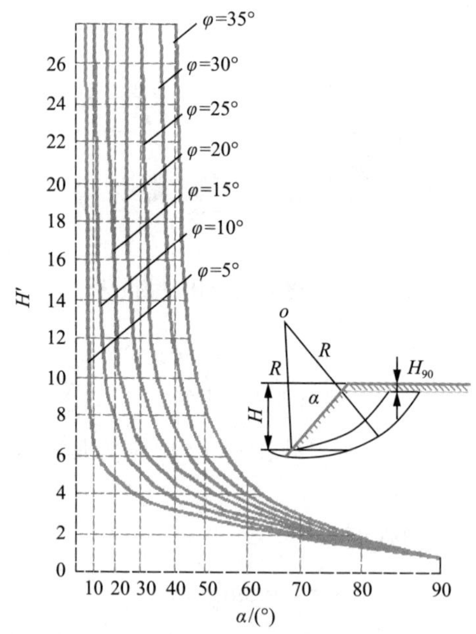

图 6-39　坡高系数与坡脚的关系曲线[59]

图 6-39 中，H_{90} 为垂直煤柱极限高度，当煤柱高度大于此值，便会在自重载荷作用下发生自顶到底的滑动，其计算为

$$H_{90}=\frac{2c}{\gamma_0}\tan\left(45^\circ+\frac{\varphi}{2}\right) \tag{6-100}$$

式中，H_{90} 为垂直煤柱极限高度，m；c 为煤样内聚力，MPa；γ_0 为单位体积煤柱容重，kN/m^3；φ 为内摩擦角，(°)。

当煤柱坡度变化，其极限高度可按式(6-101)进行计算：

$$H=H'H_{90} \tag{6-101}$$

式中，H' 为坡高系数。

上述计算的煤柱高度未考虑作用在其上方的载荷，煤柱高度会很大。当考虑其上方载荷时，并将载荷作等效处理时，式(6-100)发生了变化：

$$H_{90}\left(\gamma_0+\gamma\right)=2c\tan\left(45^\circ+\frac{\varphi}{2}\right) \tag{6-102}$$

式中，γ 为简化到单位体积煤柱上的载荷，kN/m^3，表征覆岩作用在每个条带上的载荷。容易看出，通常情况下 $\gamma \gg \gamma_0$。当上覆载荷足够大时，在煤柱高度较小的情况下，便会发生压剪破坏的煤柱失稳。当煤柱存在角度时，可由式(6-101)、式(6-102)得到煤柱角度为 α 时，煤柱极限平衡公式：

$$H\left(\gamma_0+\gamma\right)=H'2c\tan\left(45^\circ+\frac{\varphi}{2}\right) \tag{6-103}$$

式中，H 为三角煤柱高度，m；H' 为坡高系数，查图 6-39 可知。

分析式(6-103)及图 6-39 可知，随着煤柱角度 α 减小，坡高系数 H' 增大，尤其当坡脚 α 小于 40°，坡高系数急剧增大。其中，式(6-103)右边为煤柱承载上限，等式左边为煤柱自重及上覆载荷。承载上限的激增意味着煤柱承载能力的提高，煤柱稳定性提高。

以某煤矿 22204 工作面为例，其巷道高 2.5m，煤柱内聚力 0.5MPa，内摩擦角 20°，容重 $14.6kN/m^3$，三角煤柱坡度 15°。查表可得坡高系数 H' 为 35。分别代入式(6-102)、式(6-103)可得

$$\gamma_{90^\circ}=556.66kN/m^3 \tag{6-104}$$

$$\gamma_{15^\circ}=19979.47kN/m^3=35.89\gamma_{90^\circ} \tag{6-105}$$

上述计算表明，在遗留同样质量煤体的情况下，采用坡度 15°三角煤柱的承载能力远大于留设垂直窄煤柱。

此外，图 6-39 中还可看出，当三角煤柱坡脚小于 40°时，坡高系数通常为垂直煤柱的十几倍以上，结合式(6-102)、式(6-103)可知，煤柱承载能力也相应激增。即便此时巷道高度 H 较大，对煤柱稳定性影响仍较小，据此可见三角煤柱具有较好的稳定性。

综上可知，沿空留(掘)巷护巷煤柱受到顶板位态转变的显著运动影响，现有沿空巷道致力于维持顶板的高位态，从而实现顶板的完整性，但也付出了较高的技术成本。而负煤柱巷道让顶板充分垮落，处于低位态而避开了顶板稳定的问题。其矸石-三角煤柱前期通过大变形让压缓冲动载、后期通过限侧矸石高承载性及三角煤柱较好的支承能力支撑顶板，避开了保持顶板高位态的难题，满足了顶板显著运动而不破坏煤柱的要求，降低了巷道维护难度。

3. 矸石顶板卸压结构(Ⅲ)让压机理

对于沿空巷道，应力集中通常不是影响巷道变形的主要因素，巷道主要受上覆坚硬顶板显著运动的影响。因此，巷道围岩稳定性除了要考虑煤柱承载性能还需考虑顶板稳定性。图 6-40 对比分析了几类典型沿空巷道顶板结构及支护机理。

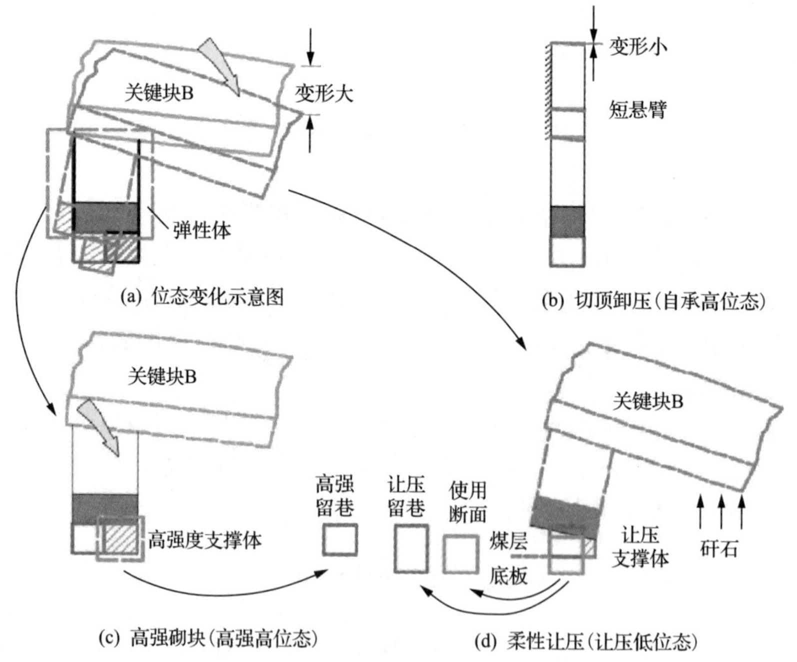

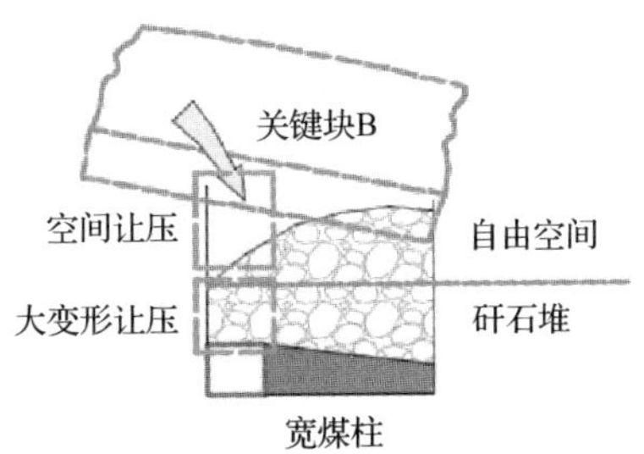

(e) 错层位布置(让压低位态)

图 6-40　顶板让压原理[53]

图 6-40(a)为沿空顶板位态变化示意图。对于一般的沿空巷道，当上一个工作面回采结束后，侧向三角板破断，形成侧向关键块。侧向关键块随相邻关键块触矸而回转，关键块向低位态变化，其回转会挤压下方直接顶，造成直接顶破碎及巷道断面急剧减小。图 6-40(c)和图 6-40(d)为常规沿空巷道支护方法。图 6-40(c)中采用高强支撑体保证关键块处于高位态。高强支护可以避免顶板剧烈运动，保证顶板完整性。但高强材料护巷技术成本高，且容易支护失败。图 6-40(d)采用柔性让压的巷旁支护，让顶板充分垮落，进入低位态，利用矸石支撑顶板。其技术难点是坚硬顶板显著运动过程中直接顶完整性的保证和巷旁支撑体的变形让压[60]。

与传统的沿空巷道顶板结构不同，图 6-40(b)中切顶卸压沿空巷道避免了侧向关键块的形成，通过未破断短悬臂的强支护作用对巷道形成保护，从根本上避免了沿空巷道受坚硬顶板显著活动的影响[61]。当然，相比一般的沿空巷道，切顶卸压沿空巷道难以避开侧向支承压力的作用，需要面对深部高应力的影响。

图 6-40(e)为负煤柱巷道顶板结构及顶板让压机理示意图。可以看出，将巷道布置到上工作面采空区底板后，其顶板为自由空间-碎胀矸石组合结构。相比于常规沿空巷道直接顶要受到回转挤压，当坚硬顶板显著运动时，负煤柱巷道自由空间-碎胀矸石组合结构允许顶板发生较大的行程，能够实现结构性让压，不受坚硬顶板剧烈运动的影响。而坚硬顶板充分回转、降至低位态的原则避免了高强支撑体的成本和容易失败的问题。矸石-三角煤柱较好的让压-承载性能、实体煤壁侧自动卸压又能保证坚硬顶板的稳定性、煤柱的稳定性和侧向支承压力的充分转移。

综合来看，负煤柱巷道能够最大限度地降低支护难度及成本，是一种较好的支护技术。

6.5　实验室相似模拟

为了扩大错层位沿空巷道布置的应用范围，本节分别针对镇城底矿 8#煤层

(平均 5m)、白家庄矿采 9#放 8#煤层(9#煤层厚度 2.4～2.6m，8#煤层厚度 3.8～4.2m。8#与 9#煤层之间为均厚 1.1m 的页岩与粉砂岩夹矸石，含伪顶 0.3m。)、斜沟煤矿 13#煤层(均厚 14.71m)设计了三台相似模拟试验。试验均采用了中国矿业大学(北京)的二维试验台，其中镇城底矿 8#煤层、白家庄矿采 9#放 8#煤层的试验台尺寸(长×宽×高)为 1620mm×160mm×1300mm；斜沟煤矿 13#煤层的试验台尺寸(长×宽×高)为 4200 mm×250mm×2500mm。模型材料为骨料、胶结料(试验室配制)、水、云母粉及染色剂等。

模型的制作步骤如下。①上模板：将模型后面模板全部上好，前面边砌模型边上模板。②配料：按已计算好的各分层材料所需量，把石灰、石膏、沙子、缓凝剂和水用天平、量杯称好；其中沙子、石膏、水泥可装在一个搅拌容器内，但需将水泥倒在石灰上面，以免与沙子中所含的水分化合而凝固；缓凝剂溶解后放入已经称量好的水中，搅拌均匀使无沉淀；模拟煤层加墨汁，使其呈黑色，以便区别。③搅拌：先将干料拌匀，再加入含缓凝剂的水，并迅速搅拌均匀，防止凝块。④装模：将搅拌均匀的材料倒入模子内，然后夯实，以保持所要求的容重，压紧后的高度应基本符合计算时的分层高度。分层间撒一层云母以模拟层面，每一分层的制作工作应在 20min 内完成。根据各层岩层性质的不同，在具体操作时，可考虑夯实过程中的用力情况。⑤风干：通常在制模后一天开始风干，风干 6～7 天后，开始采煤。⑥加重：由于考虑到地层很深，而所要研究的问题仅涉及煤巷附近一部分围岩，可用施加面力的方法来代替研究范围以外的岩石自重。⑦测点及工作面的布置。

6.5.1　镇城底矿 8#煤层相似模拟

根据镇城底矿 8#煤层的赋存条件及实际巷道尺寸，模型几何相似比定为 100∶1，密度比为 1.5∶1，试验采用平面应力模型，上覆岩层的作用采用外力补偿法来实现。模拟岩层的密度及强度见表 6-2，工作面布置如图 6-41 所示，平面方向为工作面倾斜方向。

表 6-2　相似模拟试验岩层参数表

层位	岩性	原型厚度 /m	原型抗压强度 /MPa	原型密度 /(g/cm^3)	模拟抗压强度 /MPa	模拟密度 /(g/cm^3)
1	石灰岩	8.86	53.1	2.5	0.354	1.67
2	7#煤	0.93	23.0	1.45	0.153	0.97
3	泥岩	2.1	21.3	2.52	0.142	1.68

续表

层位	岩性	原型厚度/m	原型抗压强度/MPa	原型密度/(g/cm³)	模拟抗压强度/MPa	模拟密度/(g/cm³)
4	石灰岩	3.0	53.1	2.5	0.354	1.67
5	砂质泥岩	6.41	52.2	2.76	0.348	1.84
6	粉岩石	3.66	41.0	2.55	0.273	1.7
7	砂质泥岩	1.43	52.2	2.76	0.348	1.84
8	7#下煤	2.33	21.0	1.45	0.140	0.97
9	粉岩石	2.31	41.0	2.55	0.273	1.7
10	石灰岩	1.79	53.1	2.5	0.354	1.67
11	8#煤	5.0	18.0	1.37	0.120	0.91
12	细粒岩石	2.53	73.6	2.72	0.490	1.81

从首采工作面进风巷开始，沿着工作面倾斜方向推进，当工作面推进约 30m 时，老顶岩层初次垮落，如图 6-42 所示；当工作面推进约 40m 时，老顶岩层二次垮落，垮落步距约为 10m，如图 6-43 所示。随着工作面沿倾斜方向的继续推进，垮落高度越来越大，图 6-44、图 6-45 分别为推进到 50m、75m 时的示意图。当首采工作面回采结束后，形成如图 6-46 所示的铰接梁结构。从图 6-46 中可以看出，下一工作面进风巷内错于首采工作面回风巷一巷距离，形成负煤柱巷道布置系统，该巷道仅承受少量的垮落直接顶的重量。

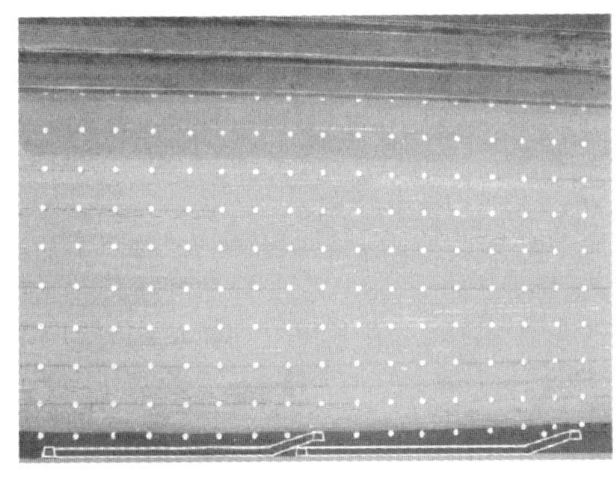

图 6-41　镇城底矿 8#煤层负煤柱巷道布置示意图

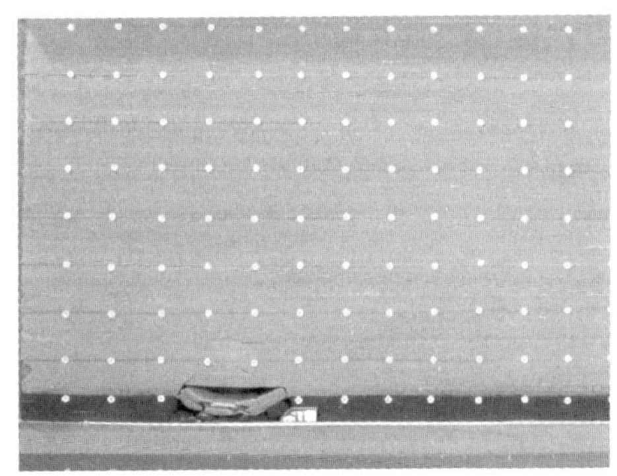

图 6-42　基本顶初次垮落示意图

图 6-43　基本顶二次垮落示意图

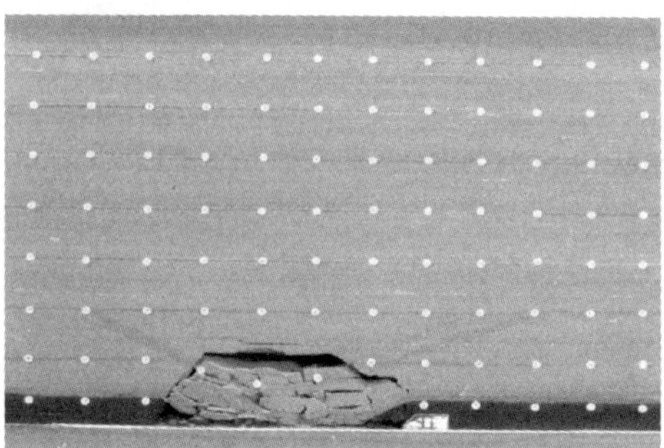

图 6-44　工作面推进 50m 时示意图

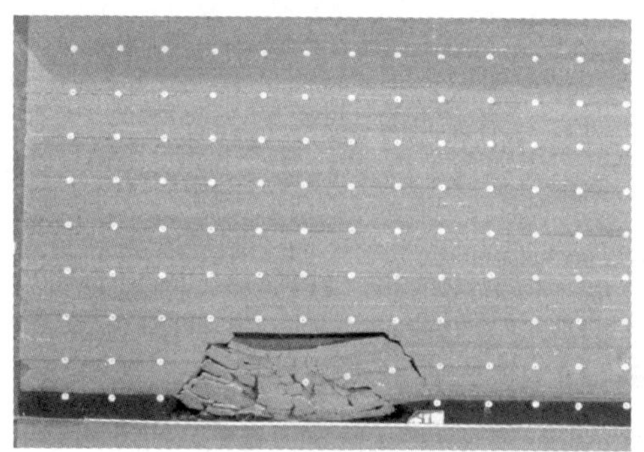

图 6-45　工作面推进 75m 时示意图

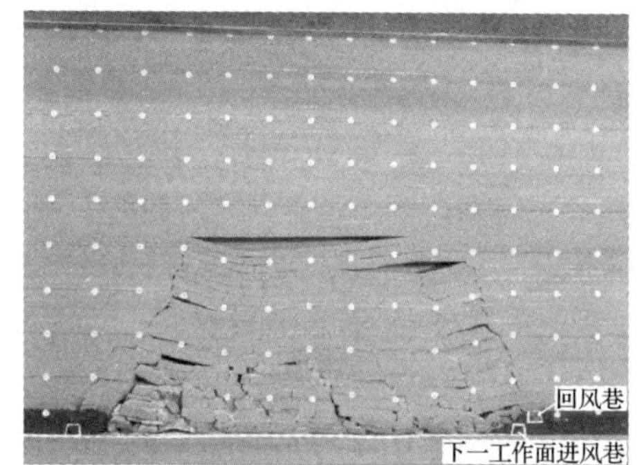

图 6-46　首采工作面回采结束示意图

对应于图 6-42～图 6-46，整理得到了不同阶段的支承压力分布图，分别如图 6-47～图 6-51 所示。随着工作面沿倾斜方向的推进，在开采位置的前方，始终存在一个范围约 20m 的应力升高区，而在开采位置的后方为应力降低区，其应力分布特征与前述的理论曲线完全一致。

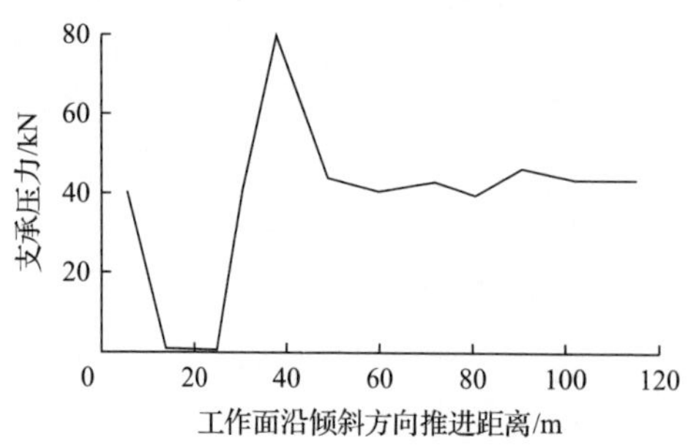

图 6-47　基本顶初次垮落后支承压力分布

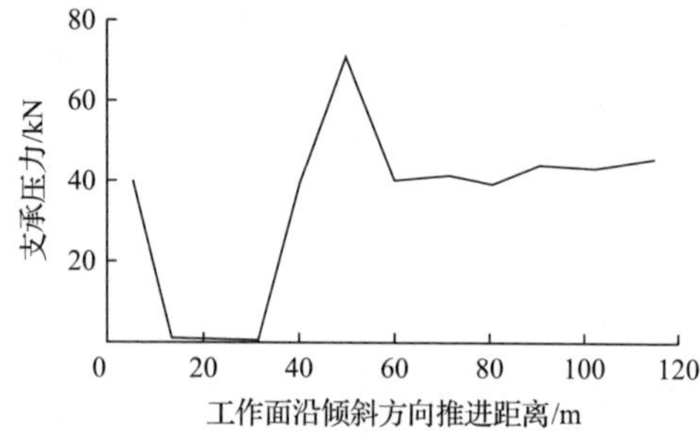

图 6-48　基本顶二次垮落后支承压力分布

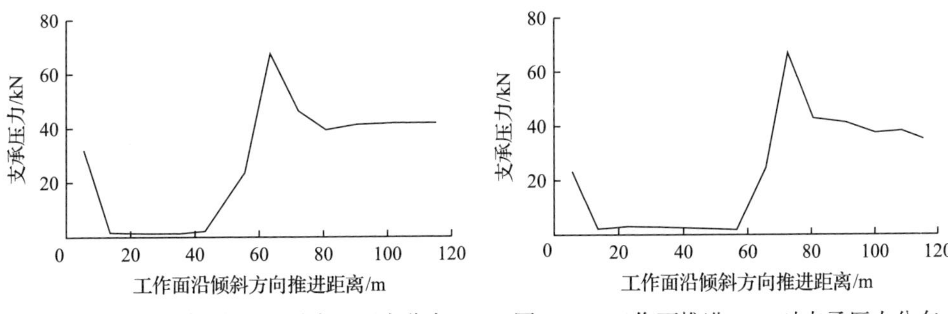

图 6-49　工作面推进 50m 时支承压力分布　　图 6-50　工作面推进 75m 时支承压力分布

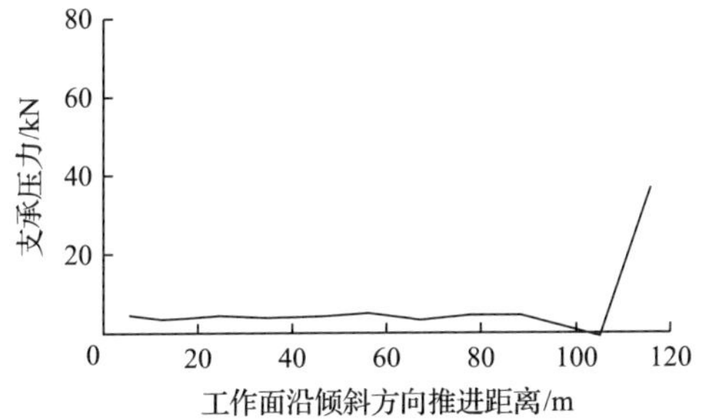

图 6-51　首采工作面回采结束后支承压力分布

6.5.2　白家庄矿采 9#放 8#煤层相似模拟

根据白家庄矿煤层赋存条件及实际巷道尺寸，模型几何相似比确定为 100∶1，密度比为 1.6∶1，试验采用平面应力模型，上覆岩层的作用采用外力补偿法来实现。模拟岩层的密度及强度见表 6-3，工作面布置如图 6-52 所示，开采过程部分如图 6-53～图 6-57 所示，平面方向同样为工作面倾斜方向。

表 6-3　相似模拟试验岩层参数表

层位	岩性	原型厚度/m	原型抗压强度/MPa	原型密度/(g/cm^3)	模拟抗压强度/MPa	模拟密度/(g/cm^3)
1	砂质泥岩	7.78	97.5	2.75	0.65	1.72
2	粉砂岩	4.05	106.5	2.50	0.71	1.6
3	石灰岩	3.08	99.0	2.50	0.66	1.56
4	页岩	1.60	69.0	2.50	0.46	1.6
5	石灰岩	1.85	99.0	2.50	0.66	1.56
6	页岩	2.44	69.0	2.50	0.46	1.6
7	石灰岩	1.70	99.0	2.50	0.66	1.56
8	8 # 煤	4.0	21.0	1.44	0.14	0.9
9	细粒岩石	1.1	93.0	2.72	0.62	1.7
10	9 # 煤	2.4	21.0	1.44	0.14	0.9

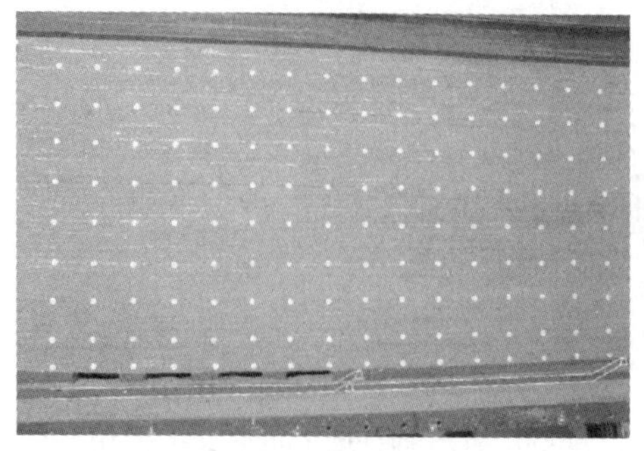

图 6-52　采 9#放 8#煤层残煤复采负煤柱巷道布置示意图

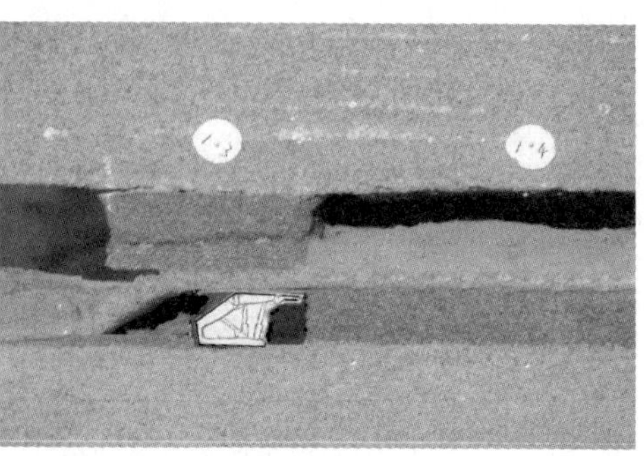

图 6-53　推进到第一煤柱下方示意图

图 6-54　推过第二煤柱后示意图

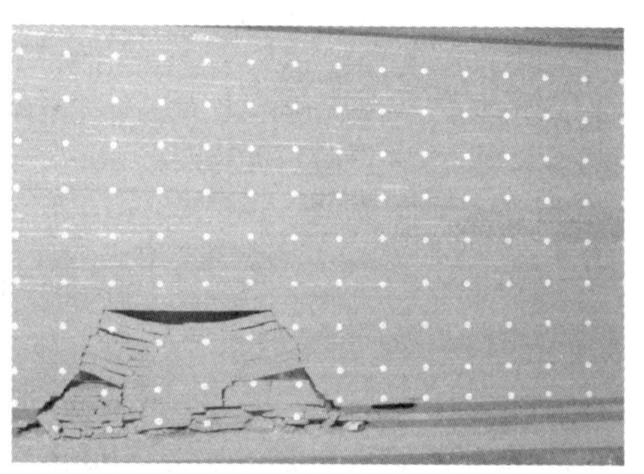

图 6-55　推进到第三煤柱下方示意图

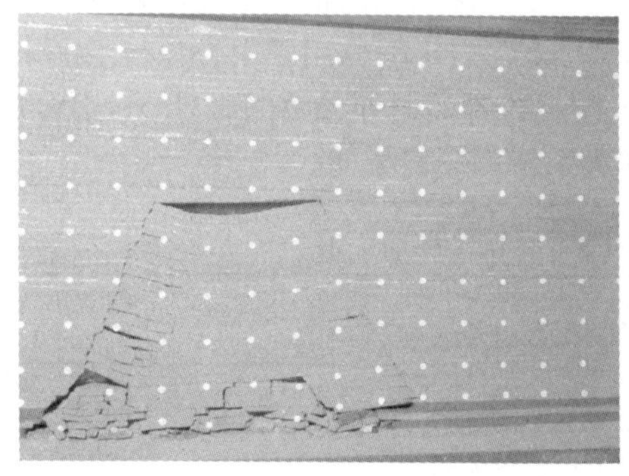

图 6-56　推过第三煤柱后示意图

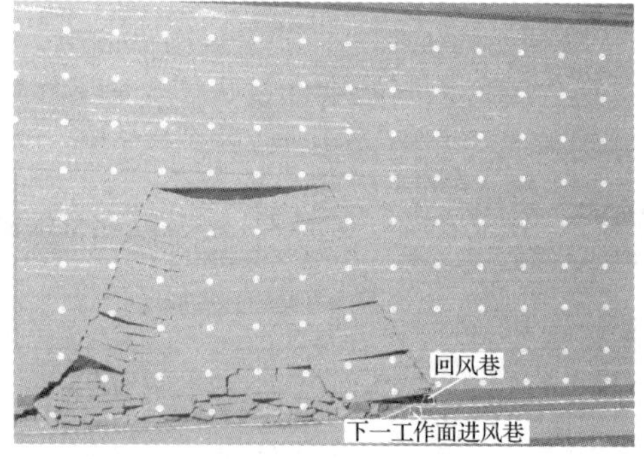

图 6-57　回采结束后示意图

与前述相同，从工作面进风巷位置开始沿倾斜方向采煤，当工作面推进到第一煤柱下方时(图 6-53)，细粒岩石夹矸垮落，煤柱及 8#煤层顶板仍保持完整；当工作面推过第二煤柱后(图 6-54)，8#煤层顶板第一次垮落，垮落高度为 4m；当工作面推到第三煤柱下方时(图 6-55)，垮落高度已经上升到 16m；工作面推过第三煤柱后(图 6-56)，垮落高度达到 24m，且 8#煤层上覆岩层超前断裂垮落；当工作面临近结束时，工作面起坡上升到 8#煤层(图 6-57)，下一区段工作面进风巷内错一巷布置，形成负煤柱开采巷道布置系统，进风巷同样处于应力降低区中。

对应于图 6-53～图 6-57，整理得到了不同阶段的支承压力分布图，分别如图 6-58～图 6-62 所示。当工作面开采到煤柱正下方时，此处的支承压力较高，这是煤柱集中应力形成的缘故，当推过煤柱以后，前方煤柱集中应力仍然存在，但此值要小于工作面正处于煤柱正下方时的值。当工作面推过第三煤柱时，前方仅为实体煤中的支承压力，后方为采空区矸石垮落后对底板产生的支承压力，由于上方岩层垮落带增加，因此采空区的支承压力有所升高。当回采结束后，在工作面 110m 处的支承压力出现负值，究其原因为此处应力片受两侧挤压，此处应力值最低，在此处布置巷道时，巷道所受压力应该最低。

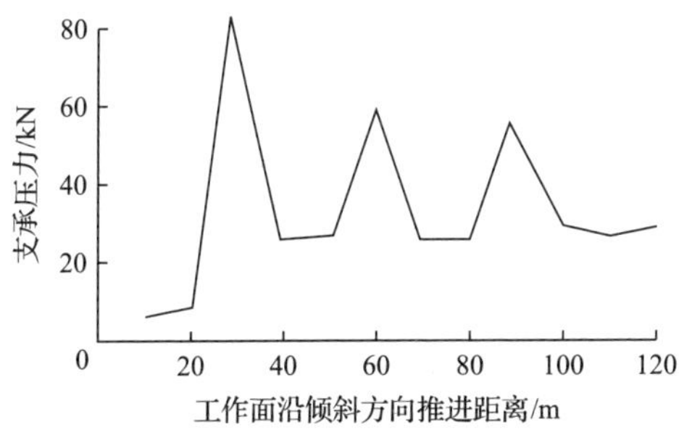

图 6-58　推进到第一煤柱下方支承压力分布

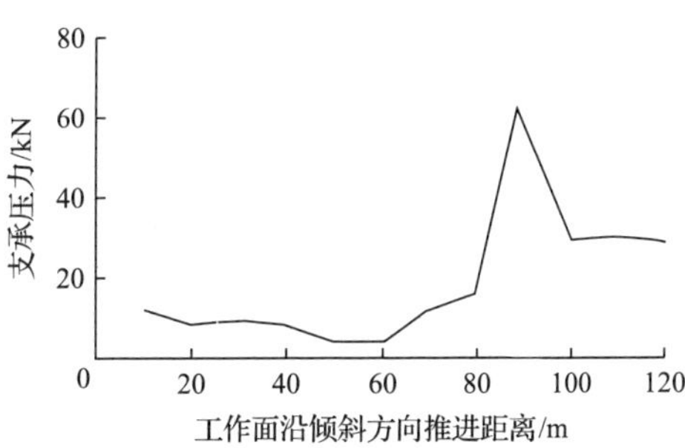

图 6-59　推过第二煤柱后支承压力分布

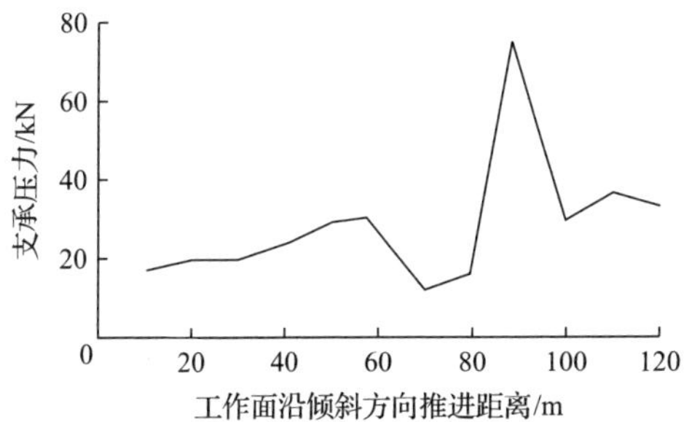

图 6-60　推进到第三煤柱下方支承压力分布

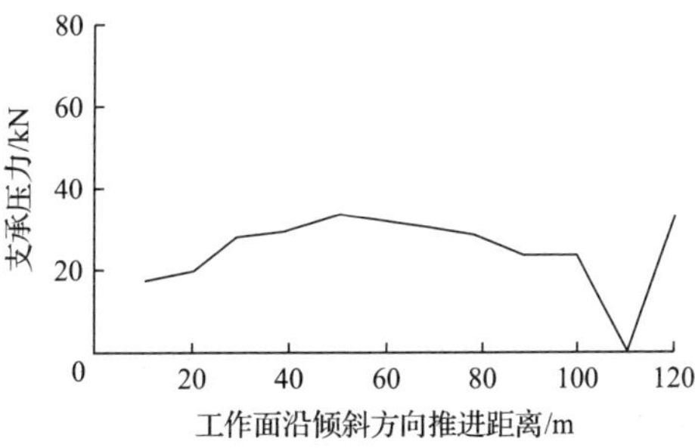

图 6-61　推过第三煤柱后支承压力分布

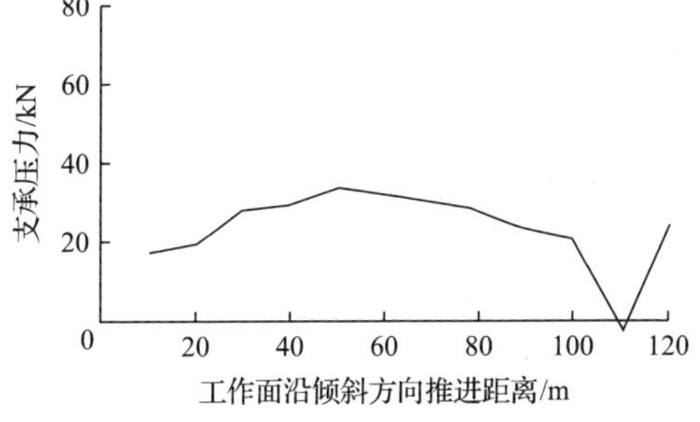

图 6-62　回采结束后支承压力分布

6.5.3　斜沟煤矿 13#煤层相似模拟

斜沟煤矿 13#煤层为特厚煤层，平均厚度约 14.71m，平均倾角 10°。该煤层对于应用错层位巷道布置采煤来讲，为较有代表性煤层。针对斜沟煤矿 13#煤层，提出 6 种方案比较(包括传统巷道布置方案)，如图 6-63 所示。

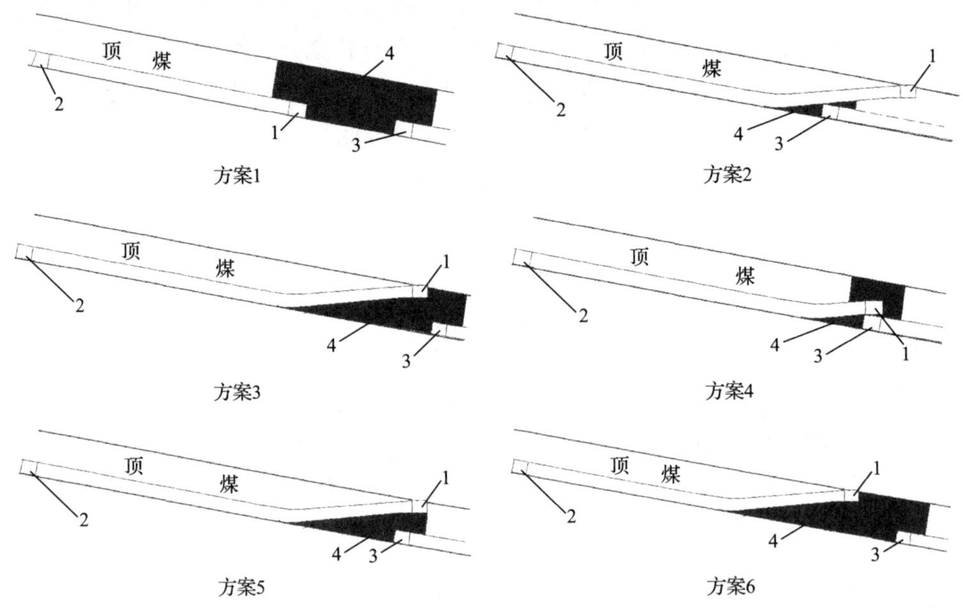

图 6-63　斜沟煤矿 13#煤层方案对比

1-正巷；2-副巷；3-下一区段副巷；4-煤损

方案 1 为传统巷道布置方案，区段正副巷 1、2 均沿煤层底板布置，正巷 1 和下一区段副巷 3 之间留设 50m 宽的煤柱；方案 2～方案 6 均为错层位巷道布置方案。其中，方案 2 的特点为两工作面形成相切关系，三角煤柱 4 最小；方案 3 的特点为接续工作面副巷 3 位于上一工作面正巷 1 的右下方，距离巷道 1 沿煤层倾斜方向为 3～5m，处于应力降低区内，巷道 3 的支护方式可采用锚索或锚杆支护；方案 4 的特点为上一工作面正巷 1 与接续工作面副巷 3 重叠布置，巷道 3 处于上一工作面的采空区内，上一工作面的起坡段采用铺底网形式，使用封底溜槽；方案 5 的特点为接续工作面副巷 3 位于上一工作面的采空区内，距离巷道 1 为一个巷道宽，巷道 3 采用锚杆支护；方案 6 的特点为比照传统按采高的 2 倍加弹性核的宽度而确定。巷道 1 与巷道 3 间距为 x，x 的值由式 $x=2h+x_0$ 确定，其中 h 为巷道 1 的高度，x_0 为弹性核宽度。

针对以上提出的 6 种方案，设计了方案 2 与方案 3 的相似材料模拟试验，其余方案均在数值模拟中体现。

根据斜沟煤矿 13#煤层的赋存条件及实际巷道尺寸，模型几何相似比定为 160∶1，密度比为 1.5∶1，试验采用平面应力模型，上覆岩层的作用仍采用外力补偿法来实现。模拟岩层的密度及强度见表 6-4，工作面布置如图 6-64 所示，平面方向仍为工作面倾斜方向。首先用电子经纬仪测量位移测点的角度作为位移测点的原始数据，接下来开始掘进第一个工作面正副巷，然后开始工作面回采工作。

表 6-4　相似模拟试验岩层参数表

层位	岩性	原型厚度/m	原型抗压强度/MPa	原型密度/(g/cm³)	模拟抗压强度/MPa	模拟密度/(g/cm³)
1	泥岩	7.81	41.8	2.52	0.17	1.68
2	6#煤	1.26	30	1.43	0.13	0.95
3	岩石	13.64	69.8	2.72	0.29	1.81
4	8#煤	4.87	30	1.43	0.13	0.95
5	砂质泥岩	3.39	70.1	2.76	0.29	1.84
6	泥灰岩	7.74	53.1	2.5	0.22	1.67
7	泥岩	12.82	41.8	2.52	0.17	1.68
8	10#煤	0.79	30	1.43	0.13	0.95
9	泥灰岩	7.38	53.1	2.5	0.22	1.67
10	泥岩	9.14	41.8	2.52	0.17	1.68
11	12#煤	0.88	30	1.43	0.13	0.95
12	中粗粒岩石	4.76	109.53	2.72	0.46	1.81
13	砂质泥岩	5.22	70.1	2.76	0.29	1.84
14	13#煤	14.71	30	1.41	0.13	0.94
15	泥岩	2.08	41.8	2.52	0.17	1.68

由于本次试验主要研究对象是中部的工作面，第一个工作面和第三个工作面的回采工作重点是和中部工作面衔接的部分。第一个工作面回采工作结束后，产生了如前所述错层位巷道布置的接续工作面状态，如图 6-65 所示。

随着中部工作面的推进，顶煤也随之垮落，由于直接顶厚度不大，大约在工作面推进至 12m 时，顶板垮落，如图 6-66 所示；工作面继续向前推进，当工作面推进到 33m 时，在工作面前方产生微裂隙；到达 54m 时，垮落角大约为 55°和 45°，分别如图 6-67、图 6-68 所示。随着工作面进一步推进，顶板垮落厚度加大；当工作面推进到 68m 时，顶板再次垮落，顶板垮落厚度大约 15m，如图 6-69 所示；当工作面推进到 92m 处时，顶板垮落厚度已经达到 42m，如图 6-70 所示。当工作面推进到第一工作面正巷下部附近时，矿压显现明显，顶板垮落高度已经达到模型最高高度，如图 6-71 所示，而处在上一工作面采空区下方的中部工作面副巷却没有明显的矿压显现，这与理论分析结果相一致，因为此处集中应力移向工作面中部方向，副巷正好处在免压区内，避免了集中应力的作用。

第三个工作面条件与第二个工作面相似，试验现象也接近，特别需要说明的是第三个工作面副巷布置在距离第二个工作面主巷 3～5m 的应力降低区内，巷道支护可选择锚杆或锚索形式。本试验两种方案的工作面矿压显现基本一致，巷道矿压显现方案 3 较方案 2 略有增高。三个工作面回采完毕后的状况如图 6-72 所示。

图 6-64 斜沟煤矿 13#煤层错层位工作面布置

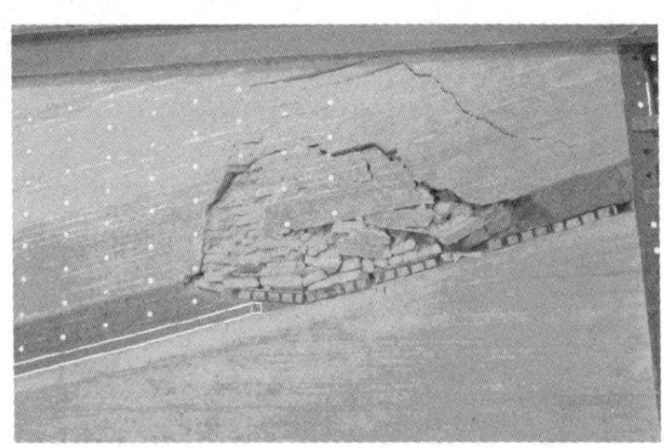

图 6-65 首采工作面开采后示意图

图 6-66 第二个工作面推进 12m 时示意图

图 6-67 第二个工作面推进 33m 时示意图

图 6-68 第二个工作面推进 54m 时示意图

图 6-69 第二个工作面推进 68m 时示意图

图 6-70　第二个工作面推进 92m 时示意图

图 6-71　第二个工作面开采结束时示意图

图 6-72　三个工作面全部回采后示意图

相似模拟试验结束后，将获取的应力和位移数据经过分类整理，得到了沿工作面倾斜方向工作面支承压力的分布情况，绘制成图 6-73。

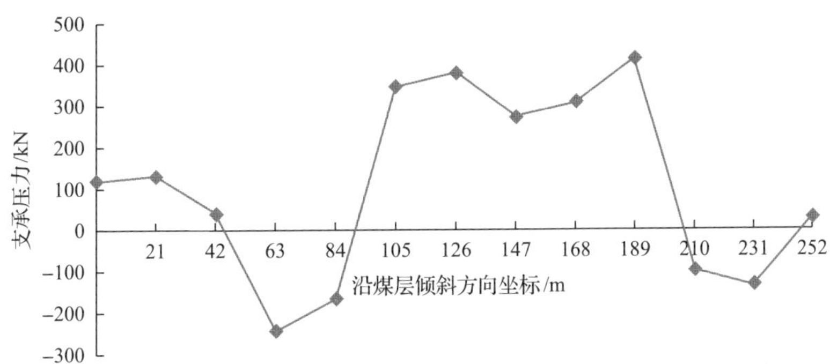

图 6-73　推进到 90m 处支承压力分布

模拟试验正巷的位置在 6-73 图中坐标 6m 处，副巷位于图 6-73 中坐标 246m 处，工作面长度为 240m，分析图中出现负值的原因可能是直接顶垮落后应变片受拉。图 6-73 中所显示的是采煤机自左侧 6m 处推进了 90m(即采煤机的位置在图中坐标为 96m 处）时工作面的压力分布图。由图 6-73 可以看出，采煤机前方压力明显增大，形成支承压力前移，而在采煤机已经推过的区域形成了压力降低区。由于图 6-73 显示的是第二个工作面回采，已经形成了错层位布置的接续，因此在副巷附近（图中坐标为 246m 处）形成了应力降低区，巷道容易维护。

随着工作面的继续推进，顶板发生周期性垮落，支承压力峰值也随之前移，工作面呈现大规模来压现象，压力分布如图 6-74 所示。来压布局约为 21m。图 6-74 显示在副巷附近仍然处于应力降低区。

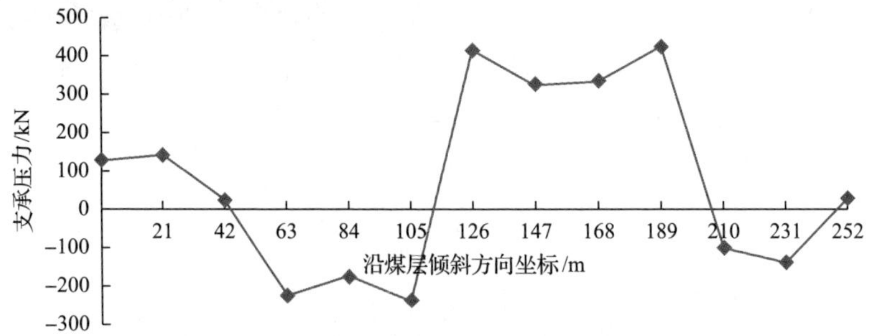

图 6-74　推进到 110m 处工作面支承压力分布

图 6-75 为采煤机推进到工作面 170m 处（即图 6-75 中坐标 176m 处）的工作面压力分布图，采煤机推过后垮落的顶板重新压实，压力部分恢复，支承压力峰值继续前移，与上一工作面回采完毕后所形成的支承压力峰值叠加，形成如图 6-75 中 189m 处的巨大压力峰值。如果采用常规巷道布置的放顶煤开采，工作面之间的区段煤柱受力形式应该与图 6-75 所示的相同，区段煤柱受到巨大的集中应力作用，很容易被压酥，出现裂隙并形成漏风，回采巷道的变形也十分严重，这些现象与在现场调研时所见相同，而采用错层位巷道布置，副巷始终处于应力降低区（图 6-75 中 246m 处），不会受到支承压力峰值的影响，巷道容易维护，体现了错层位巷道布置在矿压显现方面的优点。

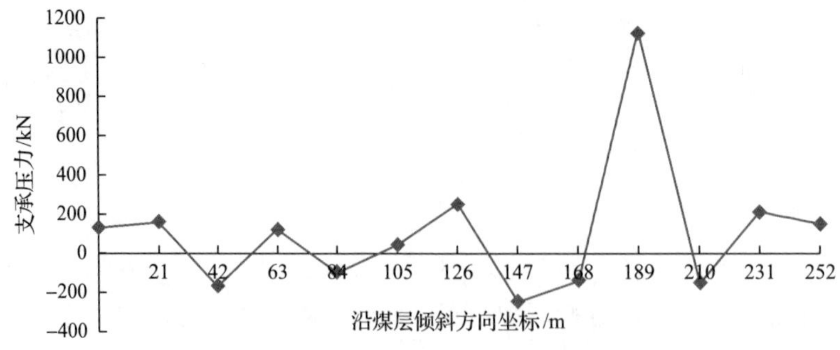

图 6-75　推进到 170m 处工作面支承压力分布

6.6　实验室数值模拟

6.6.1　数值模拟程序及模拟内容

根据现场的地质条件，结合前述相似模拟结果，采用大型非线性三维数值模拟计算软件(FLAC3D)进行数值模拟。

数值模拟内容如下。

(1)模拟斜沟煤矿 13#煤层(均厚 14.71m)的 6 种巷道布置方案(包括传统留煤柱方案)的垂直应力分布及塑性区分布特征。

(2)模拟方案 2、方案 4 第一个工作面开采结束后的垂直应力及塑性区分布特征。由于方案 2、方案 4 是层间留煤皮式，模拟时设定煤皮厚度 1m，该方案巷道 3 仅能在第一个工作面采过稳定后掘进。

(3)模拟其余四种方案在工作面位置、工作面前 10m、采空区后 10m 的垂直应力及塑性区分布特征。研究这四种方案第一个工作面开采时对接续工作面巷道 3 的影响。

(4)模拟第一个工作面开采时巷道 2 在工作面位置、工作面前 10m、采空区后 10m 的垂直应力及塑性区分布特征。

6.6.2　计算模型

为了全面、系统地反映错层位沿空巷道的围岩力学变化过程，结合具有代表性的斜沟煤矿 13#特厚煤层的地质条件，以前述提出的 6 种比较方案为背景，建立 FLAC3D 三维计算模型进行数值模拟。模型长 240m，宽 100m，高 80m。三维模型共划分 27800 个单元块，29616 个节点(图 6-76)。模拟巷道按矩形巷道确定，

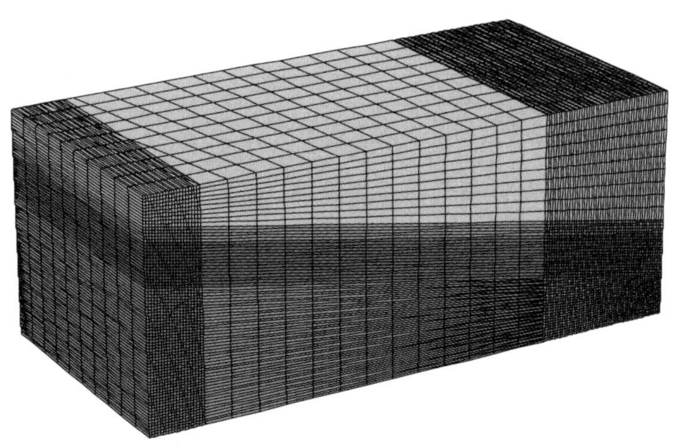

图 6-76　三维计算模型网格

宽×高=4m×3m。模型侧面限制水平移动，模型底面限制垂直移动，模型上部施加垂直载荷模拟上覆岩层的重量。

6.6.3 计算参数

根据现场取样和岩石力学试验结果，模拟计算时采用的岩体力学参数见表 6-5，计算采用莫尔-库仑强度准则。

表 6-5 计算采用岩体力学参数

层位	岩性	弹性模量/GPa	泊松比	密度/(kg/m^3)	内聚力/MPa	内摩擦角/(°)	抗拉强度/MPa
1	泥岩	20	0.26	2520	0.8	28	0.60
2	6#煤	10	0.24	1430	1.2	32	0.35
3	岩石	57	0.12	2720	2.0	40	1.13
4	8#煤	10	0.24	1430	1.2	32	0.35
5	砂质泥岩	38	0.14	2760	1.8	36	0.43
6	泥灰岩	27	0.20	2500	1.6	30	9.20
7	泥岩	20	0.26	2520	0.8	28	0.60
8	10#煤	10	0.24	1430	1.2	32	0.35
9	泥灰岩	27	0.20	2500	1.6	30	9.20
10	泥岩	20	0.26	2520	0.8	28	0.60
11	12#煤	10	0.24	1430	1.2	32	0.35
12	中粗粒岩石	64	0.10	2720	13.0	38	1.85
13	砂质泥岩	38	0.14	2760	1.8	36	0.43
14	13#煤	10	0.24	1410	1.2	32	0.35
15	泥岩	20	0.26	2520	0.8	28	0.60

6.6.4 数值模拟结果及分析

1. 传统留 50m 煤柱数值模拟结果及分析

在工作面位置处，从垂直应力分布图（图 6-77）可以得到，巷道 1 实体煤侧 3m 范围内应力较大，其值约为 9.5MPa，顶底板应力接近 6MPa。巷道 3 的两帮 2～4m 范围内应力同样为 9.5MPa，2m 之内应力为 8MPa，顶底板应力均达到了 9.5MPa。如图 6-78 工作面位置处塑性区分布所示，巷道 1 实体煤侧的塑性破坏区为 2m，底板的塑性破坏区为 1m，顶板的塑性破坏区为 4m；巷道 3 两帮的塑性破坏区为 2m，顶板的塑性破坏区为 3m，底板完好。

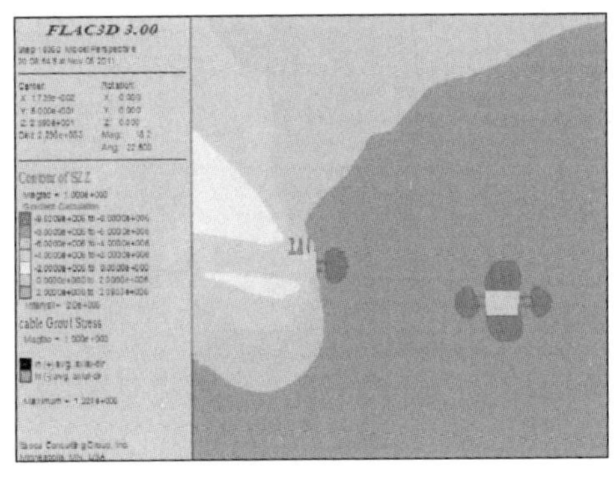

图 6-77　方案 1 工作面位置处垂直应力分布图

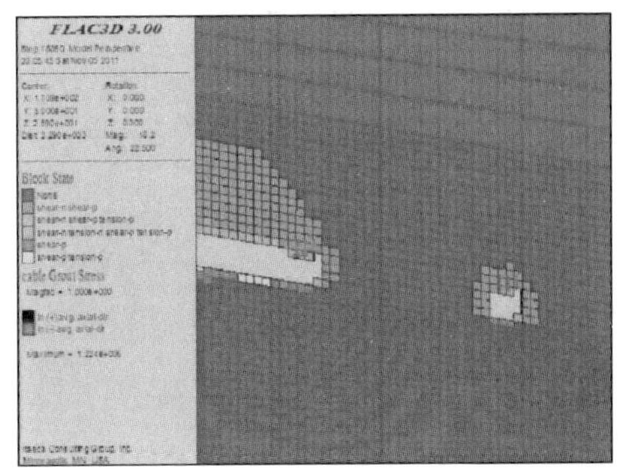

图 6-78　方案 1 工作面位置处塑性区分布图

在工作面前方 10m 处，从垂直应力分布图(图 6-79)上看，巷道 1 两帮 3m 范围内应力为 9.7MPa，顶底板应力为 6MPa；巷道 3 两帮 3m 范围内应力为 9.7MPa，顶底板应力同样为 6MPa。在工作面前方 10m 处，从塑性破坏(图 6-80)上看，巷道 1 两帮 2m 范围内为塑性破坏区，底板 1m 范围内为塑性破坏区，顶板 2m 范围内为塑性破坏区；巷道 3 两帮 2m 范围内为塑性破坏区，顶板 2m 范围内为塑性破坏区，底板 1m 范围内为塑性破坏区。

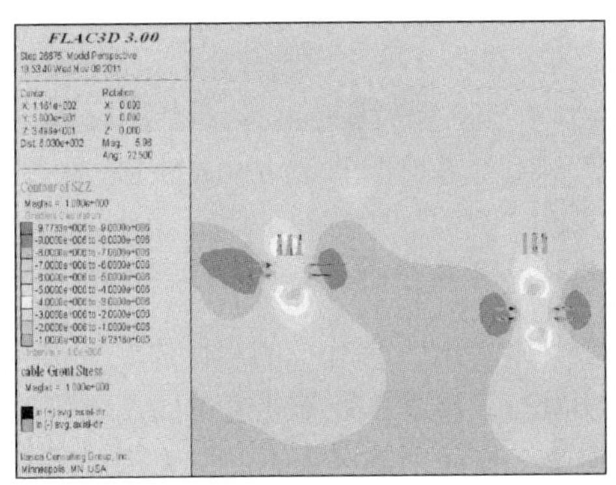

图 6-79　方案 1 工作面前方 10m 垂直应力分布图

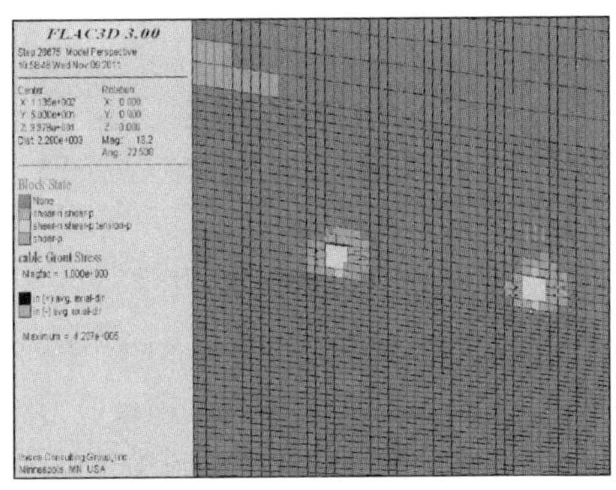

图 6-80　方案 1 工作面前方 10m 塑性区分布图

从工作面巷道 2 附近的垂直应力分布图(图 6-81)中看出，巷道 2 的实体煤侧 3m 范围内应力为 6MPa，顶底板接近原岩应力。从塑性破坏(图 6-82)上看，整个煤层都处于塑性破坏区，巷道 2 实体煤侧的塑性破坏范围为 3m，底板完好，顶板大部分为塑性破坏区。

在工作面巷道 2 前方 10m 的垂直应力分布图(图 6-83)中看出，巷道 2 两帮 2m 范围内应力为 6MPa，顶底板处于应力降低区，为 2MPa。从塑性破坏(图 6-84)上看，巷道 2 两帮 2m 范围内为塑性破坏区，底板 2m 范围内为塑性破坏区，顶板 1m 范围内为塑性破坏区。

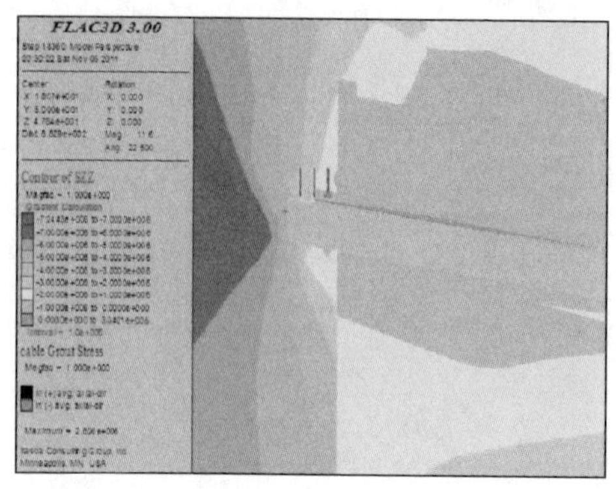

图 6-81　工作面巷道 2 附近垂直应力分布图

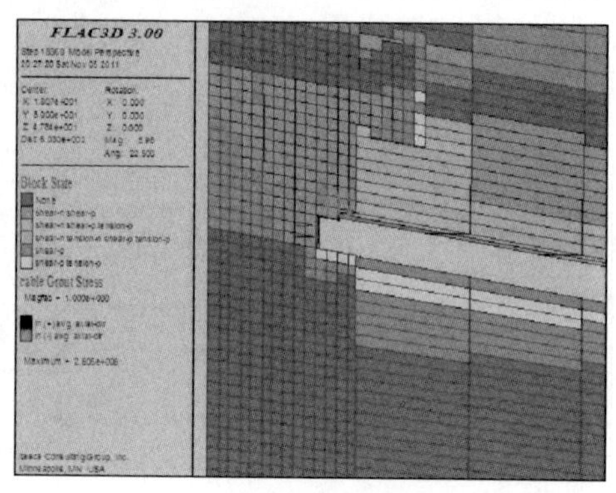

图 6-82　工作面巷道 2 附近塑性区分布图

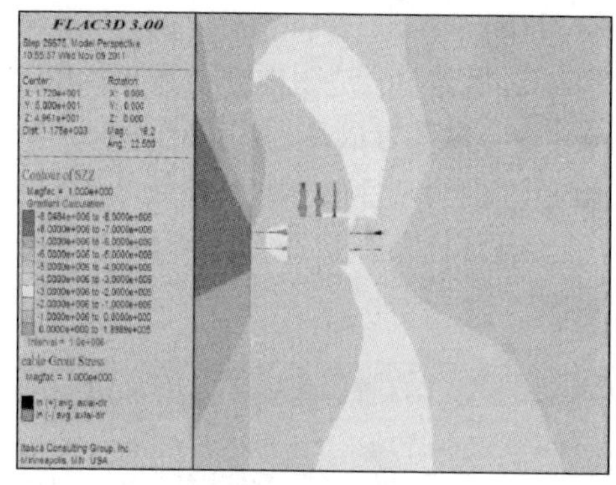

图 6-83　工作面巷道 2 前方 10m 垂直应力分布图

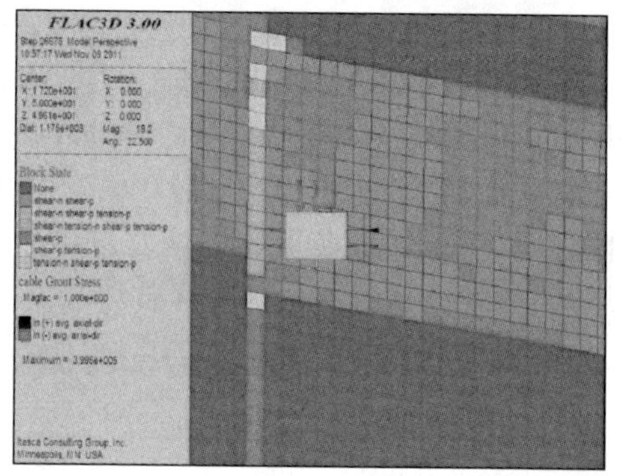

图 6-84　工作面巷道 2 前方 10m 塑性区分布图

2. 错层位内错相切式(内错 20m)数值模拟结果及分析

从方案 2 的垂直应力分布图(图 6-85)中可以看出，巷道 1 的实体煤侧 3m 范围内应力较大，为 8.4MPa，顶板应力约为 6MPa；巷道 3 处于巷道 1 的左侧靠近第一工作面的起坡处，该巷道整体处于第一个工作面采空区下方的应力降低区，应力约为 4MPa。从塑性破坏(图 6-86)上看，整个煤层都处于塑性破坏区，巷道 1 位于塑性破坏区的上边缘，实体煤侧的塑性破坏范围为 1m，底板煤层大部分为塑性破坏区；巷道 3 整体处于采空区下方的塑性破坏区，两帮破坏范围为 1m，顶板所受应力很小，底板完好。由于该方案的巷道 3 完全处于采空区下方，该巷道的掘进只能待第一个工作面稳定以后掘进。

3. 错层位外错一巷数值模拟结果及分析

在工作面位置处，从垂直应力分布图(图 6-87)上看，巷道 1 实体煤侧 3m 范围内应力较大，为 8.1MPa，顶底板接近原岩应力；巷道 3 处于第一个工作面的右下方，顶底板应力为 7MPa，正帮应力达 8.1MPa，负帮应力达 8MPa。从塑性破坏(图 6-88)上看，整个煤层都处于塑性破坏区，巷道 1 处于塑性破坏区的上边缘，实体煤侧的塑性破坏范围为 1m，底板为塑性破坏区，顶板完好；巷道 3 紧靠塑性破坏区的下边缘，两帮塑性破坏范围为 2m，顶板为 2m，底板完好。

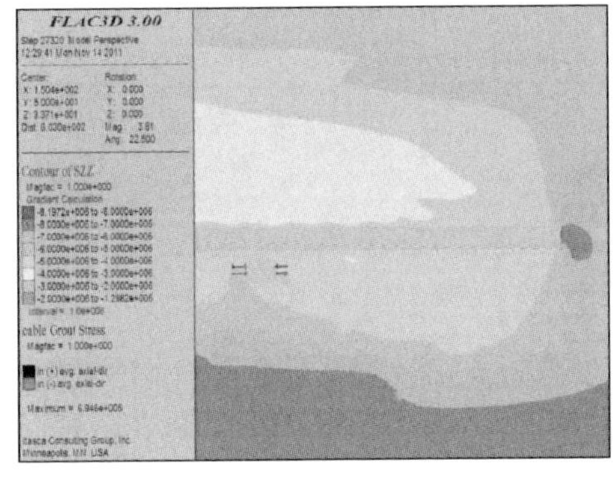

图 6-85　方案 2 工作面位置处垂直应力分布图

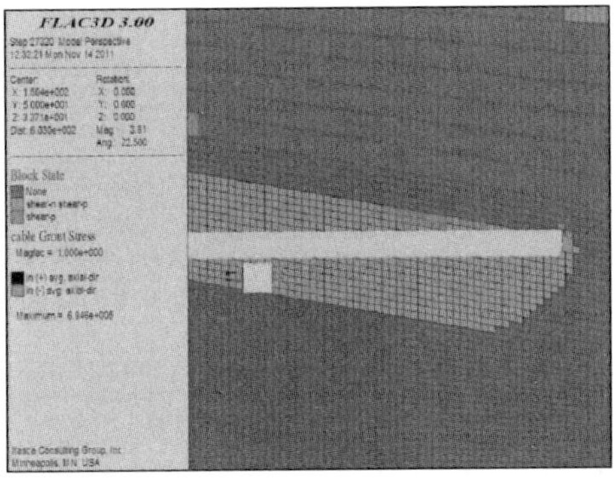

图 6-86　方案 2 工作面位置处塑性区分布图

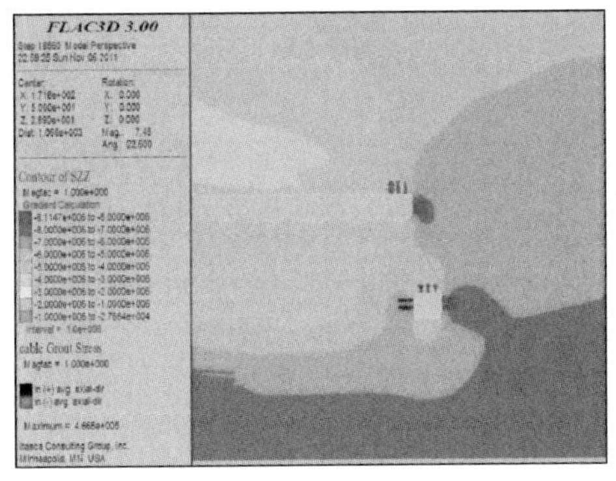

图 6-87　方案 3 工作面位置处垂直应力分布图

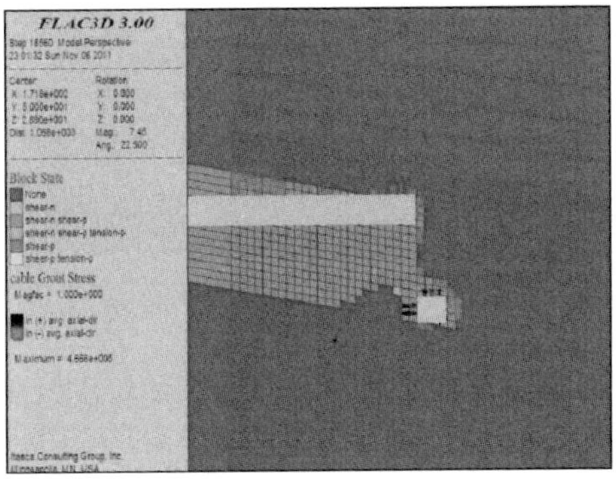

图 6-88　方案 3 工作面位置处塑性区分布图

在工作面前方 10m 处，从垂直应力分布图(图 6-89)上看，巷道 1 两帮 2m 范围内应力为 9MPa，顶底板处于应力降低区，为 2MPa；巷道 3 两帮 2m 范围内应力为 9MPa，顶底板应力同样为 2MPa。从塑性破坏(图 6-90)上看，巷道 1 两帮 1m 范围内为塑性破坏区，底板 2m 范围内为塑性破坏区，顶板完好；巷道 3 两帮 2m 范围内为塑性破坏区，顶板 2m 范围内为塑性破坏区，底板完好。

采空区后方 10m 处，从垂直应力分布图(图 6-91)上看，巷道 1 成为采空区，右侧煤壁应力为 7MPa。巷道 3 在采空区右下方，巷道 3 的负帮 3m 范围应力为 7MPa，正帮 3m 范围内应力为 7.9MPa，顶底板应力为 5MPa。从塑性破坏(图 6-92)上看，巷道 1 成为采空区，右侧塑性破坏范围为 2m，底板为塑性破坏区，顶板完好；巷道 3 紧靠采空区的塑性破坏下方，两帮塑性破坏范围为 2m，顶板塑性破坏范围为 2m，底板完好。

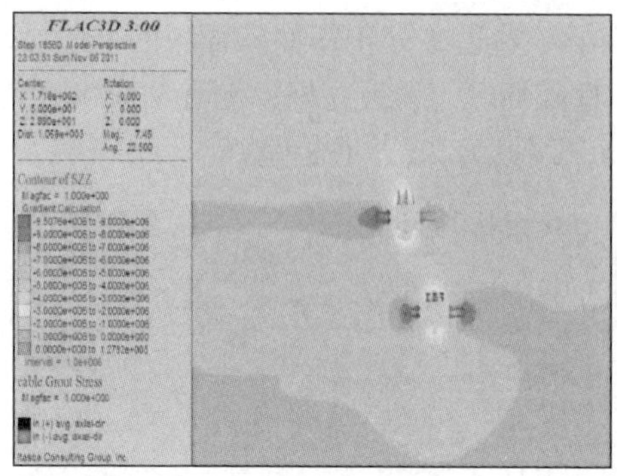

图 6-89　方案 3 工作面前方 10m 垂直应力分布图

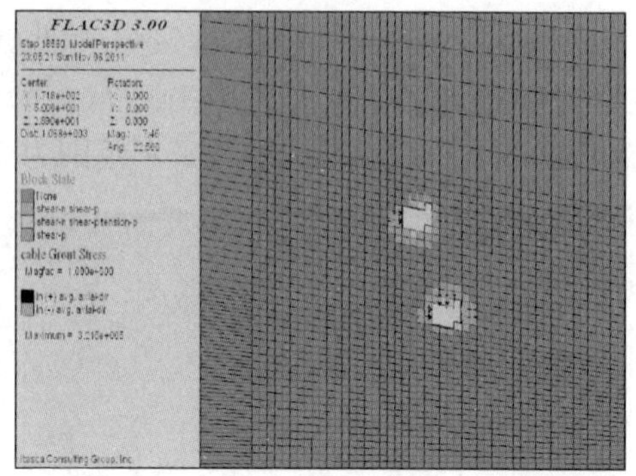

图 6-90　方案 3 工作面前方 10m 塑性区分布图

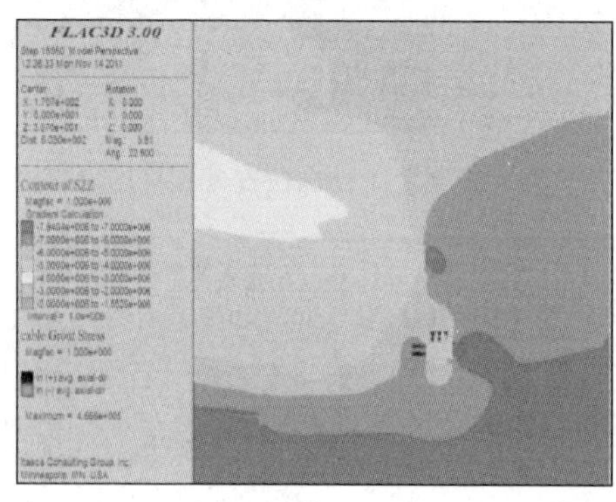

图 6-91　方案 3 采空区后方 10m 垂直应力分布图

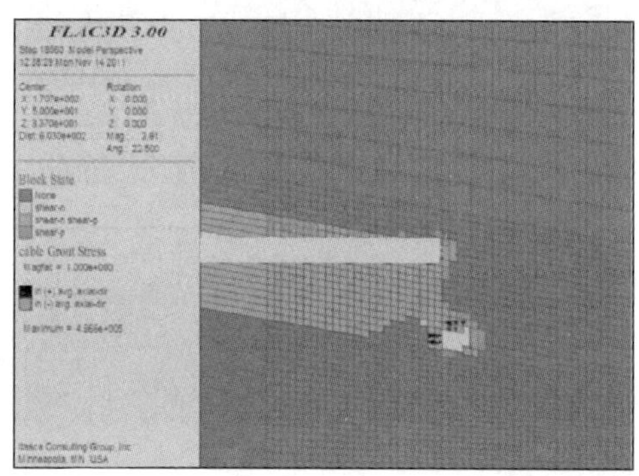

图 6-92　方案 3 采空区后方 10m 塑性区分布图

4. 错层位沿顶留煤重叠式数值模拟及结果分析

从方案 4 垂直应力分布图(图 6-93)上看，巷道 1 成为采空区，右侧煤壁应力为 7MPa。巷道 3 在采空区下方；巷道 3 的负帮 2m 范围内应力为 6MPa，正帮 3m 范围内应力为 7MPa，顶底板应力为 6MPa。从塑性破坏(图 6-94)上看，巷道 1 成

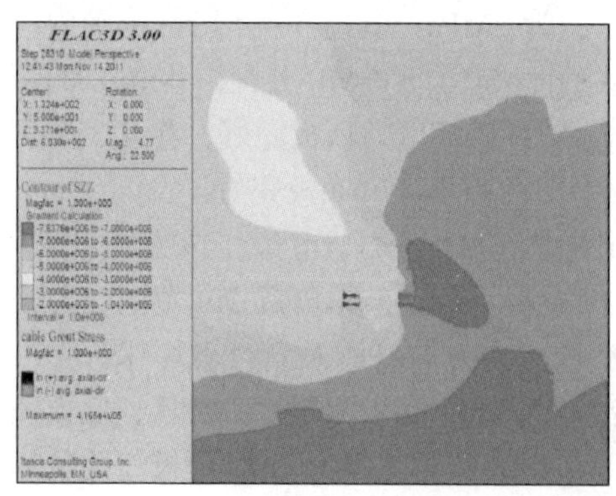

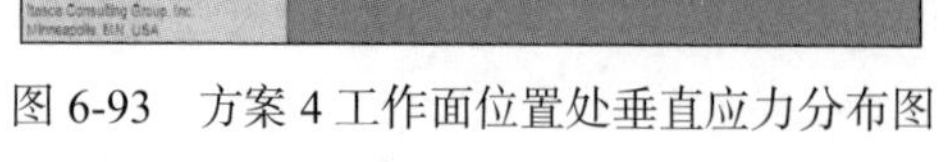

图 6-93　方案 4 工作面位置处垂直应力分布图

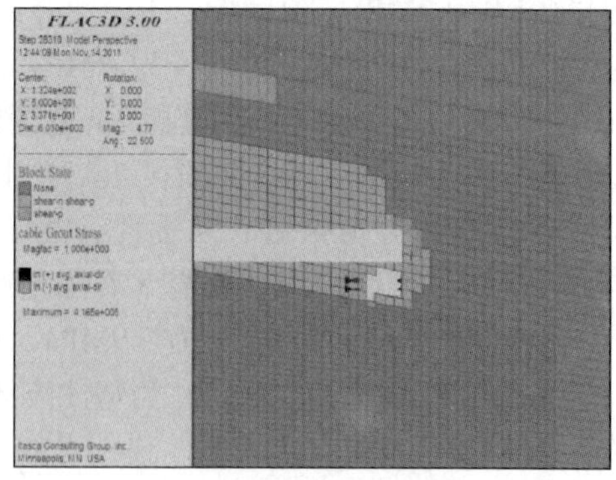

图 6-94　方案 4 工作面位置处塑性区分布图

为采空区，右侧塑性破坏范围为2m，底板煤层大部分为塑性破坏区，顶板1m范围内为塑性破坏区；巷道3在采空区的塑性破坏下方，两帮塑性破坏范围为2m，底板1m内处于塑性破坏范围。

5. 错层位内错一巷数值模拟及结果分析

在工作面位置处，从垂直应力分布图(图6-95)上看，巷道1实体煤侧3m范围内应力较大，为8.3MPa，顶底板接近原岩应力。巷道3处于第一个工作面的下方，除其正帮应力为7MPa外，大部分处于工作面下方的原岩应力区。从塑性破坏(图6-96)上看，整个煤层都处于塑性破坏区，巷道1在塑性破坏区的上边缘，实体煤侧的塑性破坏范围为1m，底板为塑性破坏区，顶板完好；巷道3处于塑性破坏区的下边缘，两帮破坏范围为1m，顶板为塑性破坏区，底板完好。

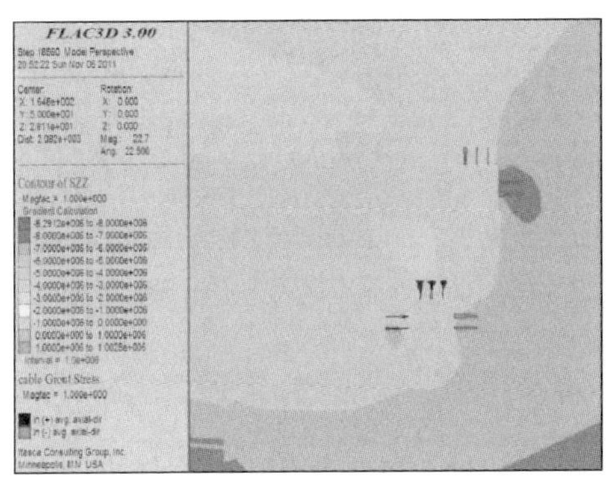

图6-95　方案5工作面位置处垂直应力分布图

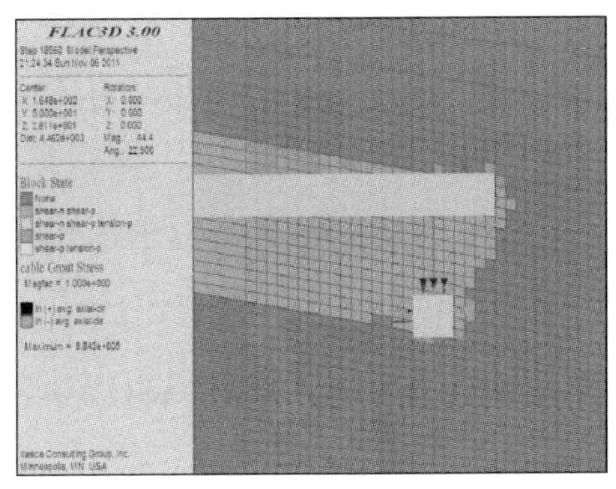

图6-96　方案5工作面位置处塑性区分布图

在工作面前方10m处，从垂直应力分布图(图6-97)上看，巷道1两帮2m范围内应力为8MPa，顶底板处于应力降低区，为2MPa；巷道3两帮2m范围内应力为7MPa，顶底板同样为2MPa。从塑性破坏(图6-98)上看，巷道1两帮1m范围内为塑性破坏区，底板3m范围内为塑性破坏区，顶板完好；巷道3两帮1m范

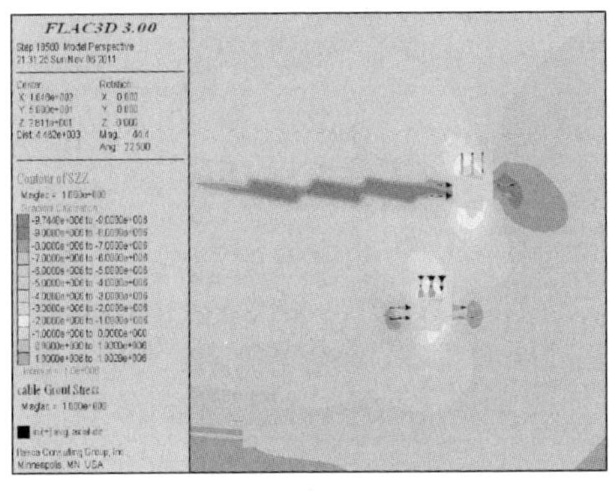

图6-97　方案5工作面前方10m垂直应力分布图

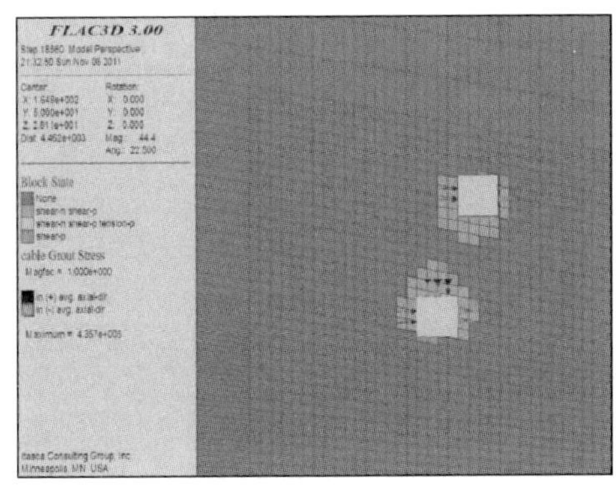

图6-98　方案5工作面前方10m塑性区分布图

围内为塑性破坏区，顶板 3m 范围内为塑性破坏区，底板完好。

采空区后方 10m 处，从垂直应力分布图(图 6-99)上看，巷道 1 成为采空区，右侧煤壁应力为 7MPa;巷道 3 在采空区下方,巷道 3 负帮 2m 范围内应力为 6MPa，正帮 3m 范围内应力为 7MPa，顶底板应力为 5MPa。从塑性破坏(图 6-100)上看，巷道 1 成为采空区，右侧塑性破坏范围为 1m，底板为塑性破坏区，顶板完好；巷道 3 处于采空区的塑性破坏下边缘，两帮塑性破坏范围为 2m，底板完好。

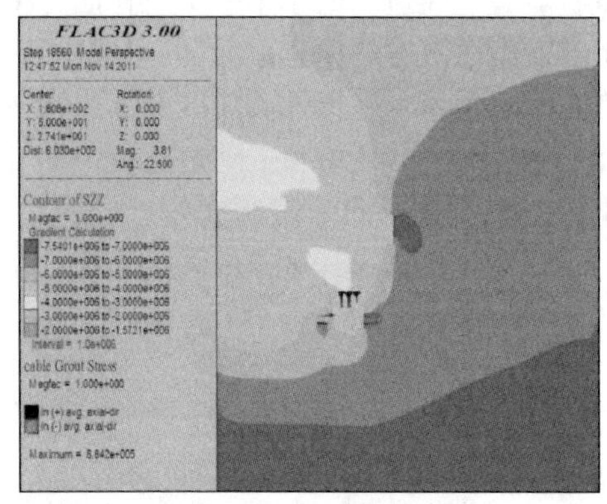

图 6-99　方案 5 采空区后方 10m 垂直应力分布图

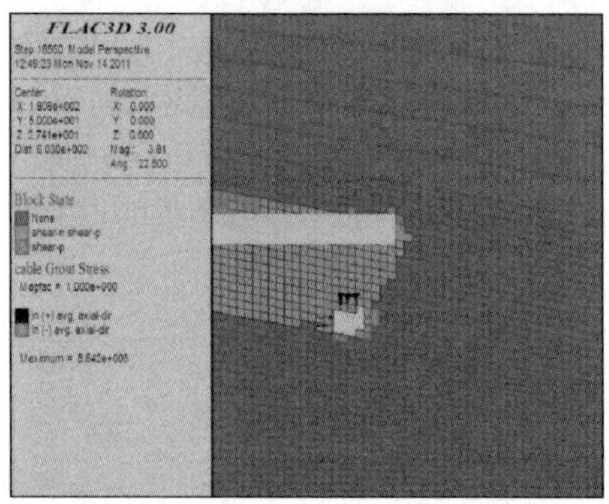

图 6-100　方案 5 采空区后方 10m 塑性区分布图

6. 错层位外错 15m 数值模拟及结果分析

在工作面位置处，从垂直应力分布图(图 6-101)上看，巷道 1 的实体煤侧 3m 范围内应力较大，为 8.1MPa，顶底板接近原岩应力；巷道 3 处于第一个工作面的右下方，两帮 5m 范围内应力均为 8.1MPa，顶底板 2m 范围内应力为 7MPa。从塑性破坏(图 6-102)上看，整个煤层都处于塑性破坏区，巷道 1 在塑性破坏区的上边缘，实体煤侧的塑性破坏范围为 1m，底板为塑性破坏区，顶板完好；巷道 3 距离巷道 1 较远，两帮塑性破坏范围为 2m，顶底板塑性破坏范围均为 1m。

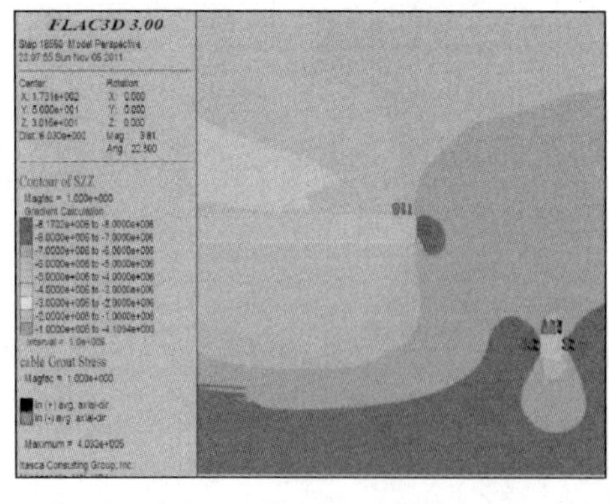

图 6-101　方案 6 工作面位置处垂直应力分布图

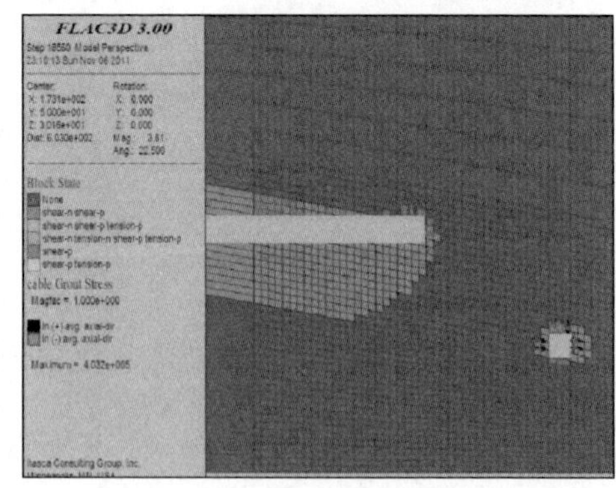

图 6-102　方案 6 工作面位置处塑性区分布图

在工作面前方 10m 处，从垂直应力分布图(图 6-103)上看，巷道 1 两帮 2m 范围内应力为 10MPa，顶底板处于应力降低区，为 2MPa；巷道 3 两帮 2m 范围内应力为 10MPa，顶底板同样为 2MPa。从塑性破坏(图 6-104)上看，巷道 1 两帮 1m 范围内为塑性破坏区，底板 2m 范围内为塑性破坏区，顶板完好；巷道 3 两帮 2m 范围内为塑性破坏区，顶板 2m 范围内为塑性破坏区，底板完好。

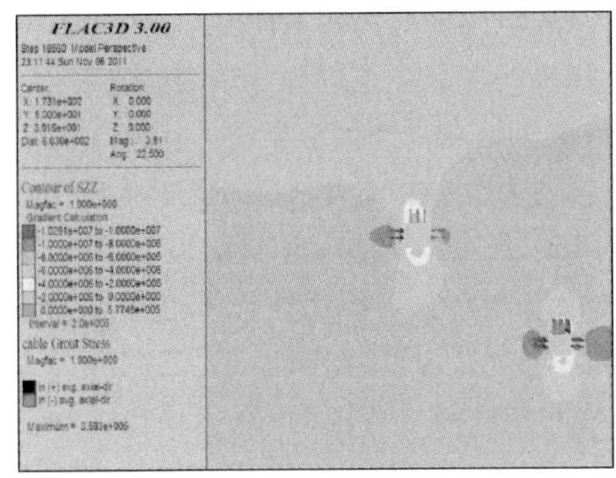

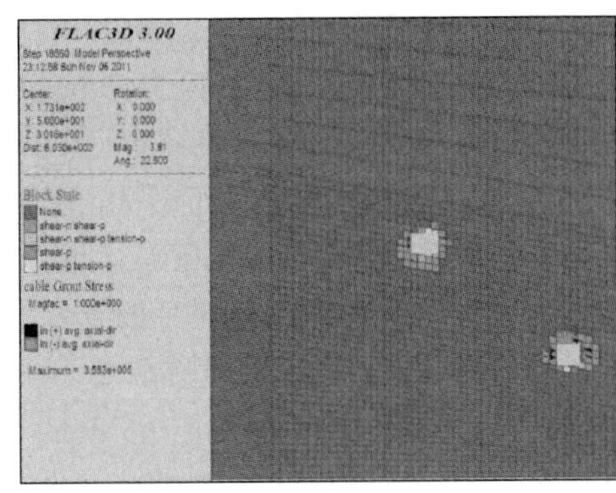

图 6-103　方案 6 工作面前方 10m 垂直应力分布图　图 6-104　方案 6 工作面前方 10m 塑性区分布图

在采空区后方 10m 处，从垂直应力分布图(图 6-105)上看，巷道 1 成为采空区，右侧煤壁应力为 8MPa。巷道 3 距离采空区较远，巷道 3 的两帮 2m 范围应力为 8MPa，顶底板应力为 6MPa。从塑性破坏(图 6-106)上看，巷道 1 成为采空区，右侧塑性破坏范围为 1m，底板为塑性破坏区，顶板完好；巷道 3 距离采空区较远，两帮塑性破坏范围为 2m，顶板塑性破坏范围为 2m，底板完好。

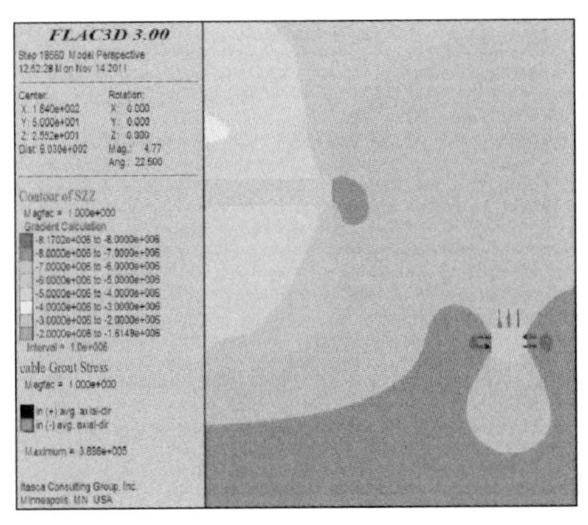

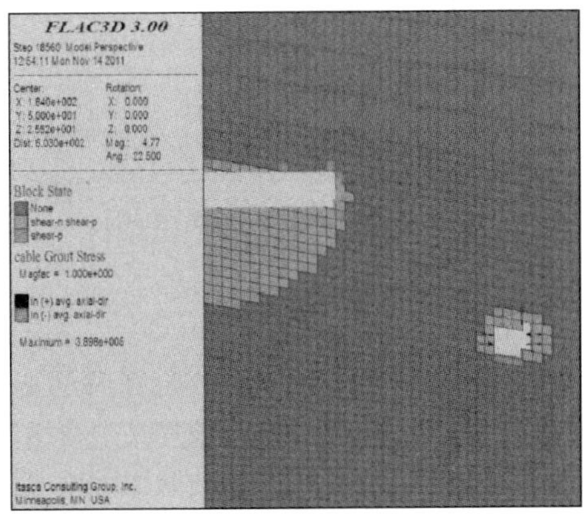

图 6-105　方案 6 采空区后方 10m 垂直应力分布图　图 6-106　方案 6 采空区后方 10m 塑性区分布图

对以上 6 种方案，针对巷道 1 和巷道 3 在工作面位置处、工作面前方 10m 处及采空区后方 10m 处的垂直应力变化和塑性破坏分析，结论表明，错层位内错相切式(内错 20m)巷道 3 整体处于第一个工作面开采形成的塑性破坏区，卸压最为充分，巷道围岩应力仅为 4MPa，两帮塑性破坏范围 1m；在采空区后方 10m 处，错层位内错一巷式(内错 4m)巷道 3 整体同样处于第一个工作面开采形成的塑性破坏区，正帮 3m 范围内应力为 7MPa，顶底板应力为 5MPa，在工作面位置及工作面前方 10m 处，两帮塑性破坏范围为 1m，在采空区后方塑性破坏范围 2m；错层位沿顶留煤重叠式巷道 3 的负帮 2m 范围内应力为 6MPa，正帮 3m 范围内应力为 7MPa，顶底板应力为 6MPa，两帮塑性破坏范围为 2m；在采空区后方 10m 处，错层位外错一巷式(外错 4m)巷道 3 处在采空区右下方，巷道 3 的负帮 3m 范围应力为 7MPa，正帮 3m 范围内应力为 7.9MPa，顶底板应力为 5MPa，两帮塑性破坏范围为 2m；在采空区后方 10m 处，错层位外错 15m 巷道 3 的两帮 2m 范围应力为 8MPa，顶底板应力为 6MPa，两帮及顶板塑性破坏范围为 2m；传统留 50m 煤柱巷道 3 的两帮 2～4m 范围内应力为 9.5MPa，2m 之内应力为 8MPa，顶底板应力均达到了 9.5MPa，两帮的塑性破坏范围为 2m，顶板的塑性破坏范围为 3m。数值模拟结果还表明，在工作面前方 10m 及工作面处，对于错层位内错一巷式、错层位外错一巷式(外错 4m)、错层位外错 15m 三种形式，其围岩应力均对应大于采空区后方 10m 处，而工作面前方 10m 处围岩应力又大于工作面处。

经上述分析，对比 6 种方案，从卸压大小的角度考虑，针对类似斜沟煤层特点的特厚煤层来说，错层位内错相切式(内错 20m)＞错层位内错一巷式(内错 4m)＞错层位沿顶留煤重叠式＞错层位外错一巷式(外错 4m)＞错层位外错 15m＞传统 50m 煤柱。

6.7 负煤柱巷道矿压实测

6.7.1 观测内容、方法及开采条件

1. 观测内容与方法

两巷超前压力观测方法是在两巷超前段设置五个超前支承压力观测站，用装有圆图压力自记仪的单体液压支柱来记录两巷支承压力超前范围。为了观测工作面两巷巷道变形，分别在两巷距工作面 50m、100m、150m 和距停采线 50m 处共设置 8 个观测站，采用“十字观测法”观测巷道变形量。

2. 开采条件

观测负煤柱开采的地质及技术条件见表 6-6。

表 6-6　观测面的地质及开采技术条件

观测地点	赋存条件	巷道支护形式	备注
镇城底矿 18111-1 工作面进风巷	煤厚 5m，煤层倾角 8°，埋深约 232m	金属梯形棚式支护	进风巷一侧为实体煤，另一侧为三角煤柱，顶板为金属网假顶
镇城底矿 18111-1 工作面回风巷		顶板为锚杆支护，局部锚索；两帮为锚杆支护	回风巷两侧为实体煤
白家庄矿 39713 采 9# 放 8#工作面进风巷	9#煤层厚度 2.4～2.6m，8#煤层厚度 3.8～4.2m。8#与 9#煤层之间为平均厚度 1.1m 的页岩与粉砂岩，含伪顶 0.3m	金属梯形棚式支护	进风巷一侧为实体煤，另一侧为三角煤柱，顶板为金属网假顶
白家庄矿 39713 采 9# 放 8#工作面回风巷		顶板为锚杆支护，局部锚索；两帮为锚杆支护	回风巷两侧为实体煤

6.7.2　负煤柱巷道超前压力实测分析

1. 镇城底矿 18111-1 工作面两巷超前压力实测分析

镇城底矿 18111-1 工作面两巷(为了对比分析，将回风巷数据整理其中)超前压力观测数据见表 6-7，将所观测的数据绘制成图 6-107 和图 6-108。

表 6-7　镇城底矿 18111-1 工作面两巷超前压力观测数据表

进风巷(沿空巷道)		回风巷	
距工作面煤壁距离/m	超前压力/MPa	距工作面煤壁距离/m	超前压力/MPa
20	10.11	20	11.25
19	10.12	18	10.36
18	10.07	17	10.54
16	10.23	16	10.79
15	10.19	15	12.34
13	12.17	14	12.07
12	11.25	12	14.35
11	12.38	11	15.03
9	14.53	10	16.08
8	16.43	9	17.19
6	15.86	8	17.56
5	14.53	6	16.27
4	10.58	4	15.15
3	10.12	3	14.46
2	10.00	2	14.09
1	10.03	1	13.47

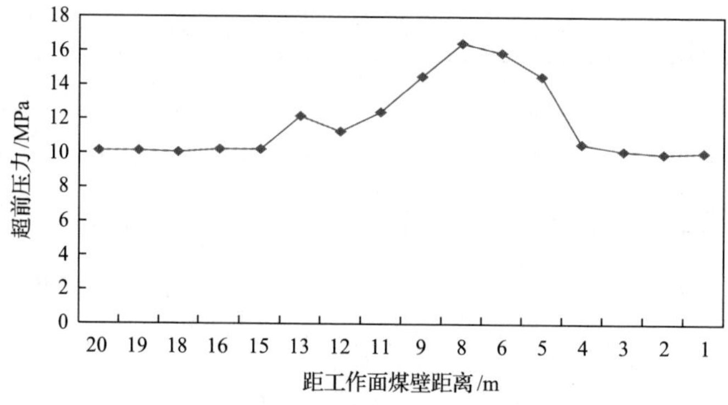

图 6-107　18111-1 工作面进风巷超前压力

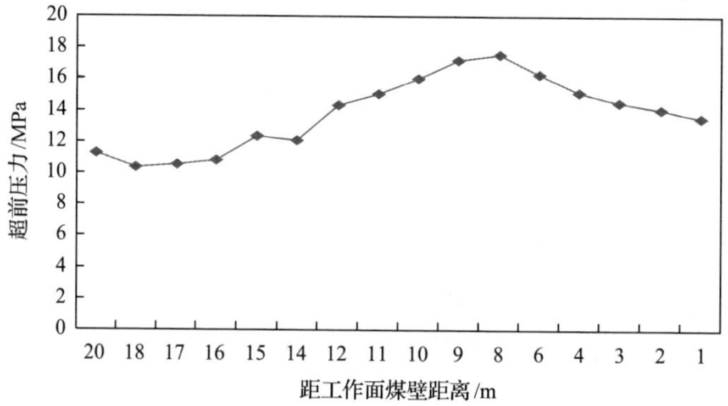

图 6-108　18111-1 工作面回风巷超前压力

由图 6-107 和图 6-108 可知，进风巷超前压力平均值要小于回风巷，其原因是 18111-1 工作面进风巷处于应力降低区中，为负煤柱布置。进风巷所处的位置是在煤层的底板，巷道上方为冒落矸石，吸收并耗散了来自老顶产生的能量，所以压力比较缓和；回风巷上方为坚硬的煤层顶板，所以进风巷压力普遍小于回风巷压力。图 6-109 和图 6-110 分别为 18111-1 工作面进风巷与回风巷支护效果图。

图 6-109　18111-1 工作面进风巷支护效果

图 6-110　18111-1 工作面回风巷支护效果

2. 白家庄矿 39713 工作面两巷超前压力实测分析

表 6-8 为白家庄矿 39713 工作面采 9#放 8#矿压观测数据，将所观测的数据整理成图 6-111 和图 6-112。

表 6-8　白家庄矿 39713 工作面两巷超前压力观测数据表

进风巷(沿空巷道)		回风巷	
距工作面煤壁距离/m	超前压力/MPa	距工作面煤壁距离/m	超前压力/MPa
20	10.74	20	10.75
19	10.64	18	10.83
18	10.61	17	10.84
16	10.64	16	12.30
15	10.71	15	12.80
13	11.35	14	12.22
12	12.36	12	14.23
11	13.32	11	15.41
9	15.64	10	17.11
8	16.55	9	17.30
6	15.97	8	17.59
5	13.65	6	16.38
4	10.58	4	15.17
3	10.60	3	14.48
2	10.51	2	13.11
1	10.50	1	13.49

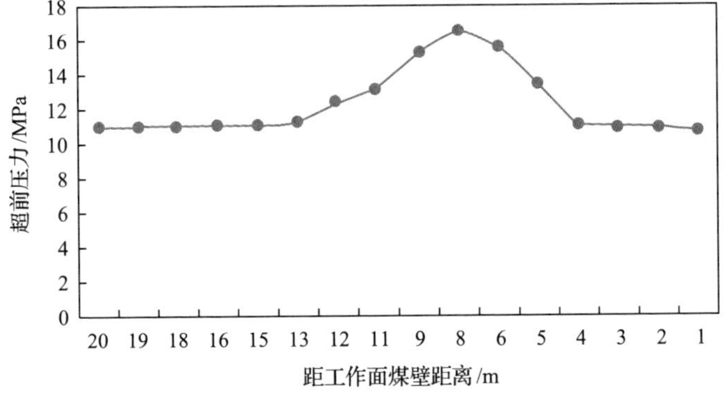

图 6-111　39713 工作面进风巷超前压力

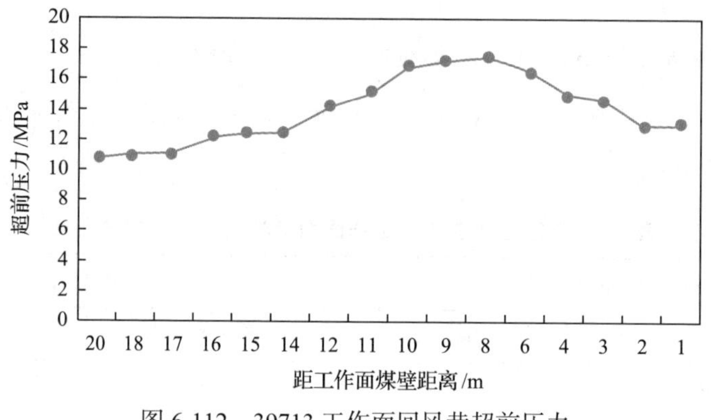

图 6-112　39713 工作面回风巷超前压力

由图 6-111 和图 6-112 可知，进风巷超前压力平均值同样小于回风巷，原因是进风巷道上方靠近上覆 8#煤层刀柱采空区边缘，即巷道位于煤柱破裂区下方，应力降低区域，矿压有所减弱。回风巷处于离采空区不远的实体煤区，集中应力升高，因此回风巷压力总体高于进风巷。

6.7.3　负煤柱巷道围岩变形实测分析

1. 镇城底矿 18111-1 工作面两巷围岩变形实测分析

镇城底矿 18111-1 工作面进风巷围岩变形观测数据见表 6-9，为了对比分析，将回风巷的围岩变形观测数据整理于表 6-10 中。

表 6-9　18111-1 工作面进风巷围岩变形观测数据

距工作面距离/m	净高/m	宽/m	底帮/m	顶帮/m
100.0	2.52	2.95	1.20	2.67
50.0	2.52	2.95	1.20	2.67
30.0	2.50	2.93	1.20	2.67
27.5	2.50	2.91	1.20	2.67
24.3	2.50	2.88	1.20	2.67
21.5	2.50	2.87	1.20	2.64
19.7	2.48	2.85	1.18	2.60
17.5	2.46	2.84	1.18	2.58
16.3	2.40	2.82	1.15	2.56
12.5	2.40	2.80	1.15	2.57
10.7	2.38	2.80	1.12	2.52
6.5	2.35	2.82	1.10	2.48
4.8	2.30	2.78	1.05	2.45
1.0	2.25	2.75	1.00	2.40

表 6-10　18111-1 工作面回风巷围岩变形观测数据

距工作面距离/m	净高/m	宽/m	底帮/m	顶帮/m
100.0	2.52	2.95	1.20	2.70
50.0	2.52	2.95	1.20	2.70
30.1	2.51	3.93	1.20	2.70
27.5	2.50	2.90	1.20	2.70
24.3	2.50	2.88	1.20	2.70
21.5	2.50	2.86	1.19	2.68
19.7	2.48	2.82	1.18	2.62
17.5	2.43	2.82	1.18	2.60
16.3	2.43	2.85	1.18	2.60
12.5	2.39	2.80	1.16	2.59
10.7	2.35	2.82	1.14	2.53
8.2	2.34	2.84	1.15	2.50
6.5	2.32	2.88	1.16	2.49
4.8	2.30	2.86	1.12	2.46
1.0	2.27	2.80	1.09	2.45

由表 6-9 及表 6-10 可看出，进风巷位移数据明显小于回风巷，进风巷在距工作面 21m 左右处，巷道围岩表面位移开始显著变化。在距工作面 18m 左右处，巷道围岩表面位移速度明显加快。在距工作面 8.2m 处，巷道两帮明显增大，而顶板也明显下降，可以推断在此处由于压力增大，使巷道产生了片帮。而快要到达工作面部分时，变形量有所减缓，究其原因可能是巷道不放顶煤，而且支承压力峰值前移，巷道上方的顶煤在工作面后方垮落，充填采空区并有效支撑上部顶板，所以矿压显现比较缓和，从应力分区划分来看，也是处于应力降低区的缘故。

回风巷在距工作面 26m 左右处，巷道围岩表面位移开始显著变化。在距工作面 20m 左右处，巷道围岩表面位移速度明显加快。在距工作面 10.7m 处，就产生了与进风巷相似的来压情况，而且片帮的范围较进风巷大。而顶板下沉要比进风巷小，这也说明回风巷沿顶板布置，虽然压力有所升高，但具有容易维护的优点。

矿压观测结果表明，负煤柱开采两巷同样具有超前压力影响范围，大约在距离工作面 26m 处，而在距工作面大约 8m 处，支承压力达到峰值，巷道变形量在此处的变化速度也达到最大，进、回风巷都出现了不同程度的片帮现象。但总的看来巷道压力显现及位移比较缓和，呈现出进风巷道压力比较缓和，而回风巷压力虽高，但具有容易维护的特点。

2. 白家庄矿 39713 工作面两巷围岩变形实测分析

白家庄矿 39713 工作面进回风巷围岩变形观测数据整理于表 6-11 及表 6-12 中。

表 6-11 39713 工作面进风巷围岩变形观测数据

距工作面距离/m	净高/m	上净宽/m	下净宽/m
100.0	2.20	2.20	2.97
50.0	2.18	2.20	2.97
30.0	2.17	2.19	2.95
27.5	2.17	2.18	2.94
24.3	2.16	2.17	2.94
21.5	2.15	2.16	2.92
19.7	2.13	2.14	2.90
17.5	2.13	2.14	2.87
16.3	2.12	2.13	2.84
12.5	2.11	2.12	2.81
10.7	2.07	2.08	2.77
6.5	2.06	2.08	2.77
4.8	2.05	2.06	2.76
1.0	2.03	2.05	2.75

表 6-12 39713 工作面回风巷围岩变形观测数据

距工作面距离/m	净高/m	上净宽/m	下净宽/m
100.0	3.10	2.80	2.80
50.0	3.10	2.80	2.80
30.0	3.08	2.80	2.79
27.5	3.08	2.78	2.77
24.3	3.07	2.73	2.75
21.5	3.07	2.72	2.74
19.7	3.03	2.70	2.70
17.5	3.02	2.69	2.68
16.3	2.99	2.67	2.65
12.5	2.97	2.65	2.65
10.7	2.94	2.63	2.62
6.5	2.92	2.60	2.61
4.8	2.90	2.58	2.59
1.0	2.89	2.57	2.58

由表 6-11 及表 6-12 同样可看出：进风巷位移数据明显小于回风巷，其他结论与上述分析相同。

6.8 负煤柱巷道经济效益分析

6.8.1 镇城底矿负煤柱巷道经济效益分析

由文献[62]可知，镇城底矿 18111-1 工作面长度 120m，推进长度 600m，连续完成四个工作面。采用负煤柱巷道布置系统比传统两巷均沿底板布置的放顶煤开采多采出煤炭 35.65 万 t，净增经济效益 2.5 亿元，新增利税 1.12 亿元。首采工作面比传统放顶煤工作面每米巷道节省费用为 328 元，接续工作面比传统放顶煤工作面每米巷道节省费用 697.1 元。应用负煤柱巷道布置回采，比沿煤层底板巷道布置共计节省掘进费用为 246.02 万元，比传统沿煤层底板巷道布置降低成本共计 850.64 万元。

6.8.2 白家庄矿负煤柱巷道经济效益分析

1. 回采经济分析

白家庄矿 39713 回采工作面长度为 150m，推进长度为 720m，平均采高 2.4m，放煤高度不等，变化在 1～4m，容重为 $1.34t/m^3$。

本工作面采用负煤柱巷道布置系统共回收煤炭资源 69.2 万 t，其中采出 9#煤 41.5 万 t，8#煤 27.7 万 t。平均吨煤成本为 21.09 元，比单采 9#煤吨煤成本降低 15.52 元。

按吨煤市场价 500 元算，采用负煤柱巷道布置系统回收上覆 8#残煤增收节支共增加经济效益 1.391 亿元。

2. 巷道掘进支护经济分析

应用负煤柱巷道布置系统，进风巷与回风巷分别沿底板托顶煤和沿顶板布置，进行经济分析时，两种情况分别计算。工作面推进长度为 720m，另加上准备巷道连接长度，掘进长度为 780m。

沿煤层底板巷道掘进支护材料及人工费用总计为 128.38 万元，明细见表 6-13；沿煤层顶板巷道掘进支护材料及人工费用总计为 74.97 万元，明细见表 6-14。

计算得知，沿煤层底板巷道每米需要费用为 1646 元，沿煤层顶板巷道每米需要费用为 961 元。

表 6-13　沿煤层底板巷道布置掘进支护材料及人工费用

序号	名称	单位	单价/元	总耗量	总金额/万元
1	金属支架	架	640	975	62.4
2	金属网	m^2	20.6	3432	7.07
3	坑木	m^3	920	170.66	15.7
4	火药	kg	4.93	5444.4	2.68
5	雷管	发	1.21	12683	1.53
6	人工	m	500	780	39.00
		总费用/万元			128.38

表 6-14　沿煤层顶板巷道布置掘进支护材料及人工费用

序号	名称	单位	单价/元	总耗量	总金额/万元
1	火药	kg	4.93	5270	2.98
2	雷管	发	1.21	17500	2.12
3	锚索	套	95.00	184	1.75
4	金属网	m^2	20.60	3120	6.43
5	顶锚杆	根	24.84	2837	7.05
6	帮锚杆	根	14.70	4256	6.26
7	锚固剂	支	7.30	9930	7.25
8	木托板	块	5.00	4256	2.13
9	人工	m	500 元	780	39.00
		总费用/万元			74.97

单采 9#煤时，两巷都沿底板架棚掘进，每米所需费用均为 1646 元。负煤柱巷道布置首采工作面分别沿煤层底板和煤层顶板掘进，两巷平均每米所需费用为1303.5 元，即平均每米可节省 342.5 元。负煤柱残煤复采两巷共减少掘进费用 53.43 万元。

3. 吨煤成本分析

1) 回采巷道费用分析

单采 9#煤沿煤层底板布置巷道，工作面回采巷道成本合计为每米 3292 元，工作面每米推进出煤为 576.39 t，折合吨煤成本为 5.71 元/t。

采 9#放 8#负煤柱巷道布置系统，首采工作面巷道分别为沿煤层底板和煤层顶板布置，合计成本每米为 2607 元。工作面每米推进出煤为 961.11t，折合吨煤成本为 2.71 元/t。

通过上述计算分析，采 9#放 8#负煤柱巷道布置吨煤成本中巷道布置一项，比传统方法单采 9#煤节省巷道成本 5.71–2.71=3.00 元/t。

为更加明了，对采 9#放 8#只按 9#煤摊销巷道成本，即合计巷道成本每米为 2607 元，每米推进出煤为 576.39t，折合吨煤成本为 4.52 元/t。

由此计算出，采 9#放 8#采出的 9#煤比按传统方法沿煤层底板布置巷道单采 9#煤，节省巷道成本 5.71–4.52=1.19 元/t。这意味着采出 8#煤没有增加成本。

2) 金属网费用分析

Ⅰ单采 9#煤时，为维护端头的 9#煤破碎顶板，铺网长度需要 4.4m，计 90.64 元。每米采煤 576.39t，折合吨煤成本为 0.16 元/t。

负煤柱巷道布置采 9#放 8#时，端头按同样铺网考虑，长度仍为 4.4m，计 90.64 元。每米采煤 961.11t，折合吨煤成本为 0.09 元/t。

通过上述计算分析，采 9#放 8#负煤柱巷道布置吨煤成本中铺网一项，比传统方法单采 9#煤节省铺网成本 0.16–0.09=0.07 元/t。

事实上采 9#放 8#时回风巷一端沿 8#煤顶板，稳定完整，一般可以不铺网，节省的铺网成本将为 0.16 元/t。

Ⅱ负煤柱巷道布置采 9#放 8#时，若把为下一工作面无煤柱开采的铺网计入本工作面，铺网长度为 9m，计 185.40 元。每米采煤 961.11t，折合吨煤成本为 0.193 元/t。

通过上述计算分析，采 9#放 8#负煤柱巷道布置吨煤成本中铺网一项，比传统方法单采 9#煤节省铺网成本 0.16–0.193= –0.033 元/t。

该措施使下一个工作面获得更大效益，将铺网计入其成本也是合理的。

如果只采首采面，则可以采用第Ⅰ项的计算结果。

3) 工资费用

沿煤层底板布置巷道单采 9#煤时，回采工效为 22.4t/工；采用负煤柱巷道布置采 9#放 8#时，回采工效为 32.6 t/工。

按照工人平均工资 3000 元，每月出勤 25 天，折合吨煤工资成本分别为 5.36 元/t 和 3.68 元/t。

采 9#放 8#开采比单采 9#煤减少人工费用 1.68 元/t。

4) 回采中巷道八材投入成本分析

8#煤的开采主要采用放顶煤工艺，依靠矿压破煤，没有割煤环节，也没有相应的截齿、动力等消耗。八材投入与单采 9#煤层时大体相当，为了使评价更为客观，八材投入按系数 1.1 考虑。

单采 9#煤工作面八材投入成本合计为 1687 元/m，工作面每米推进度出煤为 576.39t，折合吨煤成本为 2.93 元/t。

采 9#放 8#时，八材投入成本合计为 1855.7 元/m，工作面每米推进度出煤为 961.11t，折合吨煤成本为 1.93 元/t。

采 9#放 8#比单采 9#煤减少八材费用 1.00 元/t。

5) 配件费用分析

单采 9#煤工作面配件费用为 5780 元/m，工作面每米推进度出煤为 576.39t，折合吨煤成本为 10.03 元/t。

采 9#放 8#时，配件费用增加 10%，为 6358 元/m，工作面每米推进度出煤为 961.11t，折合吨煤成本为 6.62 元/t。

采 9#放 8#比单采 9#煤减少配件费用 3.41 元/t。

6) 材料费用分析

单采 9#煤工作面配件费用为 3772 元/m，工作面每米推进度出煤为 576.39t，折合吨煤成本为 6.54 元/t。

采 9#放 8#时，材料费用增加 10%，为 4149.2 元/m，工作面每米推进度出煤为 961.11t，折合吨煤成本为 4.32 元/t。

采 9#放 8#比单采 9#煤减少材料费用 2.22 元/t。

7) 设备费用分析

采 9#放 8#轻放工作面设备配备与单采 9#煤的综采面基本相当，区别在于增加了一台后部刮板输送机。相同部分不再计算，只分析该输送机。

单采 9#煤工作面没有后部输送机，不产生费用。

采 9#放 8#工作面后部输送机投入为 1667 元/m，工作面每米推进度出煤为 961.11t，折合吨煤成本为 1.73 元/t。

采 9#放 8#比单采 9#煤减少材料费用–1.73 元/t。

8) 防火费用分析

采 9#放 8#工作面，由于采出易燃浮煤，显著降低了防火投入。类似条件的相邻矿井单采 9#煤工作面时除常规措施外，仅注浆、注氮成本就需 5.88 元/t。采 9#放 8#工作面节省了该项费用。

9) 总费用分析

以上费用计算结果列入表 6-15。

采 9#放 8#吨煤成本为 21.08 元/t，共采出煤炭 69.2 万 t，成本总额 1458.74 万元。按每吨煤市场价 500 元计算，销售收入 34600.00 万元，减去成本后为 33141.26 万元；单采 9#煤成本为 36.61 元/t，可采出煤炭 41.5 万 t，成本总额 1519.32 万元。按每吨煤市场价 500 元计算，销售收入 20750.00 万元，减去成本后为 19230.68 万元。采 9#放 8#项目增加经济效益 13910.58 万元。

表 6-15　吨煤费用比较计算汇总表(元/t)

序号	项目	单采 9#方案	采 9#放 8#方案	节省费用
1	回采巷道	5.71	2.71	3.00
2	铺金属网	0.16	0.09	0.07
3	工资	5.36	3.68	1.68
4	八材	2.93	1.93	1.00
5	配件	10.03	6.62	3.41
6	材料	6.54	4.32	2.22
7	设备	0.00	1.73	–1.73
8	防火	5.88	0.00	5.88
9	合计	36.61	21.08	15.53

参 考 文 献

[1] 张建民, 李全生, 张勇, 等. 煤炭深部开采界定及采动响应分析[J]. 煤炭学报, 2019, 44(5): 38-49.

[2] 向鹏. 深部高应力矿床岩体开采扰动响应特征研究[D]. 北京: 北京科技大学, 2015.

[3] 钱七虎. 非线性岩石力学的新进展-深部岩体力学的若干关键问题[C]//中国岩石力学与工程学会. 第八次全国岩石力学与工程学术大会论文集. 2004: 10-17.

[4] 谢和平. 深部岩体力学与开采理论研究进展[J]. 煤炭学报, 2019, 44(5): 1283-1305.

[5] 谢和平, 李存宝, 高明忠, 等. 深部原位岩石力学构想与初步探索[J]. 岩石力学与工程学报, 2021, 40(2): 217-232.

[6] Zhou H, Chen J, Lu J J, et al. A new rock brittleness evaluation index based on the internal friction angle and class I stress–strain curve[J]. Rock Mechanics and Rock Engineering, 2018, 51(3): 2309-2316.

[7] Ma L J, Li Z, Wang M Y, et al. Applicability of a new modified explicit three-dimensional Hoek-Brown failure criterion to eight rocks[J]. International Journal of Rock Mechanics and Mining Sciences, 2020, 133(20): 1-12.

[8] 沈明荣, 陈建峰. 岩体力学[M]. 上海: 同济大学出版社, 2006.

[9] 司雪峰, 宫凤强, 罗勇, 等. 深部三维圆形洞室岩爆过程的模拟试验[J]. 岩土力学, 2018, 39(2): 621-634.

[10] Brown E T, Hoek E. Trends in relationships between measured in-situ stresses and depth[J]. International Journal of Rock Mechanics and Mining Sciences, 1978, 15(4): 211-215.

[11] 张俊文, 宋治祥. 应力-渗流耦合下深部砂岩三轴加卸载力学响应及其破坏特征[J]. 采矿与安全工程学报, 2020, 37(2): 409-418, 428.

[12] Zhang J W, Song Z X, Wang S Y. Experimental investigation on permeability and energy evolution characteristics of deep sandstone along a three-stage loading path[J]. Bulletin of Engineering Geology and the Environment, 2021, 80(2): 1571-1584.

[13] 张国军, 张勇. 基于摩尔-库伦准则的岩石材料加(卸)载分区破坏特征[J]. 煤炭学报, 2019, 44(4): 1049-1058.

[14] 刘泉声, 吴月秀, 刘滨. 应力对裂隙岩体等效渗透系数影响的离散元分析[J]. 岩石力学与工程学报, 2011, 30(1): 176-183.

[15] Wawersik W R, Fairhurst C. A study of brittle rock fracture in laboratory compression experiments[J]. International Journal of Rock Mechanics and Mining Sciences, 1970, 7(4): 561-575.

[16] 葛修润, 周百海, 刘明贵. 对岩石峰值后区特性的新见解[J]. 中国矿业, 1992(2X): 57-60.

[17] 张超, 曹文贵, 王江营. 考虑损伤阈值影响的岩石脆-延性转化统计损伤本构模型研究[J]. 水文地质工程地质, 2013, 40(5): 45-50, 57.

[18] Palchik V. Is there link between the type of the volumetric strain curve and elastic constants, porosity, stress and strain characteristics? [J]. Rock Mechanics and Rock Engineering, 2013, 46(2): 315-326.

[19] 柳阿亮. 基于 Sierpinski 分形原理的多孔介质内流动与传热的研究[D]. 南昌: 南昌大学, 2018.

[20] 王环玲, 徐卫亚, 杨圣奇. 岩石变形破坏过程中渗透率演化规律的试验研究[J]. 岩土力学, 2006(10): 1703-1708.

[21] Zhang J W, Fan W B, Song Z X, et al. Evolution of mechanical parameters of deep sandstone and its constitutive model under the condition of different stress paths[J]. IOP Conference Series Earth and Environmental Science, 2020, 570: 032011.

[22] 张俊文, 范文兵, 宋治祥, 等. 真三轴不同应力路径下深部砂岩力学特性[J]. 中国矿业大学学报, 2021, 50(1): 106-114.

[23] 张俊文, 宋治祥, 范文兵, 等. 真三轴条件下砂岩渐进破坏力学行为试验研究[J]. 煤炭学报, 2019, 44(9): 2700-2709.

[24] Al-Ajmi A M, Zimmerman R W. Relation between the Mogi and the Coulomb failure criteria[J]. International Journal of Rock Mechanics and Mining Sciences, 2005, 42(3): 431-439.

[25] Al-Ajmi A M, Zimmerman R W. Stability analysis of vertical boreholes using the Mogi-Coulomb failure criterion[J]. International Journal of Rock Mechanics and Mining Sciences, 2006, 43(8): 1200-1211.

[26] Chang C, Haimson B. A failure criterion for rocks based on true triaxial testing[J]. Rock Mechanics and Rock Engineering, 2012, 45(6): 1007-1010.

[27] Song Z X, Zhang J W. Progressive failure mechanical behaviour and response characteristics of sandstone under stress-seepage coupling[J]. Journal of Geophysics and Engineering, 2021, 18(2): 200-218.

[28] 张俊文, 宋治祥, 范文兵, 等. 应力–渗流耦合下砂岩力学行为与渗透特性试验研究[J]. 岩石力学与工程学报, 2019, 38(7): 1364-1372.

[29] 仵彦卿, 张倬元. 岩体水力学导论[M]. 成都: 西南交通大学出版社, 1995.

[30] 蔡美峰. 岩石力学与工程[M]. 北京: 科学出版社, 2013.

[31] 梁昌玉, 李晓, 王声星, 等. 岩石单轴压缩应力-应变特征的率相关性及能量机制试验研究[J]. 岩石力学与工程学报, 2012, 31(9): 1830-1838.

[32] 谢和平, 鞠杨, 黎立云. 基于能量耗散与释放原理的岩石强度与整体破坏准则[J]. 岩石力学与工程学报, 2005(17): 3003-3010.

[33] 周宏伟, 王春萍, 段志强, 等. 基于分数阶导数的盐岩流变本构模型[J]. 中国科学: 物理学力学天文学, 2012, 42(3): 310-318.

[34] 吴斐, 谢和平, 刘建锋, 等. 分数阶黏弹塑性蠕变模型试验研究[J]. 岩石力学与工程学报, 2014, 33(5): 964-970.

[35] 许多, 吴世勇, 张茹, 等. 锦屏深部大理岩蠕变特性及分数阶蠕变模型[J]. 煤炭学报, 2019, 44(5): 1456-1464.

[36] 蒋斌松, 张强, 贺永年, 等. 深部圆形巷道破裂围岩的弹塑性分析[J]. 岩石力学与工程报, 2007, 26(5): 982-986.

[37] 郑颖人, 孔亮. 岩土塑性力学[M]. 北京: 中国建筑工业出版社, 2010.

[38] 于学馥, 郑颖人, 刘怀恒, 等. 地下工程围岩稳定分析[M]. 北京: 煤炭工业出版社, 1983.

[39] 俞茂宏. 双剪理论及其应用[M]. 北京: 科学出版社, 1998.

[40] 周华强. 巷道支护限制与稳定作用理论及其应用[M]. 徐州: 中国矿业大学出版社, 2006.

[41] 陈景涛. 高地应力下硬岩本构模型的研究与应用[D]. 武汉: 中国科学院武汉岩土力学研究所, 2006.

[42] 张俊文, 刘志军. 基于三剪能量理论的巷道围岩弹塑性分析[J]. 煤炭学报, 2013, 38(S1): 38-42.

[43] 严济慈. 热力学第一和第二定律[M]. 北京: 人民教育出版社, 1966.

[44] 杨东华. 不可逆过程热力学原理及工程应用[M]. 北京: 科学出版社, 1989.

[45] 徐芝纶. 弹性力学(第 3 版)[M]. 北京: 高等教育出版社, 2002.

[46] 朱维申, 程峰. 能量耗散本构模型及其在三峡船闸高边坡稳定性分析中的应用[J]. 岩石力学与工程报, 2000, 19(3): 261-264.

[47] 郑颖人, 邓楚键, 王敬林. 基于非关联流动法则的滑移线场及上限法研究[J]. 中国工程科学, 2010, 12(8): 56-69.

[48] 张俊文, 拾强, 刘志军, 等. 错层位巷道围岩能量耗散分析[J]. 采矿与安全工程学报, 2015, 32(6): 929-935.

[49] 谢和平, 赵旭清. 综放开采顶煤体的连续损伤破坏分析[J]. 中国矿业大学学报, 2001, 30(4): 323-327.

[50] 凌建明, 孙钧. 脆性岩石的细观裂纹损伤及其时效特征[J]. 岩石力学与工程学报, 1993, 12(4): 304-312.

[51] 赵景礼, 刘宝珠. 错层位立体化开采负煤柱设计技术及其应用[J]. 煤炭工程, 2017, 49(5): 1-7.

[52] 何思明, 吴永. 新型耗能减震滚石棚洞作用机制研究[J]. 岩石力学与工程学报, 2010, 29(5): 926-932.

[53] 张俊文, 刘畅, 李玉琳, 等. 错层位沿空巷道围岩结构及其卸让压原理[J]. 煤炭学报, 2018, 43(8): 2133-2143.

[54] 何尚森, 谢生荣, 宋宝华, 等. 近距离下煤层损伤基本顶破断规律及稳定性分析[J]. 煤炭学报, 2016, 41(10): 2596-2605.

[55] 彭瑞东, 鞠杨, 高峰, 等. 三轴循环加卸载下煤岩损伤的能量机制分析[J]. 煤炭学报, 2014, 39(2): 245-252.

[56] 苏承东, 顾明, 唐旭, 等. 煤层顶板破碎岩石压实特征的试验研究[J]. 岩石力学与工程学报, 2012, 31(1): 18-26.

[57] 王家臣, 王兆会, 孔德中. 硬煤工作面煤壁破坏与防治机理[J]. 煤炭学报, 2015, 40(10): 2243-2250.

[58] 史恒通, 王成华. 土坡有限元稳定分析若干问题的探讨[J]. 岩土力学, 2000, 21(2): 152-155.

[59] 陈祖煜. 土质边坡稳定分析——原理·方法·程序[M]. 北京: 中国水利水电出版社, 2003.

[60] Tan Y L, Yu F H, Ning J G, et al. Design and construction of entry retaining wall along a gob side under hard roof stratum[J]. International Journal of Rock Mechanics and Mining Sciences, 2015, 77: 115-121.

[61] 何满潮, 陈上元, 郭志飚, 等. 切顶卸压沿空留巷围岩结构控制及其工程应用[J]. 中国矿业大学学报, 2017, 46(5): 959-969.

[62] 王志强. 厚煤层错层位相互搭接工作面矿压显现规律研究[D]. 北京: 中国矿业大学(北京), 2009.